普通高等教育“十二五”土木工程系列规划教材

高层建筑施工

主　编　高　兵　卞延彬

副主编　张柏玲　金玉杰

参　编　郑文辉　刘　石　刘雪雁

主　审　钟春玲

机械工业出版社

本书按照最新的相关规范、规程编写，力求反映高层建筑施工技术的发展和现状，满足高层建筑施工技术和管理的教学要求。本书主要内容包括高层建筑深基坑工程、高层建筑基坑工程的监测、高层建筑深基础施工、桩基础工程、大体积混凝土结构施工、高层建筑常用施工机具、高层建筑施工用脚手架工程、混凝土结构高层建筑施工、钢结构施工、高层建筑施工现场安全管理与消防等。本书每章设有教学目标、本章小结和复习思考题，方便教学和使用。

本书可作为土木工程、工程管理等专业的教学用书，也可作为土建类设计、施工、监理等工程技术人员的参考书。

本书配有电子课件，免费提供给选用本书的授课教师。需要者请根据书末的“信息反馈表”索取。或登录机械工业出版社教材服务网免费下载，网址：www. cmpedu. com。

图书在版编目（CIP）数据

高层建筑施工/高兵，卞延彬主编．—北京：机械工业出版社，2013. 8
(2024. 7 重印)

普通高等教育“十二五”土木工程系列规划教材

ISBN 978-7-111-42444-4

Ⅰ. ①高…　Ⅱ. ①高…②卞…　Ⅲ. ①高层建筑 - 工程施工 - 高等学校 - 教材　Ⅳ. ①TU974

中国版本图书馆 CIP 数据核字（2013）第 175059 号

机械工业出版社（北京市百万庄大街 22 号　邮政编码 100037）
策划编辑：刘　涛　责任编辑：刘　涛　陈将浪　臧程程　马军平
责任校对：张玉琴　封面设计：张　静
责任印制：刘　媛
涿州市般润文化传播有限公司印刷
2024 年 7 月第 1 版第 6 次印刷
184mm × 260mm · 17. 5 印张 · 429 千字
标准书号：ISBN 978-7-111-42444-4
定价：49. 80 元

电话服务　　　　　　　　　网络服务
客服电话：010-88361066　　机　工　官　网：www. cmpbook. com
　　　　　010-88379833　　机　工　官　博：weibo. com/cmp1952
　　　　　010-68326294　　金　书　　　网：www. golden-book. com
封底无防伪标均为盗版　　机工教育服务网：www. cmpedu. com

普通高等教育“十二五”土木工程系列规划教材

编审委员会

前　言

“高层建筑施工”是土木工程专业本科生的任选专业课之一，是一门具有广博性、深层性和实践性的技术工程课程。通过学习本课程，可以使学习者系统地掌握高层建筑施工方面的专业知识，提高专业素质，以适应21世纪建筑工程对专业人才的要求。

本书为“高层建筑施工”课程教材，具有以下特点：结合实际情况，综合运用有关学科的基本理论和知识解决生产实践中的问题；理论联系实际，侧重于应用；着重基本理论、基本原理和基本方法的介绍和实践应用。

本书由吉林建筑大学、白城师范学院联合编写，全书由吉林建筑大学钟春玲教授主审，高兵、卞延彬教授主编，具体编写分工如下：

吉林建筑大学高兵：第1章；第2章；第3章。

白城师范学院张柏玲：第4章；第5章。

吉林建筑大学郑文辉：第6章。

吉林建筑大学金玉杰：第7章。

吉林建筑大学刘石：第8章；第9章。

吉林建筑大学卞延彬：第10章。

吉林建筑大学刘雪雁：第11章。

由于水平所限，书中缺点和不当之处在所难免，恳请读者批评指正。

编　者

目　录

第1章 概　　述

教学目标：

熟悉高层建筑的定义，了解高层建筑的发展概况，掌握高层建筑施工的特点及本课程的内容及学习方法。

随着人民生活水平的提高，城市建设的快速发展，出现了城市用地和城市发展之间的矛盾。目前，解决空间问题只有两个方法：一是向地下要空间，二是向地上要空间。但是，土质情况复杂，向地下要空间必须要解决地下复杂情况与建筑物之间的矛盾问题，由此增加了建造成本。可见，向地上要空间是解决城市用地紧张的好办法。

高层建筑能够节约城市土地，缩短公用设施和市政管网的开发周期，加快城市建设，这些优点已经逐渐得到公认。世界各城市的生产和消费发展达到一定程度后，无不积极致力于高层建筑的建设。实践证明，高层建筑可以带来明显的社会经济效益：第一，使人口集中，可利用建筑内部的竖向和横向交通缩短部门之间的联系距离，从而提高效率；第二，能使建筑用地大幅度缩小，使在城市中心地段选址成为可能；第三，可以减少市政建设投资和缩短建筑工期。

1.1 高层建筑简况

自古以来，人们就开始建造高层建筑，埃及于公元前270年建造的亚历山大港灯塔，高100多米，为石结构，保留残址。中国建于523年的河南登封县嵩岳寺塔，高40m，为砖结构。建于1056年的山西应县佛宫寺释迦塔，高67多米，为木结构，均保存至今。

现代高层建筑从美国兴起，1883年在芝加哥建造了第一幢砖石自承重和钢框架结构——芝加哥保险公司大楼，10层。1913年在纽约建成的伍尔沃思大楼，57层。1931年在纽约建成的帝国大厦，高381m，102层。第二次世界大战后，出现了世界范围内的高层建筑繁荣时期。1962～1976年建于纽约的世界贸易中心大楼，又称双塔楼，110层，高411m，该大楼于2001年9月11日被恐怖分子劫持的两架飞机先后撞击，由于撞击引起的大火，双塔楼在几分钟内相继倒塌。1974年建于芝加哥的西尔斯大厦，110层，高443m。加拿大兴建了位于多伦多的商业宫和第一银行大厦，前者高239m，后者高295m。日本于20世纪60年代建成的东京池袋阳光大楼，60层，高240m。中国近代的高层建筑始建于20世纪20～30年代。1934年在上海建成的国际饭店，22层。20世纪50年代在北京建成13层的民族饭店、15层的民航大楼。20世纪60年代在广州建成18层的人民大厦、27层的广州宾馆。20世纪70年代末期起，全国各大城市兴建了大量的高层住宅，如北京的崇文门、前门、宣武门、复兴门、建国门和上海的漕溪北路等处，都建起了12～16层的高层住宅建筑群，以及大批高层办公楼、旅馆。1986年建成的深圳国际贸易中心大厦，50层。上海金茂大厦于1994年开工，1998年建成，地上88层（若再加上尖塔的楼层共有93层），地下3层。上海环球金融中心是位于上海陆家嘴的一栋摩天大楼，2008 年 8 月 29 日竣工，高 492m，地上 101 层。

2010 年 1 月 4 日，世界第一高楼——哈利法塔，在阿拉伯联合酋长国迪拜正式落成，该塔共 160 层，高达 828m。

1.2 高层建筑的定义

高层建筑的定义是一个相对概念，随着对高层建筑研究的深入，其定义也在不断变化。目前认为，超过一定层数或高度的建筑称为高层建筑。高层建筑的起点高度或层数，各国的规定都不一样，而且没有绝对的、严格的标准。

在美国，24.6m 或 7 层以上视为高层建筑；在日本，31m 或 8 层及以上视为高层建筑；在英国，等于或大于 24.3m 的建筑视为高层建筑。

我国的《民用建筑设计通则》（GB 50352—2005）规定：一～三层为低层住宅，四～六层为多层住宅，七～九层为中高层住宅，十层及十层以上为高层住宅；除住宅建筑之外的民用建筑高度不大于 24m 的为单层和多层建筑，大于 24m 的为高层建筑（不包括建筑高度大于 24m 的单层公共建筑）；建筑高度大于 100m 的民用建筑为超高层建筑。

《高层建筑混凝土结构技术规程》（JGJ 3—2010）规定，10 层及 10 层以上或房屋高度大于 28m 的住宅建筑和房屋高度大于 24m 的其他高层民用建筑为高层建筑。

1.3 我国高层建筑的发展

20 世纪 70 年代以前，我国的高层建筑多采用钢筋混凝土框架结构、框架-剪力墙结构和剪力墙结构。进入 20 世纪 80 年代，筒中筒结构、筒体结构、底部大空间的框支剪力墙结构，以及大底盘多塔楼结构在工程中逐渐采用。自 20 世纪 90 年代以来，多筒体结构、带加强层的框架-筒体结构、连体结构、巨型结构、悬挑结构、错层结构等也逐渐在工程中采用。

为满足结构体系的多样化，结构材料也有了长足的发展，20 世纪 80 年代以前高层建筑主要为钢筋混凝土结构。进入 20 世纪 90 年代后，钢结构、钢-混凝土混合结构逐渐被采用，如金茂大厦、地王大厦都是钢-混凝土混合结构。此外，型钢混凝土结构和钢管混凝土结构在高层建筑中也正在得到广泛应用。

高层建筑结构采用的混凝土强度等级不断提高，从 C30 逐步向 C60 及更高的等级发展。预应力混凝土结构在高层建筑的梁、板结构中广泛应用。钢材的强度等级也不断提高。

高层建筑平面布置和立面体型日趋复杂。结构平面形式多样，三角形、梭形、圆形、弧形，以及多种形式的组合等也多有采用。高层建筑立面体型也有丰富的变化，立面退台、部分切块、挖洞、尖塔、大悬臂等，使高层建筑的刚度沿竖向发生突变。由于建筑功能的改变，使结构体系、柱网等发生变化，因此主体结构也要发生转换，即由上部剪力墙结构到下部筒体框架或框架剪力墙结构的转换；或主体结构由上部小柱网、薄壁柱到下部大柱网的转换。结构体系的转换及立面体型变化丰富的结构在地震区建造难度较大，还有待于进一步深入研究，并经历强震的检验。

高层建筑结构设计方法不断创新。高层建筑结构的分析计算已基本告别传统的手工计算而采用计算机程序计算，基本上都采用三维空间结构分析计算程序。常用的计算分析模型有：空间杆-薄壁杆件分析模型、空间杆-墙组元模型及空间杆-壳元分析模型。有些程序可考虑楼板变形进行结构分析计算，能更真实地反映复杂结构的受力特点。除可进行钢筋混凝土结构计算外，有些计算分析软件还可进行钢结构、钢-混凝土混合结构的计算。

1980年，我国颁布并施行了《钢筋混凝土高层建筑结构设计与施工规定》（JGJ 3—1979），通过一段时间的实践应用，1991年修改为《钢筋混凝土高层建筑结构设计与施工规程》（JGJ 3—1991）。

20世纪90年代以来，由于钢结构、钢-混凝土混合结构的兴建，1998年我国编制了《高层民用建筑钢结构技术规程》（JGJ 99—1998）。近年来由于体型复杂的高层建筑增多及超过200m的超高层建筑的出现，对《钢筋混凝土高层建筑结构设计与施工规程》（JGJ 3—1991）进行修订，修订后改为《高层建筑混凝土结构技术规程》（JGJ 3—2010）。内容将包括：总则、荷载和地震作用、常规高度结构设计的一般规定、结构计算分析、框架结构设计、剪力墙结构设计、框架-剪力墙结构设计、筒体结构设计、复杂高层建筑结构设计、混合结构设计、超高层建筑结构设计、基础设计、高层建筑结构施工等，将更适合高层建筑结构的设计应用。其中，按建筑物的高度、结构体系、抗震设防烈度可确定各类构件的抗震等级，从而按各类构件的延性要求，确定各构件的截面配筋设计及构造要求，以确保其良好的抗震性能。

高层建筑由于对抗震、抗风的要求较高，而且建筑多样化，层数、高度也日益增高，20世纪90年代以来国内高层建筑的施工方法是以全现浇钢筋混凝土施工为主体；另外，由于钢结构和钢—混凝土混合结构的兴建，需要辅以此类结构的预制安装方法和多种混合施工方法。高层现浇钢筋混凝土施工技术着重解决了模板、混凝土、钢筋3个方面的施工新技术。

高层建筑采用的混凝土强度等级已由常用的C30、C40逐步向C50、C60、C80及更高的强度等级发展。高强度、高性能混凝土的生产要有严格的质量控制与管理措施，应由工厂预拌生产。国内的预拌商品混凝土近年来发展很快，约占全部混凝土总量的21%。

高层建筑还需要解决泵送混凝土的问题，1997年我国就可用国产混凝土拖式泵一次泵送到200m以上高度。在普及C50、C60混凝土的工程应用，扩大C70、C80混凝土的工程试点的同时，开发配制C100高强度混凝土（主要是在常规水泥、砂、石的基础上，依靠添加外加剂和矿物掺和料来降低混凝土用水量及改善微观结构）。

在高层建筑基础采用大体积混凝土施工技术方面也积累了经验，主要经验为：减少水泥水化热，采用较低水化热的水泥，掺粉煤灰和减水剂，提高混凝土抗拉强度；采用泵送预拌混凝土，分段、分层连续作业的合理浇捣方法，及时养护并进行测温监控。

新上海国际大厦的基础底板尺寸为76m×72m，主楼底板厚3.5m，裙楼底板厚3m，不设结构缝，采用C30混凝土斜面分层浇筑，每层厚度不超过50cm，17000m^3混凝土共用64h，一次浇筑到顶，整平养护后未发现裂缝。

20世纪50~80年代，主要对混凝土预制装配框架、装配式大板、升板、盒子结构等预制安装技术进行了研究，取得了一定成效。从20世纪80年代至今，由于钢结构、钢-混凝土混合结构的兴建，钢结构安装技术有了新的发展，主要以塔式起重机为主机进行安装，高强度螺栓联接已取代铆接和部分焊接。钢结构还需解决防火、防锈、防腐等问题。

深圳佳宁娜友谊广场两座33层高的公寓楼相距25.2m，在其顶部由8层高的钢结构连成整体，采用高空平移法施工，获得了成功。

1.4 超高层建筑存在的问题

毋庸置疑，高层建筑给人们的生活带来了巨大的变化，它在人类的建筑发展史中占有重要的地位。随着设计理念的不断完善，新型结构材料的不断涌现，新型施工技术的不断进步，将会出现越来越高的建筑。

超高层建筑在节约城市用地，迅速提高城市知名度方面起到了巨大的作用。但是，应清醒地认识到在超高层建筑的应用中还存在许多问题，这些问题将成为高层建筑发展的瓶颈。

1.4.1 安全防火问题

如果大楼突然发生火灾，应该怎么办？这是每个人都应该思考的问题。城市安全部门曾经做过一个试验，让一名身强力壮的消防员从第33层跑到第1层，用了35min。如果是一名身体素质一般的人员或老人、小孩，所需时间肯定会更多，因此高层建筑安全防火问题至关重要。

1.4.2 交通、生态环境问题

超高层建筑中工作人员很多，必须乘坐电梯，有的超高层建筑甚至还需中途换乘电梯。如果电梯出现故障，将给使用者带来较大的麻烦。另外，上下班的人流高峰，将造成楼层拥挤，超高层建筑周围也会出现人流高峰和车流高峰。

超高层建筑阻挡阳光，总平面布局必须考虑日照间距。同时，高层建筑会将高空强风引至地面，造成高楼附近局部强风，影响行人的安全。

除了局部强风，高层建筑还会加剧城市热岛现象。由于空调、照明等设备均需较大的能量供应，产生的大量热能会改变城市原有的热平衡，导致城市热岛现象加剧。

1.4.3 经济成本问题

由于超高层建筑具有设计特殊、技术先进、施工复杂、材料耗费巨大的特点，所以建造一座摩天大楼一般要耗费大量的资金。资料显示，一座200m高的建筑，其成本远高于两座100m高的建筑；330m高的超高层建筑，其成本远超过3座100m高的建筑。

超高层建筑的运营成本巨大，如果超高层建筑的使用寿命以65年计算，它的维护费用将是一般建筑的3倍，因此目前建筑界的共识是，高度超过300m的摩天大楼已经失去了节约用地的经济意义。

本章小结

全球城市化的急剧发展，使得城市人口迅速增多，由此高层建筑获得了巨大的发展机遇。高层建筑的发展与材料、设备、设计等方面的发展密不可分。面对资源的约束、环境的影响，高层建筑也面临许多挑战。

高层建筑的发展要满足可持续性发展的要求。在绿色生态、建筑节能、防灾减灾及提高生活品质等方面还有大量的课题需要攻克；对高层建筑的学习要不断地创新设计理念、探索新的结构形式、应用各种高新技术，才能满足社会发展的需要。

复习思考题

1. 什么是高层建筑？
2. 简述高层建筑的发展历程。
3. 高层建筑存在哪些问题？

第2章　高层建筑深基坑工程

教学目标：

1. 熟悉基坑工程的内容及基坑支护结构的安全等级。

2. 了解基坑支护结构的设计原则与方法。

3. 熟悉基坑工程勘察工作包含的内容及勘探点的布置。

4. 熟悉地下水的控制措施；了解多级井点、喷射井点、电渗井点、深井井点的适用范围、构造组成及工作原理；掌握井点降水设计的计算、施工与应用方法。

5. 掌握深基坑土方开挖方案的选择；掌握基坑支护结构的选型；熟悉常见的几种基坑支护的设计原理和施工方法。

2.1　深基坑工程概述

随着我国经济建设和城市建设的发展，地下工程越来越多，应用范围日益扩大，我国许多地区都建设了一大批规模大、深度深、地质和周边环境复杂多样的基坑工程。通过实践，工程技术人员已经积累了非常丰富的经验，可以熟练地掌握各种高难度基坑工程的施工技术，为更多、更复杂的地下建筑工程施工打下了坚实的基础。

基坑工程是为挖除建（构）筑物地下结构处的土方，保证主体地下结构的安全施工及保护基坑周边环境而采取的围护、支撑、降水、加固、挖土与回填等工程措施的总称，包括勘察、设计、施工、检测与监测。

基坑工程是一门综合性很强的学科，涉及的学科较多，如工程地质学、土力学、基础工程学、结构力学、材料力学、工程结构、工程施工等，它所包含的内容基本涵盖了勘测、基坑支护结构的设计和施工、地下水控制、基坑土方的开挖、土体加固、工程监测和周围环境的保护等多个领域。

同时，基坑工程还具有较强的实践性，在设计和施工过程中必须要考虑：复杂多样的周边环境、各地区土层的变化、工程量大、工序多等不确定因素，因此基坑工程成为施工风险大，施工技术复杂，难度大的一项工程。基坑工程的施工也是在工程建设过程中极其重要的阶段。

2.1.1　基坑工程设计的一般规定与要求

基坑工程按边坡情况分为无支护开挖（放坡）和有支护开挖（在支护体系保护下开挖）两种形式。场地开阔、周围环境允许及在技术经济上合理时，宜优先采用放坡开挖或局部放坡开挖；在建筑物稠密地区、不具备放坡开挖条件，或者技术经济上不合理时，应采用有支护结构的垂直开挖施工。

基坑工程应根据现场实际工程地质、水文地质、场地和周边环境情况，以及施工条件进行设计和组织施工。

基坑工程设计时应考虑的荷载主要有：土压力、水压力；地面超载；施工荷载；邻近建筑物的荷载；当围护结构作为主体结构的一部分时，还应考虑人防和地震荷载等；以及其他不利于基坑稳定的荷载等。

基坑工程设计应包括：支护体系选型、围护结构的强度设计、变形计算、坑内外土体稳定性计算、渗流稳定性计算、降水要求、挖土要求、监测内容等。在施工中，要确定挖土方法，挖土及支撑的施工工艺流程。

基坑支护结构设计应采用以分项系数表示的承载能力极限状态进行计算。这种极限状态对应于支护结构达到最大承载能力或土体失稳、过大变形导致的支护结构、内支撑或锚固系统、或基坑周边环境破坏。对于安全等级为一级及对支护结构变形有限定的二级建筑基坑侧壁，还应对基坑周边环境及支护结构变形进行验算。

根据《建筑基坑支护技术规程》（JGJ 120—2012）的规定，基坑支护结构的极限状态，可以分为以下两类：

1）承载能力极限状态。这种极限状态，对应于支护结构达到最大承载能力或土体失稳、过大变形导致的支护结构或基坑周边环境破坏。

2）正常使用极限状态。这种极限状态，对应于支护结构的变形已影响地下结构施工，或影响基坑周边环境的正常使用功能。

根据承载能力极限状态和正常使用极限状态的设计要求，基坑支护应进行下列计算：

1）根据基坑支护形式及其受力特点进行土体稳定性计算。

2）基坑支护结构的受压、受弯、受剪承载力计算。

3）当有锚杆或支撑时，应对其进行承载力计算和稳定性验算。

4）对于安全等级为一级及对支护结构变形有限定的二级建筑基坑侧壁，还应对基坑周边环境及支护结构变形进行验算。

基坑工程设计时应具备下列资料：

1）场地工程地质和水文地质资料。

2）邻近建（构）筑物和地下设施的类型、分布及结构情况。

3）用地红线范围、建筑总平面图、基础和地下工程平面图、剖面图和桩位图。

4）相邻地下工程施工情况。

基坑工程施工前应取得下列资料：

1）完整的基坑设计施工图样。

2）技术、质量、安全及施工监测准备完毕。

3）施工组织设计编制完成。

2.1.2 基坑支护结构的作用及设计原则

基坑支护是指为了保证地下结构施工和基坑周边环境安全，对基坑侧壁及周边环境采用的支挡、加固与保护措施。它是工程体系中重要的组成部分，其研究内容也是岩土工程的主要技术问题，即支护结构物与岩、土体相互作用共同承担上部、周围荷载及自身重量的变形与稳定问题。

深基坑支护工程已成为当前工程建设的热点，目前深基坑支护工程建筑的发展趋势是高层化，基坑向更深层发展。基坑开挖面积增大，宽度超过百米，长度达到上千米，整体稳定性要求更高；在软弱地层中的深基坑开挖易产生较大的位移和沉降，对周围环境可造成较大的影响；深基坑施工、运行周期长，对临时性基坑支护有更高的牢固性要求；深基坑支护系统不再只是临时性结构，而是参与到加固与改善建筑物的基础和地基作用当中来。

在此种情况下，深基坑支护结构的作用主要体现在以下三方面：

1）挡土作用，保证基坑周围未开挖土体的稳定，使基坑内有一个开阔、安全的空间。

2）控制土体变形作用，保证与基坑相邻的周围建筑物和地下管线在基坑内结构的施工期间不因土体向坑内的位移而受到损害。

3）截水作用，保证基坑内场地达到无水施工作业条件，不影响周围水位变动。

基坑支护工程设计的总体原则为：严格贯彻执行国家的技术经济政策，做到技术先进、经济合理、安全适用、确保质量。除应满足工程设计要求外，还应做到因地制宜、就地取材、保护环境和节约资源。

基坑支护工程的设计要满足安全性、经济性及适用性三方面的要求。安全性包含两个方面：一是支护结构自身强度满足，结构内力必须在材料强度允许范围内；二是支护结构与被支护体之间的作用是稳定的，要求支护结构具有足够的承载力，不能产生过量的变形。经济性及适用性要求在设计中通过应用先进的技术和手段，充分把握支护结构特征，通过多方案比较，在施工中采用适当的工艺、工序，使设计更经济合理，既满足规范要求，又不过量配置材料，也不影响支护结构的使用功能，寻求最佳设计方案，使支护结构成本最低。

2.1.3 基坑工程的安全等级

基坑工程的安全等级应根据周边环境、破坏后果和严重程度、基坑深度、工程地质和地下水等具体情况，划分为一、二、三级，见表2-1。

表 2-1 基坑工程安全等级划分

基坑工程安全等级	周边环境、破坏后果和严重程度、基坑深度、工程地质和地下水条件
一级	周边环境条件很复杂；破坏后果很严重；基坑深度 $h > 12\text{m}$；工程地质条件复杂；地下水水位很高、条件复杂、对施工影响严重
二级	周边环境条件较复杂；破坏后果严重；基坑深度 $6\text{m} < h \leqslant 12\text{m}$；工程地质条件较复杂；地下水位较高、条件较复杂，对施工影响较严重
三级	周边环境条件简单；破坏后果不严重；基坑 $h \leqslant 6\text{m}$；工程地质条件简单；地下水位低、条件简单，对施工影响轻微

注：从一级开始，有两项（含两项）以上最先符合该等级标准的，即可定为该等级。

我国的基坑支护执行的是《建筑基坑支护技术规程》（JGJ 120—2012）。基坑支护结构设计应根据表2-2选用相应的支护结构安全等级及结构重要性系数 γ_0。

表 2-2 支护结构的安全等级及结构重要性系数 γ_0

安全等级	破坏后果	γ_0
一级	支护结构失效，土体过大变形对基坑周边环境或主体结构施工安全的影响很严重	1.1
二级	支护结构失效，土体过大变形对基坑周边环境或主体结构施工安全的影响严重	1.0
三级	支护结构失效，土体过大变形对基坑周边环境或主体结构施工安全的影响不严重	0.9

我国幅员辽阔，各地土体性状不一，各地区、各城市根据其特点和要求，对基坑工程作出了相应的规定，以便更好地进行岩土勘察、支护结构设计、基坑工程施工方案审查等实践应用。例如，《基坑工程技术规范》(DGTJ08 61—2010)，是目前上海市执行的标准；《建筑基坑支护技术规程》(DB11/489—2007)，是目前北京市执行的标准。

支护结构设计应考虑结构水平变形、地下水变化对周边环境水平与竖向变形的影响。对于安全等级为一级和对周边环境变形有限定要求的二级建筑基坑侧壁，应根据周边环境的重要性、对变形的适应能力及土的性质等因素确定支护结构的水平变形限值。

当场地内有地下水时，应根据场地及周边区域的工程地质条件、水文地质条件、周边环境情况、支护结构与基础形式等因素，确定地下水的控制方法。当场地周围有地表水汇流、排泄或地下水管渗漏时，应对基坑采取保护措施。

基坑支护工程的设计与分析主要考虑的是岩土与支护结构物的共同作用，正是由于环境介质的不确定性，使得基坑支护设计理论和计算方法与地上建筑结构有较大的区别，涉及更加复杂的因素。支护结构的稳定与安全是地下工程施工的前提与保障。

对于支护工程的设计和计算要保证有足够的安全考虑，主要体现在以下几方面：

1）支护结构的抗倾覆性。基坑上部边坡不应产生明显变形，以防周围建筑发生裂缝。

2）支护结构体底部与土体之间的抗滑性。不应出现滑动，以防支护结构体失效。

3）土体的稳定性。被支护土体的深部不应出现圆弧滑动，以防支护结构整体失稳。

4）在地面及附加荷载作用下，锚索的抗拉强度应大于所承受的拉力。

5）支护结构自身强度应满足抗弯、抗剪及轴向抗拉、抗压的要求。

6）支护结构的地基不能发生沉陷与基坑隆起。

2.2 高层建筑基坑工程勘察

近年来基坑失稳事故频繁发生，为此建设各方都给予了高度重视。目前，基坑工程已成为岩土工程领域中的一门专门学科。高层建筑基础埋置较深，必然涉及基坑工程勘察这一重要问题。基坑工程的勘察也必然要遵循岩土工程勘察等的相关规范。

根据《高层建筑岩土工程勘察规程》(JGJ 72—2004) 的规定，高层建筑岩土工程勘察是指采用工程地质测绘与调查、勘探、原位测试、室内试验等多种勘察手段和方法，对高层建筑（含超高层建筑、高耸构筑物）场地的稳定性、岩土条件、地下水及其与工程之间的相互关系进行调查研究，并在此基础上对高层建筑的地基基础、基坑工程等作出分析评价和预测建议。

根据工程重要性等级、场地复杂程度等级和地基复杂程度等级，可将岩土工程勘察划分为甲、乙、丙三个等级。甲级是指在工程重要性等级、场地复杂程度等级和地基复杂程度等级中，有一项或多项为一级；乙级是指除勘察等级为甲级和丙级以外的勘察项目；丙级是指工程重要性等级、场地复杂程度等级和地基复杂程度等级均为三级。建在岩质地基上的一级工程，场地复杂程度等级和地基复杂程度等级均为三级时，岩土工程勘察等级可定为乙级。

应注意的是，根据《岩土工程勘察规范》(GB 50021—2001) 的规定，岩土工程勘察等级是根据工程的重要性等级、场地复杂程度等级及地基复杂程度等级来划分的。对于所有高层建筑、超高层建筑（高耸构筑物）而言，按工程重要性等级划分均应属于一、二级工程，不存在三级工程，故高层建筑的岩土工程勘察等级只划分为甲、乙两级。当工程重要性等级为一级时，即便是场地复杂程度等级或地基复杂程度等级为三级，按《岩土工程勘察规范》(GB 50021—2001）对勘察等级的划分标准，其勘察等级应划分为甲级；当工程重要性等级为二级时，即便是场地复杂程度等级或地基复杂程度等级为三级时，其勘察等级也应划分为乙级。

2.2.1 高层建筑工程地质勘察阶段划分

高层建筑工程地质（岩土）勘察一般分为地基勘察和基坑勘察两个方面，均是在城市规划的基础上进行的。除要求满足立体建筑基础设计外，同时要兼顾基坑工程设计和施工的要求，如不能满足时，则宜再进行补充勘察。

其勘察阶段的划分一般可分为初步勘察和详细勘察两阶段。当工程规模较小而要求不太高、地基的工程地质条件较好时，可合并为一个阶段去完成。

初步勘察阶段的主要任务是初步查明与基坑及地基稳定性有关的地震地质条件及其危害，了解地层的岩土特性、成因类型和水文地质条件，收集建筑经验和水文气象资料等，对建筑场地的建筑适宜性和岩土稳定性作出明确的结论，为基坑支护及确定建筑物的规模、平面造型、地下室层数与基础类型等提供可靠的地质资料。

初步勘察阶段的勘察要点，首先是收集城市规划中已有的气候、水文、工程地质和水文地质等资料。通过踏勘，着重研究地质环境中的地震地质条件，以及建设场地内是否存在较弱土层和其他不稳定因素；查明建筑场地深部有无影响工程建筑稳定性的不良地质因素；在地震烈度较高地区，还须查明地基中液化土层（如有）的埋藏和分布情况，并提供抗震设计所需的有关参数。勘探工作应保证勘探孔的距离不小于30m，每一建筑场地的勘探孔数量为3~5个，保证每一单独高层建筑的勘探孔数量不少于1个，并应连成纵贯场地而平行于地质地形变化最大方向的勘探线，以便作出说明和评价地质变化规律的工程地质剖面图。必要时，应对关键性的软弱土层做少量试验工作，初步确定其工程性质。

详细勘察阶段的主要勘察任务是进一步查明建筑场地的工程地质条件，详细论证有关工程地质问题，并为基坑支护和基础设计及施工措施提供准确的定量指标和计算参数。详细勘察阶段的工程地质工作是进行大量的钻探和室内试验，配合大型的现场原位测试，其目的是查明地基中建筑物影响范围内土体的成因类型及其分布情况；各土层的成分、结构及均匀性，提交各土层的物理力学指标，对地基的强度和变形作出工程地质评价；查明地下水位及其季节性变动情况，各含水层的分布及其透水性、水质的侵蚀性等，为设计和施工提供与基坑开挖及人工降低地下水位有关的参数。勘探工作以钻探为主，适当布置一些坑槽和浅井。勘探坑孔按网格布置，以便能通过制图反映地基土层的分布、厚度、状态，以及地下水的埋藏条件等，全面说明该建筑场地的工程地质条件，并作出确切的结论。每幢单独高层建筑的勘探坑孔数量不少于4个，按建筑物的轮廓布置，其中有2个以上是控制孔。

箱形基础勘探孔的间距，一般根据地层的变化和建筑物的具体要求确定，通常为20~35m。各孔的深度是从箱形基础底面算起，无黏性土取1倍的箱形基础宽度，黏性土取1.5~2倍的箱形基础宽度；若遇基岩、硬土或软土时，孔深可适当增大或减小。

桩基础勘探孔的间距，一般根据桩尖持力层顶板的起伏情况确定，当其起伏不大时，孔距为12~24m，否则应适当加密，甚至按每柱一个孔布置。控制孔的深度是自预定桩尖深度算起再往下与群桩相当的实体基础宽度的0.5～2倍。一般勘探孔的深度与持力层的岩性有关，对于持力层为砂土或卵石层，钻孔宜钻入该层顶板以下2m；对于持力层为黏性土，钻孔宜钻入该层顶板以下3m；若持力层为基岩时，应打穿强风化层，宜钻入微风化带不小于3～5倍的桩径；在球状风化的花岗岩地区，钻孔宜钻入微风化带不应小于5m；在岩溶发育地区，钻孔宜钻入稳定地层不应小于5m。此外，由于高层建筑基础具有深基础的特点，标准贯入深度应不受21m的限制。

高层建筑不仅对整体倾斜要有严格限制，而且对抗震和抗风等有较高要求，因此在室内试验工作中，除了进行一定数量的物理力学试验外，箱形基础工程还要做前期固结压力试验及反复加荷卸荷的固结试验，为估算基底土层隆胀提供参数；同时，还要在加荷卸荷条件下测定弹性模量及无侧限抗压强度等。对重要基础，还要做三轴剪切试验。在高地震烈度地区，还要做动三轴试验，求得动剪切模量、动阻尼等，为抗震设计提供动力参数。

高层建筑岩土勘察采取岩土试样进行室内试验的结果和原位测试的相符：每幢高层建筑每一主要土层内采取不扰动土试样的数量或进行原位测试的次数不应少于6件（组）次；在地基主要受力层内，对厚度大于0.5m的夹层或透镜体，应采取不扰动土试样或进行原位测试；当土层性质不均匀时，应增加取土数量或原位测试次数；岩石试样的数量各层不应少于6件（组）；地下室侧墙计算、基坑边坡稳定性计算或锚杆设计所需的抗剪强度试验指标，各主要土层应采取不少于6件（组）的不扰动土试样。

根据地基土的工程地质性质，结合建筑物结构的特点和基础类型，在建筑物的关键部位进行现场原位试验，如静力触探、标准贯入试验、波速试验、十字板剪切试验、载荷试验、回弹测试和基底接触反力的测试等，以校核室内试验的成果，提供可靠的计算参数。

箱形基础还要做渗透试验，求得地基中地下水位以下至设计基础底面附近各土层的渗透系数，为基坑排水设计和沉降稳定时间计算提供参数。桩基础需做压桩试验，以求得单桩及群桩的承载力和沉降；通过拔桩试验，求得桩的抗拔力，以及验证单桩的摩擦力；有时也要做推桩试验，求得桩的侧向抗推力及其水平位移。必要时，还要做单桩及群桩的刚度试验，从而求得桩基础的刚度系数及阻尼比。有时，在箱形基础开挖前，要在少量足够深度的孔底中设置基点，为基坑施工时对坑底的隆胀进行观测提供依据。

对重大的或具有科研价值的高层建筑物，还要进行基础沉降量观测，建筑物整体倾斜、水平位移及建筑物裂缝观测等长期观测工作。

2.2.2 基坑工程勘察

基坑工程勘察的范围和深度应根据场地条件和设计要求确定。勘察深度宜为开挖深度的2～3倍，在此深度内遇到坚硬的黏性土、碎石土和岩层，可根据岩土类别和支护设计要求减少勘察深度。勘察的平面范围宜超出开挖边界外开挖深度的2～3倍。深厚软土区，勘察深度和范围还应适当扩大。在开挖边界外，勘察方法以调查研究、搜集已有资料为主，复杂场地和斜坡场地应布置适量的勘探点。

基坑工程的勘察是为正确进行基坑支护结构设计和合理制定施工方案提供依据，因此需要对影响支护结构设计和施工的技术资料进行全面收集并加以深入了解及分析。一般主要做好三个方面资料的收集整理工作：工程地质（岩土）勘察和水文地质资料调查；场地周围环境及地下管线状况调查；地下结构设计资料调查。

1. 工程地质（岩土）勘察和水文地质资料调查

在受基坑开挖影响和可能设置支护结构的范围内，查明岩土分布、分层情况，提供支护设计所需的各项强度指标。土的抗剪强度试验方法应与基坑工程设计要求一致，符合设计采用的标准，并应在勘察设计报告中说明。

当建设场地内的水文地质条件复杂时，在基坑开挖过程中需要对地下水进行控制，收集和掌握水文地质条件，主要包括：地下水的类型和赋存状态；主要含水层的分布规律；区域性气候资料，如年降水量、蒸发量及其变化和对地下水位的影响；地下水的补给（排泄）条件、地表水与地下水的补给（排泄）关系及其对地下水位的影响；勘察时的地下水位、历史最高地下水位、近3~5年最高地下水位、水位变化趋势和主要影响因素；是否存在地下水和地表水的污染源及其可能的污染程度等。

当已有资料不能满足要求时，应进行专门的水文地质勘察。专门的水文地质勘察应符合下列要求：

1）查明含水层和隔水层的埋藏条件，地下水的类型、流向、水位及其变化幅度。如场地有多层对工程有影响的地下水时，应分层量测地下水的水位，并查明互相之间的补给关系。

2）查明场地地质条件对地下水赋存和渗流状态的影响；必要时应设置观测孔，或在不同深度处埋设孔隙水压力计，量测压力水头随深度的变化。

3）通过现场试验，测定地层渗透系数等水文地质参数。

当基坑开挖可能产生流砂、流土、管涌等渗透性破坏时，应有针对性地进行勘察，分析其产生的可能性及对工程的影响，评价地下水的作用和影响，并提出预防措施。基坑开挖过程中有渗流时，地下水的渗流作用宜通过渗流计算确定。

基坑工程的地质（岩土）勘察一般应包括以下内容：

1）场地的类别、结构特点、土层性质。

2）基坑及围护墙边界附近场地的填土、暗洪、古河道和地下障碍物的分布状况与深度，以及对基坑的影响。

3）场地浅层滞水、潜水和坑底深部承压水的埋藏情况；各土层中水的补给情况、动态变化情况和水力联系；基坑底部以下承压水的水头高度和含水层的界面；土层的渗流特性及产生管涌、流砂的可能性。

4）支护结构设计和施工所需的土的物理性质指标，如土的天然重度、含水量、液限、塑限、塑性指数、孔隙比、压缩模量、内摩擦角、黏聚力、总应力抗剪强度、有效抗剪强度、无侧限抗压强度、十字板抗剪强度和水工渗透系数等。

5）基坑范围内和围护墙附近的地下障碍物，如既有建筑物的基础、桩、水池、设备基础、人防工程、废井等，以及建筑和工业垃圾的性质、规模和范围，以便采取措施加以处理。

2. 周围环境调查

基坑工程勘察还应进行周围环境状况的调查，查明邻近建筑物和地下设施的现状、结构特点，以及对开挖变形的承受能力。在城市地下管网密集分布区，可通过地理信息系统或其他档案资料了解管线的类别、平面位置、埋深和规模，必要时应采用有效方法进行地下管线的探测，避免在城市建筑物的稠密地区因深基坑开挖对周围邻近的建（构）筑物、道路和地下管线产生不良影响。

调查的内容通常包括以下内容：

1）基坑周围邻近建（构）筑物的分布及其与基坑边线的距离，周围建（构）筑物的上部结构形式、层数、基础结构类型及埋深、基础荷载，有无桩基和是否存在倾斜、裂缝、使用不正常等情况，必要时请有关单位进行分析鉴定。

2）基坑周围地下管线状况调查，如煤气（或天然气）、上水、下水、污水、雨水、热力等管线的分布、性状、埋深、管径、管内（气或水）压力、接头构造、管材，以及与基坑的相对位置，每根管的长度，检查井（窨井）间距，埋设时间等。电缆的种类（或架空高度）、规格、型号、使用要求、保护装置，以及与基础的相对位置等。地下水管渗漏情况及对基坑开挖的影响程度。

3）基坑周围邻近的地下构筑物、设施及道路状况调查，如基坑周围邻近有无地铁隧道、地铁车站、地下车库、地下商场、地下通道、人防工程、管线隧道等，以及它们的埋置深度、结构与基础形式，对变形与沉降的敏感程度，与基坑的相对位置等。对基坑周围邻近的道路应调查它的性质、类型、与基坑的相对位置，交通状况与重要程度，道路的路基与路面结构等。

4）基坑现场周围的施工条件调查，对基坑工程设计和施工有无直接影响。现场周围的交通运输条件，施工现场附近对施工产生的噪声和振动的限制，施工场地条件，有无足够场地供运输车辆运行，堆放材料、半成品、停放施工机械、进行钢筋、模板加工，以便确定施工顺序。

3. 地下结构设计资料调查

拟建主体工程的地下结构设计资料是基坑工程设计和施工的重要依据，在进行基坑工程设计和施工之前，应对其进行全面的调查，主要包括以下内容：

1）主体工程地下室的平面布置和形状，红线的相对位置，可作为支护结构形式选择、支撑布置等的主要参考资料。

2）主体工程基础的桩位布置图，可作为围护墙布置和立柱布置的重要技术资料。

3）主体结构地下室的层数，各层楼板和基础底板的布置、标高及地面标高，可作为确定基础开挖深度、选择支护结构形式、确定支撑的竖向布置，以及选择降水和挖土方案的重要依据。

在初步勘察阶段，应提据岩土工程条件，初步判定开挖可能发生的问题和需要采取的保护措施；在详细勘察阶段，应针对基坑工程设计的要求进行勘察；在施工阶段，必要时还应进行补充勘察。

岩土工程勘察报告中与基坑工程有关的部分应包括以下内容：

1）与基坑开挖有关的场地条件、土质条件和工程条件。

2）提出处理方式、计算参数和支护结构选型的建议。

3）提出地下水控制方法、计算参数和施工控制的建议。

4）提出施工方法和施工中可能遇到的问题的防治措施与建议。

5）对施工阶段的环境保护和监测工作的建议。

总之，基坑工程勘察的目的就是针对边坡的局部稳定性、整体稳定性和坑底抗隆起稳定性，坑底和侧壁的渗透稳定性，挡土结构和边坡可能发生的变形，降水效果和降水对环境的影响，开挖和降水对邻近建筑物和地下设施的影响进行分析，并提供有关计算参数和建议。

2.3 高层建筑基坑地下水的控制与防治

在地下工程的勘察、设计、施工过程中，地下水问题始终是一个极为重要的问题。地下水既作为岩土体的组成部分直接影响岩土的性状与行为，又作为地下建筑工程的环境影响其稳定性和耐久性。

在地下工程设计时，必须充分考虑地下水对岩土及地下建筑工程的各种作用。施工时应充分重视地下水对地下建筑工程施工可能带来的各种问题，并采取相应的防治措施。

地基中的水，对于建筑物而言基本上是利少弊多。地下水除了能使处于其平均地下水位线以下的基础混凝土强度增长以外，几乎可以说它对地基具有高度的破坏性。另外，某些地下水中含有有害物质，对基础建筑的混凝土、钢筋具有腐蚀性，因此进行工程建设时，必须了解建筑物所在位置的地下水的物理、化学性质，以便采取相应的对策，保证施工的顺利进行和建筑物的永久安全。

基坑的开挖施工，无论是采用有支护体系的垂直开挖还是采用无支护体系的放坡开挖，如果施工地区的地下水位较高，都将涉及地下水对基坑施工的影响这一问题。当基坑开挖施工的开挖面低于地下水位时，土体的含水层被切断，地下水便会从坑外或坑底不断地渗入基坑内，另外在基坑开挖期间由于下雨或其他原因，也可能会在基坑内造成滞留水，这样会使坑底地基土的强度降低，压缩性增大。

因此，从基坑开挖施工的安全角度出发，对于采用有支护体系的垂直开挖，坑内被动区土体由于含水量增加而导致强度、刚度降低，对支护体系的稳定性、强度和变形都是十分不利的。对于放坡开挖而言，地下水也会增加边坡失稳和产生流砂的可能性。

从施工角度出发，在地下水位以下进行开挖，坑内滞留水一方面增加了土方开挖施工的难度，另一方面也使地下主体结构的施工难以顺利进行。而且在水的浸泡下，地基土的强度大为降低，也影响到了其承载力。因此为保证深基坑工程开挖施工和地下基础结构施工的正常进行，以及地基土的强度不遭受损失，应在地下水位较高的地区当开挖面低于地下水位时，采取降低地下水位的措施；同时，基坑开挖期间，坑内需采取排水措施以排除坑内的滞留水，使基坑处于干燥的状态，以利施工。

2.3.1 地下水的基本特性

地下水主要是由渗透作用和凝结作用形成的。渗透作用形成的地下水，是大气降水和地表水经岩土空隙渗入地下聚积而成的。降水量越多，岩土渗水性越强，地下水的补给就越丰富。当地表水的水位高于地下水的水位时，地表水经岩土渗透成为地下水的主要来源；凝结作用形成的地下水，主要是通过空气中的水蒸气进入岩土孔隙中凝结成水滴，水滴在重力作用下向下流动，聚积成地下水。

在工程建设中对地下水各项特征的分析，可以为基础、基坑的支护及降水设计提供依据。

1. 地下水的基本类型

地下水通常分为上层滞水、潜水和层间水。地下水分层情况示意图如图 2-1 所示。

(1) 上层滞水 上层滞水又称为包气带水，是存在于地表岩土层包气带中以各种形式出现的水。上层滞水既有分子水、结合水、毛细水等非重力水，也有属于下渗的水流和存在于包气带中局部隔水层的重力水。上层滞水因接近地表，对建筑物基础施工有影响，应考虑排水措施。

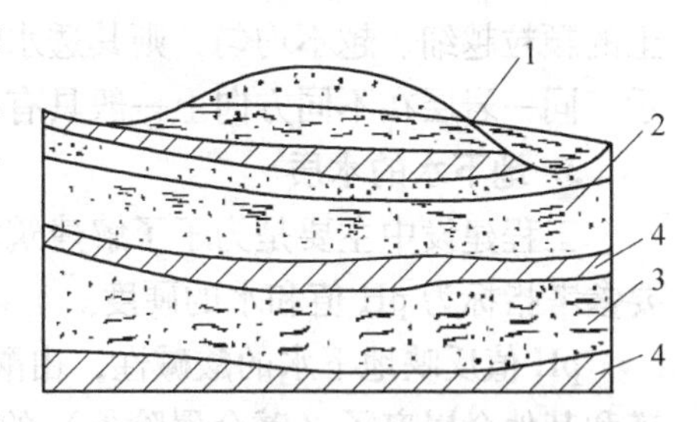

图2-1 地下水分层情况示意图
1—上层滞水或潜水 2—无压层间水
3—承压层间水 4—隔水层

上层滞水的特征是：分布范围有限，直接接受当地大气降水或地表水补给，以蒸发或逐渐下渗的形式排泄，水量随季节的变化而变化，极不稳定，通常在雨季出现，旱季消失。

上层滞水可存在于包气带的岩土层孔隙、裂隙或空洞中，因而有孔隙、裂隙和岩溶上层滞水的区别。

(2) 潜水 潜水是埋藏在地表以下第一层隔水层（不透水层）以上的地下水，不具有水压力，为重力水，能作水平方向流动。

自由水面称为潜水面，含水的岩土层称为含水层，不透水的岩土层称为隔水层。潜水面与隔水层间的距离即为含水层的厚度。潜水面的形状常与地形相适应，但其起伏较地形起伏小，潜水面的形状是曲面的。当潜水面倾斜时为潜流；当隔水层为盆地或洼地时，则潜水面为水平状态，称为潜水盆地。

潜水的特征是：下部有隔水底板（不透水层、隔水层），上部无隔水顶板（透水层）；能在水平方向流动，不具有水压力；分布区一般与补给区一致，能流动到较远的地方排泄；水位及水质变化较大，较易被污染。

潜水主要由大气降水、地表水和凝结水补给。当承压水与潜水有联系时，承压水也能补给潜水。潜水常以泉水或蒸发的形式排泄。

(3) 层间水 层间水是两个不透水层之间含水层中的地下水。如果层间水没有充满含水层，不具有水压力，称为无压层间水；如果层间水充满含水层，则具有水压力，称为承压层间水。

承压水是两个隔水层之间含水层中的地下水。在适宜的地形条件下，形成天然露头，或经人工开凿，承压水喷出地表，形成自流水。

承压水的特征是：上下都有隔水层，具有明显的补给区、承压区和泄水区，补给区和泄水区相距很远；由于具有隔水顶板，受气候、水位等因素的直接影响较小而具有水压力；一般埋藏较深，不易被污染。

当建（构）筑物地基内含有承压水时，由于它的压力影响，开挖基坑时会使地基土层产生隆起现象而破坏，在工程施工时要十分注意。

2. 岩土的水理性质

岩土的水理性质是指岩土与水相互作用时，岩土表现出来的各种性质，主要有溶水性、持水性、给水性、毛细管性和透水性。这里只简述透水性。透水性是指在水的重力作用下，岩土允许水透过自身的性能，通常以渗透系数表示。但是，由于各地的土层（尤其是第四纪覆盖层）的形成条件和形成历史不同，即使土的类型相同，其渗透系数也会不同。

岩土渗透性的大小首先取决于岩土孔隙的大小和连通性，其次是孔隙度的大小。松散岩土的颗粒越细、越不均匀，则其透水性就越弱。坚硬岩土的透水性可用裂隙率或岩溶率来表示。同一岩层在不同方向上一般具有不同的透水性。

3. 地下水的水质

工程建设中主要是为了了解建筑场地地下水的污染是否会对建筑材料产生腐蚀作用。主要参考指标为pH值和水的硬度。

pH值反映地下水的酸碱性，由酸、碱和盐的水解因素所决定。水的硬度取决于水中钙、镁和其他金属离子（碱金属除外）的含量。

水的硬度分为碳酸盐硬度和非碳酸盐硬度。碳酸盐硬度主要是由钙、镁的碳酸氢盐[$Ca(HCO_3)_2$、$Mg(HCO_3)_2$]所形成的硬度，还有少量的碳酸盐硬度。碳酸氢盐经加热之后分解成沉淀物从水中除去，故碳酸盐硬度也称为暂时硬度。非碳酸盐硬度主要是由钙、镁的硫酸盐，以及氯化物和硝酸盐等盐类所形成的硬度。这类盐类不能用加热分解的方法除去，故也称为永久硬度，如$CaSO_4$、$MgSO_4$、$CaCl_2$、$MgCl_2$、$Ca(NO_3)_2$、$Mg(NO_3)_2$等。

碳酸盐硬度和非碳酸盐硬度之和称为总硬度。水中Ca^{2+}的含量称为钙硬度。水中Mg^{2+}的含量称为镁硬度。当水的总硬度小于总碱度时，它们之差称为负硬度。

2.3.2 基坑地下水控制方案的选择

高层建筑基坑工程施工中，在土方开挖和基础施工的过程中，开挖基坑（槽、沟）时常会遇到地下水，这不仅会造成土方开挖困难，降低工效，边坡易于塌方，而且还会降低地基土的性能和地基承载力；严重的还会出现管涌、流砂、坑底隆起、坑外地层过度变形等现象，破坏边坡稳定，影响工程的顺利进行；甚至在工程完工一段时间后，建筑物会产生不均匀沉降。因此在基坑土方开挖施工中，应根据工程地质条件和地下水文情况，采取有效的排水或降低地下水位措施，使基坑开挖和基础施工尽可能地达到无水状态。

基坑工程控制地下水位的方法主要有降低地下水位和隔离地下水两类。降低地下水位的方法有集水沟明排水法和强制降水法。强制降水通常是指井点降水，降水井包括轻型井点、喷射井点、电渗井点、管井井点、深井井点、渗井等。隔离地下水可采用地下连续墙、连续排列的排桩、隔水帷幕、坑底水平封底隔水等。

对于弱透水地层中的较浅基坑，当基坑环境简单、含水层较薄时，可考虑采用集水沟明排水；在其他情况下宜采用井点降水，或辅以隔水措施。

基坑工程中降水方案的选择与设计应满足下列要求：

1）基坑开挖及地下结构施工期间，地下水位保持在基底以下0.5～1m。

2）深部承压水不引起坑底隆起。

3）降水期间不影响邻近建筑物及地下管线、道路的正常使用。

4）基坑边坡的稳定。

深基坑大面积降水方案较多，具体降水方案的确定可根据基坑的规模、深度、水文地质条件、周围环境状况、支护结构种类、工期要求及技术经济效益等进行综合分析、比较后选用降水井类型，既可以选用一种降水类型，也可以数种降水类型结合使用。常见的基坑降水类型和适用范围见表2-3。

表2-3 常见的基坑降水类型及适用范围

类型 \ 适用条件	适用土层类别及水文地质特征	渗透系数/（m/d）	降低地下水位深度/m
集水明沟排水	填土、粉土、砂土、黏性土；上层滞水，水量不大的潜水	7～20	<5
一级轻型井点	填土、粉土、砂土、黏性土；上层滞水，水量不大的潜水	0.1～50	3～6
多级轻型井点	填土、粉土、砂土、黏性土；上层滞水，水量不大的潜水	0.1～50	6～12
喷射井点	填土、粉土、砂土、粉质黏土、黏性土、淤泥质粉质黏土；上层滞水，水量不大的潜水	0.1～20	8～20
电渗井点	淤泥质粉质黏土、淤泥质黏土；下层滞水，水量不大的潜水	<0.1	根据选定的井点确定
管井井点	粉土、砂土、碎石土、可熔岩、破碎带；含水丰富的潜水、承压水、裂隙水	20～200	3～5
深井井点	砂土、砂砾石、粉质黏土、砂质粉土；水量不大的潜水，深部有承压水	10～250	>10
砂（砾）渗井	含薄层粉砂的粉质黏土、黏质粉土、砂质粉土、粉土、粉细砂；水量不大的潜水，深部有导水层	>0.1	根据下部导水层的性质及埋深确定

注：深井井点中的无砂混凝土管井点适用于土层渗透系数为10～250m/d、降水深度为5～10m的土层。

通常情况下，当土质条件比较好，土的降水深度不大时，可采用单层轻型井点降水；当降水深度超过6m，且土层垂直渗透系数较小时，宜采用二级轻型井点或多层轻型井点降水，或在坑中另外布置井点，以此分别降低上层和下层土中的水位。当土的渗透系数小于0.1m/d时，可在一侧增加钢筋电极，改用电渗井点降水；当土质较差，降水深度较大，若采用多层轻型井点会使设备增多，土方量增大，经济上不合理时，可采用喷射井点降水；当降水深度不大，而土的渗透系数与涌水量较大，且降水时间较长时，可采用管井井点降水；当深度大于5m时，可采用小沉井井点或无砂混凝土管井点降水；当降水很深，涌水量很大，土层复杂多变，降水时间很长时，可采用深井井点或简易的钢筋笼深井井点降水。当采用各种井点降水方法会使邻近建筑物产生不均匀沉降并影响其使用安全时，应回灌井点或在基坑邻近建筑物的一侧，采用防渗及支撑措施对侧壁和坑底进行加固处理。

2.3.3 基坑施工排水、降水方法

人工降低地下水位，除了在浅基坑、涌水量较小时采用明沟排水、盲沟排水方法外，还可以采用轻型井点、喷射井点、电渗井点、管井井点和深井井点等排水方法。而井点降水方法和设备的选择，可根据土层的渗透系数、要求降低水位的深度及工程特点，经技术、经济、节能比较后确定。

1. 施工现场地表排水

施工现场在工程开工前，应按施工组织设计规划做好场地排水，以避免场地大量积水。

基坑开挖时，如地表雨水和上层滞水大量渗入，会造成基坑泡水，破坏边坡的稳定性，影响施工的正常进行及基础工程的质量，因此必须做好施工场地的截水、疏水、排水等工作。

通常的做法是：在现场周围地段应设临时或永久性排水沟、防洪沟或挡水堤；在山坡地段的坡顶或坡脚应设环形防洪沟或截水沟，以拦截附近坡面的雨水、潜水，避免其排入施工区域内；现场内外原有的自然排水系统应尽可能保留，并适当加以整修、疏导和改造，以利排泄现场积水、雨水和地表滞水。

有条件时，尽可能利用正式的工程排水系统为施工服务，先修建正式的工程主干排水设施和管网，以便排除地面滞水和基坑降水时抽出的地下水；现场道路应在两侧设排水沟，支道应在两侧设小排水沟，沟底坡度一般为2%~8%，保持场地排水和道路畅通；基坑开挖应在地表流水的上游一侧设排水沟、散水沟或截水堤，将地表滞水截住；在低洼地段挖基坑时，可利用挖出的土沿基坑四周或迎水面一侧修筑一定高度的土堤截水。

大面积地表水，可在施工范围区段内挖深排水沟，在工程范围内再设纵、横排水支沟，疏导水流，再在低洼地段设集水、排水设施，将水排走。在可能滑坡的地段，应设置多道环形截水沟，以拦截附近的地表水，修设和疏通坡脚的原排水沟，以疏导地表水，并处理好该区域内的生活和工程用水，防止其渗入。

湿陷性黄土地区，现场应设临时或永久性的排洪、防水设施，以防基坑受水浸泡，造成地基下陷。施工用水、废水应设临时排水管道；储水构筑物、灰池、防洪沟、排水沟等应有防漏措施，并与建筑物保持一定的安全距离，一般在非自重湿陷性黄土地区不应小于12m，在自重湿陷性黄土地区不应小于20m；搅拌站距建筑物应不小于10m。非自重湿陷性黄土地区在15m以内、自重湿陷性黄上地区在25m以内不应设有集水井；材料设备的堆放，不得妨碍雨水排泄。

需要浇水的建筑材料，宜堆放在距基坑5m以外，并严防水流入基坑。

2. 基坑排水

开挖基坑降低地下水位的方法很多，一般常用的有直接排水法和间接排水法。直接排水法是在基坑内挖明沟、集水井，用水泵排水（常称为明沟排水法）；间接排水法是沿基坑外围以适当距离设置一定数量的各种井点进行排水（常称为井点降水法）。

明沟排水法是目前施工中应用最广，最为简单、经济的基坑排水方法，在基坑排水中比较常见。一般常用且有效的明沟排水方法有：普通明沟和集水井排水法、分层明沟排水法、深沟排水法、暗沟或渗排水层排水法、工程设施排水法、综合排水法等。

（1）普通明沟和集水井排水法 普通明沟和集水井排水法是在开挖基坑的一侧、两侧或四周，或在基坑中部设置排水明（边）沟，在基坑四角或四周每隔20~30m设一口集水井，使地下水流汇集于集水井内，再用水泵将地下水排出基坑外，如图2-2所示。

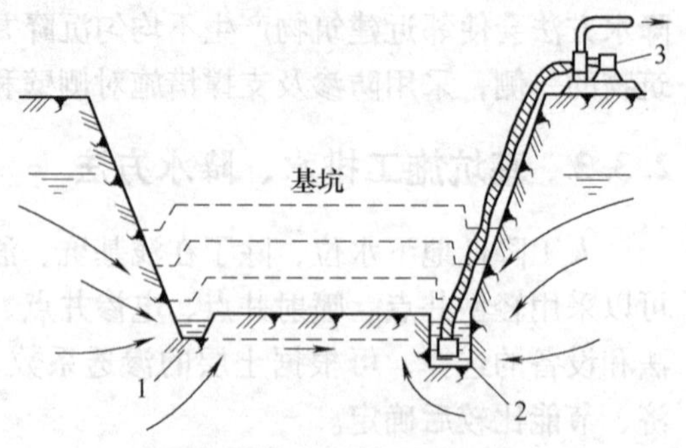

图2-2 普通明沟和集水井排水法

1—排水沟 2—集水井 3—水泵

排水沟、集水井应在基坑挖至地下水位前设置。排水沟、集水井应设置在基础轮廓线以外，排水沟边缘应离开坡脚不小于0.3m。排水沟的深度应始终保持比挖土面低0.4~0.5m；集水井应比排水沟低0.5～1m，或低于抽水泵进水阀的位置，并随基坑的挖深而加深，使地下水位始终低于基坑底部0.5～1m。当在基坑一侧设置排水沟时，应设置在地下水的上游。一般小面积基坑排水沟的尺寸为：深0.3～0.6m，底宽不小于0.3m，水沟的边坡坡度为1.1～1.5，沟底设置有0.2%～0.5%的纵坡（使水流不致阻塞）。集水井截面一般为（0.6～0.8）m×(0.6～0.8)m，井壁用竹笼、钢筋笼或木方、木板支撑加固，在基底以下的部分应填以20cm厚的碎石或卵石。水泵抽水龙头应包以滤网，防止泥砂进入水泵。抽水应连续进行，直至基础施工完毕、回填土后才停止。如地基土为渗水性强的土层，水泵出水管口应远离基坑，以防抽出的水渗流回基坑内。

（2）分层明沟排水法　当基坑开挖的土层分布由多种土质组成，且中部夹有透水性较强的砂类土时，为避免上层地下水冲刷基坑下部边坡造成塌方，可在基坑边坡上设置2～3层明沟及相应的集水井，分层阻截并排除上部土层中的地下水，如图2-3所示。

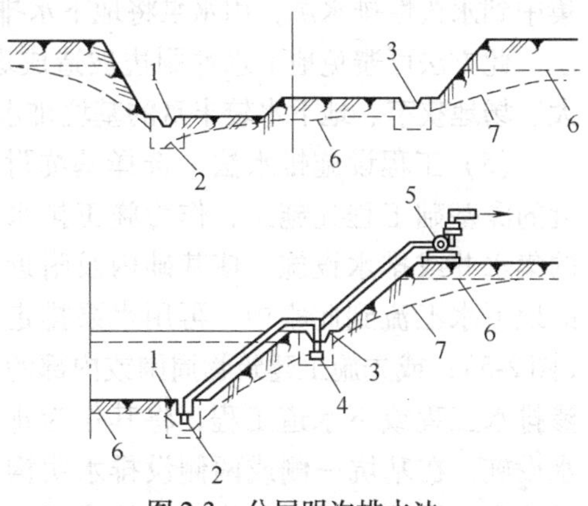

图2-3　分层明沟排水法

1—底层排水沟　2—底层集水井　3—二层排水沟　4—二层集水井　5—水泵　6—原地下水位线　7—降低后地下水位线

分层明沟排水法的排水沟与集水井的设置方法及尺寸要求，基本与普通明沟和集水井排水法相同。但应注意防止上层排水沟的地下水溢流至下层排水沟，将下部边坡冲坏、掏空，造成塌方。

此方法有利于保持基坑边坡的稳定，减少边坡的高度和扬程，但土方开挖面积加大，土方工程量增加。此方法比较适用于深度较大、地下水位较高且上部有透水性较强的土层的排水施工中时。

（3）深沟排水法　当地下设备基础成群，基坑相连，土层渗水量和排水面积较大，为避免设置大量排水沟的复杂性，可在基坑外距坑边6～30m或基坑内深基础部位开挖一条纵向延长的深沟（明排水沟）作为主沟，使附近基坑地下水均通过深沟自流入下水道或另设的集水井，用水泵排到施工场地以外的沟道中排走，如图2-4所示。

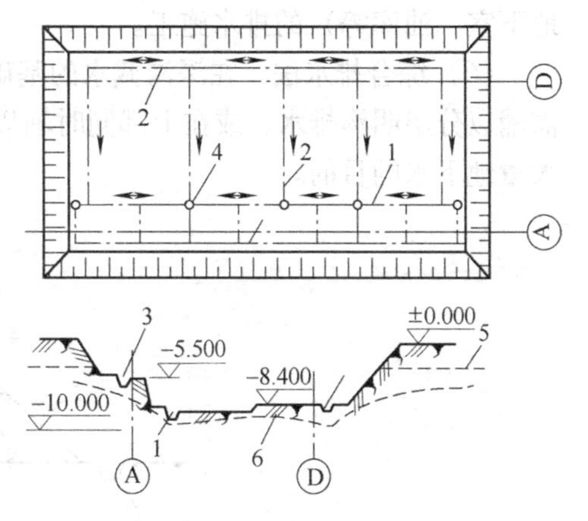

图2-4　深沟排水法

1—主排水沟　2—支沟　3—边沟　4—集水井　5—原地下水位线　6—降低后地下水位线

在建（构）筑物四周或内部设置支沟与主沟连通，将水流引至主沟排走，排水主沟的沟底应低于基坑底部0.5～1m，支沟沟底低于主沟沟底0.5～0.7m。通过基础的部位用碎石及砂子做成盲沟，在基坑回填前分段用黏土，回填、夯实、截断，以免地下水在沟内继续流动而破坏地基土。

深层明沟可设在厂房内或四周的永久性排水沟处，集水井宜设在深基础部位或附近。如施工工期较长或受场地限制时，为不影响施工，也可将深沟做成盲沟排水。

此方法将多块小面积基坑排水转变为集中排水，大面积降低了地下水位，节省了降水设施和费用，施工方便，降水效果好。但其开挖深沟的工程量较大，工序较多。此方法适用于深度大的大面积地下室、箱形基础、设备基础群的排水施工。

（4）暗沟或渗排水层排水法　在场地狭窄且地下水丰富的情况下，设置明沟较为困难，可结合工程设计的要求，在基础底板四周设置暗沟（又称为盲沟）或渗排水层排水。暗沟及渗排水层的排水管（沟）应坡向集水坑（井）。

在基坑开挖时先挖排水沟，形成连通基坑内外的排水系统，以控制地下水位。当施工至基础底板标高后，将排水沟做成暗沟或渗排水层，使基础周围的地下水流向永久性下水道或集中到永久性排水坑，用水泵将地下水排走，使水位降低到基础底板以下。

此方法可避免地下水冲刷边坡造成塌方，减少边坡挖方土方量。它适用于基坑深度较大、场地狭窄、地下水较丰富的基坑排水施工。

（5）工程设施排水法　选择基坑附近的深基础工程先施工，作为施工排水的集水井或排水设施，使基础内及附近的地下水汇流到此集中，再用水泵排走（图2-5）；或先施工建筑物周围或内部的渗排水工程或下水道工程，将其作为排水设施，在基坑一侧或两侧设排水明沟或暗沟，将水流引入渗排水系统或下水道排走。

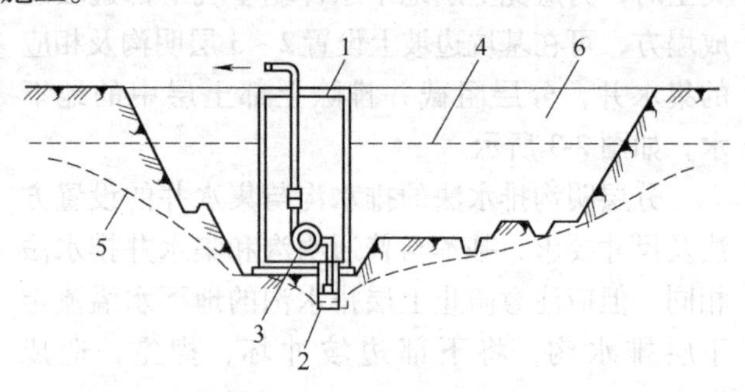

图2-5　工程设施排水法

1—地下构筑物　2—构筑物内集水井　3—水泵
4—原地下水位线　5—降低后地下水位线　6—设备基础基坑

此方法利用永久性工程设施降水排水，免去了大量建造挖沟工程和排水设施的费用，因此最为经济。它适用于工程附近有较深、较大的地下设施（如设备基础群、地下室、油库等）的排水施工。

（6）综合排水法　在深沟截水的基础上，当基坑开挖的土层中部有透水性强的土层时，需辅以分层明沟排水，或在上部同时辅以轻型井点降水等方法（图2-6），以达到综合排除大量地下水的目的。

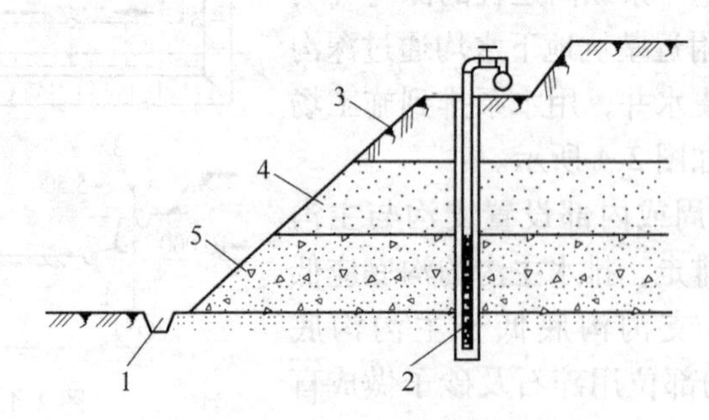

图2-6　综合排水法

1—排水沟　2—井点管　3—粉质粘土　4—粘土含砂砾石　5—粉细砂层

此方法排水效果较好，可防止流砂现象的发生，但多一道工序，费用稍高。它适用于土质不均、基坑较深、涌水量较大的大面积基坑排水施工。

3. 井点系统涌水量的计算

轻型井点计算的主要工作，是求出要达到规定的水位降低深度时每昼夜排出的地下水流量，并确定井点管的数量与间距，选择抽水设备等。

由于井点系统涌水量的计算受水文地质和井点设备等许多不确定因素的影响，要求计算结果十分精确是不可能的，但如果能仔细地分析水文地质资料，选用适当的数据及计算公式，其误差可保持在一定范围内，能满足工程上的实际应用要求。

一些工程经验丰富的地区，常参照在实践中积累的经验资料，不通过计算而直接按常用间距进行布置，即可满足实践需要。

但是对于多层井点系统、渗透系数很大的或非标准的井点系统，就需要进行完整的设计计算，特别是埋深较大或地下水位较高的地下工程。进行井点系统涌水量计算前，需充分掌握以下两方面情况：

（1）现场水文地质资料

1）含水层的性质（承压水、潜水）。

2）含水层厚度。

3）含水层的渗透系数和影响半径。

4）含水层的补给条件，地下水流动方向，水力坡度。

5）原有地下水埋藏深度，水位高度和水位动态变化资料。

6）井点系统的性质（完整井、非完整井）。

（2）所建地下工程对降低地下水位的要求

1）建筑工程的平面布置、范围，周围建筑物的分布和结构情况。

2）建筑物基础埋设深度，设计要求的水位下降深度。

3）由于井点排水引起土层压缩变形的允许范围。

在计算流向集水构筑物的地下水的涌水量时，首先要区分集水构筑物的类型。集水构筑物按构造形式可分为垂直的井、钻孔，水平的引水渠道、渗渠等。汲取潜水或承压水的垂直集水井分别称为潜水井或承压水井。而此类井按其完整程度又可分为完整井和非完整井两种类型。完整井是井底到达了含水层下的不透水层，水只能通过井壁进入井内；非完整井是井底未到达含水层下的不透水层，水可以从井底或井壁同时进入井内。水井的分类如图2-7所示。

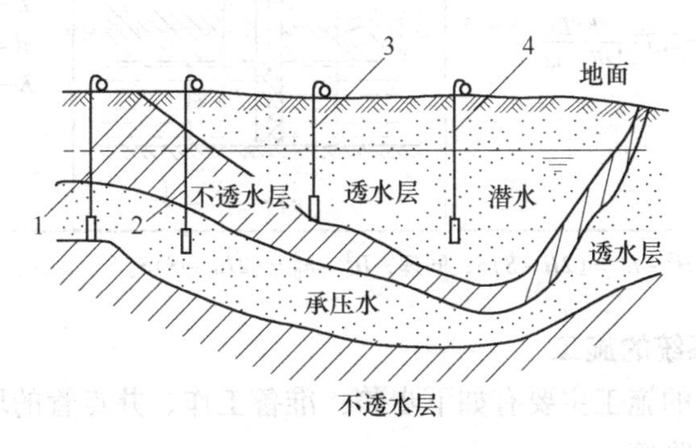

图2-7 水井的分类

1—承压完整井 2—承压非完整井 3—无压完整井 4—无压非完整井

井点系统的涌水量主要和地下水的渗流流量有关，渗流流量的计算公式在有关各专著中都有不同的介绍，计算公式颇多，但遵循的计算基础都是达西定律。几种常见的涌水量计算公式见表2-4。

表2-4 几种常见的涌水量计算公式

地下水类别	水井类别	涌水量计算公式	剖面示意图	备注
无压水	完整井	$Q=1.366\dfrac{H^2-h^2}{\lg R-\lg r}$	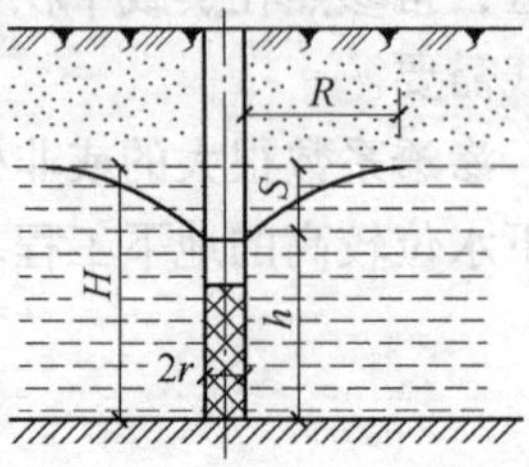	H——含水层厚度 S——井中水位的下降 h——井中水位深度 R——影响半径 r——井的假想半径
	非完整井	$Q=1.366\dfrac{H_0^2-h_0^2}{\lg\dfrac{R}{r}\sqrt{\dfrac{h_0}{L}}\sqrt{\dfrac{h_0}{2h_0-L}}}$	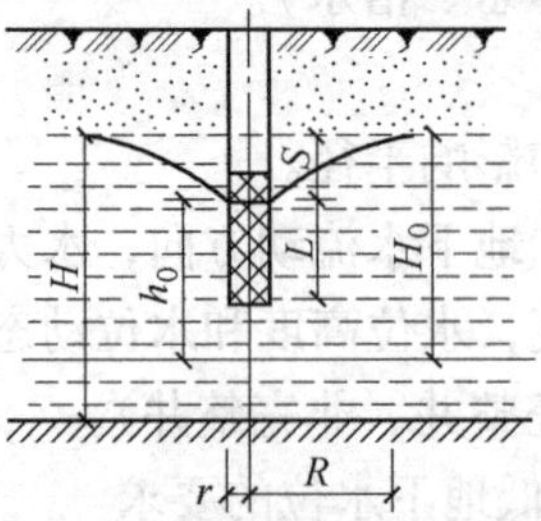	H_0——有效含水层深度，如计算出的 $H_0>H$ 时，取 $H_0=H$ h_0——井中水位到有效带的距离
承压水	完整井	$Q=2.73\dfrac{Km\ (H-h)}{\lg R-\lg r}$	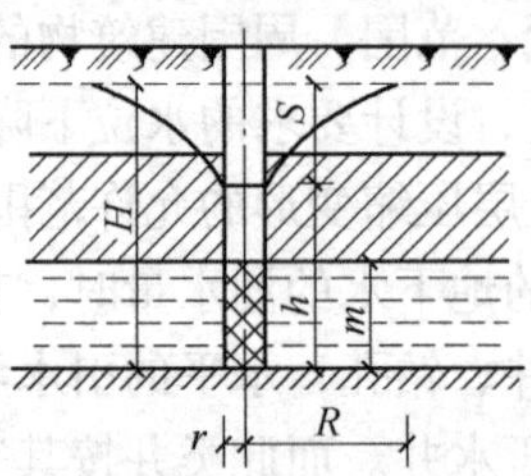	H——承压水头高度由含水层底板算起 m——含水层厚度
	非完整井	$Q=2.73\dfrac{KSL}{\lg R-\lg r}$	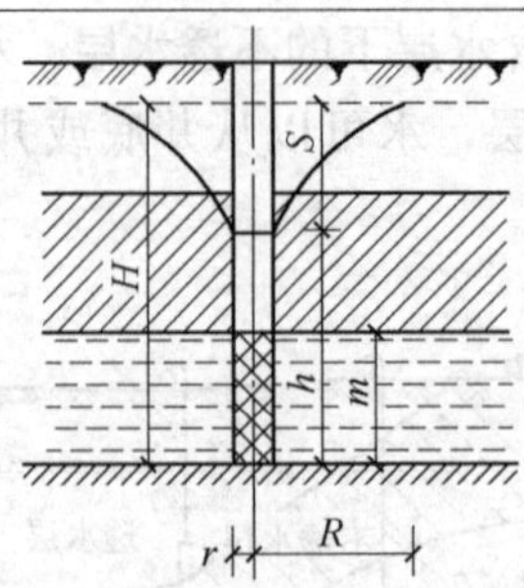	L——过滤器的工作部分长度 $R=1.32L$ K——渗透系数

注：因为 $H-h=S$，所以 $H^2-h^2=(2H-S)S$；同理，$H_0^2-h_0^2=(2H_0-S)S$。

4. 轻型井点降水系统的施工

轻型井点降水系统的施工主要有如下步骤：准备工作、井点管的埋设、连接与试抽、井点运转与监测和井点拆除等。

（1）准备工作　根据工程情况与地质条件，确定降水方案并进行轻型井点的设计计算。根据设计资料准备施工所需的井点设备、动力装置、井点管、滤管、集水总管及必要的材料。施工现场的准备工作包括排水沟的开挖、泵站处的处理等。对于在抽水影响半径范围内的建筑物及地下管线应设置监测点，并准备好防止沉降的措施。

（2）井点管的埋设　井点管的埋设一般用水冲法进行，并分为冲孔与埋管填料两个过程。

1）冲孔。冲孔时先用起重设备将 ϕ50 ~ ϕ70mm 的冲管吊起并插在井点埋设位置上，然后开动高压水泵（一般压力为 0.6 ~ 1.2MPa）将土冲松。冲孔时冲管应垂直插入土中，并作上下左右摆动，以加速土体松动，且应边冲边沉。冲孔直径一般为 250 ~ 300mm，以保证井管周围有一定厚度的砂滤层。冲孔深度宜比滤管底部深 0.5 ~ 1m，以防冲管拔出时部分土颗粒沉淀于孔底而触及滤管底部。在埋设井点时，冲孔是较为重要的一环，冲水压力不宜过大或过小。当冲孔达到设计深度时，须尽快减小水压。

2）埋管填料。井孔冲成后，应立即拔出冲管，插入井点管，并在井点管与孔壁之间迅速填灌砂滤层，以防孔壁坍塌。砂滤层一般选用干净的粗砂，填灌均匀，并填至滤管顶上 1 ~ 1.5m，以保证水流通畅。井点填好砂滤料后，须用黏土封好井点管与孔壁间的上部空间，以防漏气。

（3）连接与试抽　将井点管、集水总管与水泵连接起来，形成完整的井点系统。安装完毕后需进行试抽，以检查是否有漏气现象。开始正式抽水后，一般不中途停止。如果抽水时断时续，滤网易堵塞，也易抽出土颗粒而使水混浊，并由于土颗粒流失而引起附近建筑物的沉降开裂。正确的降水是“细水长流、出水澄清”。

（4）井点运转与监测　井点运行后需要连续工作，应准备双电源以保证能连续抽水。真空度是判断井点系统是否良好的标准，一般应不低于 55.3 ~ 66.7kPa。如果真空度不够，通常是由于管路漏气导致的，应及时修复。如果检查发现淤塞的井点管太多，严重影响降水效果时，应逐个用高压水反冲洗或拔出重新埋设。井点监测主要有流量观测、地下水位观测、孔隙水压力观测和沉降观测等。

1）流量观测。流量观测可采用流量表或堰式流量计。若发现流量过大而水位降低缓慢甚至保持不变时，可改用流量较大的水泵；若流量较小而水位降低较快时，可改用小型水泵以免离心泵无水发热，而且还可省电。

2）地下水位观测。地下水位观测井的位置和间距可按设计需要布置，可用井点管作为观测井。开始抽水时，每隔 4 ~ 8h 观测一次，以观测整个系统的降水效果。3d 后或降水达到预定标高前，每日观测 1 ~ 2 次。地下水位降到预定标高后，可数日或一周观测一次，下雨时须加密观测。

3）孔隙水压力观测。通过对孔隙水压力的观测，可判断边坡的稳定性，一般每天观测一次。在有异常情况时，如发现边坡裂缝、基坑周围发生较大沉降时，须加密观测，每天不少于 2 次。

4）沉降观测。在抽水影响半径范围内的建筑物和地下管线，应进行沉降观测。观测次数一般每天一次，在有异常情况时须加密观测，每天不少于 2 次。

（5）井点拆除　地下室或地下结构物竣工并将基坑回填土后，方可拆除井点系统。拔出井点管多借助于手拉葫芦、起重机等。所留孔洞用砂或土填塞；对地基有防渗要求时，地面下 2m 可用黏土填塞密实。井点的拔除应在基础及已施工部分的自重大于浮力的情况下进行，且底板混凝土必须要有一定的强度，防止因水浮力引起地下结构浮动或造成底板破坏。

5. 工程实例

某工程基坑平面尺寸如图 2-8 所示，基坑顶部的宽度为 14m，长度为 23m，深度为 4.1m。施工时测得地下水位标高为 -0.600m。根据地质勘查资料，该处地面下 0.7m 为杂填土，此层下面有 6.6m 的细砂层，土的渗透系数 $K=5\text{m/d}$。再往下为黏土层（即不透水层），现采用轻型井点设备进行人工降低地下水位，机械开挖土方，试对该轻型井点降水系统进行设计计算。

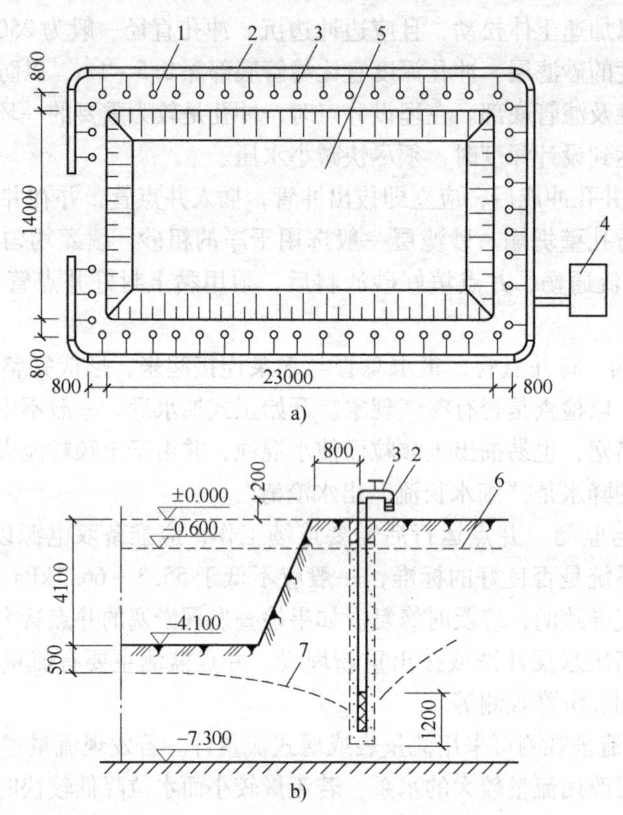

图 2-8 某工程基坑平面尺寸

a）井点管平面布置 b）井点管高程布置

1—井点管 2—集水总管 3—弯连管 4—抽水设备 5—基坑 6—原地下水位线 7—降低后地下水位线

（1）井点降水系统的布置

1）平面布置。该基坑顶部平面尺寸为 14m×23m，布置成环状井点，将井点管与边坡的距离值设为 0.8m，因此用一般轻型井点系统即可满足要求，总管和井点布置在同一水平面上。

2）高程布置。由井点系统布置处至下面不透水黏土层的深度为 0.7m+6.6m=7.3m，设井点管长度为 7.2m（井管长度为 6m，滤管长度为 1.2m），因此滤管底部距离不透水的黏土层只有 0.1m。可近似按无压完整井进行设计和计算。

（2）基坑总涌水量计算

1）含水层厚度 $H=(7.3-0.6)\text{m}=6.7\text{m}$

2）降水深度 $s=(4.1-0.6+0.5)\text{m}=4.0\text{m}$

3）基坑假想半径 r 计算。由于该基坑的长宽比不大于5，所以可化简为一个假想半径为 r 的圆井进行计算

$$r=\sqrt{\frac{A}{\pi}}=\sqrt{\frac{(14+0.8\times2)(23+0.8\times2)}{3.14}}\text{m}=11\text{m}$$

抽水影响半径为

$$R=1.95s\sqrt{HK}=1.95\times4\sqrt{6.7\times5}\text{m}=45.1\text{m}$$

4）基坑总涌水量计算。按无压完整井的计算公式。

$$Q=1.366K\frac{H^2-h^2}{\lg R-\lg r}=1.366K\frac{(2H-s)s}{\lg R-\lg r}=1.366\times5\times\frac{(2\times6.7-4)\times4}{\lg45.1-\lg11}\text{m}^3/\text{d}=419\text{m}^3/\text{d}$$

（3）计算井点管数量和间距

1）计算单井出水量（已知滤管直径为50mm）

$$q=65\pi dl\sqrt[3]{K}=65\times3.14\times0.05\times1.2\times\sqrt[3]{5}\text{m}^3/\text{d}=20.9\text{m}^3/\text{d}$$

2）井点管数量

$$n=1.1\times\frac{419}{20.9}\text{根}=22.053\text{ 根}$$

取22根。

在基坑四角处的井点管应加密，如考虑每个角加2根井点管。采用的井点管数量为22根，再加上8根，共计30根。

3）井点管间距平均为

$$D=\frac{2(24.6+15.6)}{30-1}\text{m}=2.77\text{m}$$

因为实际工程中采用的井点管间距应当与总管上的接头尺寸相适应，即0.8m、1.2m、1.6m、2.0m或2.4m，所以本工程中的井点管间距取2.4m。

实践工程中布置井点管时，通常还要考虑为机械设备让开挖土的开行路线，因此平面布置时宜布置成端部开口的形状，即开口处预留3根井点管的距离，故实际需要井点管数量为

$$n=\left[\frac{2\times(24.6+15.6)}{2.4}-2\right]\text{根}\approx31.5\text{ 根}$$

实际取32根。

（4）校核水位降低数值；判断是否满足降水要求

$$h=\sqrt{H^2-\frac{Q}{1.366K}(\lg R-\lg r)}=\sqrt{6.7^2-\frac{419}{1.366\times5}(\lg45.1-\lg11)}\text{m}=2.7\text{m}$$

则实际可降低水位为 $H-h=(6.7-2.7)\text{m}=4.0\text{m}$，与前面计算出的降水深度 $[s=(4.1-0.6+0.5)\text{m}=4.0\text{m}]$ 相符，故此设计方案可行。

2.4　深基坑工程土方开挖

土方开挖是基坑工程的重要组成部分和主导工序，如果基坑的开挖面积和深度较大，则需合理、周密地制定开挖方案，编制施工组织计划，这对保证工程的顺利进行，加快施工速度，确保开挖质量和降低工程费用都具有极为重要的意义。

此外，基坑支护结构的强度和变形控制是否能满足要求，地下水控制是否能达到预期的效果，也需合理、精心组织的土方开挖施工来进行检验和保证。因此在基坑土方开挖施工中必须做好土方开挖的准备工作，制定周密的开挖方案，按照围护结构设计的要求和施工组织设计的安排精心组织施工。

2.4.1 基坑土方开挖施工的地质勘察和环境调查

1. 地质勘察

地质勘察主要是查明基坑边坡所处的工程地质条件和水文地质条件，提出边坡开挖的最优坡形、坡角，以及边坡稳定性计算参数。

水文地质勘察通常包括如下内容：

1）查明开挖范围及邻近场地的地下水特征，各含水层（包括上层滞水、潜水、承压水）及隔水层的层位、埋深和分布条件。

2）测量各含水层的水位及其变幅。

3）查明各含水层的渗透系数、水压、流速、流向、补给来源和排泄方向。

4）查明施工过程中水位变化对基坑边坡及周围环境的影响，提出应采取的保护措施。

5）提出地下水的控制方法及选取计算参数的建议。

6）提出施工中应进行的具体现场监测项目和布置的建议。

7）提出基坑开挖过程中应注意的问题及相应的防治措施。

基坑边坡稳定性计算所需的岩土工程测试内容及参数通常包括下列内容：

1）含水量及密度试验，测试含水量 w 及重度 γ。

2）直接剪切试验，测试固结快剪强度峰值指标 c、ϕ。

3）三轴固结不排水试验，测试三轴不排水强度峰值指标 c_{cu}、ϕ_{cu}。

4）室内或原位试验，测试渗透系数 K。

5）测试水平与垂直变位计算所需的参数。

2. 环境调查

对基坑周围建（构）筑物的详细调查，可以为基坑边坡设计确定地面超载、边坡变形限制和安全系数的取值提供依据。

基坑开挖的环境调查通常包括如下内容：

1）查明基坑开挖影响范围内的建（构）筑物的结构类型、层数、基础类型、基础埋深及结构现状。

2）查明基坑周围地下设施（包括上、下水管线，电缆，煤气，管道，热力管道，地下箱涵等）的位置、材料和接头形式。

3）查明基抗周围地表水和地下水的分布情况、水位标高，与基坑之间的距离及补给、排泄关系，以及对基抗开挖的影响程度。

4）查明基坑周围的道路、车流量及载重情况。

2.4.2 基坑土方开挖的方法

基坑土方的开挖，根据基坑是否设有支护结构，可分为放坡挖土、设支护挖土、放坡与支护相结合挖土，以及逆作法挖土等；根据挖土是否使用机械，可分为人工挖土、机械挖土，以及人工与机械相结合挖土等；根据土方开挖施工顺序的不同，可分为分层、分段挖土，盆式挖土，中心岛式挖土，基础群分片挖土，深基坑逐层挖土，以及多层接力挖土等。

应根据工程结构形式、基坑深度、基抗面积、地质条件、地下水位及渗水情况、场地容量、周围建筑物情况、地面荷载、机械设备条件、施工方法、工期要求和施工成本等内容综合考虑开挖方式。经过多方案比较，选择一个经济合理、切实可行的开挖方案。

地下深基坑的场地一般都比较狭窄，基坑较深，土方开挖量大，应对土方开挖的平面和竖向范围进行合理的规划。合理使用场地，使开挖工作有序进行，以达到土方开挖量最少、运距最短、费用最少的目的。

基坑开挖应编制施工组织设计，绘制土方开挖图（内容包括：机械开挖的路线、顺序、范围，基坑底部各层标高，边坡坡度，基坑几何尺寸，排水沟、集水井的，支护的位置，土方运输道路及挖出土方堆放地点等），深基坑开挖方案中还应包含支护方案、边坡保护和降水方案等一系列措施。

基坑挖土应尽可能使用机械挖土，避免机械超挖和人工挖方。

1. 放坡挖土法

基坑采用放坡开挖时，应保证其具有稳定的边坡坡度，以避免塌方而影响施工安全。

挖方边坡的坡度及放坡形式应根据土质情况、场地大小、地下水情况和基坑深度等确定，同时还要考虑施工环境、相邻道路及边坡上地面荷载的影响。基坑深度较大时，宜采用多级平台分层开挖，每级平台的宽度不宜小于1.5m，如图2-9所示。

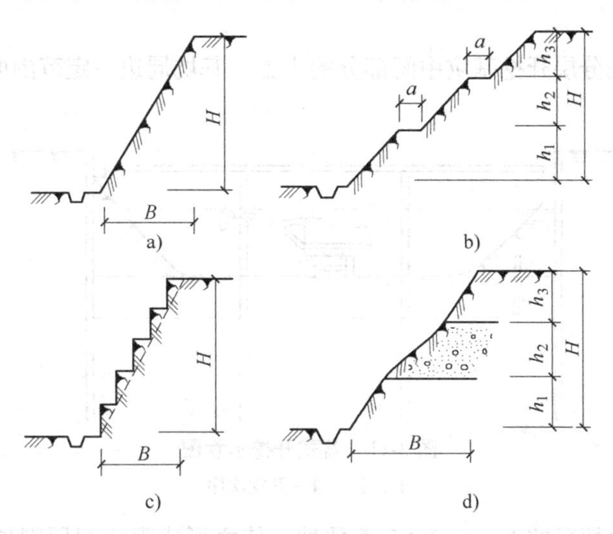

图2-9　基坑边坡形式

a）斜坡式　b）踏步式　c）台阶式　d）折线式

采用放坡挖土法开挖重要基坑时，要验算边坡稳定性，可采用圆弧滑动简单条分法进行验算。安全系数根据基坑类别选取：一级基坑取1.38～1.43，二级基坑取1.25～1.30。

对于土质较差且工期较长的基坑，其边坡宜采用钢丝网水泥喷浆或高分子聚合材料覆盖等措施进行护坡。坑顶应避免堆土或堆放材料、停放设备。

基坑开挖应采取有效措施降低坑内水位，排除地表滞水，严防地表水或坑内排出的水倒流回基坑内。地下水位较高的地区，应在降水达到要求后再进行土方开挖，宜采用分层开挖的方式进行，分层厚度不宜超过2.5m。

基坑放坡开挖时，坡面及坑底应保留200~300mm厚的地基土，用于人工修坡和整平坑底，防止超挖使坡面失稳和坑底土发生扰动。待挖至设计标高后，应清除浮土，经验槽合格后，及时进行垫层施工。

2. 分层、分段挖土法

分层挖土是指将基坑按深度分为多层进行逐层开挖。分层的厚度，软土地基应控制在2m以内，硬质土以控制在5m以内为宜。开挖时，可从基坑的某一侧向另一侧平行开挖，或从基坑两头对称开挖，或从基坑中间向两边平行对称开挖，也可交替分层开挖（具体开挖顺序可根据工作面和土质情况决定）。可采取设置坡道或不设置坡道两种运土方式。坡道的坡度根据土质、挖土深度和运输设备情况确定，一般为1：8~1：10，坡道两侧要采取挡土或加固措施。不设坡道时，一般设钢平台或栈桥作为运输土方的通道。

分段挖土是指将基坑分成几段或几块分别进行开挖。分段与分块的大小、位置和开挖顺序，根据开挖场地的工作条件、地下室的位置与形式，以及工期要求确定。分块开挖，即开挖一块基坑后浇筑一块混凝土垫层或基础，必要时可在已封底的坑底与围护结构之间加设斜撑，以增强支护结构的稳定性。分层、分段开挖示意图如图2-10所示。

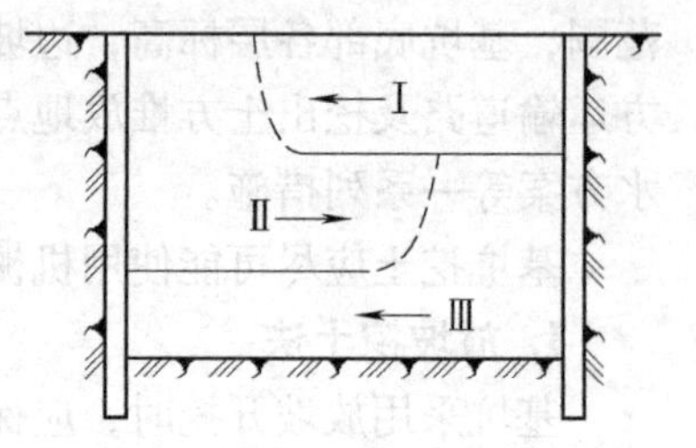

图2-10 分层、分段开挖示意图

Ⅰ、Ⅱ、Ⅲ—开挖次序

3. 盆式挖土法

盆式挖土是指先分层开挖基坑中间部分的土方，基坑周边一定范围内的土暂不开挖，如图2-11所示。

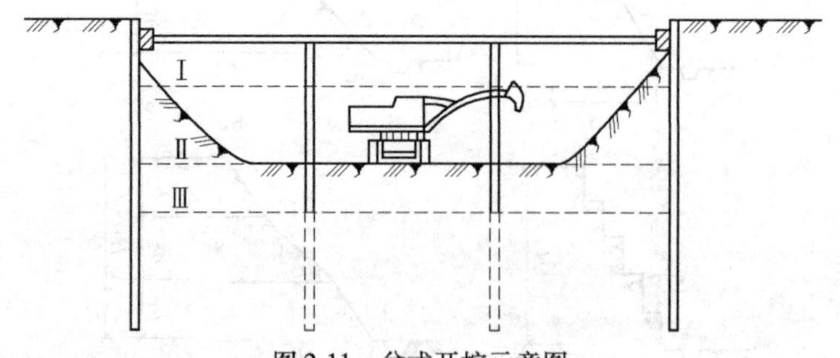

图2-11 盆式开挖示意图

Ⅰ、Ⅱ、Ⅲ—开挖次序

边坡可根据土质情况按1：1~1：2.5放坡，使之形成阻止四周围护结构移动的被动土压力区，以增强围护结构的稳定性。待中间部分的混凝土垫层、基础或地下室结构施工完成之后，再用水平支撑或斜撑对四周围护结构进行支撑，并突击开挖周边支护结构内部被动土区的土。每挖一层土，则支一层水平横顶撑，直至坑底，最后浇筑该部分结构。

此方法对于支护挡墙的受力有利，可减小时间效应，但大量土方不能直接外运，需集中提升后装车外运，施工不便。

4. 中心岛（墩）式挖土法

中心岛（墩）式挖土是指先开挖基坑周边上方，在中间留岛（墩）作为支点搭设栈桥，挖土机可利用栈桥下到基坑挖土，运土的汽车也可利用栈桥进入基坑运土，可有效加快挖土和运土的速度，如图2-12所示。

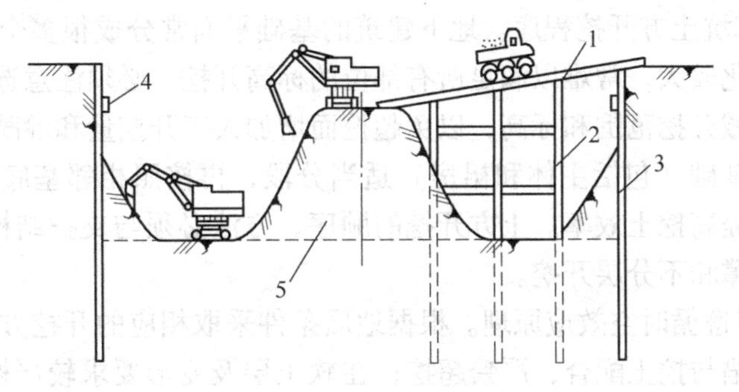

图2-12　中心岛（墩）式挖土示意图

1—栈桥　2—支架或工程桩　3—围护墙　4—腰梁　5—岛（墩）

岛（墩）的留土高度、边坡的坡度、挖土的层数与高差应经仔细研究确定。挖土分层开挖时，一般先全面挖去一层，然后中间部分留置岛（墩），周围部分分层开挖。多用反铲挖土机挖土，如基坑深度很大，则采用向上逐级传递的方式将土方装车外运。整个土方开挖应遵循开槽支撑、先撑后挖、分层开挖、防止超挖的原则。

5. 多层接力挖土法

多层接力挖土法是利用两台或三台反铲挖土机分别在基坑的不同标高处同时挖土，一台在地表、两台在基坑不同标高的台阶上边挖土边向上传递，到上层由地表挖土机掏土装车，用自卸汽车运至弃土地点。基坑上部可用大型挖土机，中、下部可用中、小型液压挖土机，以便挖土、装车均衡作业；机械开挖不到之处再配以人工开挖修坡、找平。在基坑的纵向两端设有道路出入口，上部汽车开行单向行驶。对于标高深浅不一的基坑，需边清理坑底边放坡，挖土按设计的开行路线边挖边往后退，直到全部基坑挖好为止，如图2-13所示。

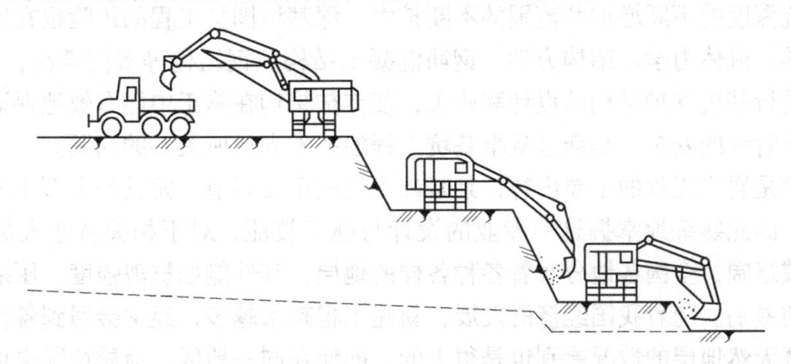

图2-13　反铲挖土机多层接力挖土示意图

用此方法开挖基坑，可一次挖到设计标高，一次成形；一般两层挖土可达到10m，三层挖土可达到15m左右；可避免载重自卸汽车开进基坑进行装土、运土作业，工作条件好，运输效率高，并可降低费用。

2.4.3　基坑土方开挖的注意事项

基坑土方开挖是整个施工过程中非常重要的环节，在施工中常出现施工工况和原设计条件不相符的情况，或者设计中难以考虑周全的情况，此时必须重新验算基坑边坡的稳定性。

如果安全度不足，应采取相应的补救措施。施工过程中应注意以下内容：

1）合理选择基坑土方开挖程序。地下建筑的基础平面常分成很多个部位，平面布置复杂，且基底标高变化较大，常难以满足所有部位的标高开挖，必须注意选择合适的机械工作面，考虑合适的机械开挖范围和标高，以免超挖而增加人工开挖量和混凝土量；应合理安排开挖程序，将整个基础（包括主体和裙房）适当分段，再按照相邻基底近似的标高分成若干层进行开挖，以提高挖土效率。土方开挖的顺序、方法必须与支护结构的设计工况一致，不得先挖土、后支撑和不分层开挖。

2）基坑开挖应遵循时空效应原理。根据地质条件采取相应的开挖方式，一般应分层开挖，先撑后挖，撑锚与挖土配合，严禁超挖；在软土层及变形要求较严格时，应采用分层、分区、分块、分段、抽槽开挖。挖土时应留土护壁，快挖快撑，先形成中间支撑，限时对称平衡形成端头支撑，减少无支撑的暴露时间。

3）不要在基坑边坡顶堆加过重荷载，否则必须对边坡稳定性进行验算，控制堆载指标。

4）注意地表水的合理排放，防止地表水流入基坑或渗入边坡。雨期开挖土方，工作面不宜过大，应逐段分期完成。坑面、坑底排水系统应保持良好，汛期应有防洪措施，防止坑外水浸入基坑。冬期开挖基坑，要防止基础下的土层受冻。如果挖土结束后隔一段时间再进行基础施工，需预留适当厚度的松土，或用保温材料覆盖基坑防冻。

5）注意现场观测，发现边坡失稳迹象时立即停止施工，并采取有效措施加固边坡，待符合安全要求时再继续施工。

2.5 深基坑工程的支护方案

随着基坑深度的不断增加和范围的不断扩大，深基坑围护工程的风险也在增加。基坑工程涉及土力学、流体力学、结构力学、钢筋混凝土结构、钢结构等多门学科，实践性较强，如何合理地进行基坑支护结构的设计和施工，使支护结构在施工中能有效地保证基坑及邻近建筑物和地下管线的安全，是众多从事基坑工程的技术人员所关心的问题。

基坑支护是岩土工程的主要内容，是基础工程的重要环节，尤其是大型土木工程均要涉及这一领域，因此熟练地掌握这一专业的设计与施工技能，对于相关从业人员是非常重要的。我国地域辽阔，全国各地分布着各种各样的地层，其性能如抗剪强度、压缩性及透水性等都有很大的差别。随着我国经济的发展，新建工程越来越多，经常会遇到各种不良的地质条件，各地区天然地层的情况差别也是很大的，即使在同一地区，地质情况也可能有很大的变化，这就导致了岩土工程及基坑支护问题的复杂性。施工人员应了解各种基坑支护的方法、原理、施工工艺，熟悉其适用范围，掌握常用基坑支护方法的设计和计算方法，并能结合具体情况提出切合实际、合理的基坑支护方案。

目前，大多数支护结构还是施工期间的临时性结构，但其选型、计算和施工是否正确，常对施工安全、工期和经济效益有着巨大的影响。尤其在软土地区施工，风险更大、成本更高，仅支护结构一项费用有时就可占工程总成本的30%以上。基坑支护工程作为岩土工程重要的一部分，已得到业内大多数人士的认可。

随着高层建筑、水电、地铁、核电等工程的建设发展，现代建筑工程对基坑支护提出了越来越高的要求，基坑支护技术的研究已成为岩土工程中的一项重要课题，深基坑支护的设计已成为一门新兴学科。近年来，深基坑支护工程的设计计算理论与施工技术水平也有了长足的发展，许多新的基坑支护技术得到了开发和应用。推广和发展各种基坑支护技术对提高基坑支护的水平具有非常重要的意义。

2.5.1 深基坑支护工程的分类

目前，支护结构按其工作机理的不同主要分为围护结构类型、支撑结构类型和加固类型。在工程实践中常根据实际情况综合应用。

1. 围护结构类型

基坑的围护结构主要承受基坑开挖卸荷所产生的土压力和水压力，并将此压力传递到支护结构中，是稳定基坑的一种施工临时挡墙结构。围护结构类型通常有以下几种：

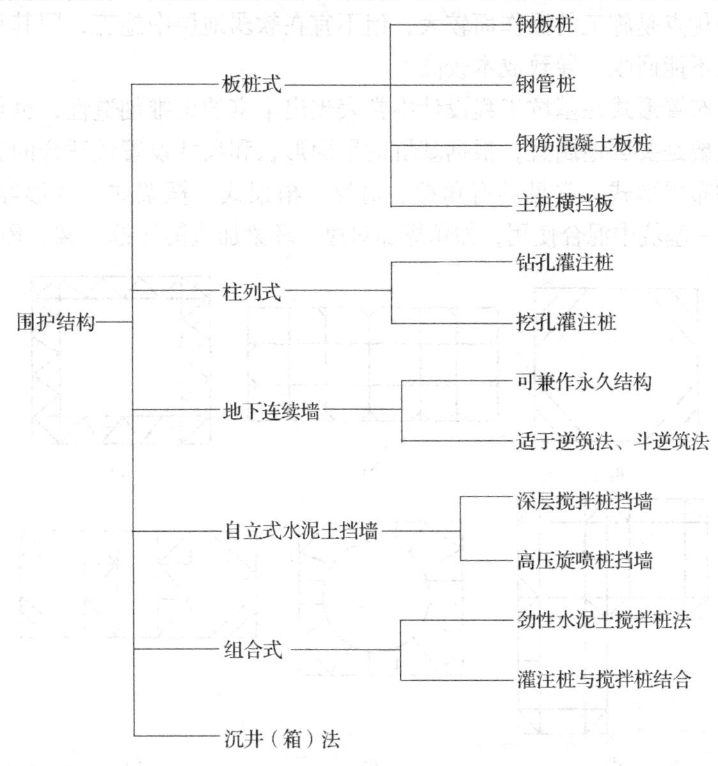

2. 支撑结构类型

在软弱地层的基坑工程中，支撑结构是承受围护墙所传递的土压力、水压力的结构类型。支撑构件包括围檩、支撑、立柱及其他附属构件。挡土的应力传递路径是围护墙→围檩（圈梁）→支撑，在地质条件较好的有锚固力的地层中，基坑支撑采用锚杆和拉锚（锚碇）。

支撑结构类型通常可分为现浇钢筋混凝土支撑体系、钢支撑体系、钢材与钢筋混凝土组合构成的混合支撑体系、拉锚等。现浇钢筋混凝土支撑体系由围檩（头道为圈梁）、支撑和角撑、立柱和围檩、托架或吊筋、立柱、托架锚固件等附属构件组成。钢结构支撑体系通常为装配式的，由内围檩、角撑、支撑、千斤顶（包括千斤顶自动调压或人工调压装置）、轴力传感器、支撑体系监测监控装置、立柱桩及其他附属装配式构件组成。

现浇钢筋混凝土支撑体系的截面形式可根据设计要求确定，造型灵活。竖向布置有水平撑、斜撑；平面布置有对撑、边桁架、环梁与边桁架结合等形式。其优点是混凝土硬化后刚度大、变形小、可靠性高、施工方便。但其浇制和养护时间较长，围护结构处于无支撑的暴露状态的时间较长，软土中被动区土体位移较大（如对控制变形有较高要求时，需对被动区软土进行、加固)，施工工期较长，拆除困难，爆破拆除时对周围环境有影响。

钢支撑体系的截面形式可根据使用的材料进行组合。竖向布置有水平撑、斜撑；平面布置形式一般为对撑、井字撑、角撑。也能与钢筋混凝土支撑结合使用，但要谨慎处理其变形协调问题。其特点是安装、拆除施工方便，可周转使用，支撑中可加预应力，可调整轴力而有效控制围护墙的变形。但其施工工艺要求较高，如果节点和支撑结构处理不当，施工支撑不及时、不准确，会造成结构失稳破坏。

钢与钢筋混凝土混合支撑利用了钢材、混凝土各自的优点，但不太适用于宽度较大的基坑。

拉锚支撑的优点是施工的操作面较大，但不宜在软弱地层中施工，因其承载力小，故锚多而密，且多数不能回收，导致成本较高。

支撑类型的布置形式在基坑工程设计中常表现出丰富的思维创造性，也是对技术要求较高的一项设计主要是要因地制宜，根据基坑的平面形状和尺寸设置最适合的支撑类型。支撑体系在平面上的布置形式，常见的有角撑、对撑、桁架式、框架式、环形等，如图 2-14 所示；有时会在同一基坑中混合使用，如角撑加对撑、环梁加边桁（框）架、环梁加角撑等。

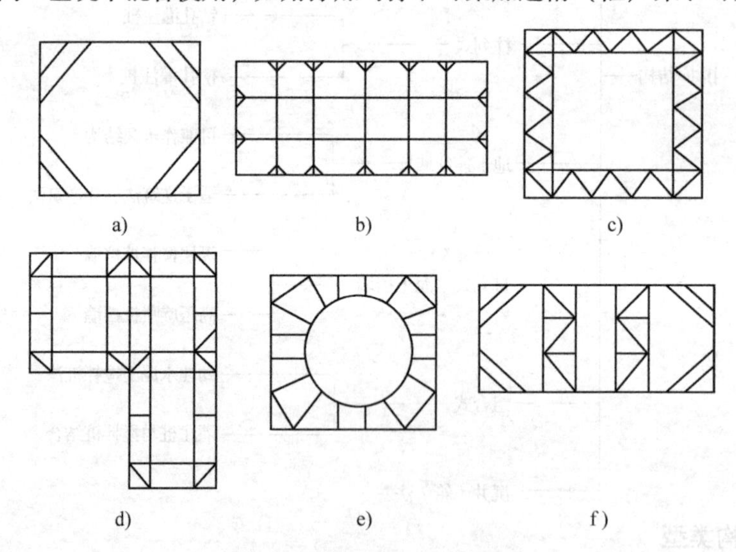

图 2-14 支撑的平面布置形式

a）角撑 b）对撑 c）边桁架式 d）框架式 e）环梁与边桁架 f）角撑加对撑

支撑类型布置设计应考虑：能够因地制宜地选定支撑材料和支撑类型布置的形式，使其综合技术经济指标得到优化；支撑类型受力明确，充分发挥各杆件的力学性能，安全可靠，经济合理，能够在稳定性和控制变形方面满足保护周围环境的设计标准要求；支撑类型布置能在安全可靠的前提下，最大限度地方便土方开挖并满足主体结构的快速施工要求。

支撑布置不应妨碍主体工程地下结构的施工，应预先详细了解地下结构的设计图样。对于较大的基坑，基坑工程的施工速度在很大程度上取决于土方开挖的速度，为此内支撑的布置应尽可能便利土方开挖，尤其是机械下坑开挖。相邻支撑之间的水平距离，在结构合理的前提下应尽可能扩大其间距，以便挖土机运作。

一般情况下，对于平面形状接近方形且尺寸不大的基坑，宜采用角撑，使基坑中间有较大的空间，便于组织挖土作业。对于形状接近方形但尺寸较大的基坑，采用环形或桁架式、边框架式支撑，优点是受力性能较好，也能提供较大的空间便于挖土作业。对于长片形的基坑宜采用对撑或对撑加角撑，优点是安全可靠，便于控制变形。

3. 加固类型

基坑土体的加固方法通常不是单独使用的，在按一定地质条件和基坑开挖施工参数所设计的支护结构类型达不到控制基坑变形的要求时，如增加支撑道数不可行，则要考虑合理提高围护墙被动区抗力或减少主动区压力的方法，使基坑变形符合要求。一般在围护墙被动区加固土体是可行而合理的方法。另在遇到管涌、承压水问题时，如果因环境条件不能采用降水法处理地下水时，则可用地基加固解决基坑变形的问题。

基坑的加固范围要经过深入的地质调查，并考虑坑周地层位移对保护对象的影响，而后针对基坑地基的薄弱处预先进行可靠而合理的地基加固。必须加固的位置和范围要选在可能引起突发性、灾害性事故的地质环境之处，例如：液性指数大于1.0的触变性及流变性较大的黏土层；基坑底面以下存在承压水层，坑底不透水层有被承压水顶破的危险；坑底面与下面承压水之间存在不透水层，或与受压透水层互通的过渡性地层；坑周地面和地下水位高程有较大差异；坑周挡墙外侧有局部的松土或空洞；基坑对面挡墙外侧超载很大；基坑内外地层软硬悬殊；部分挡墙受邻近工地打桩、压浆等施工活动的影响而引起附加压力；含丰富地下水的砂性土层及废弃地下室管道等构筑物内的储水体；地下水丰富且连通大流动水体的卵砾石地层或既有建筑的垃圾层；基坑周围外侧存在高耸桅塔、易燃管道、地下铁道、隧道等对沉降很敏感的建筑设施等。

针对上述困难和存在较大风险的土体，按具体的工程地质和水文地质条件及施工条件，预测基坑周围地层的位移，当经过精心优化挡墙和支撑体系结构设计及开挖施工工艺后，预测周边地层位移仍大于保护对象的允许变形量时，则必须考虑在计算分析所显示的基坑地基薄弱部分预先进行可靠而合理的地基加固。对于风险性特大处的地基加固，安全系数应适当提高，并采取在开挖施工中跟踪注浆等加固方法来可靠地控制保护对象的差异沉降。对于存在管涌和水土流失危险处，则更须预先进行可靠的预防性地基处理。地基加固的部位、范围，加固后介质的性能指标及加固方式的选择均应经计算分析确定，还要明确提出检验加固效果的方法。

加固方式通常有以下几种类型：

（1）水泥搅拌桩加固法　水泥搅拌桩加固法是软土加固的一种有效方法，是利用具有一定强度的水泥搅拌桩相互搭接组成格构体系，从而使边坡滑动棱体范围内的土体加固，保持边坡的稳定性。加固体按重力式挡土墙验算，当稳定性不足时，增大加固体的厚度和深度，直到满足稳定性的要求。同样原理的加固方法还有粉喷桩法，加固材料可以用水泥，也可用石灰，石灰桩的加固深度远小于水泥桩。

（2）高压旋喷桩加固法　高压旋喷桩加固法是加固软弱地基的有效方法之一，由于其水泥含量高，强度比水泥搅拌桩高得多，因此加固边坡厚度可以较薄。当基坑为圆形时，可利用拱效应进一步减小加固厚度。

（3）注浆加固法　其基本原理是用气压、液压或电化学方法，把水泥浆或其他化学溶液注入土体孔隙中，改善地基土的物理力学性质，达到加固土体和防渗的目的。

（4）网状树根桩加固法　其原理是使边坡破坏棱体范围内的土体与树根桩网构成一个桩土复合体，它具有良好的整体稳定性，足以抗御一般情况下的土压力、水压力和地面超载。

（5）插筋补强法　插筋补强法是通过在边坡土体中插入一定数量的抗拉强度较大、具有一定刚度的插筋锚体，使其与土体形成复合土体共同工作。这种方法可提高边坡土体的结构强度和抗变形刚度，减小土体侧向变形，增强边坡整体稳定性。在工作机理及施工工艺上，其明显不同于在填土中敷设板带的加筋土技术，也不同于护坡支撑中的锚杆技术。

插筋补强法是吸取了上述一些工艺技术的特点而发展起来的一种以主动制约机制为基础的新型边坡稳定技术，它以发挥插筋锚体与土体相互作用形成复合土体的补强效应为基本特征，以插筋作为补强的基本手段。

与其他护坡方法相比，虽然插筋补强法的护坡深度不可能太大（一般不大于10m），但它不需大型施工机械，不需单独占用场地，而且具有施工简便、适用性广泛、费用低、可以竖直开挖等优点，因而具有广阔的应用前景。

2.5.2 常用的支护结构形式

基坑的设计与开挖要因地制宜，最大程度的结合实际情况，根据不同的深度、地层、水文、材料、施工方法及场地条件采用适当的形式，支护结构的选型应考虑结构的空间效应和受力特点，采用有利支护结构材料受力性状的形式。

深基坑工程由于场地较大，常采用几种支护结构的组合形式，共同发挥支护作用。这些组合都是针对各地区特有的地质条件、工程要求、场地条件而选取的，能充分发挥各自的功能特长，用支撑、拉锚、防渗、截水、加固、卸载等措施形成每一个具体的支护体系，共同达到整体最优效果。以下分别介绍几种常用的支护形式。

1. 放坡

放坡开挖适合于场地宽阔、基坑周围没有重要的建筑物、地下水埋深大及基坑边土体变形要求不高的情况。当开挖深度超过5m时，宜采用分级放坡，每级间有一过渡平台。当场地为黏土或粉质黏土，地下水位较深，且基坑周围有场地条件放坡时，可采用局部或全深度的基坑放坡。

基础深度范围内为碎石土、黏性土、风化岩石或其他良好土质，基坑较浅时可竖直开挖；较深时应按安全角度开挖。当基坑不具备全深度或分级放坡开挖的条件时，上段可自然放坡或对坡面进行保护处理（挂网喷水泥浆、浆砌石），下段可进行土钉支护、喷锚等。在基坑深度范围内，场地条件允许的情况下，上段放坡，对坡面进行保护处理；下段设置支护桩结构。

2. 深层搅拌桩

深层搅拌桩是指利用一种特殊的搅拌头或钻头，钻进地基至一定深度后喷出固化剂，使其沿着钻孔深度与地基土强行拌和而形成的加固土桩体。固化剂通常采用水泥或石灰，可用浆体或粉体；固化剂为粉体时，搅拌桩又可称为粉喷桩。

劲性水泥土搅拌桩挡土墙是深层搅拌桩的一种发展方向，它是利用搅拌设备就地切削土体，然后注入水泥系混合液搅拌成桩，再将桩相连形成挡墙，最后按一定的形式在其中插入型钢（如H型钢），即形成一种劲性复合围护结构，如图2-15所示。该围护结构的特点主要是防水性好，构造简单，型钢插入深度一般小于搅拌桩深度，施工速度快，型钢可回收重复使用，成本较低。

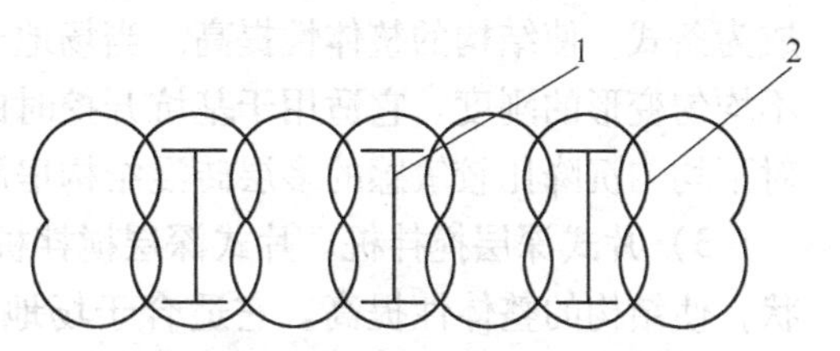

图2-15 劲性水泥土搅拌桩挡土墙

1—插在水泥土桩中的H型钢 2—水泥土桩

深层搅拌桩的独特优点为：可将固化剂和原地基软土就地搅拌混合，因而最大限度地利用了原土；搅拌时地基侧向挤出范围小，所以对周围建筑物的影响较小；按照不同地基土的性质及工程设计要求合理选择固化剂及其配方，设计比较灵活；施工时无振动、无噪声、无污染，可在市区内和密集建筑群中进行施工；根据上部结构的需要可灵活地采用独立式、条式、片式等加固形式。

深层搅拌桩可用于增加软土地基的承载能力，减少地基沉降量，提高边坡的稳定性，广泛应用于下列情况：建（构）筑物的地基，具有地面荷载的地坪，高填方路堤下的地基等；大面积的地基加固，防止码头岸壁的滑动，防止基坑开挖时的坍塌、坑底隆起和减少软土中地下构筑物的沉降；对基坑开挖中的桩侧软土进行加固，增加被动土压力强度；作为地下防渗墙，阻止地下水渗流。

经过多年的应用和研究，从总体上看，深层搅拌桩已成为了一种基础和支护结构两用、海上和陆地两用、水泥和石灰两用、浆体和粉体两用、加筋（劲）和非加筋（劲）两用的软土地基处理技术。它可根据加固土受力特点沿加固深度合理调整强度。

为了经济、合理地确定深层搅拌桩的技术方案，确定与地基土加固相适应的水泥品种、强度等级和水泥掺入比，应预先进行水泥土室内配合比试验。该试验的目的在于探索用水泥加固各种成因软土的适宜性；了解加固水泥的品种、掺入量、水灰比，以及外掺剂对水泥土强度的影响；求得龄期与强度的关系，从而为设计计算和施工工艺提供可靠的参数。在从未进行过深层搅拌桩处理的地区，更应在施工前做室内配合比试验，以防止出现水泥土不固化的情况。

（1）深层搅拌桩的组合形式

1）独立式深层搅拌桩。独立式深层搅拌桩是指每隔一定距离设置一根搅拌桩，桩与桩呈方格状、三角状分布。如果上部结构刚度较大，土质又比较均匀，可以采用这种布桩形状。它适合于单层工业厂房独立柱基础和多层房屋条形基础下的地基加固。置换率 m 为水泥土面积与水泥土加固结构面积的比例，置换率与桩间距 s、桩径 d 的关系为

$$m=\frac{d^2}{d_e^2}$$

式中 d——深层搅拌桩桩径（mm）；

d_e——等效直径（mm）。

当桩为等边三角形布置时，$d_e=1.05s$；当桩为正方形布置时，$d_e=1.13s$，s 为桩间距（mm）。

复合土体的桩间距在 $s=(1.5\sim3)d$ 情况下，$m=0.1\sim4$，可最大限度地发挥深层搅拌桩和土体的共同作用。

2）条式深层搅拌桩。条式深层搅拌桩是指在一个方向上，将相邻搅拌桩部分重叠搭接

成为条式，使结构的整体性提高。当场地土质不均匀时，采用此类加固形式可增加地基抵抗不均匀变形的刚度。它适用于基坑开挖时的边坡加固，以及建筑物长高比较大、刚度较小、对不均匀沉降比较敏感的多层砖混结构房屋条形基础下的土体加固。

3）片式深层搅拌桩。片式深层搅拌桩是指在纵、横两个方向上，相邻的桩搭接形成片状，使结构的整体性提高。它适合于场地土质不均匀，且表面土质很差，建筑物刚度又很小，上部结构单位面积荷载大，对不均匀下沉控制严格的构筑物土体加固。

4）格栅式深层搅拌桩。在片式深层搅拌桩中去除部分桩就形成了格栅式深层搅拌桩。采用格栅式布桩的优点是：节约材料，同样达到整体加固的目的；限制了格栅中软土的变形，也就显著减少了其竖向沉降；增加了支护的整体刚度，保证复合地基在横向力作用下共同工作。基坑边坡支护常采用这种形式，在平面上将相邻桩连续搭接，组成单条或双条的格栅状，如图 2-16 所示。m 值越高，材料用量就越多，整体性就越好。作为支护结构的深层搅拌桩，m 值远大于作为基础的 m 值。基坑支护的格栅状水泥土墙的置换率通常为 0.6 ~ 0.8，搭接长度为 100 ~ 200mm。按规范要求，格栅格子的长宽比不大于 2。由于采用格栅式，深层搅拌桩的黏聚力 c 值在整体稳定性计算中应依据置换率 m 的取值而折减，即深层搅拌桩整体黏聚力效应 $c' = cm$。

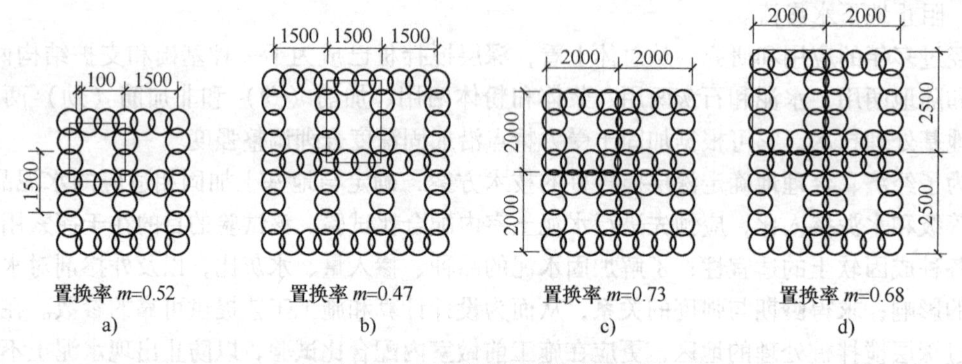

图 2-16 格栅式深层搅拌桩布置

基坑支护的格栅式深层搅拌水泥桩墙的宽度 B 是设计的重要参数，当基坑开挖深度 $h_1 \leqslant 7\text{m}$时，墙宽 $B=(0.6 \sim 0.8)h_1$，桩嵌入基坑底的深度 $h_2=(0.8 \sim 1.2)h_1$。在软土地区开挖基坑时，为防止坑底隆起和支护结构位移过大，在基坑内也应采用片式或格栅式搅拌桩加固。

（2）深层搅拌桩的施工工艺流程 深层搅拌桩的施工工艺流程如图 2-17 所示。

1）桩架定位及保证垂直度。深层搅拌机的桩架到达指定桩位，对中。当场地标高不符合设计要求或起伏不平时，应先进行开挖、整平。施工时桩位偏差应小于 5cm，桩的垂直度误差不超过 1%。

2）预搅下沉。待深层搅拌机的冷却水循环正常后，启动搅拌机的电动机，放松起重机的钢线绳，使搅拌机沿导向架搅拌、切土下沉，下沉速度可由电动机的电流表控制，电动机的工作电流不应大于 70A。如果下沉速度太慢，可从输浆系统补给清水以利于搅拌机钻进。

3）制备水泥浆。按设计要求的配合比拌制水泥浆，待压浆前将水泥浆倒入集料斗中。

4）提升、喷浆并搅拌。深层搅拌机下沉到设计深度后，起动灰浆泵将水泥浆压入地基

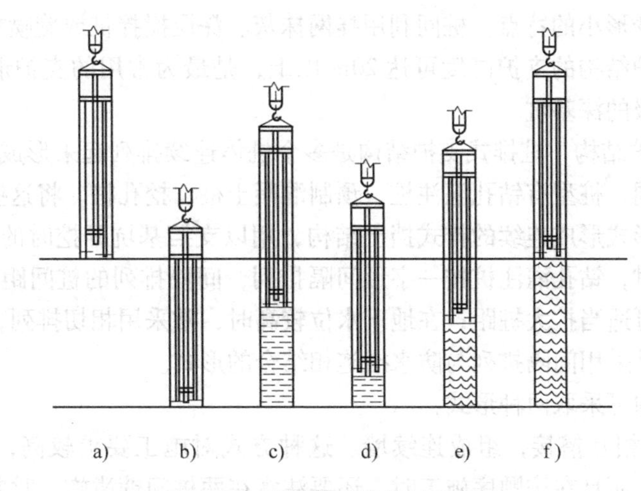

图2-17 深层搅拌桩施工流程图

a）桩架定位 b）预搅下沉 c）提升喷浆 d）重复向下搅拌 e）提升向上搅拌 f）移位

土中，并且边喷浆边旋转，同时严格按照设计确定的提升速度提升搅拌头。

5）重复搅拌或重复喷浆。搅拌头提升至设计加固深度的顶面标高时，集料斗中的水泥浆应正好排空。为使软土和水泥浆搅拌均匀，可再次将搅拌头边旋转边沉入土中，至设计加固深度后再将搅拌头提升出地面。有时可采用复搅、复喷（即二次喷浆）的方法。在第一次喷浆至顶面标高，喷完总量的60%浆量，将搅拌头边搅拌边沉入土中至设计深度后，再将搅拌头边提升边搅拌，并喷完余下的40%浆量。喷浆搅拌时搅拌头的提升速度不应超过0.5m/min。

6）移位。桩架移至下一桩位施工。

（3）深层搅拌桩的质量控制与检验 深层搅拌桩的施工质量可通过施工记录、强度试验和轻便触探进行间接或直接的判断。

1）成桩施工期的质量。检查包括力学性能、原材料质量、掺和比的检查等。成桩时逐根检查桩位、桩底标高、桩顶标高、桩身垂直度、喷浆提升速度、外掺剂掺量、喷浆均匀度、搭接厚度及搭接施工的间歇时间等。

2）施工记录。施工记录是现场隐蔽工程的施工实录，反映了施工工艺执行情况和施工中发生的各种问题。施工记录应详尽、完善、真实，并由专人负责。用施工前预定的施工工艺进行对照，很容易判断施工操作是否符合要求。对施工中发生的如停电、机械故障、断浆等问题，通过分析记录，也较容易判断事故处理是否得当。

3）强度检验。在施工操作符合预定工艺要求的情况下，桩身强度是否满足设计要求是质量控制的关键。在搅拌桩支护的压顶路面浇筑前，可采用钻取桩芯或静力触探方法检验桩长和桩身强度，或用轻便触探法检验桩顶4m范围内桩身的强度。

4）基坑开挖期的检测。检察桩体强度、墙面平整度和桩体搭接及渗漏情况，如不能符合设计要求，应采取必要的补救措施。

3. 钢筋混凝土灌注桩

钢筋混凝土灌注桩是用混凝土现场浇筑的配有钢筋笼的圆柱形桩，支护桩直径常采用600~1000mm，顶部浇筑钢筋混凝土冠梁，腰部配合锚索形成桩排式支护结构，具有刚度大、抗弯能力强、变形小的特点。桩间利用挂网抹灰、深层搅拌桩或旋喷桩起到护土、防渗的作用。桩排式支护结构的支护高度可达20m以上，是最为常用的支护形式之一，适用于侧壁安全等级为一级的深基坑。

（1）桩排式支护结构　桩排式支护结构是多个桩体连续排列起来形成的地下挡土结构。按照成桩工艺的不同，桩型有钻孔灌注桩、预制混凝土桩、挖孔桩，将这些桩型在平面布置上采取不同的排列形式形成连续的排式挡土结构，用以支挡基坑开挖时的侧向水、土压力。当基坑不考虑防水时，钻孔灌注桩按一字形间隔排列，间隔排列的桩间距常为1～2倍的桩径；土质较好时，可适当扩大桩距；在地下水位较高时，常采用相切排列，或搭接成整体如同防水连续墙，或是采用间隔排列与防水措施相结合的形式。

桩排式支护结构可采取两种形式：

1）将钻孔桩体相互搭接，组成连续墙。这种方式对施工要求较高，不但要求桩位精确、垂直度偏差小，而且在按顺序施工时，还要注意在两桩间劈凿施工时要避免卡钻。

2）另设挡水防渗结构，主要采用形式有：桩排后水泥搅拌桩墙，如图2-18a所示；桩间高压旋喷桩墙，如图2-18b所示；桩间压密注浆、桩间挂网抹灰，如图2-18c所示；桩排后防渗帷幕连续墙，如图2-18d所示。

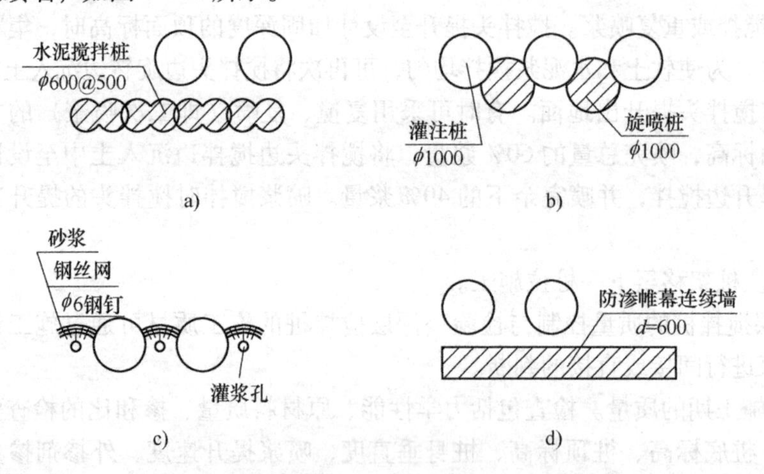

图2-18　另设挡水防渗结构的桩排式支护结构

桩排式支护结构的优点在于施工工艺简单，成本低，平面布置灵活，防水效果好，支护结构稳定，适用于大深度、大面积基坑的围护。在基坑工程中，采用间隔排列布置灌注桩与旋喷桩或水泥搅拌桩结合形成的混合式桩墙支护，已成为常见的基坑支护形式。

（2）钻孔灌注桩的施工　通常情况下，灌注桩在基坑开挖前施工，成孔方法有机械钻孔和人工挖孔两种。前者多采用冲击钻机、回转钻机或潜水电钻成孔，可用于各种土质和桩径；后者采用人工设护壁挖孔，适用于黏性土、桩径不小于0.8m、无地下水的情况。

1）施工准备。工程施工前，施工单位应组织有关人员参加设计交底，熟悉工程图样和工程地质资料，踏勘施工现场，在了解、掌握情况的基础上合理选定施工工艺方案，编制施工组织设计；并根据施工组织设计布置好施工区域内的供水供电设施、施工道路、施工设施、材料堆场及生活设施等。施工前应定出桩位并埋好成孔用护筒。不适用护筒作业时应有其他的护口措施。

2）成孔。成孔时，钻机定位应准确、水平、稳固，钻机回转盘中心与护筒中心的允许偏差应不大于20mm。钻机定位后，应用钢丝绳将护筒上口挂带在钻架底盘上。成孔过程中，钻机塔架头部的滑轮组、回转器与钻头应始终保持在同一铅垂线上，保证钻头在吊紧的状态下钻进。成孔直径必须达到设计桩径，成孔用钻头应有保径装置。若采用锥形钻，其锥形夹角不得小于120°。

在软土地区施工时，必须在孔内注入护壁泥浆，护壁泥浆可采用原土造浆或人工造浆。注入的泥浆性能指标，应根据不同的成孔工艺和地质情况在规定的范围内合理选用。

成孔过程中，孔内的泥浆液面应保持稳定，正循环成孔不应低于自然地面30mm；反循环成孔应使孔内水头压力比地下水的水头压力大20kPa左右。在刚灌注完毕的桩体旁成孔施工时，其安全距离不宜小于4d，或最少时间间隔不应少于36h。循环排渣成孔如图2-19所示。

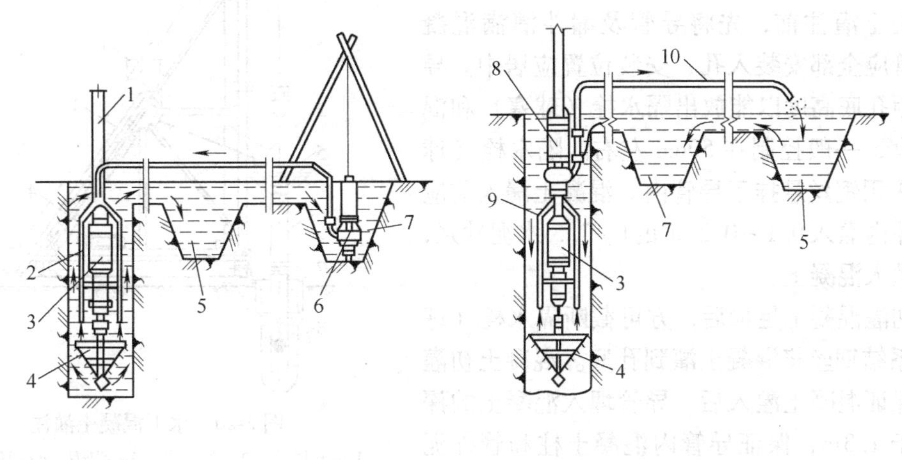

图2-19 循环排渣成孔

a）正循环 b）泵举反循环

1—钻杆 2—送水管 3—主机 4—钻头 5—沉淀池

6—潜水泥浆泵 7—泥浆池 8—砂石泵 9—抽渣管 10—排渣胶管

正循环成孔是从地面向钻管内注入一定压力的护壁泥浆，泥浆压送至孔底后，与钻孔产生的泥渣搅拌混合，然后经由钻管与孔壁之间的空腔上升并排出地面。泥浆循环系统由泥浆池、沉淀池、循环槽、泥浆泵等设施、设备组成，并应设有排水、清洗、排废浆等设施。沉淀池不宜少于2个，可串联并用，每个容积不宜小于6m^3，泥浆池的容积是钻孔容积的1.2～1.5倍。

反循环成孔是将钻孔时孔底混有大量泥渣的泥浆通过钻管的内孔抽吸到地面，新鲜泥浆则由地面直接注入桩孔。它的泥浆循环系统应由泥浆池、沉淀池、循环槽、砂石泵、除渣设备等组成，并应设有排水、排废浆等设施。地面循环系统一般分为自流回灌式和泵送回灌式两种，循环方式可根据施工场地、地层和设备情况合理选择。泥浆池的设置数量不宜少于2个，每个池的容积应不小于桩孔实际容积的1.2倍。沉淀池的设置数量不宜少于3个，每个池的容积一般为15～20m^3。循环槽的截面面积应是泵组出水管截面的3～4倍，坡度不宜小于1∶100。

3）清孔。清孔应分两次进行，第一次在成孔后立即进行；第二次在下放钢筋笼和浇筑混凝土导管安装完毕后进行。清孔方法有正循环清孔、泵吸反循环清孔和气举反循环清孔三种。

4）钢筋笼施工。钢筋笼宜分段制作。分段长度应按钢筋笼的整体刚度、来料钢的长度及起重设备的有效高度等因素确定。钢筋笼在起吊、运输和安装中应采取措施防止变形。起吊吊点宜设在加强箍筋处。钢筋笼采用分段沉放法时，纵筋的连接须用焊接，要特别注意焊接质量，同一底面上的接头数量不得大于纵筋数量的50%，相邻接头的间距不小于500mm。

5）水下混凝土灌注。水下混凝土灌注选用的混凝土宜比设计强度提高一个强度等级，必须具备良好的和易性，配合比应通过试验确定。

水下混凝土灌注常采用导管法，如图2-20所示。

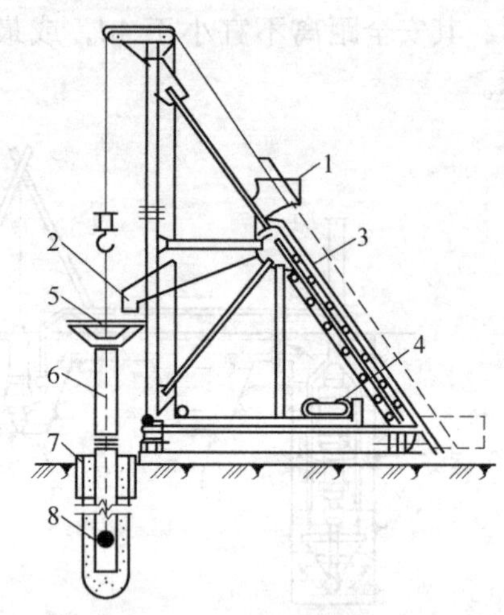

图2-20 水下混凝土灌注

1—上料斗 2—储料斗 3—滑道 4—卷扬机 5—漏斗 6—导管 7—护筒 8—隔水栓（球塞）

混凝土灌注前，先将导管及漏斗灌满混凝土，导管应全部安装入孔，安装位置应居中。导管底口距孔底高度以能放出隔水栓（球塞）和混凝土为宜，一般控制在50cm左右。隔水栓（球塞）应采用钢丝悬挂于导管内。混凝土漏入前应先在漏斗内灌入0.1～0.2 m^3的1：1.5水泥砂浆，然后再灌入混凝土。

待初灌混凝土足量后，方可截断隔水栓（球塞）的系结钢丝将混凝土灌到孔底。混凝土初灌量应能保证混凝土灌入后，导管埋入混凝土的深度不少于1.3m，保证导管内混凝土柱和管外泥浆柱的压力平衡。剪断悬吊隔水栓（球塞）的钢丝后，混凝土拌合物在自重作用下压着隔水栓（球塞）下沉，在隔水栓（球塞）的阻滞下，混凝土不会出现离析现象，而且不会与水马上接触，保证了混凝土的组分；落入管底后，隔水栓（球塞）进入水中，在浮力的作用下浮出水面，可回收利用。

混凝土灌注过程中导管应始终埋在混凝土中，严禁将导管提出混凝土面。导管埋入混凝土面的深度，最小不得小于2m。导管应勤提勤拆，一次提管拆管不得超过6m。混凝土灌注中应防止钢筋笼上拱。混凝土面接近钢筋笼底端时，导管埋入混凝土面的深度宜保持在3m左右，灌注速度应适当放慢。当混凝土面进入钢筋笼底端1～2m后，可适当提升导管。导管提升要平稳，避免出料冲击过大或钩带钢筋笼。混凝土实际灌注高度应比设计桩顶标高高出一定高度。高出的高度应根据桩长、地质条件和成孔工艺等因素合理确定，其最小高度不宜小于桩长的5%，且不小于2m，以保证设计标高以下的混凝土符合设计要求。

4. 钢板桩

钢板桩支护是用一种特制的型钢板桩，通过打桩机沉入地下构成一道连续的板墙，作为深基坑开挖的临时挡土、挡水围护结构。由于它具有很高的强度、刚度和锁口性能，而且结合紧密，水密性好，施工简便、快速，能适应多种平面形状和土壤类型，可减少基坑开挖土方量，有利于施工机械化作业和排水，可以回收反复使用等，因而在一定条件下用作地下深基础工程的坑壁支护、防水围堰等，会取得较好的技术和经济效益。这种支护需用大量的特制钢材，一次性投资较高，一般以租赁的方式进行租用，用完后拔出归还，较为经济适用。

钢板桩支护形式有悬臂式、支撑式、锚拉式等，如图2-21所示。

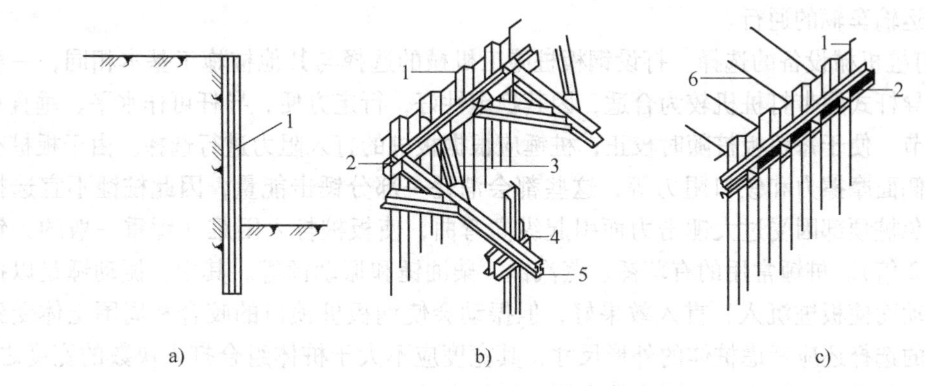

图2-21 钢板桩支护形式

a）悬臂式 b）支撑式 c）锚拉式

1—钢板桩 2—围檩 3—角撑 4—立柱与支撑 5—支撑 6—锚拉杆

（1）常用钢板桩的种类

1）槽钢钢板桩。槽钢钢板桩是一种简易的钢板桩围护墙，由槽钢正反扣搭接或并排组成。槽钢的长度为6～8m，型号由计算确定。槽钢钢板桩的施工注意事项如下：打入地下后顶部接近地面处设一道拉锚或支撑；由于其截面抗弯能力弱，一般用于深度不超过4m的基坑；由于搭接处不严密，一般不能完全止水；如果地下水位较高，需要时可用轻型井点降低地下水位；一般只用于一些小型工程。其优点是材料来源广泛，施工简便，可以重复使用。

2）热轧锁口钢板桩。热轧锁口钢板桩的截面形状有U形、L形、一字形、H形等。一般建筑工程中常用前两种，基坑深度较大时才用后两种。U形热轧锁口钢板桩多用于对周围环境要求不高的深度为5～8m的基坑，根据支撑（拉锚）的加设情况确定。

3）型钢横挡板围护墙。型钢横挡板围护墙也称为桩板式支护结构，是由工字钢（或H型钢）桩、横挡板（也称为衬板）、围檩、支撑等结构组成的一种支护体系。施工时先按一定间距打设工字钢（或H型钢）桩，然后在开挖土方时边挖边加设横挡板。施工结束后，拔出工字钢（或H型钢）桩，并在安全允许的条件下尽可能回收横挡板，如图2-22所示。

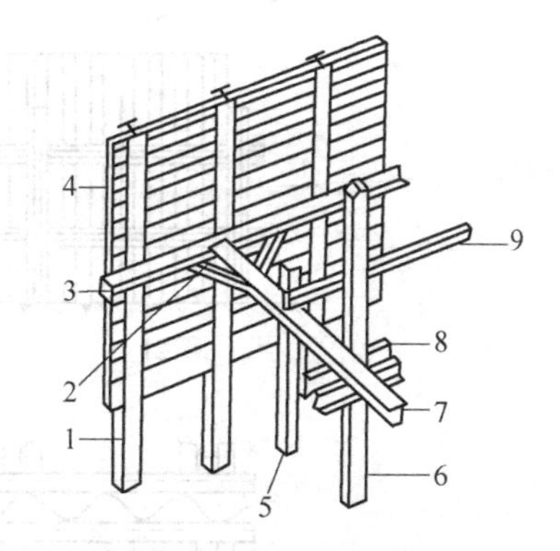

图2-22 型钢横挡板围护墙

1—工字钢（H型钢） 2—八字撑 3—腰梁 4—横挡板 5—垂直联系杆件 6—立柱 7—支撑 8—横向支撑 9—水平联系杆

（2）钢板桩的施工

1）打桩前的施工准备工作。钢板桩不论是新购置的还是租赁的，进入施工现场前均需检查整理，只有完整平直的板桩可运入现场。对多次利用的板桩，尤其要强调检查工作（检查可使用小平车，在其上放置一块长1.5～2m的标准板桩，从头至尾沿被检查板桩走一次，发现缺陷随时调整）；使用过的板桩，在拔桩、运输、堆放过程中，容易受外界因素影响而变形，如不整理，不利于打入。板桩整理后，在运输和堆放时要尽量不使其弯曲变形，避免碰撞，尤其不能将连续锁口碰坏。堆放场地应平整坚实，不产生大的沉陷。最下层板桩下方应垫木块。不同断面的板桩需分开堆放，每堆板桩间要留出一定的通道，便于起重机或运输车辆的通行。

2）打桩机械设备的选择。打设钢板桩施工机械的选择与其他桩施工基本相同，一般采用三支点导杆式履带打桩机较为合适，因其稳定性好，行走方便，导杆可作水平、垂直和前后方向调节，便于每块板桩随时校正；桩锤应根据板桩的打入阻力进行选择。由于板桩有端部阻力、侧面摩擦力和锁口阻力等，这些都会消耗一部分锤击能量，因此桩锤不宜选择过重，以避免桩顶部因受过大锤击力而引起纵向弯曲，使板桩打入困难（锤重一般约为钢板桩重量的2倍）。桩锤常用的有落锤、蒸汽锤、柴油锤和振动锤等。其中，振动锤是以振动体上下振动而使板桩沉入，贯入效果好，但振动会使钢板桩锁口的咬合和周围土体受到影响。桩锤的选择还应考虑桩体的外形尺寸，其宽度应不大于桩体组合打入块数的宽度之和。打桩时，履带式打桩架配柴油锤或静力压桩机较合适。

3）钢板桩的打入方式如下：

① 单桩打入法。单桩打入法适用于板桩长10m左右，工程要求不高的场合。以一块或两块钢板桩为一组，从一角开始逐块（组）插打，待达到设计标高后再插打第二块或第三块，直至工程结束。其优点是施工简便，可不停顿打桩，桩机行走路线短、速度快。其缺点是单块打入易向一边倾斜，误差积累不易纠正，墙面平直度难以控制。

② 双层围檩打桩法。双层围檩打桩法适用于准确度要求高，数量不多的场合。在地面某高度处距轴线一定距离，先筑起双层围檩架；然后将板桩依次在围檩中全部插好，待四角封闭合拢后，再逐渐按阶梯状将板桩逐块打至设计标高，如图2-23所示。其优点是能保证板桩墙的平面尺寸、垂直度和平整度。其缺点是工序多、施工复杂、不经济，施工速度慢，封闭合拢时需设异形桩，插桩和打桩机架高度较大。

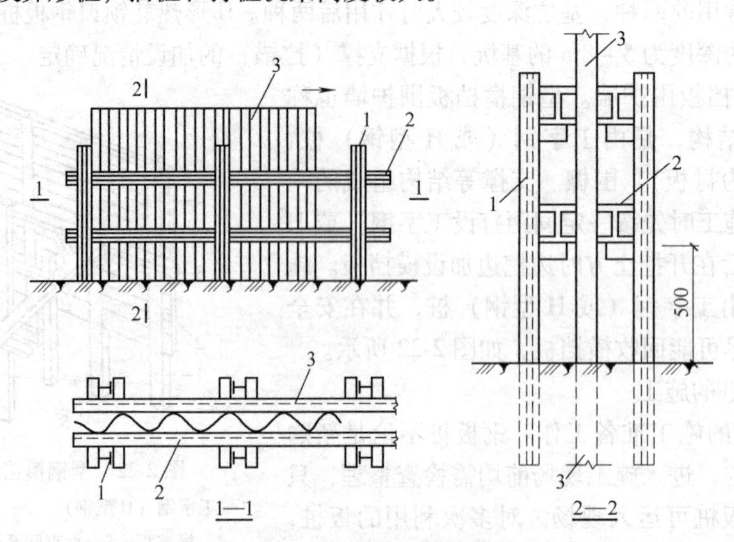

图2-23 双层围檩打桩法
1—围檩桩 2—围檩 3—钢板桩

③屏风法。屏风法适于长度较大、质量要求较高、封闭性较好的场合。用单层围檩，每10～20块钢板桩组成一个施工段，插入土中一定深度形成较短的屏风墙。对每一个施工段，先将其两端1～2块钢板桩打入，严格控制其垂直度，用电焊固定在围檩上；然后对中间的板桩再按顺序分1/2或1/3板桩高度打入。为降低屏风墙高度，可在每次插入后将板桩打入一定深度，如图2-24所示。其优点是能防止板桩过大的倾斜和扭转，能减少打入的累计倾斜误差，可实现封闭合拢，施工质量易于保证；由于分段施打，不影响邻近钢板桩的施工。其缺点是插桩的自立高度较大，要采取措施保证墙的稳定和操作安全，要使用高度大的插桩和打桩架。

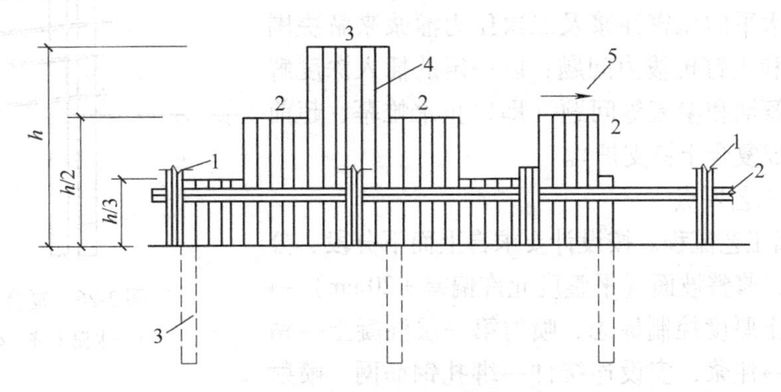

图2-24 屏风法（单层围檩打桩法）

1—围檩桩 2—围檩 3—两端先打入定位钢板桩 4—钢板桩 5—打桩方向 h–板桩长度

（3）钢板桩施工工艺流程 工程放线定位→板桩墙定位→安装导向钢围檩→打设板桩→拆除钢围檩→安装拉锚或支撑装置→挖土→基础施工→填土→拆除拉锚或支撑装置→拔除板桩。

钢板桩支护，在沿海软土地区使用较多，例如上海华亭宾馆，埋深－6.65m，局部－8～－9m，由于周围有交通干道，导致场地狭小、挖深大、无法放坡，采用了钢板桩支护后，施工期间未出现问题，效果较好。

5. 土钉墙支护

土钉墙支护是在开挖边坡表面铺钢筋网、喷射细石混凝土，并每隔一定距离埋设土钉，使其与边坡土体形成复合体共同工作，从而有效提高边坡稳定性，增强土体破坏的延性，变土体荷载为支护结构的部分。它与上述被动地起挡土作用的围护墙不同，是对土体起到嵌固作用，对边坡进行加固，增加边坡支护的锚固力，使基坑开挖后保持稳定。

（1）构造要求 土钉墙支护的构造做法如图2-25所示。墙面的坡度不宜大于1∶0.1，土钉必须和面层有效连接，应设置承压板或加强钢筋与土钉螺栓联接或钢筋焊接连接；土钉钢筋宜采用Ⅱ、Ⅲ级钢筋，钢筋直径宜为16～32mm；土钉长度宜为开挖深度的0.5～1.2倍，间距宜为1～2m，呈矩形或梅花形布置，与水平夹角宜为5°～20°。钻孔直径宜为70～120mm；

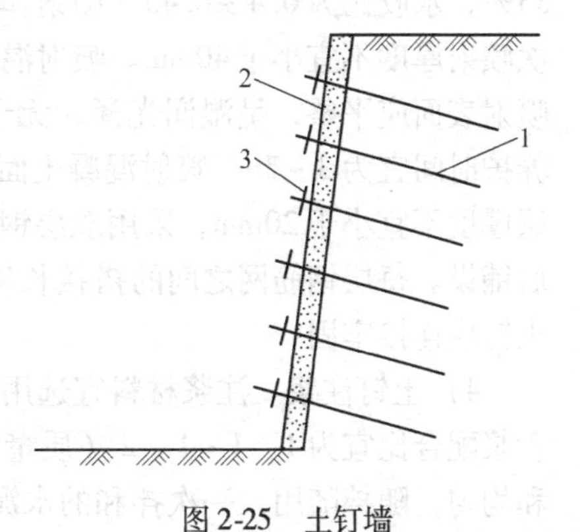

图2-25 土钉墙

1—土钉 2—喷射细石混凝土面层 3—垫板

注浆材料宜采用水泥浆或水泥砂浆，其强度等级不宜低于 M10；喷射混凝土面层宜配置钢筋网，钢筋直径宜为 6 ~ 10mm，间距宜为 150 ~ 300mm。面层中，坡面上下段钢筋的搭接长度应不小于 300mm；喷射混凝土的强度等级不宜低于 C20，面层厚度不宜小于 80mm。在土钉墙的墙顶部，应采用砂浆或混凝土护面。在坡顶和坡脚应设排水设施，坡面上可根据具体情况设置泄水孔。

在软土地区还发展了复合土钉墙（图 2-26），即以薄层的水泥土桩墙或压管注浆等超前支护措施来解决土体的自立性、隔水性，以及喷射混凝土面层与土体的粘接等问题；以水平向压密注浆及二次压力灌浆来解决围护墙土体加固和土钉抗拔力问题；以一定的插入深度解决坑底隆起、管涌和渗流等问题（即以止水帷幕、超前支护和土钉组成复合土钉支护）。

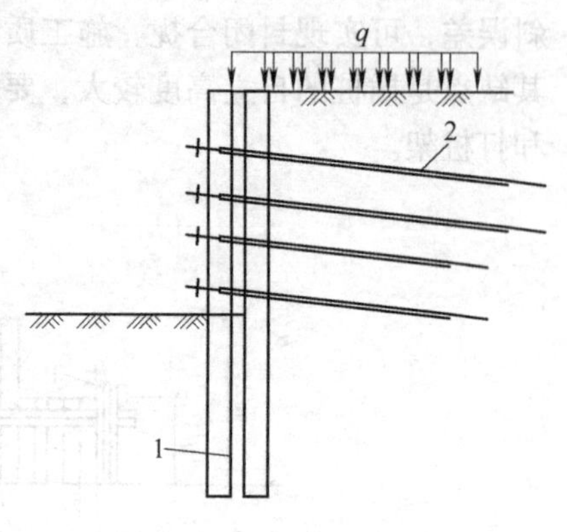

图 2-26 复合土钉墙

1—水泥土桩 2—土钉

（2）施工工艺要点

1）土钉墙工艺流程。按设计要求自上而下分段、分层开挖工作面，修整坡面（平整度允许偏差 ±20mm）→埋设喷射混凝土厚度控制标志，喷射第一层混凝土→钻孔，安设土钉→注浆，安设连接件→绑扎钢筋网，喷射第二层混凝土→设置坡顶、坡面和坡脚的排水系统。

如果土质较好也可采取如下顺序：开挖工作面、修坡→绑扎钢筋网→成孔→安设土钉→注浆、安设连接件→喷射混凝土面层。

2）基坑开挖。应按设计要求分层分段开挖，分层开挖高度由设计要求的土钉竖向距离确定，超挖不超过土钉向下 0.5m 的范围；分层开挖长度也宜分段进行，分段长度按土体可能维持不塌的自稳时间和施工流程的相互衔接情况确定，一般可取 10 ~ 20m。钻孔方法与土层锚杆基本相同，可用螺栓钻、冲击钻、地质钻机和工程钻机；当土质较好、孔深度不大时，也可用洛阳铲成孔。成孔的尺寸允许偏差：孔深为 ±50mm，孔径为 ±5mm，孔距为 ±100mm，成孔倾斜角为 ±5%，钢筋保护层厚度为≥25mm。

3）喷射混凝土面层。喷射混凝土的强度等级不宜低于 C20，水泥的强度等级为 32.5 级，石子粒径不大于 15mm，水泥与砂石的质量比宜为 1∶4 ~ 1∶4.5，砂率宜为 45% ~ 55%，水胶比为 0.4 ~ 0.45。喷射作业应分段进行，同一分段内的喷射顺序应自下而上，一次喷射厚度不宜小于 40mm。喷射混凝土时，喷头与受喷面应保持垂直，距离宜为 0.6 ~ 1m；喷射表面应平整，呈湿润光泽，无干斑、流淌现象。喷射混凝土终凝 2h 后，应喷水养护，养护时间宜为 3 ~ 7h。喷射混凝土面层中的钢筋网应在喷射第一层混凝土后铺设，钢筋保护层厚度不宜小于 20mm；采用双层钢筋网时，第二层钢筋网应在第一层钢筋网被混凝土覆盖后铺设。每层钢筋网之间的搭接长度应不小于 300mm，钢筋网用插入土中的钢筋固定，与土钉应连接牢固。

4）土钉注浆。注浆材料宜选用水泥浆或水泥砂浆，水泥砂浆的水胶比宜为 0.5，水泥砂浆配合比宜为 1∶1 ~ 1∶2（质量比），水胶比宜为 0.38 ~ 0.45。水泥浆、水泥砂浆应拌和均匀，随拌随用，一次拌和的水泥浆、水泥砂浆应在初凝前用完。注浆作业前，应将孔内残留或松动的杂土清除干净；注浆开始或中途停止超过 30min 时，应用水或稀水泥浆润滑注浆泵及其管路；注浆时，注浆管应插至距孔底250～500mm处，孔口部位宜设置止浆塞及排气管。土钉钢筋插入孔内时应设定位支架，间距为2.5m，以保证土钉位于孔的中央。

5）土钉墙支护的质量检测。土钉墙的质量检测采用抗拉试验检测其承载力，同一条件下，试验数量不宜少于土钉总数的1%，且不少于3根；土钉的抗拉力平均值应大于设计要求，且抗拉力最小值应不小于设计要求抗拉力的0.9倍；墙面喷射混凝土厚度应采用钻孔检测，每100m^{2}墙面为一组，每组不应少于3点。

6. 喷锚网支护

喷锚网支护简称喷锚支护，其形式与土钉墙支护类似，也是在开挖边表面铺钢筋网，喷射混凝土面层，并在其上成孔，但不是埋设土钉，而是预应力锚杆。借助锚杆与周围土体间的黏聚力，使锚杆具有更大的锚固力与边坡土体共同工作，组成稳固的复合体，对边坡起维护作用，使边坡土体获得稳定。

喷锚支护是钢丝网混凝土喷护与土层锚杆组合的一种支护形式。

土层锚杆是一种受拉构件，如图2-27所示。锚杆是由锚杆头部、拉杆主体及锚固体3个基本部分组成。其中，锚杆头部将拉杆与挡土构筑物牢固连接起来，将支挡结构作用力传递给拉杆，由锚头、承压垫板及台座（腰梁）组成。拉杆主体为高强度螺纹钢筋或钢绞线，作用是将来自锚杆头部的拉力传递给锚固体，这段钢筋或钢绞线外包塑料管，与水泥浆体隔离。锚固体为水泥灌浆固结体，它包裹着拉杆（这段钢筋或钢绞线不包塑料管），将来自拉杆的力传递给周围地层。

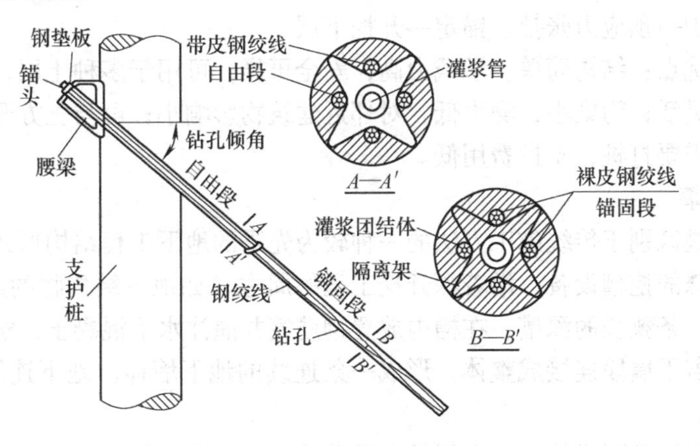

图2-27　土层锚杆结构示意图

喷锚支护结构如图2-28a所示，由预应力锚杆、钢筋网、喷射混凝土面层和被加固土体等组成。墙面可做成直立壁或1∶0.1的坡度，锚杆应与面层连接，应设置锚板加强钢筋与锚杆连接。锚杆宜用锚索或钢筋，钢筋直径为16～32mm，锚杆长度根据边坡土体稳定情况由计算确定，间距一般为2.0～2.5mm，钻孔直径宜为80～150mm。注浆材料与土钉墙支护相同。喷射混凝土面层厚度：对一般土层为100～200mm；对风化岩不小于60mm。混凝土等级不低于C20，钢筋网的网眼尺寸一般不宜小于200mm×200mm。面层的上部应向上翻过边坡顶以形成护坡顶，向下伸至基坑底以下以形成护脚。在坡顶和坡脚应做好防水。

采用土钉支护，如果土钉墙的基坑侧壁存在软弱夹层，侧压力较大时，可在土钉墙支护中局部采用预应力锚杆代替土钉，组成土钉墙与喷锚网复合支护结构（图2-28b），以增强护壁的稳定。

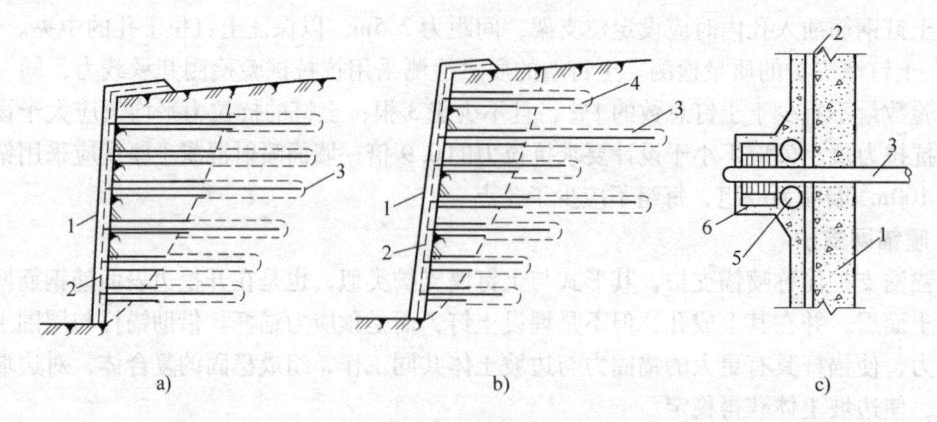

图2-28　喷锚支护

a）喷锚支护结构　b）土钉墙与喷锚网复合支护结构　c）锚杆头与钢筋网和加强筋的连接

1—喷射混凝土面层　2—钢筋网层　3—锚杆头　4—锚杆（土钉）　5—加强筋　6—锁定筋2条与锚杆双面焊接

喷锚支护施工顺序根据边坡土层的稳定情况不同而有所不同，对稳定土层为：开挖基坑、修坡→成孔→挂钢筋网→安放锚杆→压力注浆→焊锚头→喷射混凝土→养护→预应力张拉、锚定→开挖下层。对基本稳定和不稳定土层为：开挖基坑、修坡→喷砂浆（仅用于不稳定土层）→挂钢丝网→第一次喷射混凝土→成孔→安设锚杆→压力注浆→焊锚头→第二次喷射混凝土→养护→预应力张拉、锚定→开挖下层。

喷锚支护的优点：结构简单，承载力高，安全可靠；可用于多种土层，适应性强；施工机具简单，施工灵活；污染小，噪声低，对邻近建筑物影响小；可与土方开挖同步进行，不占绝对工期；不需要打桩，支护费用低。

7. 地下连续墙

地下连续墙是区别于传统施工方法的一种较为先进的地下工程结构形式和施工工艺。它是在地面上用特殊的挖槽设备，沿着深开挖工程的周边（如地下结构物的边墙），在泥浆护壁的情况下开挖一条狭长的深槽，在槽内放置钢筋笼并灌注水下混凝土，筑成一段钢筋混凝土墙段；然后将若干墙段连接成整体，形成一条连续的地下墙体。地下连续墙可用于截水、防渗或挡土承重。

地下连续墙支护的形式较多，常用的有悬臂式、与土层锚杆组合式、内支撑式、逆做法式等，如图2-29所示。

采用悬臂式地下连续墙支护是先建造混凝土或钢筋混凝土地下连续墙，达到强度后在墙间用机械或人工挖土直至要求的深度。

采用与土层锚杆组合式地下连续墙支护是挖土至需要设置土层锚杆部位，用锚杆钻机在要求位置钻孔，放入锚杆，进行灌浆，待达到强度后装上锚杆横梁或锚头垫座。

采用内支撑式地下连续墙支护是挖土至需要设置内支撑部位，装上内支撑，然后继续下挖至要求深度，如果设2~3层锚杆（或支内支撑）则每挖一层装一层，直至要求深度。

采用逆做法式地下连续墙是在地下连续墙支护达到强度后，先在地面挖土，用土模浇筑顶层梁、板、柱，达到一定强度后，每下挖一层就完成下一层梁、板的施工，以此作为地下连续墙的水平框架支撑，如此循环作业，直到地下室的底层完成挖土作业。

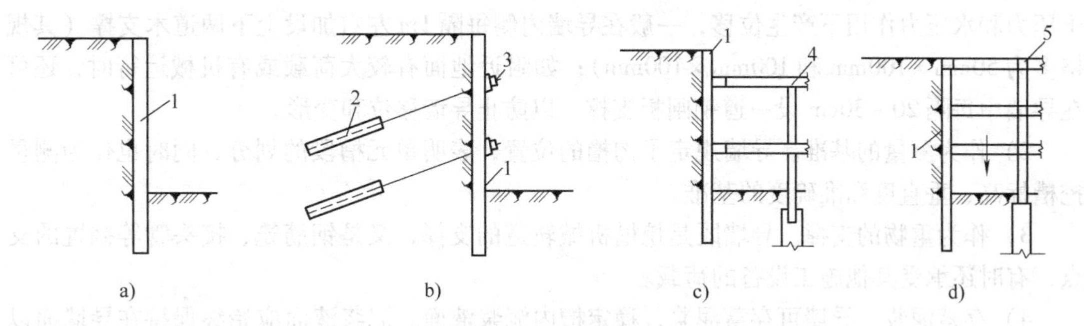

图2-29 地下连续墙支护形式

a）悬臂式地下连续墙支护 b）与土层锚杆组合式地下连续墙支护
c）内支撑式地下连续墙支护 d）逆做法式地下连续墙支护
1—地下连续墙 2—土层锚杆 3—锚头垫座 4—型钢内支撑 5—地下室梁、板、柱

地下连续墙用作支护结构的围护墙，性能优良，但费用较高。如能做到两墙合一，即施工时用作支护结构的围护墙，同时又兼作地下室的外墙，则较为合理，经济效益显著。两墙合一多采用逆做法施工，可省去内部支撑体系，减少围护墙变形并缩短总工期，是推广应用的新技术之一。

地下连续墙的施工过程如图2-30所示。其中，修筑导墙、泥浆制备与处理、深槽挖掘、钢筋笼制备与吊装，以及混凝土浇筑是地下连续墙施工中主要的工序。

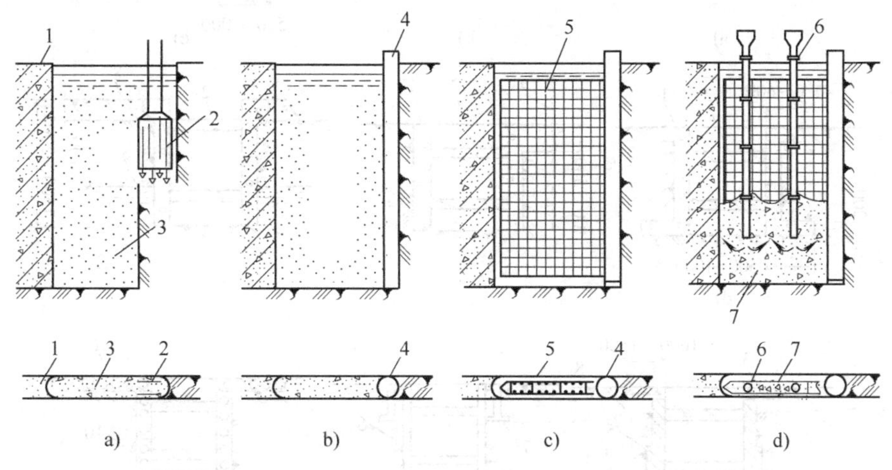

图2-30 地下连续墙的施工过程

a）成槽 b）放入接头管 c）放入钢筋笼 d）浇筑混凝土成墙
1—已完成的墙段 2—成槽钻机 3—护壁泥浆 4—接头管 5—钢筋笼 6—导管 7—混凝土

（1）修筑导墙 导墙一般为现浇的钢筋混凝土结构，但也有钢制或预制钢筋混凝土的装配式结构，可多次重复使用。不论采用哪种结构，都应具有必要的强度、刚度和准确度，而且一定要满足挖槽机械的施工要求。导墙是地下连续墙挖槽之前修筑的临时结构物，它对挖槽具有重要作用。

1）作为挡土墙。在挖掘地下连续墙沟槽时，接近地表的土板不稳定，容易塌陷，而泥浆也不能起到护壁的作用，因此在单元槽段完成之前，导墙就起挡土墙作用。为防止导墙在土压力和水压力作用下产生位移，一般在导墙内侧每隔1m左右加设上下两道木支撑（其规格多为50mm×100mm和100mm×100mm）；如附近地面有较大荷载或有机械运行时，还可在导墙中每隔20～30cm设一道钢闸板支撑，以防止导墙移位和变形。

2）作为测量的基准。导墙规定了沟槽的位置，表明单元槽段的划分，同时也作为测量挖槽标高、垂直度和准确度的基准。

3）作为重物的支撑。导墙既是挖槽机械轨道的支撑，又是钢筋笼、接头管等搁置的支点，有时还承受其他施工设备的荷载。

4）存蓄泥浆。导墙可存蓄泥浆，稳定槽内泥浆液面。泥浆液面应始终保持在导墙面以下200mm，并高于地下水位1.0m，以稳定槽壁。

此外，导墙还可防止泥浆漏失；阻止雨水等地面水流入槽内；当地下连续墙距离既有建筑物很近时，导墙在施工时还起一定的控制地面沉降和移位的作用；在路面下施工时，可起到支撑横撑的水平导梁的作用。

常见导墙的截面形式如图2-31所示。

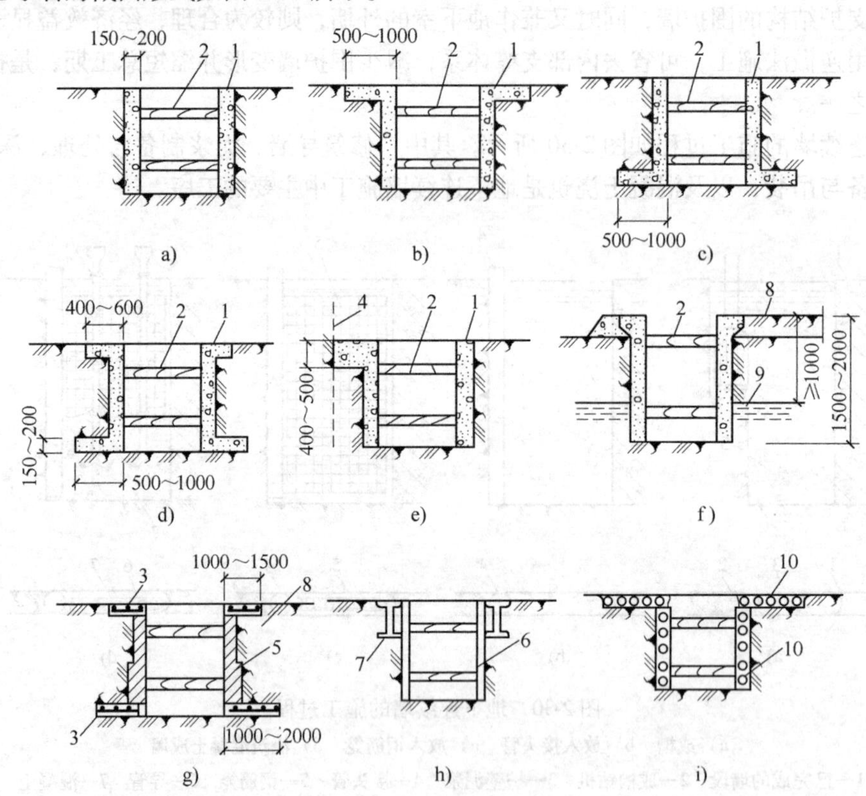

图2-31 常见导墙的截面形式

a）板墙形 b）倒L形 c）L形 d）⊏形 e）保护相邻结构做法

f）地下水位较高时的做法 g）砖混导墙 h）型钢组合导墙 i）预制板组合式导墙

1—混凝土或钢筋混凝土导墙 2—木支撑间距为1000～1500mm 3—钢筋混凝土板 4—相邻建筑物

5—370mm厚砖墙 6—钢板 7—H型钢 8—回填土夯实 9—地下水位线 10—路面板或多孔板

（2）导墙施工 现浇钢筋混凝土导墙的施工顺序为：平整场地→测量定位→挖槽及处理弃土→绑扎钢筋→支模板→浇筑混凝土→拆模板并设置横撑→导墙外侧回填土（如无外

侧模板，可不进行此项工作）。

当表面土层较好，在导墙施工期间能保持外侧土壁垂直自立时，则以土壁代替模板，避免回填土，以防槽外地表水渗入槽内。如果表面土层开挖后外侧土壁不能垂直自立，则外侧需设立模板。导墙外侧的回填土应用黏土回填密实，防止地面水从导墙背后渗入槽内，引起槽段坍塌。

导墙的配筋多为Φ12@120mm，水平钢筋必须连接起来，使导墙成为整体。

导墙面至少应高于地面100mm，以防止地面水流入槽内污染泥浆。导墙的内墙面应平行于地下连续墙轴线，允许偏差为±10mm；内外导墙面的净距应为地下连续墙名义墙厚加40mm，净距的允许误差为±5mm，墙面应垂直；导墙顶面应水平，全长范围内的高差应小于±10mm，局部高差应小于5mm。导墙的基底应和土面密贴，以防槽内泥浆渗入导墙后面。

现浇钢筋混凝土导墙拆模板以后，应沿其纵向每隔1m左右加设上下两道木支撑，将两片导墙支撑起来。在导墙的混凝土达到设计强度并加好支撑之前，禁止任何重型机械和运输设备在旁边行驶，以防导墙受压变形。导墙的混凝土强度等级多为C20，浇筑时要注意捣实质量。

（3）泥浆护壁　泥浆护壁通常使用的泥浆有膨润土泥浆、聚合物泥浆、羧甲基纤维素钠泥浆和盐水泥浆，其主要成分和外加剂见表2-5。

表2-5　护壁泥浆的种类及其主要成分

泥浆种类	主要成分	常用的外加剂
膨润土泥浆	膨润土、水	分散剂、增粘剂、加重剂、防漏剂
聚合物泥浆	聚合物、水	
羧甲基纤维素钠泥浆	羧甲基纤维素钠、水	膨润土
盐水泥浆	膨润土、盐水	分散剂、特殊黏土

膨润土是一种颗粒极细、遇水显著膨胀、黏性和可塑性都很大的特殊黏土，它是经加热、干燥和粉碎之后，用风力旋流分离器按其粉末粒径分级后出售的。其质量因产地、出厂时间和粒径不同而有很大差异，使用前要了解其化学成分。

膨润土的主要成分是蒙脱石，在很薄的不定型的板状表面上吸附了大量的阳离子。一般情况下表面吸附的阳离子是钠离子和钙离子，吸附钠离子的称为钠膨润土，吸附钙离子的称为钙膨润土。一般情况下钠膨润土比钙膨润土的湿胀性要大，但易受阳离子的影响，所以对于水中含有大量阳离子或在施工过程中可能产生阳离子污染时，宜采用钙膨润土。

在地下连续墙挖槽过程中，泥浆的作用是护壁、携渣、冷却机具和切土滑润，故泥浆的正确使用是保证挖槽成败的关键。泥浆的费用占工程费用的一定比例，所以泥浆的选用既要考虑护壁效果，又要考虑其经济性。

1）泥浆的护壁作用。泥浆具有一定的密度，当槽内泥浆液面高出地下水位一定高度时，泥浆在槽内就对槽壁产生一定的静水压力，可抵抗作用在槽壁上的侧向土压力和水压力，相当于一种液体支撑，可以防止槽壁倒塌和剥落，并防止地下水渗入。另外，泥浆在槽壁上会形成一层透水性很低的泥皮，从而可使泥浆的静水压力有效地作用于槽壁上，能防止槽壁剥落。泥浆还可以从槽壁表面向土层内渗透，待渗透到一定范围后，泥浆就黏附在土颗粒上，这种黏附作用可减少槽壁的透水性，也可防止槽壁塌落。

2）泥浆的携渣作用。泥浆具有一定的黏度，它能将钻头式挖槽机挖槽时挖下来的土渣悬浮起来，既便于土渣随同泥浆一同排出槽外，又可避免土渣沉积在开挖面上影响挖槽机械的挖槽效率。

3）泥浆的冷却和润滑作用。冲击式或钻头式挖槽机在泥浆中挖槽时，以泥浆作为冲洗液，既可降低钻具因连续冲击或回转而引起的温度剧烈升高，又可因泥浆具有润滑作用而减轻钻具的磨损，有利于延长钻具的使用寿命和提高深槽挖掘的效率。

（4）挖槽　挖槽是地下连续墙施工中的关键工序。挖槽工期约占地下连续墙工期的一半，因此提高挖槽的效率是缩短工期的关键。同时，槽壁形状基本上决定了墙体外形，所以挖槽的准确度又是保证地下连续墙质量的关键之一。地下连续墙挖槽的主要工作包括：单元槽段划分，挖槽机械的选择与正确使用，制订防止槽壁坍塌的措施，以及工程事故和特殊情况的处理等。

地下连续墙施工时，预先沿墙体长度方向把地下墙划分为许多某种长度的施工单元，这种施工单元称为单元槽段。地下连续墙的挖槽作业是按各个单元槽段进行挖掘的，在一个单元槽段内，挖土机械挖土时可以分为一个或几个挖掘段。划分单元槽段就是将各种单元槽段的形状和长度标明在墙体平面图上，它是地下连续墙施工组织设计中的一个重要内容。

单元槽段的最小长度不得小于一个挖掘段（挖槽机械的挖土工作装置的一次挖土长度）。从理论上讲单元槽段越长越好，因为这样可以减少槽段的接头数量，增加地下连续墙的整体性，又可提高其防水性能和施工效率。但是单元槽段长度受许多因素的限制，在确定其长度时应综合考虑下述各因素：

1）地质条件。当土层不稳定时，为防止槽壁倒塌，应减少单元槽段的长度，以缩短挖槽的时间和减少槽壁在泥浆中的暴露面。挖槽后应立即浇筑混凝土，以消除或减小槽段倒塌的可能性。

2）地面荷载。如果附近有高大的建（构）筑物，或邻近地下连续墙有较大的地面荷载（静荷载、动荷载），则在挖槽期间会增大侧向压力，影响槽壁的稳定性。为了保证槽壁的稳定，也应缩短单元槽段的长度，以缩小槽壁的开挖面和暴露时间。

3）起重机的起重能力。由于一个单元槽段的钢筋笼多为整体吊装（过长时在竖直方向分段），所以要根据施工单位现有起重机械的起重能力估算钢筋笼的重量和尺寸，以此推算单元槽段的长度。

4）单位时间内混凝土的供应能力。一般情况下，一个单元槽段长度内的全部混凝土宜在4h内浇筑完毕。

5）工地上泥浆池（罐）的容积。一般情况下工地上泥浆池（罐）的容积应不小于每一单元槽段挖土量的2倍，所以泥浆池（罐）的容积也影响单元槽段的长度。

此外，划分单元槽段时还应考虑单元槽段之间的接头位置，一般情况下接头避免设在转角处及地下连续墙与内部结构的连接处，以保证地下连续墙有较好的整体性；单元槽段划分还与接头形式有关，有时要考虑接头布置与内衬墙体结构的变形缝或伸缩缝相协调。单元槽段的长度多取3~8m，但也有取10m甚至更长的情况。

地下连续墙施工用的挖槽机械是在地面上操作，穿过泥浆向地下深处开挖一条预定断面的深槽（孔）。由于地质条件十分复杂，地下连续墙的深度、宽度和技术要求也各不相同，目前还没有能够适用于各种情况下的万能挖槽机械，因此需要根据不同的地质条件和工程要求选用合适的挖槽机械。挖槽机械的种类如图2-32所示。

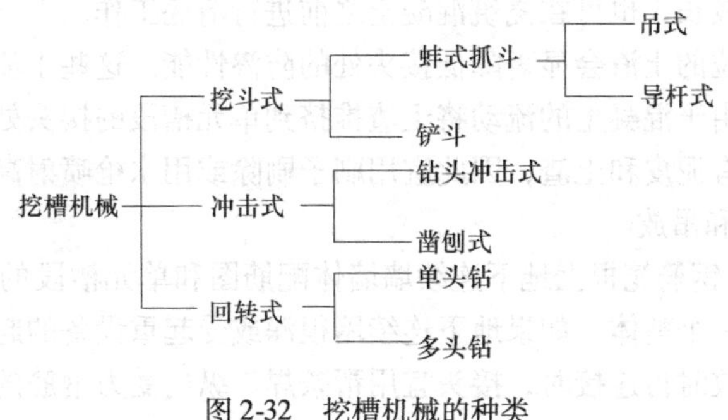

图2-32 挖槽机械的种类

地下连续墙施工时，保持槽壁的稳定性和防止槽壁塌方是十分重要。如发生塌方，可能引起地面沉陷而使挖槽机械倾覆，对邻近的建筑物和地下管线造成破坏。如在吊放钢筋笼之后或在浇筑混凝土过程中发生塌方，塌方的土体会混入混凝土内，造成墙体缺陷，甚至会使墙体内外贯通，成为管涌的通道。因此槽壁塌方是地下连续墙施工中极为严重的事故。与槽壁稳定有关的因素是多方面的，但可以归纳为泥浆、地质及施工3个方面。

在进行施工组织设计时，要对是否存在坍塌的危险进行详尽研究，并采取相应的措施。能够采取的措施有：对松散易塌土层预先加固；缩小单元槽段的长度；改善泥浆质量，根据土质选择泥浆配合比，保证泥浆在安全液位以上并无地下水流动；注意地下水位的变化及地下水的流动速度；减少地面荷载，如地面超载较大时要根据槽壁稳定性验算结果采取必要的稳定措施，如地基加固、缩小槽段、提高泥浆液位及泥浆质量等；防止附近的车辆和机械对地层产生振动等。当挖槽出现坍塌迹象时（如泥浆大量漏失、液位明显下降，泥浆内有大量泡沫上冒或出现异常的扰动，导墙及附近地面出现沉降，排土量超过设计断面的土方量，多头钻或蚌式抓斗升降困难等），首先应及时将挖槽机械提至地面，避免发生挖槽机械被塌方埋入地下的事故；然后迅速采取措施（迅速补浆，以提高泥浆液面，回填土方，待所填的回填土稳定后再重新开挖），避免坍塌进一步扩大，以控制事态发展。

（5）清底　槽段挖至设计标高后，将挖槽机械移位，用超声波等方法测量槽段断面，如误差超过规定的准确度则需修槽，修槽可用冲击钻或锁口管并联冲击槽段断面。对于槽段接头处也需清理，可用刷子清刷或用压缩空气压吹，然后进行清底（有的在吊放钢筋笼后、浇筑混凝土前再进行一次清底）。

挖槽结束后，悬浮在泥浆中的土壤颗粒将逐渐沉淀到槽底；此外，在挖槽过程中未被排出而残留在槽内的土渣，以及吊放钢筋笼时从槽壁上刮落的泥皮等都将堆积在槽底。在挖槽结束后，清除以沉渣为主的槽底沉淀物的工作称为清底。

清底一般有沉淀和置换两种方法。沉淀法是在土渣基本都沉淀到槽底之后再进行清底；置换法是在挖槽结束之后，对槽底进行认真清理，然后在土渣还没有再沉淀之前就用新泥浆把槽内的泥浆置换出来，使槽内泥浆的密度在1.15g/cm^3以下。不论采用哪种方法，都有从槽底清除沉淀土渣的工作。

清除沉渣的方法常用的有砂石吸力泵排泥法、压缩空气升液排泥法、带搅动翼的潜水泥浆泵排泥法和抓斗直接排泥法。

不同的方法清底的时机也不同：置换法是在挖槽之后立即进行，对于以泥浆反循环法进行挖槽的施工，可在挖槽后紧接着进行清底工作；沉淀法一般在插入钢筋笼之前进行清底，如插入钢筋笼的时间较长，也可在浇筑混凝土之前进行清底工作。

单元槽段接头部位的土渣会显著降低接头处的防渗性能。这些土渣的来源，一方面是在混凝土浇筑过程中，由于混凝土的流动将土渣推挤到单元槽段的接头处；另一方面是在先施工的槽段接头面上附有泥皮和土渣，因此宜用刷子刷除或用水枪喷射高压水流进行冲洗。

（6）钢筋笼加工和吊放

1）钢筋笼加工。钢筋笼根据地下连续墙墙体配筋图和单元槽段的划分来制作。钢筋笼最好按单元槽段做成一个整体。如果地下连续墙很深或受起重设备的起重能力限制，钢筋笼需要分段制作、在吊放时再连接时，接头宜用帮条焊。纵向受力钢筋的搭接长度，如果无明确规定时可采用60倍的钢筋直径。

钢筋笼端部与接头管或混凝土接头面之间应留有15~20cm的空隙。主筋净保护层厚度通常为7~8cm，保护层垫块厚度为5cm，在垫块和墙面之间留有2~3cm的间隙。由于用砂浆制作的垫块容易在吊放钢筋笼时破碎，又易擦伤槽壁面，所以一般用薄钢板制作垫块，焊接在钢筋笼上。作为永久性结构的地下连续墙的主筋保护层厚度，根据设计要求确定。

制作钢筋笼时，要预先确定浇筑混凝土用的导管的位置，由于这部分空间要上下贯通，因而周围需增设箍筋和连接筋进行加固。尤其在单元槽段接头附近插入导管时，由于此处钢筋较密集，更需特别加以处理。

由于横向钢筋有时会阻碍导管插入，所以纵向钢筋应放在内侧，横向钢筋放在外侧。纵向钢筋的底端应距离槽底面10~20cm。纵向钢筋底端应稍向内弯折，以防止吊放钢筋笼时擦伤槽壁，但向内弯折时不要影响插入混凝土的导管。

加工钢筋笼时，要根据钢筋笼的重量、尺寸及起吊方式和吊点布置，在钢筋笼内布置一定数量（一般2~4榀）的纵向桁架。由于钢筋笼尺寸大、刚度小，在其起吊时易变形，所以纵向桁架上下弦的断面应经计算确定，一般以加大断面的相应受力钢筋用作桁架的上下弦。

钢筋笼应根据配筋图制作，以确保钢筋的位置、间距及根数正确。纵向钢筋接长宜采用气压焊、搭接焊等。钢筋的连接除四周两道钢筋的交点需全部进行定位焊外，其余的可采用50%交叉定位焊。成型用的临时扎结钢丝，焊后应全部拆除。

地下连续墙与基础底板及内部结构（板、梁、柱、墙）的连接，如果采用预留锚固筋的方式，锚固筋一般用光圆钢筋，直径不超过20mm，而且锚固筋的布置还要确保混凝土能够自由流动以充满锚固筋周围的空间；如果采用预埋钢筋连接器的方式，则宜用直径较大的钢筋。如果钢筋笼上贴有泡沫苯乙烯塑料等预埋件时，一定要固定牢固。如果泡沫苯乙烯塑料等预埋件在钢筋笼上安装过多或泥浆密度过大，会对钢筋笼产生较大的浮力，阻碍钢筋笼插入槽内，此时应对钢筋笼施加配重。如果钢筋笼单面装有过多的泡沫苯乙烯塑料等预埋件时，会对钢筋笼产生偏心浮力，钢筋笼插入槽内时会擦落大量土渣，此时也应增加配重加以平衡。

钢筋笼应在型钢或钢筋制作平台上成型，平台应有一定的尺寸（应大于最大钢筋笼的尺寸）和平整度。为便于纵向钢筋笼定位，宜在平台上设置带凹槽的钢筋定位条。钢筋笼的制作速度要与挖槽速度协调一致，由于钢筋笼制作时间较长，因此制作钢筋笼必须有足够大的场地。

2）钢筋笼吊放。钢筋笼的起吊、运输和吊放应按施工方案进行，不允许在此过程中产生不能恢复的变形。钢筋笼的起吊应用横吊梁或吊架吊点布置和起吊方式要合理，防止起吊时引起钢筋笼变形。起吊时不能使钢筋笼下端在地面上拖引，以防下端钢筋弯曲变形。为防止钢筋笼吊起后在空中摆动，应在钢筋笼下端系上拽引绳，以人力操纵。

插入钢筋笼时，最重要的是使钢筋笼对准单元槽段的中心，垂直、准确地插入槽内。钢筋笼进入槽内时，吊点中心必须对准槽段中心，然后缓慢下降，此时必须注意不要因起重臂摆动或其他影响而使钢筋笼产生横向摆动，造成槽壁坍塌。钢筋笼插入槽内后，检查其顶端高度是否符合设计要求，然后将其搁置在导墙上。如果钢筋笼是分段制作，吊放时需接长时，下段钢筋笼要垂直悬挂在导墙上；然后将上段钢筋笼垂直吊起，上下两段钢筋笼形成直线连接。

如果钢筋笼不能顺利插入槽内，应该重新吊出，查明原因加以解决，如果需要应在修槽之后再吊放。不能强行插放，否则会引起钢筋笼变形或使槽壁坍塌，产生大量沉渣。

（7）地下连续墙槽段间的接头处理　地下连续墙是分成若干个槽段分别施工后再连成整体的，各槽段之间的接头就成为挡土、挡水的薄弱部位。此外，地下连续墙与内部主体结构之间的连接接头，要承受弯、剪、扭等各种内力；所以必须保证结点的受力可靠。研究解决好接头的连接问题，既是地下连续墙施工方法进一步发展的难点，也是研究的重点。

目前所采用的地下连续墙接头形式很多，简明地可分为两大类：施工接头和结构接头。施工接头是浇筑地下连续墙时纵向连接两相邻单元墙段的接头；结构接头是已竣工的地下连续墙在水平方向与其他构件（地下连续墙内部结构的梁、柱、墙、板等）相连接的接头。

1）施工接头。施工接头应满足受力和防渗的要求，并要求施工简便、质量可靠，并对下一单元槽段的成槽不会造成困难。但目前还缺少既能满足结构要求又方便施工的最佳方法。施工接头有多种形式可供选择。

① 直接连接构成接头。单元槽段挖成后，随即吊放钢筋笼，浇筑混凝土，混凝土与未开挖土体直接接触。在开挖下一单元槽段时，用冲击锤等将与土体相接触的混凝土改造成凹凸不平的连接面，再浇筑混凝土形成直接接头。黏附在连接面上的沉渣与土是用抓斗或射水等方法清除的，但难以清除干净，故此种接头的受力与防渗性能均较差，目前已很少使用。

② 接头管接头。接头管接头是指使用接头管（也称为锁口管）形成槽段间的接头。为了使施工时每一个槽段纵向两端受到的水、土压力大致相等，一般可沿地下连续墙纵向将槽段分为一期和二期两类槽段。先开挖一期槽段，待槽段内土方开挖完成后，在该槽段的两端用起重设备放入接头管，然后吊放钢筋笼和浇筑混凝土。这时，两端的接头管相当于模板，将刚浇筑的混凝土与还未开挖的二期槽段的土体隔开，待新浇筑混凝土开始初凝时，用机械将接头管拔起。同时，已施工完成的一期槽段的两端和还未开挖土方的二期槽段之间分别留有一个圆形孔。继续二期槽段施工时，与其两端相邻的一期槽段混凝土已经结硬，只需开挖二期槽段内的土方。当二期槽段完成土方开挖后，应对一期槽段已浇筑的混凝土半圆形端头表面进行处理，将由附着的水泥浆与稳定液混合而成的胶凝物除去，以保证接头处的止水性能。胶凝物的铲除须采用专门设备，如电动刷、刮刀等。

在接头处理后，即可进行二期槽段钢筋笼吊放和混凝土的浇筑。这样，二期槽段外凸的半圆形端头和一期槽段内凹的半圆形端头相互嵌套，形成整体。除了上述将槽段分为一期和二期跳格施工外，也可按顺序逐段进行各槽段的施工。这样使每个槽段的一端与已完成的槽段相邻，只需在另一端设置接头管，但地下连续墙槽段两端会受到不对称水、土压力的作用，所以两种处理方法各有利弊。由于接头管接头施工简单，故使用十分广泛。

接头管一般是钢制的，且大多采用圆形，此外还有缺口圆形的、带翼的、带凸榫的等。圆形接头管的直径一般要比墙厚小50mm，管身壁厚一般为19～20mm，每节长度一般为3～10m（可根据要求拼接成所需的长度）。在施工现场的高度受到限制的情况下，管长可适当缩短。

接头管用起重机吊放入槽孔内。为了以后便于起拔，管身外壁必须光滑，还应在管身上涂抹润滑脂。开始浇筑混凝土1h后，旋转半个圆周或提起10cm。一般在混凝土开始浇筑后2～3h开始起拔，具体起拔时间应根据水泥的品种、强度等级，混凝土的初凝时间等决定。起拔时一般用30t起重机，但也可另备100t或200t的千斤顶提升架，作为应急用。

③接头箱接头。接头箱接头可以使地下连续墙形成整体接头，接头的刚度较好。接头箱接头的施工方法与接头管接头相似，只是以接头箱代替接头管。一个单元槽段挖土结束后，先吊放接头箱，再吊放钢筋笼。由于接头箱在浇筑混凝土的一面是开口的，所以钢筋笼端部的水平钢筋可插入接头箱内。浇筑混凝土时，由于接头箱的开口面被焊在钢筋笼端部的钢板封住，因而浇筑的混凝土不能进入接头箱。混凝土初凝后，与接头管一样逐步吊出接头箱，待后一个单元槽段再浇筑混凝土时，由于两相邻单元槽段的水平钢筋交错搭接而形成整体接头。

④隔板式接头。隔板式接头按隔板的形状分为平隔板、榫形隔板和V形隔板。由于隔板与槽壁之间难免有缝隙，为防止新浇筑的混凝土渗入，要在钢筋笼的两边铺贴维尼龙等化纤布。带有接头钢筋的榫形隔板式接头，能使各单元墙段连成一个整体，是一种受力较好的接头方式。但插入钢筋笼较困难，施工时须特别加以注意。

2）结构接头。地下连续墙与内部结构的楼板、柱、梁连接的结构接头，常用的有下列几种：

① 直接连接接头。在浇筑地下连续墙体以前，在连接部位预先埋设连接钢筋，即将该连接钢筋一端直接与地下连续墙的主筋连接，另一端弯折后与地下连续墙墙面平行且紧贴墙面。待开挖地下连续墙内侧土体，露出此墙面时，凿去该处的墙面混凝土面层，露出预埋钢筋，然后再弯成所需的形状与后浇主体结构受力筋连接。预埋钢筋一般选用Ⅰ级钢筋，且直径不宜大于22mm。为方便弯折，预埋钢筋时可采用加热方法。如果能避免急剧加热并认真施工，钢筋强度几乎可以不受影响。但考虑到连接处常是结构的薄弱环节，故钢筋数量可比计算值有一定的增加。采用预埋钢筋的直接接头具有施工方便、受力可靠的优点，是目前应用广泛的结构接头。

② 间接接头。间接接头是通过钢板或钢构件作为媒介，连接地下连续墙和地下工程内部构件的接头。一般有预埋连接钢板和预埋剪力块两种方法。预埋连接钢板法是将钢板预先固定于地下连续墙钢筋笼的相应部位，待浇筑混凝土及内墙面土方开挖后，将面层混凝土凿去露出钢板，然后用焊接方法将后浇的内部构件中的受力钢筋焊接在该预埋钢板上。预埋剪力块法与预埋钢板法是类似的。剪力块连接件也预先预埋在地下连续墙内，剪力钢筋弯折放置于紧贴墙面处。待凿去混凝土外露后，再与浇筑构件相连。剪力块连接件一般主要承受剪力。

（8）地下连续墙混凝土浇筑

1）混凝土浇筑前的准备工作。材料准备主要是混凝土的制备，在确定地下连续墙工程所用混凝土的配合比时，应考虑混凝土采用导管法在泥浆中浇筑的特点。地下连续墙施工所用的混凝土，除满足一般水工混凝土的要求外，还应考虑泥浆中浇筑的混凝土的强度随施工条件变化较大，同时在整个墙面上的强度分散性也较大等因素，因此混凝土应按照结构设计规定的强度等级提高5MPa进行配合比设计。

混凝土浇筑之前，除应完成混凝土制备、运输、浇筑、运输道路安排，以及劳动力配备等方面的准备工作外，还应完成槽段施工的准备工作，如图2-33所示。

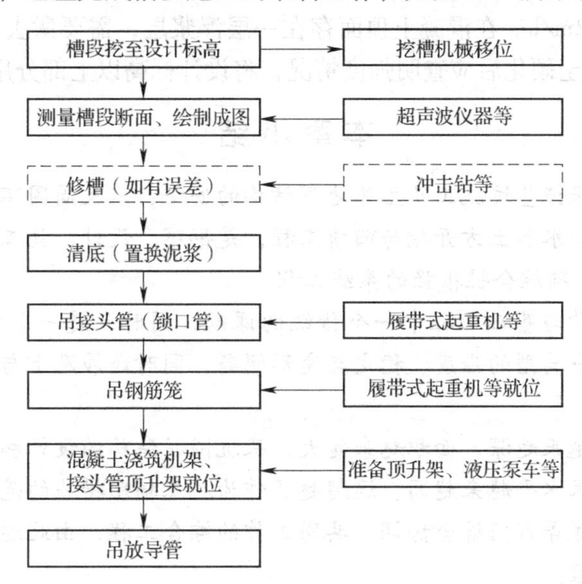

图2-33 地下连续墙混凝土浇筑前的准备工作

2）混凝土浇筑。地下连续墙混凝土用导管法进行浇筑。由于导管内混凝土和槽内泥浆的压力不同，在导管下口处存在压力差使混凝土可从导管内流出。为便于混凝土向料斗供料和装卸导管，我国多用混凝土浇筑机架进行地下连续墙的混凝土浇筑。

机架横跨在导墙上沿轨道行驶。在混凝土浇筑过程中，导管下口总是埋在混凝土内1.5m以上，使从导管下口流出的混凝土将表层混凝土向上推动而避免与泥浆直接接触，否则混凝土流出时会把混凝土上升面附近的泥浆卷入混凝土内。但导管插入太深会使混凝土在导管内流动不畅，有时还可能产生钢筋笼上浮，因此无论何种情况下导管最大插入深度不宜超过9m。

当混凝土浇筑到地下连续墙顶部附近时，导管内混凝土不易流出，一方面要降低浇筑速度，另一方面可将导管的最小埋入深度减为1m左右。如果混凝土仍然浇筑不下去，可将导管上下抽动，但上下抽动范围不得超过30cm。

在浇筑过程中，导管不能作横向运动，导管横向运动会把沉渣和泥浆混入混凝土内。在混凝土浇筑过程中，不能使混凝土溢出料斗流入导沟，否则会使泥浆质量恶化，反过来又会给混凝土的浇筑带来不良影响。

在混凝土浇筑过程中，应随时掌握混凝土的浇筑量、混凝土上升高度和导管埋入深度，防止导管下口暴露在泥浆内造成泥浆涌入导管。在浇筑过程中需随时测量混凝土面的高程

（可用测锤进行测量），由于混凝土非水平，应测量三个点取其平均值。也可利用泥浆、水泥浮浆和混凝土温度不同的特性，利用热敏电阻温度测定装置测定混凝土面的高程。

浇筑混凝土置换出来的泥浆，要送入沉淀池进行处理，不得使泥浆溢出在地面上。导管的间距一般为3～4m，具体间距取决于导管直径。单元槽段的端部易渗水，导管距槽段端部的距离不得超过2m。如果管距过大，易使导管中间部位的混凝土面降低，泥浆容易卷入混凝土。

如一个单元槽段内使用两根或两根以上的导管同时浇筑，应使各导管处的混凝土面大致处在同一标高上。浇筑时宜尽量加快单元槽段混凝土的浇筑速度，一般情况下槽内混凝土面的上升速度不宜小于2m/h。在混凝土顶面存在一层浮浆层，需要凿去，因此混凝土需要超浇30～50cm，在混凝土硬化后应查明强度情况，将设计标高以上部分用风镐凿去。

本章小结

基坑工程是为了保证基坑施工及主体地下结构的安全，以及周围环境不受损害而采取的有关支护结构工程、降水和土方开挖与回填工程，是勘察、设计、施工、检测和监测等一系列工程的结合。它是一项综合性很强的系统工程。

基坑工程是土力学与基础工程中一个传统的课题，同时又是一个综合性的岩土工程问题。它既涉及土力学中典型的强度、稳定与变形问题，同时还涉及土与支护结构的共同作用问题。

随着基坑的开挖越来越深、面积越来越大，基坑围护结构的设计和施工越来越复杂，所需要的理论知识和技术水平越来越高，远超越了作为施工辅助措施的范畴。基坑工程常是施工、设计、监测、环保等部门综合协调、共同工作的综合工程，由此逐步形成了一门独立的学科分支——基坑工程。

深基坑工程涉及结构工程、岩土工程和环境工程等众多学科领域，综合性较高，影响因素较多；目前，其设计计算理论还不完全成熟，在一定程度上还依赖于工程实践经验。

复习思考题

1. 基坑开挖的施工工艺有哪几种？在有支护开挖的情况下，基坑工程一般包括哪些内容？
2. 基坑支护结构的安全等级如何划分？符合哪些条件的基坑的安全等级为一级？
3. 岩土工程勘察包括哪些内容？水文地质勘察包括哪些内容？基坑周边环境勘察包括哪些内容？
4. 基坑支护结构如何选型？基坑围护墙如何选型？基坑支撑体系如何选型？内支撑的布置方式和形式有哪些？
5. 论述你所知道的边坡支护方法（至少3种）
6. 简述地下连续墙施工工艺原理及构造处理。导墙的作用有哪些？
7. 什么是逆作法施工？简述逆作法施工的工艺原理、种类、优点？
8. 简述土钉墙施工。
9. 简述水泥土墙施工。
10. 简述钢板桩施工。
11. 简述喷锚网施工。
12. 基坑降水有哪几种方法？分别简述各自的特点和要求。
13. 基坑开挖有哪几种方式？深基坑土方开挖的注意事项有哪些？简述土方开挖的顺序、原则。

第 3 章　高层建筑基坑工程的监测

教学目标：

1. 了解深基坑施工监测的目的。
2. 掌握基坑监测包含的内容及方法。

3.1　施工监测概述

基坑施工的每一阶段，结构体系和外荷载都在变化，重大工程在施工过程中需要对基坑施工进行实时监测，即对支护结构的内力、位移、侧向土压力、土体变形、孔隙水压力及周围环境的变形进行监测，及时反馈结果，调整设计参数和施工措施，以确保支护结构的安全，减少对周围环境的影响。深基坑施工中的监测工作是指导施工、避免事故发生的必要措施，也是进行信息化施工的手段，同时也是检验设计理论的正确性和发展设计理论的重要依据。

《建筑基坑工程监测技术规范》（GB 50497—2009）规定：开挖深度大于等于 5m 或开挖深度小于 5m 但现场地质情况和周围环境较复杂的基坑工程，以及其他需要监测的基坑工程应实施基坑工程监测。

1. 监测方案的设计原则

监测方案应以安全监测为目的，根据不同的工程项目（如打桩、开挖）确定监测对象（基坑、建筑物、管线、隧道等），针对反映监测对象安全稳定的主要指标进行方案设计，根据监测对象的重要性确定监测规模和内容。项目和测点的布置应能够比较全面地反映监测对象的工作状态。

设计先进的监测系统，应尽量采用先进的测试技术（如计算机技术、遥测技术），积极选用或研制效率高、可靠性强的先进仪器和设备。为确保提供可靠、连续的监测资料，方便数值计算、故障分析和状态研究，各监测项目应能相互校验。

监测方案在满足监测性能和准确度要求的前提下，力求减少监测元件的数量和电缆长度，降低监测频率，以降低监测费用。方案中临时监测项目（测点）和永久监测项目（测点）应相应衔接，一定阶段后取消的临时项目（测点）应不影响长期的监测和资料分析。在确保工程安全的前提下，确定元件的布设位置和测量时间，应尽量减少其与工程施工的交叉影响。

按照现行的有关规定、规范编制监测方案。

2. 编制监测方案的步骤

1）接受委托，明确监测对象和监测目的。

2）收集编制监测方案所需的基础资料。

3）现场踏勘，了解周围环境。

4）编制监测方案初稿。

5）会同有关部门商定各类警戒值。

6）完善监测方案。

3. 监测方案的主要内容

1）监测目的。

2）工程概况。

3）监测内容和测点数量。

4）各类测点布置平面图。

5）各类测点布置剖面图。

6）各项目监测周期和频率的确定。

7）监测仪器设备的选用。

8）监测人员的配备。

9）各类警戒值的确定。

10）监测报告送达对象和时限。

11）监测注意事项。

12）费用预算。

4. 监测方案的基础资料

1）支护结构设计图或桩位布置图。

2）地质勘察报告。

3）降水挖土方案或打桩流程图。

4）1∶500 地形图。

5）1∶500 管线平面图。

6）拟保护对象的建筑结构图。

7）地下主体结构图。

8）支护结构和主体结构施工方案。

9）最新监测元件和设备样本。

10）现行的有关规定、规范、合同协议等。

11）类型相似或相近工程的经验资料。

5. 观测点的设置及作用

按不同的观测对象、观测目的、测点埋设及测量方法，可将观测点分成七大类，其具体类型和作用见表3-1。

表 3-1　观测点的类型和作用

观测点类型	作　用	使用元件	测量仪器
变形观测点	(1) 支护结构的表面沉降和位移测量 (2) 地下工程主体结构的内部变形测量 (3) 周围环境（建筑物、管线）的变形测量	沉降标 位移标	经纬仪 水准仪 地下管线探测仪 裂缝观测仪
应变观测点	(1) 支护结构的应变测量 (2) 地下工程主体结构的应变测量	(1) 埋入式混凝土应变计 (2) 表面应变计	电阻应变仪 频率接收仪

（续）

观测点类型	作 用	使用元件	测量仪器
应力观测点	（1）混凝土结构应力的测量 （2）钢支撑应力的测量	（1）钢筋计 （2）轴力计	电阻应变仪 频率接收仪
土压力观测点	（1）作用于支护结构上的侧向土压力测量 （2）作用于底板上的基底反力测量	土压力盒	电阻应变仪 频率接收仪
孔隙水压力测点	（1）结构渗水压力的测量 （2）孔隙水压力的测量	渗压计 孔隙水压计	电阻应变仪 频率接收仪
地下水位测点	地下水位变化的测量	水位管	地下水位仪
深层变形观测点	（1）地下结构或土层的深层水平位移 （2）深层土体的垂直位移 （3）基坑回弹	测斜管 沉降管、磁环 回弹标	测斜仪 分层沉降仪 钢尺加水准仪

6. 监测警戒值的确定原则

监测警戒值是监测工作实施前，为确保监测对象安全而设定的各项监测指标的预估最大值。在监测过程中，一旦测量数据超越警戒值，监测部门应在报表中醒目注出，并予以报警。监测警戒值的确定原则如下：

1）监测警戒值必须在监测工作实施前，由建设、设计、监理、施工、市政、监测等有关部门共同商定，列入监测方案。

2）有关结构安全的监测警戒值应满足设计计算中对强度和刚度的要求，一般小于或等于设计值。

3）有关环境保护的警戒值，应考虑主管部门所提出的确保保护对象（如建筑物、隧道、管线等）安全和正常使用的要求。

4）确定的监测警戒值应具有工程施工可行性；在满足安全的前提下，应考虑提高其施工速度和减少施工费用。

5）监测警戒值除应满足设计要求外，还应满足现行的相关施工法规、规范和规程的要求。

6）对一些目前还未明确规定警戒值的监测项目，可参照国内外相似工程的监测资料确定其警戒值。

7）在监测实施过程中，当某一量测值超越警戒值时，除了及时报警外，还应与有关部门共同研究分析，必要时可对警戒值进行调整。

3.2 监测项目及方法

1. 沉降观测

沉降监测是地下工程监测中最常用的主要监测项目。在地基加固、基坑开挖、盾构掘进等工程的施工过程中都要进行沉降监测。沉降监测的主要对象有支护结构，受施工影响的建筑物、周边道路、地下管线及地铁隧道等。

（1）水准点的设置　沉降监测是以监测对象周围的水准点为基准点进行的，可以利用城市中的永久水准点或工程施工时使用的临时水准点作为基准点或工作基点。如果附近没有这样的水准点，则应根据现场的具体条件和沉降监测的时间要求埋设专用水准点。水准点的数目应尽量不少于3个，以便组成水准控制网对水准点定期进行校核，防止其本身发生变化，以保证沉降监测结果的准确性。水准点应在沉降监测的初次观测之前一个月埋设好。

埋设水准点时，应考虑下列因素：

1）水准点应布设在监测对象的沉降影响范围（包括埋深）以外，以保证其坚固稳定。

2）尽量远离道路、铁路、空压机机房等，以防被碾压和振动的影响。

3）力求通视良好，与观测点接近，距离观测点不宜超过100m，以保证监测准确度。

4）避免将水准点埋设在低洼易积水处。同时，为避免土层冻胀的影响，水准点的埋设深度至少要在冰冻线以下0.5m。

（2）沉降监测的基本要求

1）观测前按有关规定对所用的水准仪和水准尺进行校验，并做好记录，在使用过程中不随意更换。

2）首次观测应适当增加测回数，一般取2~3次的观测数据的平均值作为初始值。

3）固定观测人员、观测线路和观测方式。

4）定期进行水准点校核、测点检查和仪器的校验，确保测量数据的准确性和连续性。

5）记录每次测量时的气象情况、施工进度和现场工况，以供分析数据时参考。

（3）沉降监测应提供的资料

1）沉降监测方案（含水准控制网和测点的平面布置图）。

2）仪器设备一览表及校验资料。

3）监测记录及报表。

4）各种沉降曲线、图表。

5）对监测结果的计算分析资料。

6）沉降监测报告书。

2. 水平位移监测

地下工程中的基坑开挖、盾构推进和顶管施工，以及基础工程的压密注浆、打（压）桩施工，除了引起周围建筑物和管线的垂直位移外，还会使其产生水平位移，因而水平位移监测成为了变形监测中的又一项目。

（1）平面控制网的建立　平面控制网宜按两级布设，由控制点组成一级网，由观测点与所连测的点组成扩展网。对于单个目标的位移观测，可将控制点连同观测点按一级网布设。

控制点是进行水平位移观测的基本依据，它包括工作基点和基准点两种。前者是直接进行观测的基础，后者是检查工作基点的依据。两者布设成控制网后按统一的观测准确度施测。

控制网的形式可采用测角网、测边网、边角网、导线网等。扩展网和一级网可采用角或边交会、基准线或附合导线等。平面控制点可采用普通标桩，准确度要求高时可采用观测墩。

普通标桩有永久性和临时性两种。永久性标桩的埋设应考虑到工程施工的影响，能在使用中长期保存，不致发生下沉和位移。标桩埋设不得浅于0.5m，冻土地区的标桩埋深不得浅于冻土线以下0.5m。标桩顶面以高于地面设计高程0.3m为宜。临时性标桩一般以木桩为主，也可采用钢桩和金属管段等。其规格和打入地下的深度根据地区条件确定。木桩打入土中之后，应将桩顶锯平。为保证桩位稳定，可将木桩四周的浮土挖去，用混凝土将木桩包裹固定。

观测墩上根据使用仪器和照准标志的类型可配备通用的强制对中设备，其对中误差不应超过0.1mm。照准标志应满足具有明显的几何中心或轴线、图像清晰、图案对称、不变形等要求。根据点位的不同情况，可选用重力平衡球式标、旋入式杆状标、直插式觇牌、屋顶标、墙上标等形式的照准标志。对于埋设后的测量标桩，应采取适当的保护措施，防止其受到毁坏，如在标桩四周打入保护桩，在上面圈上钢丝，并竖立醒目告示牌。

(2) 水平位移测量的准确度控制　水平位移测量一般采用经纬仪观测角度，钢直尺或光电测距仪测量距离。对于高准确度要求的监测项目，可采用J1型或J2型经纬仪；对于中等准确度要求的监测项目，可采用J2或J6型经纬仪。J2型经纬仪用于高准确度监测时应适当增加测回数。控制网中最弱边边长或最弱点点位的中误差（标准差、均方根差）应不大于相应等级的观测点点位中误差。

3. 支护结构变形监测

(1) 支护体系的沉降原因及观测方法　支护体系沉降的原因有：支护结构（连续墙、灌注桩等）设计时入土深度不足，端承力或摩擦阻力未达到要求；支护结构施工时墙（孔）底清淤不彻底或所用材料（如搅拌桩的桩身强度）未达到设计强度，结构弹性压缩量过大；基坑挖土或邻近地下工程施工引起水土流失造成墙（桩）侧摩擦阻力减小；支护结构顶面超载过大；深井降水引起土体固结而带动支护结构沉降。

支护体系的观测方法：进行支护结构沉降监测的基准点应设置在距围护结构边缘基坑开挖深度5倍以外且不小于50m的稳定处。由于支撑结构的沉降监测周期一般在半年以上一年以内，基准点除了按三、四级水准点方法埋设外，也可将长1.5m左右的钢筋（直径20mm以上）打入地下，地面用混凝土加固，制成临时基准点，或将基准点设在结构坚固且沉降已稳定的建筑物上。

沉降观测点除了埋设在支护结构的转角处外，无支撑的支护结构应每隔20m左右布置一点；有支撑的应在支撑端头及每一立柱顶面都设置。测点可采用钝头短钢筋（直径12mm），应在浇筑支护结构混凝土时埋设，露出支护结构表面5～10mm。若预埋测点数量不足或遭破坏时，可用冲击钻钻孔埋设或用射钉枪（必须采用ϕ8mm以上的射钉）予以补点。

对于面积不大的基坑，只要组成单一水准线路即可，一般要求线路上的最远测点相对于起始点的高程中误差不应大于±1.0mm。对于不在水准线路上的观测点，一个测站上超过3h的应重新读取后视读数进行校对。水准线路闭合差不宜超过$\pm 0.3\sqrt{n}$（n为测站数）。首次观测时，应按同一水准线路同时观测两次，每个测点的两次高程之差不宜超过±1.0mm，取中数作为初始值。

观测频率一般要求：基坑开挖期间对于开挖区附近的测点应保证每天一次，变化较大或有突变时应加密观测次数；混凝土底板浇筑完成一周后可减为每周1～2次，拆除支撑时需适当加密，直至最后一道支撑拆除、填土完成。

(2) 支护体系的水平位移和挠曲变形

1）支护体系的水平位移有围护结构向基坑内的水平位移和支撑系统的水平位移。围护结构向基坑内的水平位移主要由支撑施工前挖土引起的变形和支撑杆件压缩引起的变形两部分组成。前者引起的位移量取决于围护结构本身的刚度和支撑施工前的挖土深度，后者引起的位移量取决于作用在围护结构上的水、土压力和支撑材料的刚度。围护结构过大的水平位移会影响基坑内主体结构的施工空间及周围环境的安全。

支撑系统的水平位移主要是由于支撑杆件平面布置的不对称性和基坑挖土顺序的不同所引起的。支撑节点之间的相对水平位移过大，会引起支撑杆件产生较大的附加弯矩，从而降低其轴向承载力，严重时会引起支撑系统失稳破坏。

水平位移的监测主要使用经纬仪及觇牌（为短距离精密测角中的照准标志）或带有读数的觇牌，基座都应具有光学对中器，以提高对中准确度。测量中配合使用的还有带圆水准器的T形尺和钢卷尺。仪器上的光学对中器、水准器等应定期检查，如果发现误差，应及时校正。所使用的觇牌最好与测点对号使用，以消除误差。

支护结构上的测点可独立埋设，也可利用沉降观测点埋设（在测点端面锯出十字刻痕或凿出中心位置）。观测同一条边所用的测点应尽量埋设在一条直线上，以便观测。每次测量时应对其基准点和测点进行检查，以保证测量数据稳定可靠。

水平位移的观测方法有直接测量法、视准线法、小角度法、控制网法等。

2）支护系统的挠曲变形。支护系统的挠曲变形包括围护结构在水平方向的挠曲变形和支撑杆件在垂直方向的挠曲变形。围护结构的挠曲变形可通过测斜仪进行测量，支撑杆件的挠曲变形通过水准仪进行测量。

水平支撑的垂直挠曲是由于杆件的自重荷载、施工堆载及支撑制作时的偏心所引起的。当支撑轴力不大时，轻微的挠曲不会给支护系统构成威胁。但如果轴力达到或超出设计值时，严重的挠曲就会使支撑杆件的附加弯矩增大，从而显著降低其轴向承载力，导致整个支护系统的破坏。

由于地下支护结构受力复杂，而且从已有的监测资料来看，轴力大于设计值的杆件也不少见，因而水平支撑的垂直挠曲在一些工程中就成了必要的监测项目，特别是对于跨度大的水平支撑体系。

水平支撑的垂直挠曲可分为支撑系统的挠曲和支撑杆件的挠曲，前者是指同一轴线上的水平支撑由于立柱的不均匀沉降（隆起）所引起的，后者是指杆件中部相对两端立柱的下垂程度。对基坑的稳定和安全来说，前者比后者有更大的威胁，所以应该把监测的重点放在支撑系统的挠曲上，应在每一支撑节点上布设测点。另外，选择跨度较大的杆件，在上面各布置3~5个测点。混凝土杆件上的观测点构造可参照垂直位移观测点。钢结构支撑上的测点在支撑受力前焊接钢筋头即可。

4. 支护结构内力监测

支护结构内力监测的目的在于及时掌握基坑开挖施工过程中支护结构内力（弯矩、轴力）的变化情况。当支护结构内力超出设计最大值时，应及时采取有效措施，避免支护结构因内力过大，超过材料的极限强度而破坏，从而引起局部支护系统乃至整个支护系统失稳。

支护结构内力监测可分为支撑杆件的轴力监测和围护结构的弯矩监测。

支撑杆件的轴力监测根据支撑杆件所采用的材料不同，监测元件和监测方法也有所不同。对于钢筋混凝土支撑杆件，目前主要采用钢筋计测量钢筋的应力或采用混凝土位变计测量混凝土的应变，然后通过钢筋与混凝土的共同工作原理及变形协调条件反算支撑杆件的轴力。对于钢结构支撑杆件，目前较普遍采用的是轴力计（也称反力计）直接测量支撑轴力。

围护结构在支护体系中是受弯构件，在均布荷载水、土压力和集中荷载支撑反力的共同作用下，围护结构可近似看做连续梁；在无支撑时围护结构可近似看做悬臂梁。作为梁式构件，其抗弯能力决定了支护体系的稳定和安全；对围护结构的弯矩进行监测，可随时掌握结构在施工过程中的最大弯矩是否超出设计值，以便及时采取安全措施。对于钢筋混凝土围护结构，如连续墙、灌注桩等可通过钢筋计的应力计算来监测其弯矩的变化；对于搅拌桩、钢板桩一类的围护结构，则可通过挠曲计算来监测其弯矩的变化。

5. 地下水、土压力和变形的监测

地下水、土压力是直接作用在支护体系上的荷载，是支护结构的设计依据。同时，地下工程的施工，如基坑开挖、盾构掘进和打桩等，又会引起周围水、土压力的变化和地层的变形。目前，计算地下水、土压力的方法很多，但各种方法都有其特定的使用条件，再加上施工情况的多变性，因此要精确地计算作用在支护结构上的水、土压力和定量地计算地下工程施工所引起的地层变形是十分困难的。所以，对于重要的地下工程，在较完善的理论计算基础上，把加强对地下环境的监测作为确保地下工程施工安全的有效手段是十分必要的。

监测项目主要有土压力监测、孔隙水压力监测、地下水位监测、深层土体位移监测、基坑回弹监测等。

6. 建筑物变形监测

建筑物变形监测的目的是确保建筑物的结构安全和正常使用。然而确定建筑物的变形允许值是一件十分复杂的工作，应按照规范要求并根据每幢建筑物的实际情况考虑。

在城市地下工程施工现场的附近，常有许多各种类型的建筑物。进行建筑物变形的监测，目的在于掌握工程施工期间建筑物各个特征部位的变化情况，以便当建筑物的某一部位或构件变形过大时，能迅速采取有效的维修加固措施，确保建筑物的结构安全和正常使用。

建筑物的变形监测可分为沉降监测、水平位移监测、倾斜监测和裂缝监测。

（1）建筑物沉降监测　沉降观测点的位置和数量应根据建筑物的外形特征、基础形式、结构种类及地质条件等因素综合考虑。为了反映沉降特征和便于分析，测点应埋设在沉降差异较大的地方，同时要满足施工便利和不易损坏的要求。一般可设置在建筑物的四角（拐角）上，高低悬殊处或建筑物的连接处，伸缩缝、沉降缝和不同埋置深度的基础两侧，框架（排架）结构的主要柱基础或纵、横轴线上。对于烟囱、水塔、油罐等高耸构筑物，应沿周边在其基础轴线上的对称位置布点。

沉降观测标志应根据建筑物的构造类型和建筑材料确定，一般可分为墙（柱）标志、基础标志和隐蔽标志（用于宾馆或商场内）。观测标志埋设完毕后，待其稳固后方能使用。在特殊情况下，也可采用射钉枪、冲击钻将射钉或膨胀螺钉固定在建筑物的表面，涂上红漆作为观测标志。

沉降观测标志埋设时应特别注意要保证能在观测点上垂直置尺和良好的通视条件。观测时仪器应避免安置在空压机、搅拌机、卷扬机等振动影响范围之内，塔式起重机和露天电梯附近也不宜设站；观测应在水准尺成像清晰时进行，应避免视线穿过玻璃、烟雾和热源上空。前、后视观测最好使用同一把水准尺，前、后视距应尽可能相等，视距一般不应超过

50m；前视各点观测完毕后，回测后视点，最后应闭合于水准点上。

（2）建筑物水平位移监测　当建筑物产生水平位移时，应在其纵、横方向上设置观测点及控制点。在可以判断其位移方向的情况下，则可只观测此方向上的位移。水平位移监测可根据现场通视条件，采用视准线法或小角度法。每次观测时，仪器必须严格对中，平面观测测点可用红漆画在墙（柱）上，也可利用沉降观测点，但要凿出中心点或刻出十字线，并对所使用的控制点进行检查，以防止其发生变化。

（3）建筑物倾斜监测　建筑物的倾斜度是指建筑物或独立构筑物顶部相对于底部或某一段高度范围内上下两点的相对水平位移的投影与高度的比值。

倾斜监测就是对建筑物的倾斜度、倾斜方向和倾斜速率进行测量。

（4）建筑物裂缝监测

1）裂缝监测的任务与步骤：

① 了解情况，收集资料。主要是了解被测建筑物的设计、施工、使用情况，沉降观测资料和邻近地下工程的施工方案，以及会对建筑物造成影响的因素。

② 现场踏勘，记录建筑物已有裂缝的分布位置和数量，测定其走向、长度、宽度及深度。

③ 分析裂缝的形成原因，判别裂缝的发展趋势，选择主要裂缝作为观测对象。

④ 确定观测方法，在每条裂缝的最宽处和最末端设置观测标志。

⑤ 定人定时进行观测，观测频率按控制两次观测期间裂缝发展不宜大于0.5mm及裂缝所处位置确定。

⑥ 整理监测资料，提交监测报告。

2）裂缝宽度的测量。对于测量准确度要求不是很高的部位，如墙面开裂，简易又有效的方法是粘贴石膏饼，将10mm厚、50mm宽的石膏饼骑缝粘贴在墙面上，当裂缝继续发展时，石膏饼随之开裂。也可采用画平行线的方法测量裂缝的上、下错位；或采用金属片固定法，即把两块铁片分别固定在裂缝两侧并相互紧贴，再在铁片紧贴裂缝处涂上油漆，当裂缝发展时，两块铁片逐渐被拉开，露出的未涂油漆部分的宽度即为新增的裂缝宽度。裂缝宽度可用裂缝观测仪与小钢尺进行测量，或用裂缝宽度板进行对比。对于测量准确度要求较高的部位，如混凝土构件的裂缝，应采用仪表进行测量。可以在裂缝两侧粘贴几对手持应变计的部件，用手持应变计测量；也可以在裂缝两侧粘贴安装指示表的支座，用指示表测量。当需要连续监测裂缝变化时，还可采用测缝计或传感器自动测记的方法进行监测。

3）裂缝深度的测量。当估计裂缝深度不是很大时，可采用凿出法和单面接触超声波法测量裂缝深度。凿出法就是将易于渗入裂缝的彩色溶液（如墨水等）灌入细小的裂缝中（若裂缝走向是垂直的，可用针筒压入）；待其干燥或用电吹风加热吹干后，从裂缝的一侧将混凝土逐渐凿除，露出裂缝另一侧，观察是否留有溶液痕迹（颜色）以判断裂缝的深度。对于不允许损坏被测表面的构件，可采用单面接触超声波法进行测量。

当估计裂缝发展很深时，可采用取芯法和钻孔超声波法测量裂缝深度。取芯法是用钻芯机配上人造金刚石（空心薄壁）钻头，跨于裂缝之上沿裂缝面由表向里进行钻孔取芯，当一次取芯未及裂缝深度时，可换直径小一号的钻头继续往里取，直至裂缝末端出现；然后将取出的岩芯拼接起来，测量裂缝深度。钻孔超声波法是在裂缝两侧各钻一个孔，清理后充水作为耦合介质（若是垂直走向的裂缝，孔口要采取密封措施），将换能器置于钻孔中，在钻孔的不同深度上进行对测，根据接收信号的振幅突变情况来判断裂缝的深度。

7. 地下管线变形监测

由于地下工程不可避免地要对土体产生扰动，因而埋设在土层中的地下管线会随土体变形产生垂直位移和水平位移。

地下管线变形监测的目的在于根据观测的数据，掌握地下管线的位移量和变化速率，及时调整施工方案，采取有效的防范措施，保证地下管线的安全和正常使用，确保地下工程的顺利施工。

（1）管线资料调查　在制定测点布置方案和确定监测方法、频率前，首先应调查与管线监测有关的基础资料，内容包括：

1）管线的用途、材料和规格，以便选择重要管线进行监测。

2）管线的平面位置、埋深和埋设时间。

3）管线的接头形式、对位移的敏感程度，以便确定位移警戒值。

4）管线所在道路的人流和交通情况，以便确定测点埋设方式。

5）采用土力学中与地基基础有关的公式估算地下管线的最大位移值。

6）城市管理部门对于地下管线的沉降允许值。

上述资料主要是通过工程建设单位获取，或前往管线所属单位进行调研，购买管线图。在缺乏图样资料时，可采用管线探测仪进行现场勘查，以及向附近的管线用户询查。

（2）测点埋设　目前，地下管线测点主要有以下3种设置方法：

1）抱箍式。由扁铁做成抱箍固定在管线上，抱箍上焊接一测杆，测杆顶端不应高出地面。在测杆的路面位置处布置阴井，以保护测点和保证道路交通正常通行。抱箍式测点的特点是监测准确度高，能如实反映管线的位移情况，但埋设时必须进行开挖，且要挖至管底，对于交通繁忙的路段影响很大。抱箍式测点主要用于一些次要的干道和十分重要的管道，如高压煤气管、压力水管等。

2）直接式。用敞开式开挖和钻孔取土的方法挖至管顶表面，露出管线接头或闸门开关，在其凸出部位涂上红漆或粘贴金属物（如螺母等）作为测点。直接式测点主要用于沉降监测，其特点是开挖量小、施工便捷，但若管线埋置较深，易受地下水位或地面积水的影响，造成立尺困难，影响其测量准确度。直接式测点适用于埋深浅、管径较大的地下管线。

3）模拟式。对于地下管线排列密集且管底标高相差不大，或因某种原因无法开挖时，可采用模拟式测点。其方法是选有代表性的管线，在其邻近打一根直径为100mm的钻孔，如果表面有硬质路面应先将其穿透（孔径大于50mm即可），孔深至管底标高，取出浮土后用砂铺平孔底；先放入厚度不小于50mm的钢板一片，以增大接触面积，然后放入一根直径为20mm的钢筋作为测杆，周围用净砂填实。模拟式测点简便易行，避免了道路开挖对交通的影响，但因测得的是管底地层的位移，其模拟性较强而准确度较低。

上述三种形式的测点均可用于地下管线的垂直位移监测，抱箍式测点和直接式测点也可用于地下管线的水平位移测量，但应注意抱箍式测点的测杆周围不得回填，否则会引起数据出错。

本章小结

为了保证深基坑工程施工的安全，加强对围护结构及周围环境的监测尤为重要。基坑工程的监测内容、项目及监测方法，以及基坑围护总体监测方案的确定是现代施工技术人员所必须掌握的知识内容。

复习思考题

1. 基坑监测方案的内容有哪些？
2. 观测点的设置要求有哪些？
3. 请简述基坑监测的项目及方法？

第4章　高层建筑深基础施工

教学目标：

1. 了解高层建筑深基础的类型。
2. 熟悉沉箱基础的类型、构造，了解沉箱基础的施工方法及适用范围。
3. 掌握沉井基础的类型、特点、组成构造及适用条件；掌握沉井基础的施工工艺。
4. 掌握地下连续墙的类型、特点、组成构造及适用范围；掌握地下连续墙施工工艺。
5. 了解墩基础的类型、特点及适用范围，熟悉墩基础的组成及构造。
6. 掌握土方回填的施工步骤、注意事项及施工质量检验标准。

4.1　概述

任何建筑物都是建造在一定的地层上的，建筑物的全部荷载都由它下面的土层来承担，承受建筑物荷载的地层称为地基；建筑物向地基传递荷载的下部结构就是基础。基础是建筑物的一个主要组成部分，基础的强度直接关系到建筑物的安全与使用。

基础的结构形式很多，设计时应选择既能适应上部结构要求，同时也能适应场地工程地质条件，并在技术和经济上合理可行的基础结构方案。通常把埋置深度较浅、施工较简单的基础称为浅基础；若浅层土质不良，须将基础埋置于较深的良好土层上，且需要借助于特殊施工方法的基础，则称为深基础。高层建筑的垂直和水平荷载很大，水平荷载属于动荷载，因此其基础的受力更为复杂，对基础的强度、刚度和稳定性的要求更为严格。通常需要由深基础承受的荷载相对集中地传递到地基深部。

4.2　深基础结构类型及方案选择

深基础的种类很多，目前高层建筑常见的深基础形式有桩基、沉井、沉箱、地下连续墙和墩基础等。深基础的主要特点在于需要采用特殊的施工方法，以便能最经济有效地解决深开挖基坑边坡的稳定性及排水问题，减少对邻近建筑物的影响。

4.2.1　沉井基础

1. 概述

沉井是由混凝土或钢筋混凝土做成的竖向筒形结构物。施工时先在地面或地坑内现场浇筑带刃脚的开口钢筋混凝土井身，待其达到要求强度后，在井筒内分层挖土运出，筒身借助自重或添加的压重克服井壁摩阻力和刃脚反力逐渐下沉；此时可不断接长筒身继续挖土下沉，直到井筒达到设计标高；然后浇筑混凝土封底并填塞井孔，使整个筒体成为一个空心的基础。施工过程中沉井作为围护结构，竣工后沉井结构成为基础的组成部分或独立的基础，即沉井基础。

沉井作为深基础的一种结构形式，具有如下显著特点：

1）基础埋深大，结构刚度大，整体性强，稳定性好，不须坑壁支护和防水。

2）有较大的承载面积，能承受较大的垂直荷载和水平荷载；而且可以作为补偿性基础，避免发生过大的沉降，从而保证基础的稳定。

3）基坑的开挖量和回填土方量较小，基础埋深越大，该优点越突出。

4）沉井基础施工工艺简单，不需特殊的专业设备；施工时对邻近建筑物影响小。

5）沉井基础自重大，不便运输，施工工期长；在粉砂类土中施工易发生流砂现象，造成沉井倾斜而影响施工质量。

2. 沉井的类型及构造

（1）沉井的类型　沉井类型很多，一般可按以下几个方面分类：

1）按沉井材料分类：混凝土沉井、钢筋混凝土沉井、竹筋混凝土沉井和钢沉井。钢筋混凝土沉井由于抗压、抗拉强度高，下沉深度大，故在工程中应用十分广泛。竹筋混凝土沉井是用竹筋代替部分钢筋。钢沉井强度高、重量轻、易于做浮运沉井，但用钢量大，不经济。

2）按平面形状分类：圆形沉井、矩形沉井、椭圆形沉井、端圆形沉井、多边形沉井等（图4-1）。

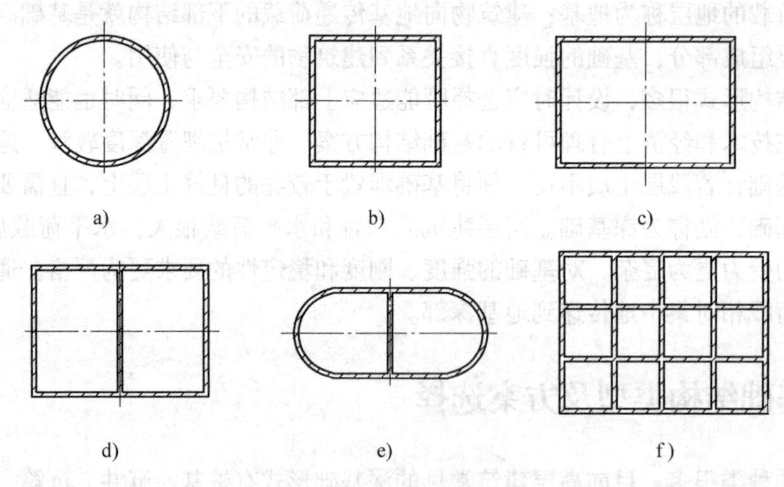

图4-1　沉井的平面形式

3）按井孔的布置方式分类：单孔沉井、双孔沉井及多孔沉井。

4）按立面形状分类：柱形沉井、阶梯形沉井和锥形沉井（图4-2）。柱形沉井构造简单，挖土均匀，下沉过程不易倾斜，模板可重复使用，一般适用于入土不深的基础施工或土质松软的地区。阶梯形沉井和锥形沉井可以减小土与井壁的摩阻力，使沉井下沉顺利；但施工复杂，模板使用量大，下沉过程中易发生倾斜，多用于土质密实、要求沉井下沉深度大、且沉井自重不大的基础施工。

5）按施工方法的不同分类：一般沉井和浮运沉井。一般沉井是指在基础设计位置上就地制造沉井，然后挖土靠沉井自重下沉。浮运沉井是指当需水下沉井时，水深较深和流速较大，在深水区筑岛有困难或不经济或有碍通航时，则在岸边预制沉井，浮运到下沉地点后就

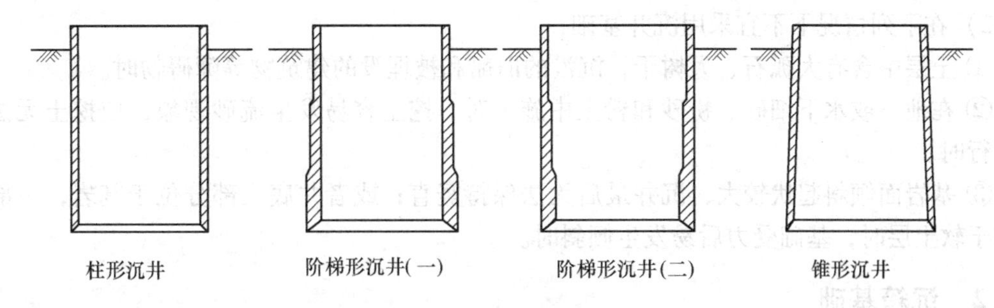

图4-2　沉井的立面形式

位下沉。

（2）沉井的构造。沉井一般由井壁、井孔、刃脚、凹槽、封底和顶板组成（图4-3）。对于多孔沉井还有内隔墙。

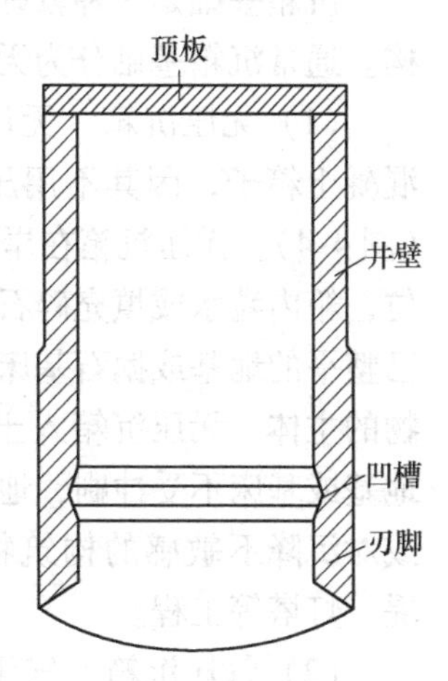

图4-3　沉井的构造

1）井壁。井壁是沉井的主体部分，在沉井的下沉过程中起挡土、挡水作用，同时具有利用自重克服摩阻力使沉井下沉的作用。由于施工结束后成为传递荷载的基础或基础的一部分，因此井壁必须有足够的强度和厚度，通常厚度不小于400mm，一般壁厚为800～1500mm。

2）井孔。井孔是挖土、排土的工作场所，井孔尺寸不小于3m。多孔沉井通常对称布置井孔，以保证沉井均匀下沉。

3）刃脚。刃脚是指井壁下端做成的刀刃状结构，其作用是利于沉井在自重作用下切土下沉。刃脚是受力最集中的部分，必须有足够的强度，如果遇到坚硬土层，可用钢板或角钢保护刃脚。

4）凹槽。凹槽位于刃脚内侧上方约1.0m处，作用是使井壁与封底混凝土能很好地结合，使底板反力均匀地传递给井壁。

5）封底。封底是指沉井下沉到设计标高后，将基础清理干净并整平，在凹槽处浇筑混凝土封底并与井壁连接为整体。其作用是防止地下水渗入井筒，传递基底反力。

6）顶板。顶板是指沉井封底后，按设计要求完成井孔施工后，在井顶浇筑钢筋混凝土盖板，以承托上部结构荷载。

7）隔墙。隔墙是指多孔沉井中起分隔井孔作用的内壁。隔墙可加强沉井刚度，减小井壁计算跨度。

3. 沉井基础的适用范围

1）一般在下列情况下可考虑采用沉井基础：

① 在土层透水性较差时（此时采用沉井基础，易于控制沉井下沉方向，避免沉井倾斜）。

② 在场地条件受限制的情况下，为保证开挖边坡的稳定性及控制基础施工对周边邻近建筑物的影响时。

③ 上部荷载较大，表层地基土承载力不足，而在一定深度下有较好的持力层时。

④ 在山区河流中，虽土质较好，但冲刷较大或河水中有较大卵石不便桩基础施工时。

⑤ 岩层表面较平坦且覆盖层较薄，但河水较深，采用扩大基础施工围堰有困难时。

2）在下列情况下不宜采用沉井基础：

① 土层中含有大孤石、大树干，沉没的旧船和被埋没的建筑物等障碍物时。

② 在地下或水下细砂、粉砂和粉土中施工时，挖土容易发生流砂现象，使挖土无法继续进行时。

③ 基岩面倾斜起伏较大，沉井最后无法保持竖直；或者井底一部分位于基岩，一部分支撑于软土层时，基础受力后易发生倾斜时。

4.2.2 沉箱基础

1. 沉箱的分类

沉箱基础是一种较好的施工方法和基础形式，沉箱基础是有顶无底或有底无顶的箱形结构。通常沉箱基础分为无压沉箱和气压沉箱两类。

（1）无压沉箱　无压沉箱一般是有底无盖的钢筋混凝土箱子，因其不用压缩空气，故可称为无压沉箱（图4-4）。无压沉箱在岸边或船坞中制造，然后浮运就位，箱内灌水或填充碎石、砂石下沉，使其平稳下沉到已整平的地基或抛石基床上，作为建筑物的基础或构筑物的主体。无压沉箱入土不深，一般多用于水流不急，地基或基床不受冲刷，地基沉降小，基础不需埋入土中或对沉降不敏感的构筑物，如港口岸壁、码头、防波堤、灯塔等工程。

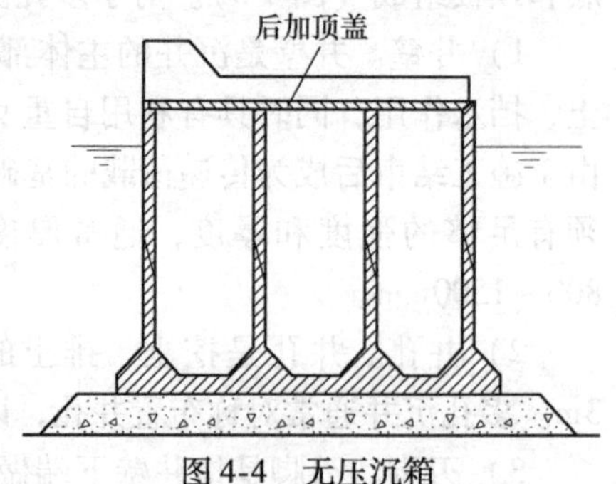

图4-4　无压沉箱

（2）气压沉箱　气压沉箱是一种无底的箱形结构，形似有顶盖的沉井，因为需要输入压缩空气来提供工作条件，故称为气压沉箱。气压沉箱由顶盖和侧壁组成，其侧壁也称为刃脚；顶盖留有孔洞，以安设向上接高的气筒（井管）和各种管路；气筒上端连气闸，气闸由中央气闸、人用变气闸及料用变气闸（或进料筒、出土筒）组成（图4-5）。在沉箱顶盖上安装围堰或砌筑永久性外壁。顶盖下形成高度不小于3m的工作室，当沉箱在水下就位后，通过顶盖气闸将压缩空气压入沉箱工作室，并保持工作室气压稳定。借助压缩空气排出工作室中的水，便于施工人员在箱内进行挖土施工，并通过升降筒和气闸把弃土外运，使沉箱在自重和顶面压重的作用下逐步下沉至设计标高，最后用混凝土填实工作室，就形成了沉箱基础。

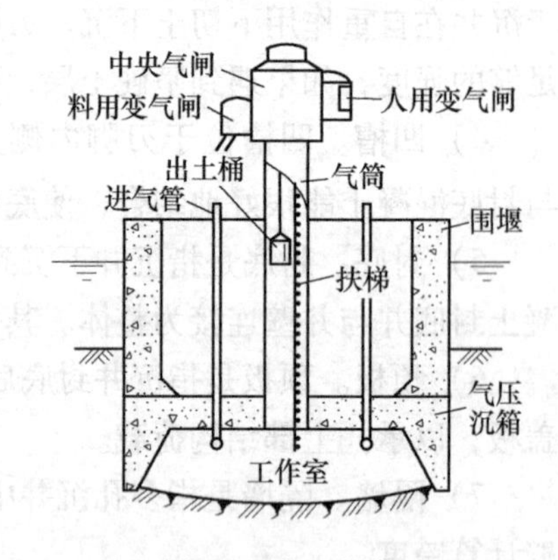

图4-5　气压沉箱

2. 沉箱的施工

沉箱的施工按其下沉地区的条件有陆地下沉和水中下沉两种方法。陆地下沉有地面无水时就地制造沉箱下沉和水不深时采取围堰筑岛制造沉箱下沉两种；水中下沉有在高出水面的脚手架上或在驳船上制造沉箱下沉和在岸边制造后再浮运就位下沉两种。为保证沉箱平稳下沉，在沉箱内应按一定的顺序挖土。如果沉箱内周围土的摩阻力过大而使其不能下沉时，可暂时撤离工作人员，降低工作室内的气压，强迫其下沉。

当沉箱沉入水下时，在沉箱外用空气压缩机把压缩空气通过储气筒经输气管分别输入气闸和沉箱工作室，把工作室内的水排出室外后，工作人员就可经人用变气闸从中央气闸及气筒内的扶梯进入工作室内工作。人用变气闸的作用是通过逐步改变闸内气压而使工作人员适应室内外的气压差。

在沉箱工作室里，工作人员用挖土机具挖除沉箱底下的土石，排除各种障碍物，使沉箱在自重和顶面压重的作用下克服周围摩擦阻力及压缩空气反力而下沉。沉箱下沉到设计标高并经检验、处理地基后，填充工作室，拆除气闸、气筒，这时沉箱就成为了基础的组成部分。

3. 沉箱的适用范围

1）待建基础的土层中有障碍物而用沉井无法下沉，基础桩无法穿透时。

2）待建基础邻近有埋置较浅的建筑物基础，要求保证其地基稳定和建筑物安全时。

3）待建基础的土层不稳定，无法下沉井或挖槽沉埋水底隧道箱体时。

4）地质情况复杂，要求直接检验地基并对地基进行处理时。

由于沉箱结构复杂、作业条件差、对工作人员的健康有害，且工效低、费用大，因此除遇到特殊情况外，沉箱基础一般较少采用。

4.2.3 地下连续墙

地下连续墙的开挖技术起源于欧洲，经过不断地发展，地下连续墙技术已经相当成熟。

1. 地下连续墙的特点

1）地下连续墙具有以下优点：

① 墙体刚度大，强度高，承压大，具有承重、挡土、截水、抗渗多种用途，耐久性能好。

② 机械化施工，振动小，噪声低，速度快，准确度高，对周围地基土无扰动，对邻近建筑物、地下设施和地面交通影响小，特别适用于在城市和密集建筑群中进行地下工程和深基础的施工。

③ 对地质条件的适应性很强，除岩溶地质外，从软弱的冲积地层到中硬的地层，密实的砂砾层，各种软岩和硬岩等都可以建造地下连续墙。

④ 可用于逆作法施工，使地下部分与上部结构同时施工，缩短工期。

⑤ 地面作业无须放坡开挖，节省大量土石方；无须降低地下水位，施工安全可靠。

2）地下连续墙技术在发展过程中主要存在以下缺点：

① 施工工艺复杂，施工技术要求高，施工质量要求严格。无论是挖槽机械的选择、槽体施工，还是泥浆下浇筑混凝土、接头等环节，均应处理得当，不容疏漏。

② 需要专门的施工机械设备，并相互配套；各种施工环节要紧密配合，对施工管理要求较严。

③ 不适宜岩溶地区；在一些特殊的地质条件下施工难度很大。

④ 制浆及处理系统占地较大，如果管理不善易造成现场泥泞和污染。

2. 地下连续墙的分类

1）按成墙方式可分为桩排式、槽板式及组合式。

2）按墙的用途可分为防渗墙、临时挡土墙、永久挡土（承重）墙及作为基础用的地下连续墙。

3）按强体材料可分为钢筋混凝土墙、塑性混凝土墙、固化灰浆墙、自硬泥浆墙、预制墙、泥浆槽墙（回填砾石、黏土和水泥三合土）、后张预应力地下连续墙及钢制地下连续墙。

4）按施工方法的不同可分为现浇、预制及两者组合墙等。

5）按开挖情况可分为地下连续墙（开挖）及地下防渗墙（不开挖）。

3. 适用范围

地下连续墙广泛应用于建筑物地下基础、深基坑支护结构、房屋深层地下室、地下车库、地下铁道、地下城、地下电站及水坝的防渗墙等工程中。通常在下列情况下优先考虑选用地下连续墙基础：

1）处于软弱地基的大深度、大面积基坑，周围有密集建筑群或重要的地下管线，对周围地面的沉降和建筑物的沉降要求严格限制时。

2）维护结构作为主体结构的一部分，且对抗渗有较严格要求时。

3）采用逆作法施工，地上和地下结构同步施工时。

4.2.4 墩基础简介

墩基础是一种常用的深基础，是在人工或机械成孔的大直径孔中浇筑混凝土（钢筋混凝土）而形成的长径比较小的大直径桩基础。我国多采用人工开挖方式施工，故也称为大直径人工挖孔桩。

墩基础的功能与桩基础相似，但墩基础与桩基础是有区别的：与桩基础相比，墩基础的断面尺寸较大，长径比较小；而且墩基础不能用打入或压入地基的方法施工。

墩基础常单独承担荷载，其承载力比单桩的高。

1. 墩基础的分类

可按不同的标准，从不同的角度对墩基础进行分类：

1）按传递上部荷载的方式分为摩擦墩和端承墩两类。当墩基础主要承受水平荷载时，称为水平受力墩。

2）按墩体截面形状的不同分类。墩体横断面多为圆形，但轴向截面形状则不同，通常墩基础按墩体轴向截面形状的不同分为柱形墩、锥形墩和齿形墩（图4-6）或直底墩、扩底墩和嵌岩墩（图4-7）。柱形墩的墩体截面形状及尺寸不随深度而变化，形状简单，又分为扩底墩与不扩底墩。锥形墩的墩体截面尺寸随深度呈线性变化，又分为正锥形墩和倒锥形墩，其中正锥形墩的侧壁摩阻力可以忽略，承载力主要靠端承力。齿形墩的墩身设置倒置的台阶，可以增加土层的侧壁阻力，适用于墩侧有较硬土层的情况。

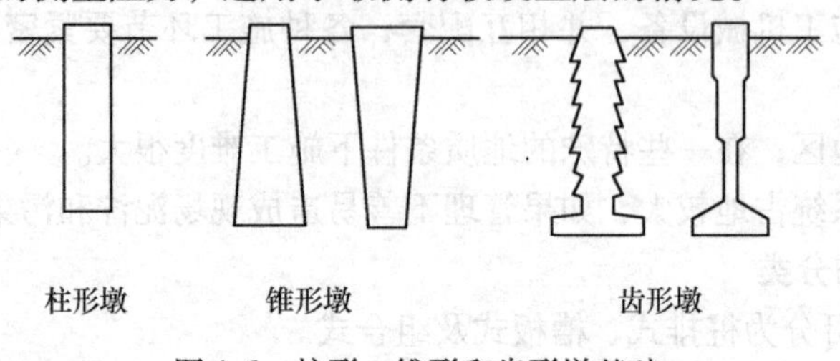

图4-6 柱形、锥形和齿形墩基础

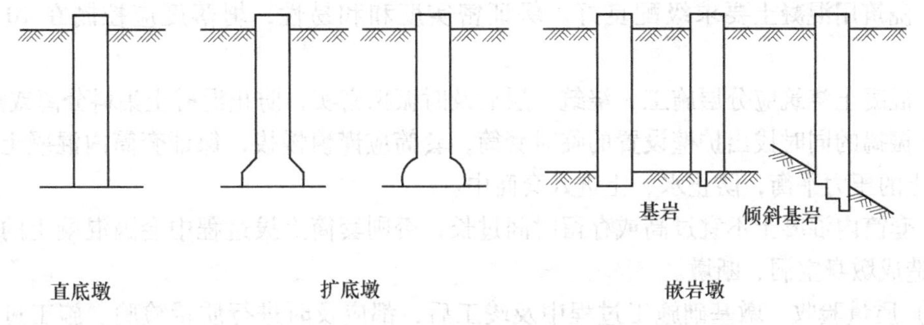

图4-7 直底、扩底和嵌岩墩基础

3）按墩基础成孔方法的不同分为挖孔墩、钻孔墩和冲孔墩。

2. 墩基础的特点及适用范围

1）墩基础能较好地适应复杂的地质条件，在较密实的砂层、卵石地基中易于施工。

2）墩基础有很高的竖向和水平承载力及较大的抗拔力，常与高层建筑的柱基础结合使用，原则上采用一柱一墩（单墩质量要求较高）。

3）墩身断面尺寸较大，可获得很高的单墩承载力，但其混凝土用量大，施工难度大，不宜用于荷载较小、地下水位较高、水量较大的小型工程及相当深度内无坚硬持力层的地区。

4）通常埋深大于3m、直径不小于800mm，而且埋深与墩身直径的比小于6或埋深与扩底直径的比小于4的独立刚性基础，可按墩基础进行设计。

3. 墩基础施工简介

墩基础施工过程通常有以下几个步骤：

（1）清理场地　对进场道路、材料堆放点及施工操作现场进行清理、整平，安装水电，安排建设临时建筑物、设施等，保证三通一平。

（2）放线定位　在整平的施工现场，按设计要求放出建筑物的轴线和边线，在设计墩位处设置标志（即定位）。

（3）成孔施工　墩基础成孔可采用人工挖孔、机械成孔等形式。

1）人工挖孔。对地基土质条件较好，孔深小于20m的超大孔径墩基础，可采用人工锹、镐等挖土工具进行人工挖土，但是施工速度受到限制。

2）机械成孔。挖孔前先在墩位处打钢套筒，然后在钢套筒内用机械抓土或挖土，具有施工速度快、安全性好等优点，是目前应用较多的施工方法。

（4）验孔清底　墩基础成孔完成后，首先应对孔径的位置、大小、垂直度等进行检验，墩轴线的垂直度偏差不能超过有效长度的0.5%～1.0%；然后检查孔壁土层或衬砌结构是否松动或损坏，发现问题要及时处理；最后要检查孔底标高、孔内沉渣情况，核实墩底土层是否满足设计要求（不满足要求时要采用重锤夯实或水泥浆加固等方法进行处理）

（5）放置型钢　验孔清底合格后，按设计要求吊放钢筋笼、钢套筒或钢材等加劲材料。吊放时应平稳、准确，严格控制就位偏差，通常墩中心偏差不得大于5cm，避免碰撞孔壁造成孔壁松动坍落。

（6）混凝土浇筑　混凝土浇筑是墩基础施工过程中的关键环节，混凝土浇筑的质量决定了墩基础的质量。

1）浇筑用混凝土要求级配良好，保证密实度和和易性，坍落度应控制在 10～20cm 之间。

2）混凝土浇筑应分层施工，浇筑一层后及时振捣密实，防止混凝土集料分离或离析。

3）振捣的同时拔出护壁设置的临时套筒，套筒应谨慎慢拔，保证套筒内混凝土与套筒外水、土的压力平衡，防止水、土进入套筒中。

4）套筒内混凝土不宜过高或存留时间过长，否则套筒上拔过程中会因混凝土的摩阻力太大而造成墩身空洞、断墩。

（7）质量验收　墩基础施工过程中及竣工后，都应及时进行质量检验。施工过程中主要检查墩基础的定位、垂直度及孔深等是否达到设计要求；孔身形状、扩底处尺寸及嵌岩深度是否满足设计要求；墩体材料特性、混凝土配合比、钢材型号及尺寸、含钢率等是否符合设计要求等。竣工后主要检测墩身混凝土的质量，以及墩基础的承载力及耐久性是否符合设计要求。

4.3 高层建筑深基础施工具体内容

4.3.1 沉井基础施工

根据沉井结构特点和基础所在位置的水文地质条件，一般分为旱地沉井施工、水中筑岛沉井施工和浮运沉井施工三种情况。

1. 旱地沉井施工

旱地沉井施工主要包括施工前的准备工作及地基处理、沉井制作、挖土下沉、孔底清查、沉井封底和沉井封顶等主要施工工序（图 4-8）。

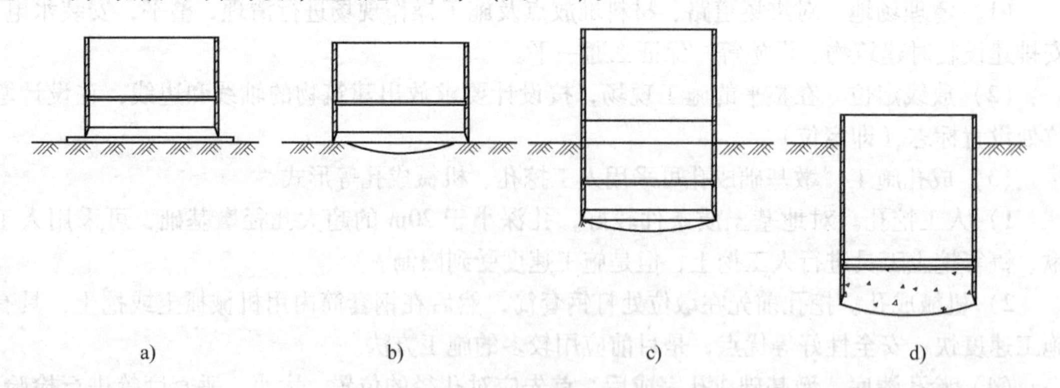

图 4-8　旱地沉井施工过程

a）沉井制作　b）挖土下沉　c）接筑沉井　d）沉井封底

（1）施工准备　沉井施工前的准备工作主要包括：在施工地点钻孔勘察，熟悉场地工程地质和水文地质情况；根据结构特点、场地水文地质情况编制经济可行的施工方案；平整场地至要求标高，平整范围要大于沉井外侧面 1～3m，清除沉井周围地上及地下 3m 内的障碍物；修建临时设施；安装临时水、电设备并试水、试电、试运转；布设测量控制网和水准基点，进行放线定位，定出沉井中心轴线和基坑轮廓线，定位要准确，经验收合格后才能正式施工；做好施工人员技术交底的工作。

若场地内天然地面土质较硬，地基承载力满足设计要求，可就地整平夯实，制作沉井；若地基土质松软，应采用砂、砂砾或碎石垫层，用打夯机夯实或机械碾压等措施使其密实，防止沉井在混凝土浇筑初期由于地基不均匀下沉而引起井身裂缝，垫层厚度一般不小于0.5m。对于较高（≥12m）的沉井，为减小其下沉深度，可先挖土3~4m形成基坑，夯实基底后在坑底制作沉井，坑底应高出地下水位0.5~1m。

（2）沉井制作　沉井施工可采用一次制作、一次下沉，分节制作、一次下沉及分节制作、分节下沉（制作与下沉交替进行）。当地基土质较好时，宜分节一次制，一次下沉；当沉井过高不易稳定（一般高度大于12m）时，宜分节制作，分节下沉，以减少沉井自由高度，增加其稳定性，防止倾斜。

1）沉井刃脚的支设。沉井刃脚模板可根据基础重量和地基土质采用垫架法、砖垫座法（无垫木法）和土胎模法（图4-9）。

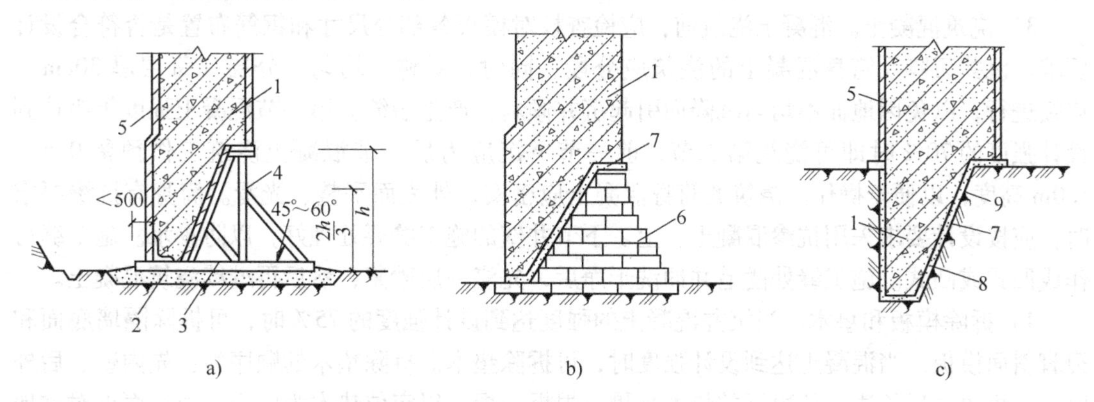

图4-9　沉井刃脚支设

a）垫架法　b）砖垫座法　c）土胎模法

1—刃脚　2—砂垫层　3—枕木　4—垫架　5—模板　6—砖垫座　7—水泥砂浆抹面　8—刷隔离层　9—土胎模

① 在软弱地基上浇筑较重的沉井时常采用垫架法，即先在刃脚处铺设砂垫层，再在其上铺垫木板、设置支架。垫架的尺寸、间距和数量根据第一节沉井的重量和地基（或砂垫层）的允许承载力计算确定，间距一般为0.5~1.0m。垫架应对称布置，矩形沉井一般设置4组定位垫架，在距沉井长边两端0.15L的中间处（L为长边边长），设置一般垫架；圆形沉井垫架应沿刃脚圆弧对准圆心铺设，常先均匀布置8组定位垫架，垫架应垂直井壁布置。垫木顶面用水准仪找平在同一水平面上，高差不宜超过10mm，在垫木间用砂填实至半高处；然后安装踏面底模，安放刃脚角钢（安放刃脚角钢时，要确保其外侧与地面垂直，以使其起到切土导向的作用）；最后立内模，绑扎钢筋，立外模，浇筑混凝土。

采用垫架法施工时，应计算井身一次浇筑高度，使其不超过地基承载力。如果地基承载力较低，经计算垫架需要量较多时，应计算确定枕木下设置的砂垫层厚度，将沉井重量扩散到更大面积上，减少垫木数量，以便于铺设和撤除。

② 当地基土土质较好、土层均匀时可采用无垫木法。在刃脚下方浇筑一层与沉井井壁等厚的混凝土，代替垫木和砂垫层，其作用是保证沉井在制作过程中和开始下沉时处于垂直方向。对直径或边长在8m以内的较轻沉井，可由砖垫座代替垫木和刃脚内模板，砖垫座沿周长分成6~8段，每段之间留20mm空隙，以便拆除，砖模内壁采用1∶3水泥砂浆抹面。

③ 对重量较轻的小型沉井，当地基土土质较好、土层均匀时，则可采用土模法制作沉井。在刃脚部位，按照设计尺寸开挖基槽，以地基土作为天然模板。土模内壁也采用水泥砂浆抹面。

2）井壁模板及钢筋绑扎。井壁模板可采用钢模板、木模板或组合式定型模板，高度大的沉井也可采用滑模浇筑。模板应有较大刚度，以免发生挠曲变形。有防水要求时，支设模板的穿墙螺栓应在其中间加焊止水环；筒身在水平施工缝处应设置凸缝或钢板止水带，突出筒壁面部分应在拆模后铲平，以利于防水和下沉。如果沉井内有隔墙，内隔墙与井壁连接处的垫木应连成整体；隔墙底面应比刃脚高，与井壁同时浇筑时需在隔墙下立排架或用砂堤支设隔墙底模。隔墙、横梁底面与刃脚底面的距离以500mm左右为宜。沉井钢筋一般为双层，可由人工绑扎；也可在沉井附近地面上预制成钢筋骨架或网片，用起重机进行大块安装。为了保证钢筋与模板间有足够的保护层，施工时用小的预制砂浆片以保证钢筋间的准确位置。

3）浇筑混凝土。混凝土浇筑前，应检查校对模板各部分尺寸和钢筋布置是否符合设计要求。沉井刃脚及筒身混凝土的浇筑应分段、同时、对称、均匀、分层（每层厚30cm）、连续进行，以免因地面不均匀沉降而引起沉井倾斜，产生裂缝。第一节混凝土强度等级达到设计强度的70%时即可浇筑第二节，前一节下沉应为后一节混凝土浇筑工作预留0.5～1.0m高度，以便于操作。浇筑的筒身混凝土应密实，外表面平整、光滑。筒身有抗渗要求时，应按设计要求采用抗渗混凝土。上、下节井壁的施工缝要处理好，以防渗水。施工缝可作成凹式或凸式。施工缝处凿毛并冲洗干净后，先浇一层砂浆，然后再继续浇筑混凝土。

4）拆除模板和垫木。当沉井混凝土的强度达到设计强度的75%时，可拆除隔墙底面和刃脚斜面模板。当混凝土达到设计强度时，可拆除垫木。拆除垫木的顺序为：先内壁、后外壁，先短边、后长边；长边下的垫木是隔一根拆一根，以定位垫木为中心，由远而近对称地拆除。在拆垫木前，可先撬松垫木下的地基土，每拆除一根，在刃脚处随即用砂土回填捣实，以免沉井开裂、移动或偏斜。大型沉井可在刃脚内外侧筑成适当高度的土堤，并分层夯实，使重量传递给垫层。隔墙下拆模后的空穴部分用草袋装砂回填。

（3）挖土下沉 根据沉井处的地质、水文情况，施工现场既有建（构）筑物和地下管线的要求，施工队伍的施工能力等，可采用不排水下沉或排水下沉的施工方法。当沉井所穿过的土层较稳定，不会因排水而产生大量流砂塌陷时，可采用排水下沉。当土质条件较差，可能发生涌土、涌砂、冒水，沉井产生位移、倾斜，以及沉井终沉阶段下沉较快有超沉可能时，才会向沉井内灌水，采用不排水下沉。

1）排水下沉。沉井下沉多采用排水挖土下沉的方法，常采用设置明沟、集水井的方法排水，在沉井内距刃脚2～3m处挖一圈排水明沟，设3～4个集水井，深度比开挖面底部低1.0～1.5m，明沟和井底深度随沉井挖土而不断加深。在井壁上设置离心式水泵或井内设置潜水泵，将地下水排出井外。当地质条件较差，有流砂发生的情况，可在沉井外部周围设置轻型井点、喷射井点或深井井点以降低地下水位，使井内土体保持干燥，降水深度在6m以内可采用轻型井点进行降水，超过6m应采用深井降水。井点应沿沉井的四周布置，布置的数量应通过计算确定。也可采用井点与明沟排水相结合的方法进行降水。

排水下沉常用的挖土方法有：人工或机械工具挖土；在沉井内用小型反铲挖土机挖土；在地面用抓斗挖土机挖土。挖土应分层、均匀、对称地进行，一般从沉井中间开始逐渐挖向四周，每层高0.4～0.5m，先在刃脚周围保留0.5～1.5m宽的土堤；然后沿沉井壁每2～3m

为一段向刃脚方向逐层全面、对称、均匀地削薄土层，使沉井能均匀竖直下沉（图4-10）。如果下沉系数较小，应预先根据情况分别采用泥浆润滑套、空气幕或其他减阻措施，使沉井连续下沉，避免长时间停歇。沉井下沉过程中，如井壁外侧土体发生塌陷，应及时采取填砂措施，以减小下沉时四周土体开裂、塌陷对周围环境的影响。雨期施工时应在填砂外侧做挡水堤，以阻止雨水进入空隙，防止出现因筒壁外的摩阻力接近于零而导致沉井突沉或倾斜的现象。沉井时挖出的土方用吊斗吊出，运往弃土场，不得堆在沉井附近。

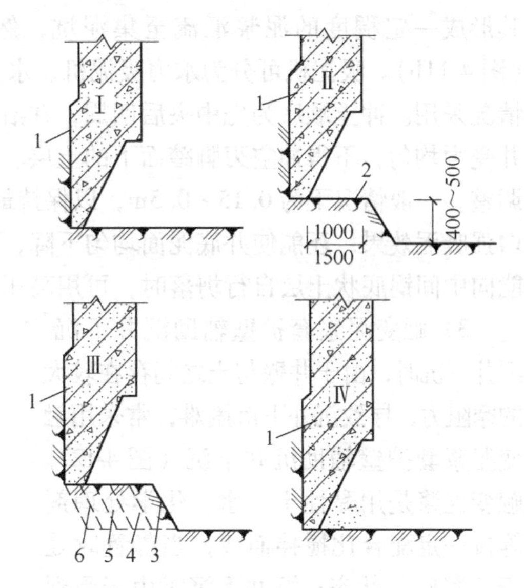

图4-10　普通土层中下沉开挖方法
1—沉井刃脚　2—土堤　3、4、5、6—削坡顺序

2）不排水下沉。当沉井在水中施工或沉井穿过的土层不稳定、涌水量较大，或因防止由于沉井施工降水而影响附近建筑物、管线的稳定时，一般采用带水下沉的施工方法（即不排水下沉）。不排水下沉多采用抓斗、水力吸泥机、水力吸石筒、空气吸泥机等在水下挖土，若遇黏土、胶结层挖土困难时，可采用高压射水辅助下沉。

① 抓土下沉。用抓斗挖掘井底中央的土，使其形成锅底状。在砂或砂砾石类土中，当“锅底”比刃脚低1～1.5m时，沉井可靠自重下沉，同时将刃脚下的土挤向井中央，再从井中央挖土，则沉井可继续下沉。若土质为黏性土，刃脚下土不易向中央塌落，应配以射水松土。沉井由多个井孔组成时，每个井孔宜配备一台抓斗。如果只用一台抓斗抓土时，应对称逐孔轮流进行，使沉井均匀下沉，各井孔内土面高差不宜大于0.5m（图4-11a）。

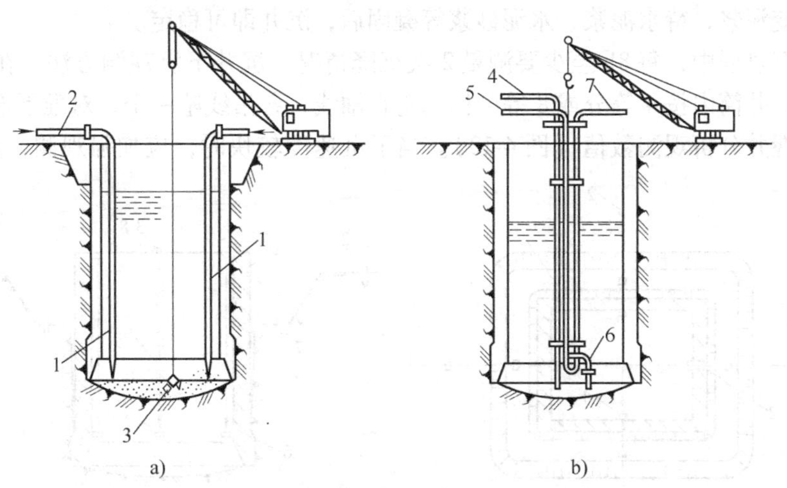

图4-11　用水枪和水力吸泥器水中冲土
a）用水枪冲土、抓斗水中抓土　b）用水力吸泥器冲土
1—水枪　2—胶管　3—多瓣抓斗　4—供水管　5—冲刷管　6—排泥管　7—水力吸泥导管

② 吸泥机吸土下沉。采用吸泥机除土时，利用高压水枪射出的高压水流冲刷土层，使

其形成一定稠度的泥浆汇流至集泥坑，然后用吸泥机将泥浆吸出，从排泥管排出井外（图4-11b）。吸泥机可分为水力吸泥机、水力吸石筒及空气吸泥机，应根据施工现场的实际情况采用。冲土顺序为先中央后四周，并沿刃脚留出土台，最后对称分层冲挖，尽量保持沉井受力均匀，不得冲空刃脚踏面下的土层。吸泥机吸泥时，吸泥管口距泥面的高度可以上下调整，一般情况下为0.15～0.5m，以保持最佳吸泥效果。吸泥时应经常变换位置，不但能增强吸泥效果，还能使井底泥面均匀下降，防止沉井偏斜。靠近刃脚及隔墙下的土层，如不能向中间锅底状土层自行坍落时，可用高压射水将其推向中间后再行吸出。

3）触变泥浆套护壁辅助沉井下沉。沉井下沉时，由于井壁与土之间存在较大的摩阻力，导致沉井下沉困难，常采用触变泥浆套护壁辅助沉井下沉（图4-12）。触变泥浆是用黏性土、水、化学处理剂等按一定配合比搅拌而成，当静置时处于“凝胶”状态；沉井下沉时由于受到搅动，又恢复“溶胶”状态而显著减小摩擦力。沉井外壁制成宽度为10～20cm的台阶作为泥浆槽。为了防止漏浆，在刃脚台阶上宜钉一层2mm厚的橡胶皮，泥浆由沉井底部经垂直压浆管压入外井壁泥浆槽内，使其充满触变泥浆，泥浆的润滑作用显著减小了土的摩阻力，使沉井下沉又快又稳。沉井下沉过程中要不断补浆，保证泥浆液面接近于自然地面。沉井就位后，从泥浆套底部压入水泥浆或其他材料来置换触变泥浆，待水泥浆、水泥砂浆等凝固后，沉井即可稳定。

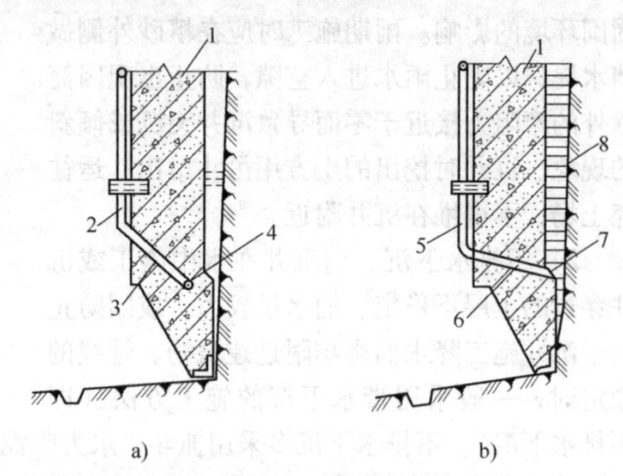

图4-12 触变泥浆套护壁辅助沉井下沉方法

a）预埋冲刷管组 b）触变泥浆护壁

1—沉井壁 2—高压水管 3—环形水管 4—出口 5—压浆管 6—橡胶皮一圈 7—压浆孔 8—触变泥浆护壁

沉井下沉过程中，每8h至少要测量2次沉降情况。沉井下沉观测方法：在沉井外壁周围弹水平线，井筒内按4等分或8等分标出垂直轴线，各吊线坠一个，对准下部标板进行控制，随时掌握并分析观测数值（图4-13）。当下沉速度较快时，应加强观测，如发现偏斜、

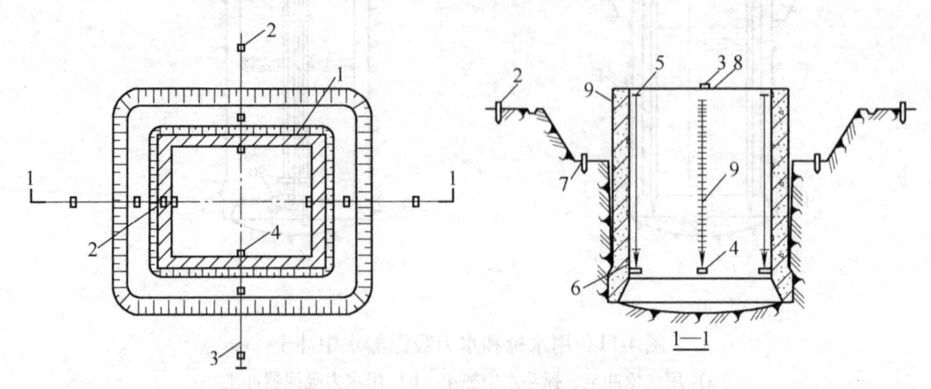

图4-13 沉井下沉测量控制方法

1—沉井 2—中心线控制点 3—沉井中心线 4—钢标板 5—铁件 6—线坠 7—下沉控制点 8—沉降观测点 9—壁外下沉标尺

位移时，应立即纠正，挖土过程中可通过调整挖土标高进行纠偏。沉井下沉接近设计标高时，应加强观测，防止超沉。施工时在四角或筒壁与底梁交接处砌砖墩或垫枕木垛，使沉井压在砖墩或枕木垛上，以控制沉井稳定。

(4) 接筑沉井　当采用分节制作、分节下沉时，在第一节沉井下沉至一定深度（沉井顶面露出地面0.5m以上或露出水面1.5m以上）时，停止挖土，接筑下一节沉井。接高前不得将刃脚掏空，保证第一节沉井位置正直；凿毛顶面，利用沉井上的预埋钢筋固定下节模板，并利用沉井上的预埋牛腿来支撑模板支架（模板支架不能直接支撑在地面上，防止沉井因自重增加而下沉，造成新浇筑混凝土因受拉而产生裂纹）；然后浇筑混凝土，接长井壁及内隔墙，再沉再接（为防止接高井壁时可能出现的倾斜和突沉，每次接高不宜超过5m，且应均匀对称）。

(5) 孔底清查与处理　沉井下沉至设计标高后，应对地基土质进行检验（不排水下沉时应进行水下检验，必要时可用钻机取样检验）。基底检验达到设计要求后，还应对地基进行处理。软土地基上铺一层砾石或碎石至刃脚地面以上200mm；岩石地基应凿除风化岩层，若岩层倾斜，还应凿成阶梯形。总之，要确保井底浮土清除干净，使封底混凝土与地基紧密结合。

(6) 沉井封底　当沉井下沉至设计标高，经观测在8h内累计下沉量不大于10mm时，即可进行沉井封底。封底方法有排水封底和不排水封底两种，宜尽可能采用排水封底。

1) 排水封底（干封底）。沉井底面全部挖至设计标高，先将刃脚处新、旧混凝土的接触面冲洗干净或打毛，对井底进行修整使其形成锅底状；然后由刃脚向中心挖放射形排水沟，填以卵石做成滤水盲沟，并且在沉井中部设2~3个集水井与盲沟连通，使井底地下水汇集于集水井中，以便用潜水泵排出，保持水位低于基底面0.5m以下。封底时，一般先铺一层150~500mm厚的碎石或卵石层，再浇筑一层0.5~1.5m厚的混凝土垫层，待其达到设计强度的50%后，在垫层上绑扎钢筋，使其两端伸入刃脚或凹槽内，然后浇筑上层底板混凝土。当井内有隔墙时，应全方位对称地逐孔浇筑。混凝土采用自然养护，养护期间应继续抽水。待底板混凝土强度达到设计强度的70%并经抗浮验算后，集水井停止抽水，在套管内迅速用干硬性高强度混凝土堵塞并捣实；然后安装法兰盘，用螺栓拧紧或四周焊接封闭，上部用混凝土垫实捣平（图4-14）。

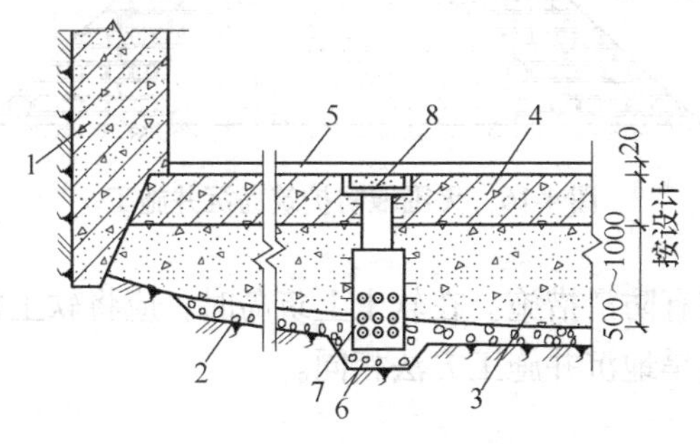

图4-14　沉井封底（干封底）

1—沉井　2—卵石盲沟　3—封底混凝土　4—底板　5—砂浆面层　6—集水井　7—ϕ600~ϕ800mm带孔钢管或混凝土管，外包尼龙网　8—法兰盘盖

2) 不排水封底。当井底涌水量很大或出现流砂现象时，沉井应在水下进行封底。待沉

井基本稳定后，将井底浮泥清除干净，新、旧混凝土接触面用水枪冲刷干净，铺碎石垫层。水下封底混凝土采用导管连续浇筑，当有间隔墙底梁或混凝土供应受限时，应预先隔断分格浇筑（浇筑时导管插入混凝土的深度不小于1m）。待水下封底混凝土达到设计强度后（一般养护7～14d）且沉井能满足抗浮要求时，方可从沉井内抽水；然后检查封底情况，进行检漏补修，再按排水封底方法施工上部钢筋混凝土底板（图4-15）。

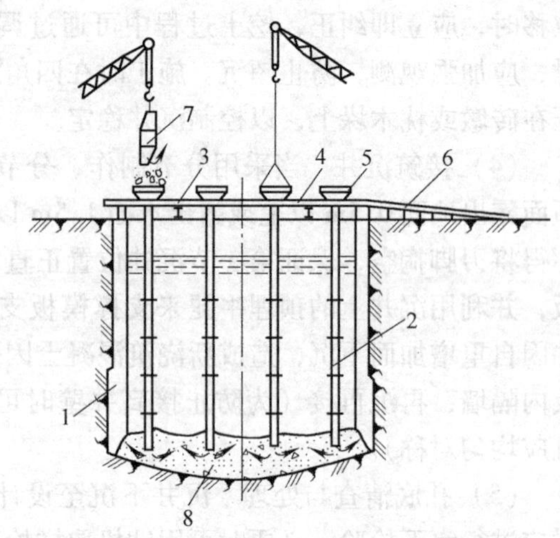

图4-15 不排水封底导管法浇筑混凝土

1—沉井 2—导管 3—大梁 4—平台 5—下料漏斗 6—机动车跑道 7—混凝土浇筑料斗 8—封底混凝土

(7) 沉井封顶 封底混凝土达到设计强度后，排干井孔中的水，进行井孔填充。对井孔中不填料或仅填砾石的沉井，应在沉井顶面浇筑钢筋混凝土盖板，以支撑上部结构，而且应保证无水施工。在严寒地区，低于冰冻线0.25m以上的部分，必须用混凝土或砌体填实。

2. 水中筑岛沉井施工

当水深不小于3m、流速不大于1.5m/s时，可采用砂或砾石在水中无围堰筑岛，在其周围用草袋围护，同时宜在沉井周围设置宽度大于2m的护道；当水深和流速增大时，可采用围堤防护筑岛；当水深较大（通常<15m）或流速较大时，宜采用钢板桩围堰筑岛，岛面应高出最高施工水位0.5m以上。围堰筑岛时，围堰距井壁外缘的距离$b \geqslant H\tan(45° - \phi/2)$，其中$H$为筑岛高度，$\phi$为砂在水中的内摩擦角），且不小于2m。筑岛材料要求使用透水性好、易于压实的砂性土或碎石土，不应含有影响岛体受力及抽垫下沉的块体，不得用黏土、淤泥、泥炭和黄土类材料填筑。无围堰防护筑岛沉井施工如图4-16所示。

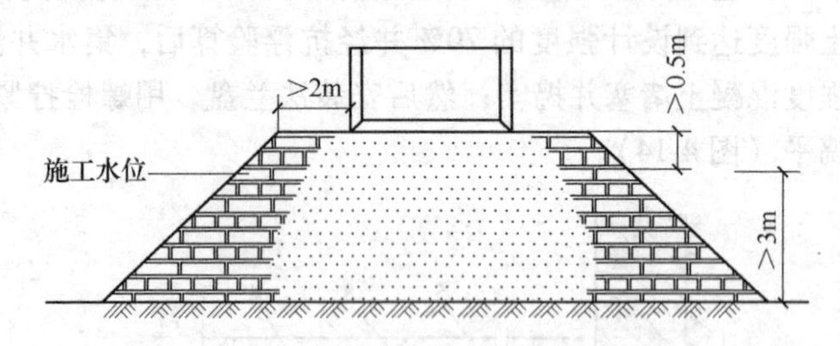

图4-16 无围堰防护筑岛沉井施工

在斜坡上筑岛时，应有防滑措施。在软土上筑岛时，应将软土挖除并换填或采取其他加固措施。其余施工方法与旱地沉井施工方法相同。

3. 浮运沉井施工

当水深大于10m以上、人工筑岛困难或不经济时，可采用浮运沉井施工。将沉井在岸边做成空体结构或采用其他措施使沉井浮于水上，利用岸边铺成的滑道滑入水中，通过绳索牵引至设计位置。在悬浮状态下，逐步将水或混凝土注入空体中，使沉井缓慢下沉至河底。若沉井较高，需分段制造，在悬浮状态下逐节接长并下沉至河底，但整个过程应保证沉井本身的稳定。当刃脚切入河床一定深度后，即可按一般沉井下沉的方法施工。

4. 沉井下沉施工常遇问题和预防措施及处理方法

沉井下沉施工常遇问题和预防措施及处理方法见表4-1。

表4-1 沉井下沉施工常遇问题和预防措施及处理方法

常遇问题	原因分析	预防措施及处理方法
下沉困难（沉井被搁置或悬挂，下沉极慢或停歇）	（1）井壁与土壁间的摩阻力过大 （2）沉井自重不够，下沉系数过小 （3）遇有地下管道、树根等障碍物 （4）遇流砂、管涌	（1）继续浇筑混凝土增加重量，在沉井顶部均匀加钢块或其他荷载 （2）挖除刃脚下的土，或在井内继续进行第二层碗形破土；用小型炸药包进行爆破，但刃脚下的挖空宜小，爆破时的装药量应满足设计要求，刃脚应用草垫等进行防护 （3）不排水下沉改为排水下沉，以减少浮力 （4）在井外壁装设射水管冲刷沉井周围土层，减少摩阻力；射水管也可埋于井壁混凝土内，此方法仅适用于砂及砂类土 （5）在井壁与土壁间灌入触变泥浆或黄土，降低摩阻力，泥浆槽距刃脚高度不宜小于3m （6）清除障碍物；控制流砂、管涌现象发生
下沉过快（沉井下沉速度超过挖土速度，出现异常情况）	（1）遇软弱土层时，土的耐压强度小，使下沉速度超过挖土速度 （2）长期抽水或因砂的流动，使井壁与土间摩阻力减小 （3）沉井外部土体液化	（1）可用木垛在定位垫架处给以支撑，并重新调整挖土范围及速度，在刃脚下不挖或部分不挖土 （2）将排水法下沉改为不排水法下沉，以增加浮力 （3）在沉井外壁与土壁间填入粗糙材料，或将井筒外的土夯实，加大摩阻力，如果沉井外部的土发生液化，导致虚坑时，可填碎石处理 （4）减少每节筒身的高度，减轻沉井重量
突沉（沉井下沉失去控制，出现突然下沉的现象）	（1）挖土不注意，将“锅底”挖得太深，沉井暂时被外壁摩阻力和刃脚托住，处于相对稳定状态。当继续挖土时，土壁摩阻力达到极限值，井壁阻力因土的触变性而突然下降，发生突沉 （2）流砂大量涌入井内	（1）适当加大下沉系数，可沿井壁注入一定的水，减少土壁与井壁的摩阻力 （2）控制挖土范围，沉井底部锅底状的区域不要挖太深；刃脚下避免掏空过多 （3）在沉井梁中设置一定数量的支撑，以承受一部分土层的反力 （4）控制流砂现象发生
倾斜（沉井垂直度不合格）	（1）沉井刃脚下的土软硬不均匀 （2）没有对称地抽除垫木或没有及时回填夯实；井外四周的回填土夯实不均匀 （3）没有均匀地挖土，使井内土面高低悬殊 （4）刃脚下掏空过多，沉井突然下沉，极易导致倾斜 （5）刃脚一侧被障碍物搁置或卡住，未及时发现和处理 （6）排水开挖时，井内一侧涌砂 （7）井外弃土或堆物，井上附加荷载分布不均匀，造成对井壁的偏压	（1）加强对沉井下沉过程的观测和资料分析，发现倾斜要及时纠正 （2）分区、按顺序、对称、同步地抽除垫木，及时用砂或砂砾回填夯实 （3）在刃脚高的一侧加强取土，低的一侧少挖土或不挖土，待正位后再均匀分层取土 （4）在刃脚较低的一侧适当回填砂石或石块，延缓下沉速度 （5）在井外深挖倾斜反面的土方回填到倾斜一面，增加倾斜面的摩阻力 （6）不排水下沉时，在靠近刃脚低的一侧适当回填砂石；在井外射水或开挖，增加偏心压载，以及施加水平外力等

（续）

常遇问题	原因分析	预防措施及处理方法
偏移（沉井轴线与设计轴线不重合，产生一定的位移）	（1）大多是由于沉井倾斜引起的，当发生倾斜和纠正倾斜时，井身常向倾斜一侧的下部产生较大的压力，随之产生一定的位移，位移的大小受土质情况及向一边倾斜的次数影响 （2）测量定位差错	（1）控制沉井不再向偏移方向倾斜 （2）有意使沉井向偏位的相反方向倾斜，当几次倾斜纠正后，即可恢复到正确位置；或者有意使沉井向偏位的一方倾斜，然后沿倾斜方向下沉，直至刃脚处中心线与设计中线位置相匹配或接近时，再将倾斜纠正 （3）加强测量的检查复核工作
遇障碍物（沉井被地下障碍物搁置或卡住，出现停歇的现象）	沉井下沉局部遇孤石、大块卵石、地下沟道、管线、钢筋、树根等，造成沉井搁置、悬挂，难以下沉	（1）遇较小孤石时，可将四周土掏空后取出；遇较大孤石或大块卵石、地下沟道时，可将其破碎成小块取出。如采用爆破方法，炮孔距刃脚不小于50cm，其方向须与刃脚斜面平行，爆破时的装药量应满足设计要求，同时应设置防护钢板，不能裸露爆破。钢管、钢筋、树根等可用氧乙炔焊烧断后取出 （2）不排水下沉爆破孤石时，除了可以打眼爆破外，也可以用射水管在孤石下面掏洞，装炸药爆破后吊出
遇硬质土层（沉井破土遇坚硬土层，难以开挖下沉）	遇厚度不等的黄砂胶结层、姜结石时，因其质地坚硬，用常规方法开挖困难，导致沉井下沉缓慢	（1）排水下沉时，以人力用铁钎打入土中向上撬动或用铁镐、锄开挖，必要时可打炮孔进行爆破，将其爆破成碎块 （2）不排水下沉时，采用重型抓斗、射水管和水中爆破联合作业，先在井内用抓斗挖2m深的锅底状土坑；然后由潜水人员用射水管在坑底向四角方向（距刃脚边2m）冲4个400mm深的炮孔，各用炸药进行爆破（爆破时的装药量应满足设计要求），残留部分用射水管冲掉，再用抓斗抓出
封底遇倾斜岩层（沉井下沉到设计深度后遇倾斜岩层，造成封底困难）	地质构造不均匀，沉井刃脚部分落在岩层上，部分落在较软土层上，封底后易造成沉井下沉不均匀，产生倾斜	应使沉井大部分落在岩层上，其余部分如果土层稳定不向内崩坍，可进行封底作业；若井外土易向内崩坍，则可不排水，由潜水人员一面挖土，一面以装有水泥砂浆或混凝土的麻袋堵塞缺口，堵完后再清除浮渣，进行封底。井底岩层的倾斜面应适当做成台阶状
遇流砂（井外土、粉砂涌入井内的现象，造成沉井突沉、偏斜或下沉过慢或停歇等现象）	（1）井内锅底状区域开挖过深，井外松散土涌入井内 （2）井内表面排水后，井外地下水动水压力把土压入井内 （3）爆破处理障碍物时，井外土受振动进入井内 （4）挖土深度超过地下水位0.5m以上	（1）采用排水法下沉，水头宜控制在1.5～2.0m （2）挖土避免在刃脚下掏挖，以防流砂大量涌入，中间挖土也不宜挖成锅底状 （3）穿过流砂层应快速，最好加荷载，如抛大的石块增加土的压重，使沉井的刃脚切入土层 （4）采用深井或井点降低地下水位，防止井内流淤；深井宜安置在井外，井点则可设置在井外或井内 （5）采用不排水法下沉沉井时，保持井内水位高于井外水位，以避免流砂涌入
超沉（沉井下沉超过设计要求的深度）	（1）沉井下沉至最后阶段，未进行标高观测 （2）下沉接近设计深度时，未放慢挖土下沉的速度 （3）遇软土层或流砂，导致下沉失去控制	（1）沉井下沉至设计标高时，应加强观测 （2）在井壁底梁交接处设置承台（砌砖），在其上面铺方木，使梁底压在方木上，以防下沉量过大 （3）沉井下沉至距设计标高0.1m时，停止挖土和井内抽水，使其完全靠自重下沉至设计标高或接近设计标高 （4）避免涌砂现象发生

5. 沉井施工质量检验标准及允许偏差

沉井施工质量检验标准及允许偏差见表4-2～表4-5。

表4-2　沉井施工质量检验标准

项目	序号	检查项目		允许偏差或允许值		检查方法
				单位	数值	
主控项目	1	混凝土强度		满足设计要求（下沉前必须达到70%的设计强度）		检查试件记录或抽样送检
	2	封底前，沉井（箱）下沉趋于稳定		mm/8h	<10	水准仪
	3	封底结束后的位置	刃脚平均标高（与设计标高比）	mm	<100	水准仪
			刃脚平面中心线位移		<1%H	经纬仪（H为下沉总深度，$H<10$m时，控制在100mm之内）
			四角中任何两角的底面高差		<1%l	水准仪（l为两角的距离，但不超过300mm，$l<100$mm时，控制在100mm之内）
一般项目	1	钢材、对接钢筋、水泥、集料等原材料检查		符合设计要求		检查出厂质量保证书或抽样送检
	2	结构体外观		无裂缝，无风窝、空洞，不露筋		直观
	3	平面尺寸（长与宽）		%	±0.5	用钢直尺测量（最大控制在100mm之内）
		曲线部分半径		%	±0.5	用钢直尺测量（最大控制在50mm之内）
		两对角线差		%	1.0	用钢直尺测量
		预埋件		mm	20	用钢直尺测量
	4	下沉过程中的偏差	高差	%	1.5～2.0	水准仪（但最大不超过1m）
			平面轴线		<1.5%H	经纬仪（H为下沉深度，最大应控制在300mm之内，此数值不包括高差引起的中线位移）
	5	封底混凝土坍落度		cm	18～22	坍落度测定器

注：主控项目3的三项偏差可同时存在；下沉总深度是指下沉前后刃脚的高差。

表4-3　施工测量允许偏差

项　目		允许偏差	项　目	允许偏差
水准线路测量高程闭合差/mm	平地	$\pm 20\sqrt{L}$	导线测量方位角闭合差/mm	$\pm 40\sqrt{n}$
			导线测量相对闭合差	1/3000
	山地	$\pm 6\sqrt{n}$	直线测量测距两次较差	1/5000

表 4-4 沉井制作允许偏差

项 目		允许偏差
平面尺寸	长、宽	±0.5%，且不得大于 100mm
	曲线部分半径	±0.5%，且不得大于 50mm
	两对角线差	对角线长的 1%
井壁厚度		±15mm

表 4-5 沉井下沉完毕的允许偏差

项 目	允许偏差/mm
刃脚平均高程与设计高程的偏差	<100
刃脚平面轴线位置偏差，下沉总深度 $H>10$m 时	<1/100H
刃脚平面轴线位置偏差，下沉总深度 $H<10$m 时	≤100
沉井四角中任何两角底面高差，两角距离 $B>10$m 时	<1/100B 且≤300
沉井四角中任何两角底面高差，两角距离 $B<10$m 时	≤100

4.3.2 沉箱基础施工

沉箱基础的施工按其下沉地区的条件有陆地下沉和水中下沉两种方法。陆地下沉有地面无水时就地制造沉箱下沉和水不深时采取围堰筑岛制造沉箱下沉两种方法；水中下沉有在高出水面的脚手架上或在驳船上制造沉箱下沉和在岸边制造后再浮运就位下沉两种方法。

沉箱基础的施工步骤与沉井基础的施工类似，在具体的施工过程中需要注意以下的不同点：

1）气闸、升降筒、储气罐等承压设备应按有关规定检验后方可使用，并且沉箱上部箱壁的模板系统和支撑系统不得支撑在升降筒和气阀上。

2）沉箱施工时应有备用电源。压缩空气站应有不少于 1/3 工作台数的备用空气压缩机，供气量不应小于使用中的最大一台的供气量。

3）沉箱沉放到水下基床后，应校核中心线，其平面位置和压载经核算符合要求后，方可排出作业室内的水。

4）沉箱下沉时，作业室内应设置枕木垛或采取其他安全措施。在下沉过程中，作业室内土面距顶板的高度不小于 1.8m。

5）沉箱开始下沉至填筑作业完毕，应用 2 根或 2 根以上输气管不断地向沉箱作业室供给压缩空气，供气管路应装有止回阀，保证安全和正常施工。

6）为保证沉箱平稳下沉，在沉箱内挖土应有一定的顺序。如果沉箱内周围土的摩阻力过大而不能下沉时，可进行强制下沉：暂时撤离箱内工作人员，降低工作室内气压，以强迫其下沉。但箱内压力降低不得超过原有工作压力的 50%，每次强制下沉量不得超过 0.5m。

7）下沉至地基持力层时，维持地基土原状，不要扰动土体，整平即可。

8）沉箱下沉过程中，应做好记录。

4.3.3 土方回填

土方回填指场地的平整，基槽、路基及一些特殊土工构筑物的回填、压实。高层基础深基坑工程在基础施工结束后都要进行基坑回填。

土方回填施工主要包括基坑或基槽底部清理、回填料的选用及土质检验、分层铺土回填、碾压夯实、质量检验、整平验收等几个步骤。

1. 基坑或基槽底部清理

1）场地回填时，应先清除基底上的垃圾、草皮、树根，排除坑穴中的积水、淤泥和杂物，并应采取措施防止地表滞水流入填方区浸泡地基，造成地基土体下陷。

2）当填方基底为耕植土或松土时，应将基底充分夯实、碾压密实。

3）当填方位于水田、沟渠、池塘或含水量很大的松散土地段时，应根据具体情况采取排水疏干，或将淤泥全部挖出换土、抛填片石、填砂砾石、翻松、掺石灰等措施进行处理。

4）当填土场地地面坡度大于0.2时，应先将斜坡挖成阶梯形（高度为0.2~0.3m，宽度大于1m），然后分层填土，以利于结合和防止滑动。

2. 回填料的选用及土质检验

（1）回填料的选用　填方土料应符合设计要求，保证填方的强度和稳定性，如果设计无要求时，宜优先采用原位挖出的土，但应符合以下规定：

1）碎石类土、砂土和爆破石渣（粒径不大于每层铺土厚的2/3）可用于表层下的填料。

2）含水量符合压实要求的黏性土，可作为各层填料。

3）淤泥和淤泥质土，一般不能用作填料。

4）严禁使用杂填土、有机质含量大于5%的土，严禁使用冻土、膨胀土、盐渍土等活性较强的土。

（2）土质检验　填土土料含水量的大小直接影响到夯实（碾压）质量：含水量过小，夯实（碾压）不实；含水量过大，则易形成“橡皮土”，因此回填土的含水量应严格控制。在土方回填前应进行土料土工试验，检验内容主要包括液限、塑限、塑性指数、强度、含水量等，以得到符合密实度要求条件下的最优含水量和最少夯实（碾压）遍数。土的最优含水量和最大干密度参考见表4-6。

表4-6　土的最优含水量和最大干密度参考

项　次	土的种类	变动范围	
		最优含水量（%）（质量比）	最大干密度/（t/m^3）
1	砂土	8~12	1.80~1.88
2	黏土	19~23	1.58~1.70
3	粉质黏土	12~15	1.85~1.95
4	粉土	16~22	1.61~1.80

当含水量较小时，可采取预先洒水湿润、增加压实遍数或使用大功率压实机械等措施；当含水量过大时，可采取翻松、晾干、风干、换土回填、掺入干土或其他吸水性材料等措施；当填料为碎石类土（充填物为砂土）时，碾压前应充分洒水湿透，以提高压实效果。

3. 分层铺土回填

填土应从最低处开始，由下向上按土的类别有规则地分层铺填，将透水性大的土层置于透水性较小的土层之下，不得混杂使用；边坡不得用透水性较小的土封闭，以利于水分的排出和地基土体的稳定，避免在填方内形成水囊和产生滑动。

填土应分层铺填和压实，每层的铺土厚度应根据土质、密实度要求和机具性能确定。一般情况下，平碾压实的虚铺厚度为200～300mm；羊足碾压实的虚铺厚度为200～350mm；蛙式打夯机压实的摊铺厚度为200～250mm；振动碾压实的虚铺厚度为600～1500mm。

深、浅基坑相连时，应先填深基坑，填平后再统一分层铺填。分段填筑时，交接处应修筑1:2的阶梯形边坡，每级台阶可取高50cm、宽100cm，或者做成大于1:1.5的斜坡，碾迹重叠宽度应为0.5～1.0m，上下层错缝距离不应小于1.0m。接缝不得在基础、墙角、柱墩等重要部位。

基础两侧回填时，宜在两侧同时填夯，且其高度差不应太大，以免把墙体挤歪；较长的管沟墙体，可在内部设支撑，然后在其外侧回填土方；管沟敷设管道后，回填应从其两侧同时对称进行，高差不超过0.3m，防止管道中心偏移。

4. 碾压夯实

摊平后的回填土须立即碾压夯实，检验合格后方可铺填上层土。填方的密实度要求和质量指标通常以压实系数表示，压实系数为土的控制（实际）干土密度ρ_d与最大干土密度ρ_{dmax}的比值。最大干土密度ρ_{dmax}是当土壤达到最优含水量时，通过标准击实方法确定的。若经检验密实度仍达不到要求，应继续夯压，直到达到要求为止。

（1）人工夯实方法　人工夯实可用夯、硪、碾等工具。

1）人工夯实一般使用60～80kg的木夯或铁石夯，举高不小于0.5m，自然落下夯实填土，按顺序进行。人工打夯前应将填土初步整平，打夯要按一定方向进行，做到一夯压半夯、夯夯相接、行行相连；两遍夯实路线纵横交叉，分层夯打。夯实基槽及地坪时，打夯路线应由四边开始，再夯向中间。

2）较大面积的人工回填可采用小型打夯机夯实填土，一般填土厚度不宜大于25cm，打夯之前应对填土初步平整，打夯机按顺序夯打，应均匀分布，不留间隙。

（2）机械压实方法　机械碾压可用碾压机、振动碾等，小型夯压机械有内燃夯、蛙式夯等。压实填土的质量控制见表4-7。

表4-7　压实填土的质量控制

结构类型	填土部位	压实系数λ_c	控制含水量（%）
砌体承重结构和框架结构	在地基主要受力层范围内	≥0.97	$w_{op}\pm2$
	在地基主要受力层范围以下	≥0.95	
排架结构	在地基主要受力层范围内	≥0.96	$w_{op}\pm2$
	在地基主要受力层范围以下	≥0.94	

1）为保证填土压实的均匀性及密实度，避免碾轮下陷，提高碾压效率，在碾压机械碾压之前宜先用轻型推土机、拖拉机推平，低速预压4～5遍，使表面平实。采用振动平碾压实爆破石渣或碎石类土时，应先静压，而后振压。

2）碾压机械压实填方时，应控制行驶速度，一般平碾、振动碾不超过2km/h，并要控制压实遍数。碾压机械与基础或管道应保持一定的距离，防止将基础或管道压坏或使其移位。

3）用压路机进行填方压实时，填土厚度不应超过25～30cm；碾压方向应从两边逐渐压向中间，碾轮每次重叠宽度为15～25cm，避免漏压。运行中碾轮外侧边距填方边缘应大于

500mm，以防发生溜坡倾倒。边角、边坡边缘压实不到之处，应辅以人力夯或小型夯实机具夯实。

4）平碾碾压完成后，应用人工或推土机将表面拉毛。土层表面太干时，应洒水湿润后继续回填，以保证上下层接合良好。

5. 质量检验

1）土方回填过程中，要对每层回填土的质量进行检验，一般采用环刀法（或灌砂法）取样测定土的干密度，求出土的密实度；或者用小型轻便触探仪直接通过锤击数来检验土的干密度和密实度，符合设计要求后才能填筑上层。

2）基坑和室内填土，每层按100～500m^2取样1组；场地平整填方，每层按400～900m^2取样1组；基坑和管沟回填，每20～50m取样1组，但每层均不少于1组，取样部位在每层压实后的下半部。灌砂法取样应为每层压实后的全部深度。

3）填土压实后的干密度应有90%以上符合设计要求，其余10%中的最低值与设计值之差不应大于0.08t/m^3，且不应集中。

4）填方施工结束后应检查标高、边坡坡度、压实程度等，填土工程质量检验标准见表4-8。

表4-8 填土工程质量检验标准 （单位：mm）

项目	序号	检查项目	允许偏差或允许值					检查方法
			桩基础、基坑、基槽	场地平整		管沟	地（路）面基础层	
				人工	机械			
主控项目	1	标高	-50	±30	±50	-50	-50	水准仪
	2	分层压实系数	设计要求					按规定方法
一般项目	1	回填土料	20	20	50		20	用2m靠尺和楔形塞尺检查
	2	分层厚度及含水量	设计要求					观察或土样分析
	3	表面平整度	20	20	30	20	20	用塞尺或水准仪

6. 注意事项

1）基础墙体达到一定强度后，才能进行回填土施工，以免对结构基础造成损坏。

2）基础坑槽回填土时，必须清理到基础底面标高才能逐层回填，严禁使用用水浇筑使土下沉的“水夯法”。

3）土虚铺过厚、夯实不够或冬期施工时冻土块较多会造成回填土下沉，从而导致地面、散水开裂甚至下沉。

4）室内坑槽（沟）不得用含有冻土块的土回填。

5）雨期施工时，防止地面水流入坑内，导致边坡塌方或浸泡基土。

6）冬期施工时，每层回填土厚度比常温时减少25%，其中冻土块体积不得超过总填土体积的15%，冻土块粒径不大于15cm，且应均匀分布，逐层压实。

7）冬期施工时，管沟底部至管顶下500mm范围内不得有冻土层。

本章小结

1）基础的结构形式要求既能适应上部结构要求，同时也能适应场地工程的地质条件，并在技术和经济上合理可行。高层建筑的垂直和水平荷载很大，对基础的强度、刚度和稳定性要求更为严格，若浅层土质不良，须将基础埋置于较深的良好土层上，并需要借助于特殊的施工方法把承受的荷载相对集中地传递到地基深处。高层建筑常见的深基础形式有桩基础、沉井基础、沉箱基础、地下连续墙和墩基础等。

2）沉井一般由井壁、井孔、刃脚、凹槽、封底和顶板组成，具有基础埋深大、结构刚度大、整体性强、稳定性好、基坑开挖量和回填土方量小、施工工艺简便、不需要使用特殊的专业设备等优点。沉井按施工方法的不同分为一般沉井和浮运沉井。

3）沉箱基础是有顶无底或有底无顶的箱形结构，通常分为无压沉箱和气压沉箱。无压沉箱利用箱内灌水或填砂等增加的重量下沉就位；气压沉箱通过气压排出工作室内的积水后进行挖土下沉作业。由于沉箱基础结构复杂、作业条件差、对工作人员的健康有害，且工效低、费用大，因此除遇到特殊情况外，沉箱基础一般较少采用。

4）地下连续墙是指利用各种挖槽机械借助泥浆护壁的作用成槽，槽内吊放钢筋笼后浇筑混凝土而形成的具有防渗（水）、挡土和承重功能的连续地下墙体结构。地下连续墙通常采用分段施工的方法，每段的施工过程主要分为六个步骤：

① 开挖导槽，修筑导墙。

② 在泥浆护壁的作用下利用专业挖槽机械进行单元槽段的开挖。

③ 两端放入接头管（又称为锁口管）。

④ 钢筋笼的制作与吊放。

⑤ 水下混凝土的灌注。

⑥ 混凝土初凝后，拔接头管成墙。

5）土方回填施工主要包括基坑或基槽底部清理、回填料的选用及土质检验、分层铺土回填、碾压夯实、质量检验、整平验收等几个步骤。选择合适的回填料及适宜的压实回填方法是保证回填质量的关键。

复习思考题

1. 沉井基础主要由哪几部分构成？如何选择沉井类型？
2. 旱地沉井的施工步骤有哪些？
3. 沉箱基础与沉井基础有哪些区别？
4. 什么是地下连续墙？地下连续墙适用于哪些情况？
5. 地下连续墙的施工工序有哪些？
6. 导墙在地下连续墙施工中的作用有哪些？
7. 土料含水量的大小对填土质量有什么影响？
8. 影响填土压实的因素有哪些？
9. 土方回填的具体步骤有哪些？

第5章　桩基础工程

教学目标：

1. 了解桩的分类与桩型选择。
2. 掌握各种桩基础的构造与特性。
3. 掌握钢筋混凝土预制桩沉桩的方法及施工工艺。
4. 掌握泥浆护壁成孔灌注桩的特点、施工工艺、常见质量事故的原因和预防措施。
5. 掌握螺旋钻成孔灌注桩的特点、施工工艺、常见质量事故的原因和预防措施。
6. 掌握套管成孔灌注桩的特点、施工工艺、常见质量事故的原因和预防措施。
7. 掌握人工挖孔灌注桩的特点、施工工艺、常见质量事故的原因和预防措施。
8. 熟悉桩基础质量检测的内容及常用的检测方法。

5.1　概述

桩基础作为一种古老的深基础形式，其应用历史十分悠久，至今已有一万多年的历史。

《建筑桩基技术规范》（JGJ 94—2008）定义：桩是由设置于岩土中的桩体和与桩顶连接的承台共同组成的基础或由柱与桩直接连接的单桩基础。

桩基础施工范围较浅基础复杂、成本较高，但桩基础具有承载能力高、稳定性好、沉降量小、便于机械化施工、适应性强等特点，可以大幅度提高地基承载力，减少沉降，还可以承担水平风荷载和向上的拉拔荷载，同时具有较好的抗震性能，所以应用范围很广泛。

目前，桩基础主要用于以下方面：

1）上部荷载很大，地基上层土质软弱不能承受由上部结构传递的荷载，只有在较深处才有满足承载力要求的持力层的情况。

2）为了减少基础的沉降或不均匀沉降，利用较少的桩体将部分荷载传递到地基深处，从而减少基础沉降，通常称这种桩体为减沉桩基础或疏桩基础。

3）当地基上层分布着膨胀土或湿陷性土等特殊土时，随着含水量的增加或减少，土体可能会发生膨胀或塌陷，可利用桩基础穿过发生膨胀或湿陷的土层，减少地基土对上部结构的影响。

4）有很大的水平方向荷载的情况，如风、地震荷载和冲击荷载等，可采用垂直桩、斜桩或交叉桩承受水平荷载。

5）地下水位较高时，进行深基坑开挖和人工降水可能不经济或者对环境影响较大时，可考虑采用桩基础。

6）有些建筑物的基础，如近海平台和位于地下水位以下的结构，在水的浮力作用下，地下室或地下结构可能上浮，承受上拔力，可考虑采用桩基础抵抗浮力承受上拔荷载。

7）用桩穿过湿陷性土、膨胀土、人工填土、垃圾土和可液化土层，可保证建筑物的稳定。

5.2 桩基础的分类与选择

5.2.1 桩的分类

1. 按桩的使用功能分类

（1）竖向抗压桩　竖向抗压桩通过桩身摩阻力和桩端的端承力将荷载传递到深层地基土中。当承载力达到极限状态时，根据桩侧与桩端阻力的大小，竖向抗压桩又可分为摩擦型桩和端承型桩。

1）摩擦型桩又可分为摩擦桩和端承摩擦桩。摩擦桩在承载能力极限状态下，桩顶竖向荷载由桩侧摩阻力承担，桩端阻力小到可忽略不计（图5-1b）。端承摩擦桩在承载能力极限状态下，桩顶竖向荷载由桩侧摩阻力和桩端阻力共同承担，但桩侧摩阻力分担荷载较多。端承摩擦桩在工程应用中所占比例较大。

2）端承型桩在承载能力极限状态下，桩顶竖向荷载全部或主要由桩端阻力承担，又可分为端承桩（图5-1a）和摩擦端承桩。端承桩在承载能力极限状态下，桩顶竖向荷载绝大部分由桩端阻力承担，桩侧摩阻力可忽略不计。摩擦端承桩在承载能力极限状态下，桩顶竖向荷载由桩端阻力和桩侧摩阻力共同承担，但桩端阻力分担荷载较多。

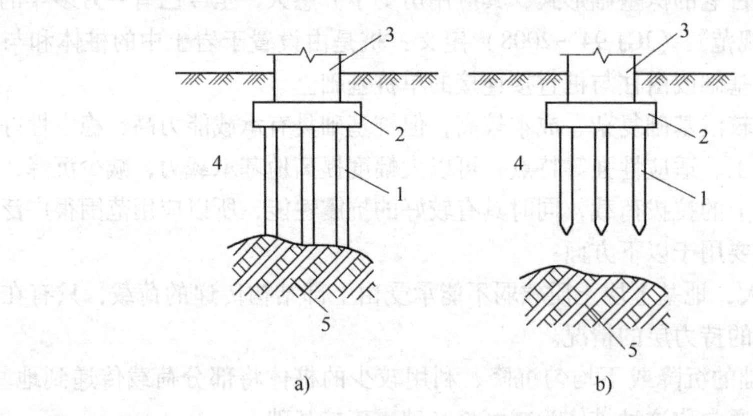

图5-1　桩基础
a）端承桩　b）摩擦桩
1—桩　2—承台　3—上部结构　4—软土层　5—持力层

（2）竖向抗拔桩　竖向抗拔桩主要承受作用在桩体上的拉拔荷载，抵抗力来源主要是桩侧摩阻力，例如高层建筑地下室设置的抗浮桩。

（3）水平受荷桩　水平受荷桩主要承受作用于桩体上的水平荷载，桩身主要承受弯矩，最典型的是抗滑桩和基坑支挡结构中的排桩。

（4）复合受荷桩　实际工程中的桩很多都同时承受竖向和水平荷载，或者同时承受拉压荷载而成为复合受荷桩。

2. 按桩身材料分类

目前，工程设计中的常用桩按材料可以分为混凝土桩、钢桩和组合材料桩。

1）混凝土桩一般由钢筋混凝土制作，按照施工制作方法又可分为预制桩和灌注桩。预制桩又可分为现场预制和工厂预制两种，有普通钢筋混凝土预制桩、预应力钢筋混凝土预制桩、锥形钢筋混凝土桩、螺旋形钢筋混凝土桩等。现场预制桩的长度一般为25～30m，工厂预制桩每节长一般不超过13m。灌注桩是直接在所设计的桩位处采用机械或人工成孔，就地灌注混凝土成桩。

2）钢桩的桩身由钢管或型钢制成，主要有钢管桩、H型钢桩、钢板桩等几种，其中钢管桩直径一般为250～1200mm。通常，钢管桩在打入后用混凝土填实，形成组合材料桩。钢桩承载力高，材料强度大且均匀可靠，自重轻，搬运、堆放、起吊方便，沉桩时穿透力强，质量容易保证。钢桩的最大缺点是价格昂贵，易锈蚀，需要进行防锈处理。

3）组合材料桩是指用两种材料组合而成的桩。这种桩的种类很多并不断有新类型出现，如在钢管桩内填充混凝土，在用深层搅拌法制作的水泥墙内插入高强度钢筋混凝土桩作为劲芯等。

3. 按成桩方法分类

桩按成桩过程中的挤土效应可分为挤土桩、部分挤土桩和非挤土桩。

1）挤土桩主要是预制桩，在将预制桩用锤击、振动或者静压的方法压入地基土中时，桩周土体被挤密或挤开，使桩周土的天然结构、应力状态和性质发生了很大的变化，从而影响桩的承载力和变形（这些影响又称为桩的挤土效应）。另外，封底钢管桩和混凝土管桩、沉管式就地灌注桩在施工时也会对桩周土产生挤土效应。

2）部分挤土桩在沉桩过程中，桩体对周围土体稍有排挤作用，桩周土的性状变化不明显。开口的沉管取土灌注桩和打入式敞口管桩都属于这一类型。

3）非挤土桩在成桩前预先挖土成孔，相同体积的土体被挖出，然后在桩孔中灌注混凝土，这样桩周土未受到挤压作用，但会出现应力松弛的现象。非挤土桩包括干作业法钻（挖）孔灌注桩、泥浆护壁法钻孔灌注桩、套管护壁法钻孔灌注桩和人工挖孔桩等。

4. 按桩径大小分类

桩按桩径 D 的不同分为小桩、中等直径桩和大直径桩。

1）小桩一般指桩径小于250mm的桩。除用来建造基础外，还经常用于地基加固和复合桩基础施工中。

2）中等直径桩的桩径在250～800mm。

3）大直径桩的桩径大于800mm。随着建筑事业的发展，大直径桩发展得很快。除大直径钢管桩和桥梁工程中的管桩基础外，一般为钻、冲、挖孔灌注桩，用于大型的建筑物基础。

5. 按施工方法分类

按施工方法可将桩分为预制桩和灌注桩。

1）预制桩是指在工厂或工地预先将桩制作成型；然后运送到桩位，利用锤击、振动或静压等方法将其压入土中至设计标高的桩。预制桩根据沉入土中的方法不同，可分为打入桩、水冲沉桩、振动沉桩和静力压桩等。

2）灌注桩是指在现场采用钻孔机械或人工等方法将地层钻挖成预定孔径和深度的桩孔，放入预制成型的钢筋骨架；然后在孔内灌入流动的混凝土而形成的桩基础。灌注桩按成孔方法不同，有钻孔灌注桩、挖孔灌注桩、冲孔灌注桩、套管成孔灌注桩及爆扩成孔灌注桩等。

5.2.2 桩型选择

在选择桩型和工艺时，应对建筑物的特征（建筑结构类型、荷载性质、桩的使用功能和建筑物的安全等级等），地形，工程地质条件（穿越的土层、桩端持力层岩土特性），水文地质条件（地下水的类别及标高），施工机械设备，施工环境，施工经验，各种桩体施工方法的特征，制桩材料的供应条件、造价，以及工期等进行综合性研究分析后，选择经济合理、安全适用的桩型和成桩工艺。

综上所述，桩型和工艺选择时需考虑的主要条件：

1）荷载条件。桩基础承担的荷载大小直接决定了桩截面的大小。从楼层数看，10 层以下的建筑桩基础，可考虑采用直径为 500mm 左右的灌注桩和边长为 400mm 的预制桩；10 ~ 20 层的建筑桩基础可采用直径为 800 ~ 1000mm 的灌注桩和边长为 450 ~ 500mm 的预制桩；20 ~ 30 层的建筑桩基础可采用直径为 1000 ~ 1200mm 的钻（冲、挖）孔灌注桩和直径或边长等于或大于 500mm 的预制桩。

2）地质条件。一般情况下，当地基土层分布不均匀或土层中存在大孤石、废金属及未风化的石英时，不适宜采用预制桩；当场地土层分布比较均匀时，可采用预应力高强度混凝土管桩；对于软土地基，宜采用承载力较高而桩数较少的桩基础。

3）机械条件。建设方根据所具有的施工设备及运输条件决定采用的桩型。

4）环境条件。根据施工场地条件及周边环境对施工影响的要求决定采用哪种桩型和施工工艺。

5）经济条件。建设单位对比各种桩型的经济指标，综合考虑经济指标与工程总造价的协调关系，选择经济合理的桩型。

6）工期条件。工期较短的工程，宜选择施工速度快的桩型，例如预制桩。

需要引起注意的是：任何一种桩型都不是万能的，都有其适用范围，应根据每种桩型的特点及应用范围（表 5-1）选择适合工程需要的最优桩型；再好的桩型如果不注意施工质量或超过其适用范围，也会出现工程质量问题甚至造成重大事故及经济损失，因此在桩基础的施工中应加强质量管理。

表 5-1 桩型的特点及应用范围

桩型		优点	缺点	适宜范围
预制桩	锤击振动法	（1）单位面积承载力高 （2）桩身质量易控制 （3）抗腐蚀性强、不受地下水或潮湿环境的影响 （4）施工工效高、速度快 （5）施工机械化程度高	（1）单桩造价高 （2）单桩长度受到限制 （3）桩长固定，截断时比较困难 （4）桩长较长时，接头较多，影响压桩效率 （5）锤击振动法对环境影响较大	可塑性黏土、松散砂土、碎石土、粉土、砂土、软土等
	静压法			软土地基、城市中心、建筑物密集处、精密工厂扩建等

（续）

桩型		优点	缺点	适宜范围
灌注桩	沉管灌注桩	（1）不受地层变化的限制 （2）施工设备简单 （3）沉桩速度快 （4）节省钢材，成本低	（1）质量不易控制，易出现缩颈、断桩，混凝土离析和强度不足等问题，不适宜水下施工 （2）压载试验费用昂贵	一般黏土层、淤泥及淤泥质土层、湿陷性黄土层、硬质黏性土，以及中、粗砂土层
	钻孔灌注桩	（1）能进入岩土层，桩身刚度大 （2）承载力高 （3）变形小		地下水位以上的黏性土、粉土、砂类土、黄土及人工填土
	爆扩灌注桩	（1）成孔简单 （2）节省劳动力 （3）成本较低		地下水位以上的黏性土、黄土、碎石土及风化岩
	人工挖孔灌注桩	（1）设备简单 （2）噪声小 （3）桩径大 （4）适应性强 （5）可直接观察地层土质的情况		黏土、粉质黏土，以及含少量砂、石的黏土层，且要求地下水位较低

5.3 混凝土预制桩施工

5.3.1 概述

混凝土预制桩是指在构件厂或施工现场预制桩体，利用设备起吊运送到设计桩位，通过锤击、静压等方法沉入土中就位的桩。

混凝土预制桩通常采用方形或圆形两种截面形式，截面边长以300～500mm较常见（不应小于200mm），预应力混凝土预制实心桩的截面边长不宜小于350mm。现场预制桩的单桩最大长度主要取决于运输条件和打桩架的高度，一般不超过30m。如果桩长超过30m，可将桩分成几段预制，并在打桩过程中进行接桩处理。

混凝土预制桩施工前应根据施工图样的设计要求、桩的类型、入土时对土的挤压效应、地质勘测及试桩资料等首先确定施工方案，主要包括施工现场的平面布置，确定施工方法，选择打桩机械，确定打桩顺序，桩的预制、运输、堆放，沉桩过程中的技术和安全措施，以及劳动力、材料、机具设备的供应计划等。

混凝土预制桩的施工过程包括：施工准备，混凝土预制桩的制作，桩的起吊、运输和堆放，沉桩入土，成桩保护。

5.3.2 施工准备

1）清除场地障碍物，整平场地。清除场地地上、地下及高处的障碍物。在现场制作三七灰土垫层或浇筑混凝土垫层。修筑设备运输通道，做好排水设施及其他相关工作。

2）定桩位。依据施工图的设计要求定位放线，确定桩基位置并作出标志。

3）埋设水准点。在打桩现场设置2~4个水准点，用来抄平场地和检查桩的入土深度。

4）检查打桩设备及起重工具，铺设水电管网，设备组装及试打桩。

5）准备桩基础工程沉桩记录和隐蔽工程验收记录表格，并安排好记录和监理人员。

5.3.3 混凝土预制桩的制作

管桩及长度在10m以内的方桩在预制厂制作，10m以上的在打桩现场制作。现场制作时多采用重叠法，层与层之间涂刷隔离剂，以防止起吊时发生粘连；叠浇的层数根据叠浇现场地面的承载力和施工要求确定，一般重叠不超过4层；上层桩和邻桩的浇筑工作应在下层桩或邻桩混凝土的强度达到设计强度的30%后进行。

1）支模。在坚实平整的垫层上支木模或钢模，模板应平整牢靠、尺寸准确，以保证桩面平整挺直。桩尖的四棱锥面呈正四棱锥体，且桩尖应位于纵轴线上。

2）绑扎钢筋。桩基础内布置的钢筋应保证其位置准确，钢筋骨架的主筋宜采用对焊或电弧焊。在同一截面内主筋接头的数量不得超过50%，相邻两根主筋接头截面的距离应不大于35d（d为主筋直径），并不小于500mm；桩顶和桩尖处的局部应力较大，桩顶和桩尖钢筋配制时应作特殊处理。

3）浇筑混凝土。混凝土预制桩的混凝土强度等级不宜低于C30，用机械拌制的混凝土坍落度不应大于6cm。浇筑时，由桩顶向桩尖方向连续浇筑，严禁中断，同时用振捣器捣实；浇筑完毕后，应立即洒水养护，养护时间不少于7d；采用自然养护时，30d方可使用。混凝土浇筑时应严格保证钢筋配置的准确，纵向钢筋顶部保护层不宜过厚（25mm为宜），钢筋网片的距离要准确，以防锤击时桩顶被破坏。

5.3.4 桩的起吊、运输和堆放

1. 桩的起吊

混凝土预制桩的强度达到设计强度的75%方可起吊，如果需要提前起吊，则必须进行强度和抗裂验算。吊点数量及位置的确定因桩长而异，应符合起吊弯矩最小的原则（图5-2），且吊点位置偏差不应超过20mm。钢丝绳与桩之间应加衬垫，以免损坏桩体的棱角。起吊时应平稳提升，防止撞击和振动。

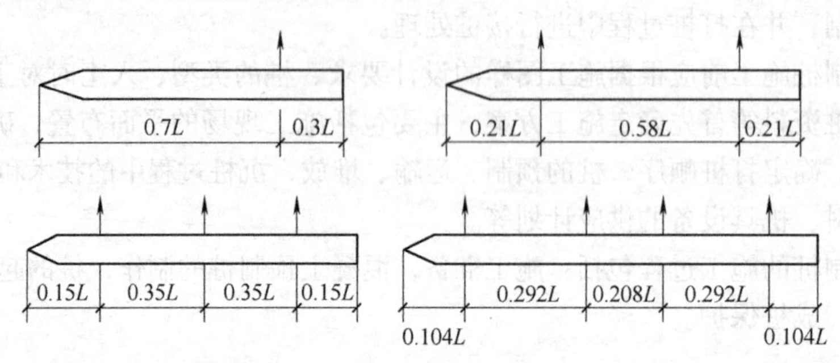

图5-2 混凝土预制桩的吊点位置示意图

2. 运输和堆放

混凝土预制桩的强度达到设计强度的100%后方可运输和打桩。长桩搬运时，桩下要设置活动滚筒支座，采用平板拖车或平台挂车运输；较短的桩可采用汽车运输，运输过程中的

支点与吊点位置应保持一致。经过搬运的桩，需进行质量复查。

桩在堆放时，地面必须平整、坚实，且排水良好，垫木位置应与吊点位置相一致，其数量不应少于2个且应保持在同一平面上。各层垫木应位于同一垂直线上，且堆放层数不宜超过4层。不同规格的桩，应考虑使用的先后分垛堆放。

5.3.5 打桩入土

1. 打桩顺序的确定

打桩顺序是否合理直接影响打桩的施工质量。由于桩对土体的挤密作用，先打入的桩受到土体的水平推挤而造成偏移和变位，或被垂直挤拔造成浮桩；而后打入的桩难以达到设计标高或入土深度，造成土体隆起和挤压，截桩过大，因此打桩前应根据土质情况，桩基础的平面布置、尺寸、密集程度、深度，桩对土体的挤压位移对施工本身和附近建筑物的影响，以及现场的实际情况等因素综合考虑打桩顺序。

当桩的中心距大于4倍的桩径或边长时，打桩顺序一般分为逐排打、由中央向边缘打、由边缘向中间打和分段打等，如图5-3所示。对基础标高不一致的桩，宜先深后浅；对不同规格的桩，宜先大后小、先长后短，这样可使土层挤密均匀。当一侧毗邻建筑物时，由毗邻建筑物处向另一方向施打。当桩头高出地面时，桩机宜往后退打，也可往前顶打。在粉质黏土及黏土地区，应避免按照一个方向打桩，使土向一边挤压，造成入土深度不一和土体挤密程度不均，导致不均匀沉降。

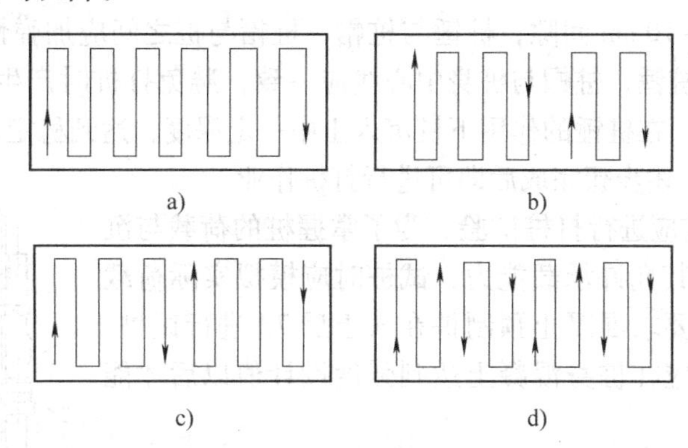

图5-3 打桩顺序示意图

a）逐排打桩 b）由中间向边缘打桩 c）由边缘向中间打桩 d）分段打桩

2. 打桩方法

打桩方法有锤击打入法、振动法及静力压桩法等，其中锤击打入法应用得最为普遍。

（1）锤击打入法的施工步骤

1）锤击打入法是利用桩锤下落产生的冲击能量将桩打入土中。锤击打入法是混凝土预制桩中最常用的打桩方法，该方法施工速度快，机械化程度高，适应范围广，但施工时的噪声和振动较大。

2）桩锤类型的选择。桩锤有落锤、单动汽锤、双动汽锤、柴油锤和振动锤等。桩锤的类型应根据地质条件、施工现场情况、机具设备条件、工作方式、工作效率，以及桩的密集程度等条件来选择。

① 落锤。落锤的桩锤靠自重以自由落体的方式击打桩顶，其构造简单，使用方便，但打桩速度较慢。轻型落锤适用于木桩，而重型及特重型龙门锤适用于钢筋混凝土桩。

② 单动汽锤。单动汽锤的锤重一般为3t、7t、10t、15t，适用于除木桩外的任何桩型。

③ 双动汽锤。双动汽锤的锤重一般为0.62~3.5t，一般适用于较轻型的桩，使用压缩空气时可在水下打桩，并能打拔钢板桩。

④ 柴油锤。柴油锤利用燃气爆炸推动活塞往返运动锤击打桩，分为杆式和筒式两种，多用于钢筋混凝土桩的打入，不适合用于软土中。

⑤ 振动锤。振动锤适用于打拔木桩、钢板桩或钢筋混凝土管桩，宜用于砂土、塑性黏土及松散亚黏土中，但在紧密黏土中效果较差。

桩锤的类型选定后还要确定桩锤的质量，宜选择重锤低击。桩锤过重，所需动力设备也大，不经济。桩锤过轻，必将加大落距，而锤击能量有很大部分被桩身所吸收，导致桩不易打入，且桩头容易被打坏，保护层可能被振掉；轻锤高击所产生的应力还会促使距桩顶1/3桩长范围内的薄弱处产生水平裂缝，甚至造成桩身断裂，因此选择稍重的桩锤，采用重锤低击和重锤快击的方法效果较好。通常桩长为20~30m时，选择质量为7t的桩锤；桩长大于30m时，选择质量为10t或15t的桩锤。

3）提升就位。首先将桩水平提升到一定高度（桩长的一半加0.3~0.5m），然后使桩尖逐渐下降，将桩身旋转到垂直于地面时，送入桩架的龙门导杆内；最后把桩准确地安放在桩位上，将桩和导杆相连接，保证打桩时桩不发生移动和倾斜。将桩帽或桩箍在桩顶固定，桩帽与桩周边应有5~10mm间隙，桩锤与桩帽、桩帽与桩之间应加弹性衬垫，桩锤与桩帽的接触表面应平整，桩锤、桩帽与桩身中心线应一致，避免打桩时产生偏移（图5-4）。将桩锤缓慢落到桩顶上，在桩锤的作用下桩沉入土中一定深度，达到稳定状态时再校正桩位及垂直度（即定桩）；上述步骤完成后即可进行打桩作业。

4）打桩。打桩前应进行打桩试验，为了掌握桩的荷载与沉降之间的关系，确定其允许承载能力，试桩时应模拟实际荷载情况进行加荷试验。要求混凝土预制桩在入土后7d进行试桩，就地灌注桩和爆扩桩应在桩身混凝土达到强度设计值以后才能进行试桩。

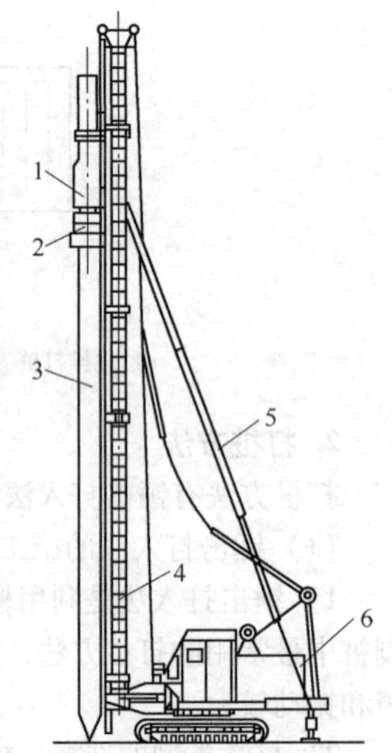

图5-4 履带式桩架

1—桩锤 2—桩帽 3—桩 4—立柱 5—斜撑 6—车体

目前，常见的试桩方法有单桩竖向静荷载试验和高应变动力试桩两种方法。静荷载试验是采用接近桩的实际工作条件的试验方法来检测桩的承载力是否满足设计要求。高应变动力试桩可以检测土的承载力和桩身质量；还可以进行打桩监测，确定桩锤效率、桩身应力等。试桩数量不应少于总桩数的1%，且不应少于3根；当总桩数少于50根时，试桩数量不应少于2根。

打桩开始时，先用短落距轻击桩数锤直到桩入土一定深度，观察桩身与桩架、桩锤是否在同一垂直线上；然后再以全落距施打。桩的施打原则是“重锤低击”，其优点是可以使桩锤对桩头的冲击减小桩的回弹减小，桩头不易损坏，且大部分的锤击能量用于沉桩。

桩刚开始打入时，桩锤落距宜小，一般为0.5~0.8m，以便桩能正常沉入土中；待桩入土到一定深度后，桩尖不易发生偏移时，可适当增加落距将其逐渐提高到规定的数值，继续锤击。混凝土管桩打入时，最大落距不得大于1.5m；混凝土实心桩打入时，最大落距不得大于1.8m。桩尖遇到孤石或穿过硬夹层时，为了把孤石挤开和防止桩顶开裂，桩锤落距不得大于0.8m。

桩的入土深度主要以标高和贯入度两个指标进行控制。对于承受轴向荷载的摩擦桩，以标高为主要控制指标，以贯入度作为参考；端承桩则以贯入度为主要指标，以标高作为参考。贯入度指的是每10击桩入土深度的平均值，由试桩确定，或做打桩试验与有关单位确定。

锤击打桩法的停锤标准：

① 设计桩尖标高处为硬塑黏性土、碎石土、中密以上的砂土或风化岩等土层时，根据贯入度的变化并对照地质资料，以确保桩尖打入该土层，当贯入度达到控制贯入度时即可停锤。当贯入度已经达到控制贯入度时，而桩尖标高还未达到设计标高时，再继续锤入10cm左右（或锤击30~50击），如无异常变化时即可停捶。当桩尖标高与设计标高相差较多时，应上报有关部门研究。

② 设计桩尖标高处为一般黏性土或其他松软土层时，应以标高作为主要的控制指标，以贯入度校核，当桩尖已经达到设计标高而贯入度仍较大时，应继续锤击使贯入度接近控制贯入度。

③ 对于特殊设计的桩，桩尖设计标高不同时，应按设计要求进行处理。

接桩：混凝土预制长桩一般要分节制作，在现场接桩后分节沉入。一般混凝土预制桩的接头不宜超过2个，预应力管桩的接头不宜超过4个。常用的接头方式有焊接接桩、法兰接桩及硫黄胶泥锚接接桩3种。

送桩：打桩时，若要使桩顶打入土中一定深度，则需设置送桩。送桩的中心线应与桩身的中心线一致时才能进行送桩。

5）打桩测量和记录。打桩作业属于隐蔽工程施工，应做好打桩记录，以其作为打桩过程中出现质量事故时和工程验收时鉴定桩质量的重要依据。

开始打桩时需统计桩身每沉入1m所需的锤击数（或锤击时间）。当桩下沉接近设计标高时，则应实测其贯入度。合格的桩应满足贯入度和标高的要求，没有断裂，同时还应保证桩的垂直偏差不大于1%，水平位移偏差不大于150mm。

打桩时要用水准仪测量并控制桩顶的水平标高，水准仪的位置应以能观测较多的桩位为宜。各种预制桩打桩完毕后，为使桩顶标高符合设计值，应将桩头或无法打入的桩身截去。

6）质量控制标准。打桩的质量主要由两个方面内容评定：一是桩基础应满足贯入度和标高的设计要求；二是打入预制桩（钢桩）的桩位偏差必须符合表5-2，斜桩倾斜度的偏差不得大于倾斜角正切值的15%（倾斜角是桩的纵向中心线与铅垂线间的夹角）。

表5-2 预制桩（钢桩）桩位的允许偏差

序　号	项　目	允许偏差/mm
1	带有基础梁的桩： （1）垂直基础梁中心线的桩 （2）沿基础梁中心线的桩	 $100+0.01H$ $150+0.01H$

（续）

序 号	项 目	允许偏差/mm
2	桩数为1~3根桩基中的桩	100
3	桩数为4~16根桩基中的桩	1/2桩径或边长
4	桩数大于16根桩基中的桩： （1）最外边的桩 （2）中间桩	 1/3桩径或边长 1/2桩径或边长

注：H为施工现场地面标高与桩顶设计标高的距离。

7）打桩常遇问题及防止与处理方法见表5-3。

表5-3 打桩常遇问题及防止与处理方法

常遇问题	产生原因	防止措施及处理方法
桩头打坏	（1）桩头强度低，配筋不当 （2）桩顶面不平，保护层过厚，桩锤过重 （3）桩锤施打时偏心，锤击过久 （4）锤过轻、落距过大，遇坚硬土层 （5）桩垫材料选择不当，厚度不足	（1）更换厚桩垫 （2）桩顶剔平补强 （3）选择合适的桩锤 （4）采用重锤低击
桩身扭转或移位	桩尖不对称，桩身不正直	可用撬棍缓慢撬动纠正，偏差不大时可不处理
桩身倾斜或移位	（1）桩头不平，桩尖倾斜过大 （2）土层有陡的倾斜角 （3）桩接头破坏 （4）遇横向石块等障碍物 （5）桩架倾斜，桩身与桩帽不在同一条直线	（1）适当增大桩距，改变打桩顺序 （2）加厚桩垫，使桩顶垫平 （3）偏差过大时，应拔出移位再打入；入土不深小于1m、偏差不大时，可利用木架顶正，再缓慢打入 （4）障碍物不深时，可挖出回填后再打入
桩身破裂	（1）桩质量不符合设计要求，局部混凝土强度不足 （2）达到持力层后过量打入 （3）遇到大块障碍物使桩端偏向一边 （4）桩端面不平，导致偏打 （5）桩身弯曲过大	（1）换桩 （2）控制打桩次数 （3）清除障碍物后换桩重打 （4）端面平滑地加工 （5）混凝土桩可与钢夹箍用螺栓拉紧后焊固补强
桩顶涌起	（1）桩距过小 （2）遇流沙、软土层或饱和淤泥层	（1）增大桩距 （2）将涌起量大的桩重新打入，不符合静荷载试验要求的要进行复打或重打
桩体急剧下沉	（1）遇软土层、土洞 （2）接头破裂或桩尖劈裂 （3）桩身弯曲或有严重的横向裂缝 （4）落锤过高、接桩不垂直	（1）将桩拔起检验调整后重新打入或在靠近原桩位处作补桩处理（补桩由设计单位确定） （2）调整锤距
桩体不易沉入或达不到设计标高	遇埋设物、坚硬土夹层或砂夹层；打桩间歇时间过长，摩擦阻力增大；定错桩位	遇障碍物或硬土层时，用钻孔机钻进后再打入；根据地质资料正确确定桩长
桩身颤动、桩锤回弹	（1）持力层的深度与勘察报告不符 （2）土层被挤密 （3）设计要求超过施工机械的能力 （4）桩尖遇树根或坚硬土层 （5）桩锤选择太小 （6）桩身过于弯曲，接桩过长 （7）打桩间歇时间过长	（1）变更设计桩长 （2）变更打桩顺序或增大桩距 （3）变更设计 （4）查明原因，采取措施穿过或避开障碍物，如果入土不深应拔起避开障碍物或换桩重打 （5）更换重锤

（2）静力压桩法的施工

1）概述。静力压桩法是指通过静力压桩机械，利用压桩架的自重和配重通过卷扬机的牵引传至桩顶，将桩逐节压入土中（图5-5）。其优点是自动化程度高，桩顶不易损坏；节省材料，降低成本；沉桩精确度高、不易产生偏心；施工无噪声、无振动，对邻近建筑及周围环境影响小（适合于在城市尤其是居民密集区施工）；工作效率高、施工速度快，比锤击打入法可缩短1/3的工期。静力压桩特别适合于软弱土、填土及一般黏性土的地基加固，以及有防振要求的建筑物附近的施工。

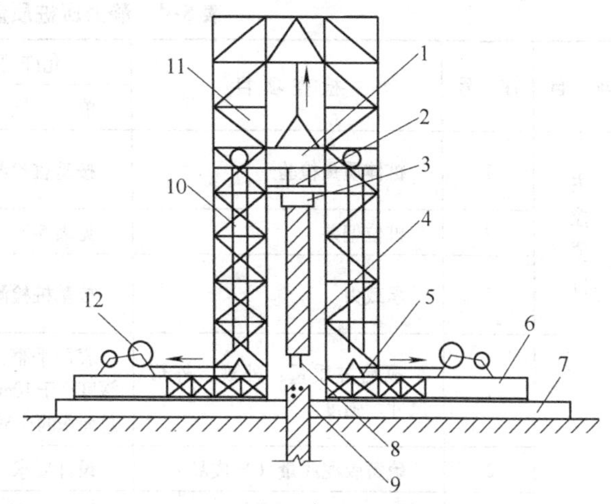

图5-5 静力压桩机示意图

1—活动压梁 2—油压表 3—桩帽 4—上段桩 5—加重物仓 6—底盘 7—轨道 8—锚固筋 9—桩身 10—滑轮组 11—桩架导向笼 12—卷扬机

2）静力压桩施工静力压桩施工一般都采用分段预制、分段压入、逐段接长的方法。基本施工工序同锤击打入法施工过程，在沉桩入土时采用静力压桩的方法。

压桩施工前应了解施工现场的土层地质情况，检查桩机设备，以免压桩时中途中断施工，造成土层固结、压桩困难。静力压桩每节长度一般在12m以内，单桩吊装就位后即可开动压桩机械，先将桩体压入土中1m左右后停止，调整桩在两个方向的垂直度后，重新开动压桩机械进行压桩，直到把桩压入预定深度的土层中。压桩时应始终保持桩轴心受压，若有偏移时应立即纠正，接桩时应保证上下节桩轴线一致，并应尽量减少每根桩的接头数量（一般不宜超过4个接头）。压桩时应注意压力表的变化，并做好记录。

如果初压时桩身发生较大的移位、倾斜；压入过程中桩身突然下沉或倾斜；桩顶混凝土破坏或压桩阻力剧变时，应暂停压桩并及时研究处理。当桩布置较密集或地基土为饱和淤泥、淤泥质土和黏性土时，应设置塑料排水板、袋装砂井以消减超孔压或采取引孔等措施，压桩应连续进行。在压桩施工过程中应对10%的桩设置上涌和水平偏位观测点，定时检测桩的上涌量及桩顶水平偏位量，如果上涌量和水平偏位量较大，应采取复压等措施。当压力表读数达到预先规定的数值时，即可停止压桩。如果桩顶接近地面，而压桩力还未达到规定值时，可以送桩。如果桩顶高出地面一段距离，而压桩力已达到规定值时，则要截桩。移动桩机至下一桩位，重复上述过程。

如果需要接桩，应待桩顶压至距地面1m左右时进行，可以采用焊接接桩、法兰接桩、硫黄胶泥锚接3种方法。焊接和法兰接桩适用于各类土层中桩的连接；硫黄胶泥锚接适用于软土层（一级建筑桩基础或承受拔力的桩不宜采用），但对应避免桩尖接近较硬持力层或处于较硬持力层时接桩。上下节桩的中心线偏差不能大于10mm，节点弯曲矢高不得大于1%的桩长。接桩表面应保持干净，浇筑时间不超过2min。

3）质量标准。静力压桩的桩位允许偏差与锤击桩相同；静力压桩质量检验标准见表5-4。

表 5-4 静力压桩质量检验标准

项目	序号	检查项目		允许偏差或允许值		检查方法
				单位	数值	
主控项目	1	桩体质量检验		按基桩检测技术规范		按《建筑基桩检测技术规范》(JGJ 106—2003)
	2	桩位偏差		见表 5-2		用钢尺量
	3	承载力		按基桩检测技术规范		按《建筑基桩检测技术规范》(JGJ 106—2003)
一般项目	1	成品桩质量：外观、外形尺寸、强度		表面平整，颜色均匀，掉角深度小于10mm，蜂窝面积小于总面积的0.5%，满足设计要求		查产品合格证书或钻芯试压
	2	硫黄胶泥质量（半成品）		设计要求		查产品合格证书或抽样送检
	3	接桩	焊接接桩：焊缝质量；	按《建筑基桩检测技术规范》(JGJ 106—2003)		按《建筑基桩检测技术规范》(JGJ 106—2003)
			焊接结束后的间歇时间	min	>1.0	秒表测定
			硫黄胶泥接桩：胶泥浇注时间	min	<2	秒表测定
			浇注后停歇时间	min	>7	秒表测定
	4	焊条质量		设计要求		查产品合格证书
	5	压桩压力（设计有要求时）		%	±5	查压力表读数
	6	接桩时上下节平面偏差		mm	<10	用钢直尺测量，L为两节桩长
		接桩时节点弯曲矢高			<1/1000L	
	7	桩顶标高		mm	±50	水准仪

5.3.6 成桩保护

1）桩达到设计强度的70%时方可起吊，达到100%时才能运输，以防出现裂缝或断裂。

2）桩起吊和搬运时，吊点应符合设计要求，起吊时应平稳，不能损坏桩。

3）桩的堆放场地应平整、坚实，不得产生不均匀沉降；垫木应放在靠近吊点位置处，并且其应保持在同一平面内；同规格的桩应堆放在一起，桩尖应指向同一端；当桩重叠堆放时，上下层垫木应对齐，且堆放层数一般不宜超过4层。

4）妥善保护桩基础的轴线桩和水平基点桩，不得因为碰撞和振动而造成位移。

5）在凿除高出设计标高的桩顶混凝土时，应自上而下凿除，不允许横向凿打，以免桩因受到水平冲击而受到破坏或松动。

5.4 混凝土灌注桩施工

5.4.1 概述

混凝土灌注桩是指直接在施工现场的桩位上成孔，在孔内安放钢筋笼，并灌注混凝土成型的桩。

混凝土灌注桩与混凝土预制桩相比，避免了锤击应力的产生，桩的混凝土强度和配筋只要满足使用要求即可，因而具有节约材料、成本低廉、施工不受地层变化的限制、无需接桩与截桩等优点。但也存在着技术间歇时间长，不能立即承受荷载，在软弱土层中易断桩、缩颈，冬期施工困难等不足。

混凝土灌注桩按成孔方法分为泥浆护壁成孔灌注桩、套管成孔灌注桩、螺旋钻成孔灌注桩、人工挖孔灌注桩、爆扩成孔灌注桩等。

5.4.2　泥浆护壁成孔灌注桩

1. 概述

泥浆护壁成孔灌注桩是指在成孔过程中采用泥浆护壁防止孔壁坍塌，利用机械成孔，并在孔内灌注混凝土或钢筋混凝土，通过循环泥浆将切削碎的泥石渣屑悬浮后排出孔外，适用于有地下水或无地下水的土层。

2. 泥浆护壁成孔灌注桩施工程序

泥浆护壁成孔灌注桩施工程序为：施工准备、测定桩位、护筒埋设、钻机就位、泥浆制备、成孔、清孔换浆、钢筋笼制作与安装、灌注水下混凝土，以及成桩养护。

（1）施工准备　通常分为技术准备、材料准备和机具准备。

1）技术准备：

① 收集场地工程地质资料和水文地质资料。

② 建筑场地和邻近区域内的地下管线（管道、电缆）及地下构筑物等的调查资料。

③ 施工前应组织图样会审，将会审纪要及施工图样等作为施工依据，并列入工程档案中。

④ 施工现场场地平整、定位放线，供水、供电设施，道路、排水设施，集水坑的定位及开挖，以及临时房屋等必须在开工前准备就绪。

⑤ 编制施工方案，经审批后进行技术交底工作。

2）材料准备：护壁泥浆用土、砂石料、水泥、钢筋等原材料及制品的质检报告。

3）机具准备：钻具、翻斗车或手推车、混凝土导管、套管、水泵、水箱、泥浆池、混凝土搅拌机等，以及配套的技术性能资料。所有的机械应鉴定合格，不合格的机械不得使用。

（2）测定桩位　钻孔前应在现场施工放线、确定桩位。

（3）护筒埋设　按桩位挖去桩孔表层土，并埋设厚度为4～8mm的钢板护筒或砖砌护圈护筒（图5-6）。护筒埋设的作用是固定桩孔位置、保护孔口、防止地面水流入、定位导向、保护泥浆面及防止孔壁坍塌。护筒内径比设计桩径大100～200mm，上部开设两个溢流孔。护筒在黏土中的埋置深度不应小于1m；在砂土中不应小于1.5m；在软弱土层中宜进一步增加埋深。护筒顶面宜高出地面300mm或高出地下水位

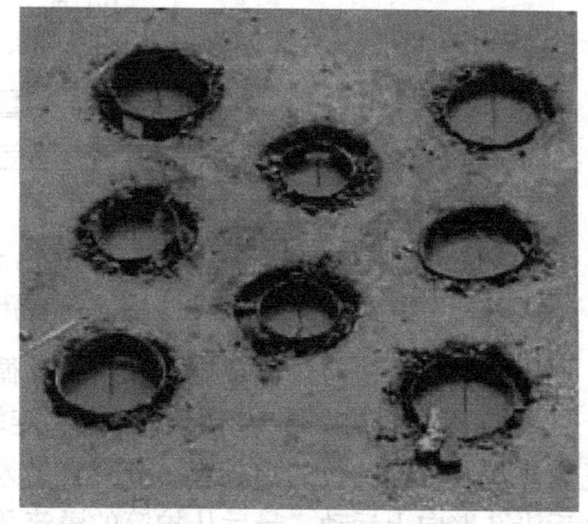

图5-6　护筒埋设

1.5m 以上。护筒中心与桩定位中心应重合，且误差不应大于 50mm。

(4) 钻机就位 钻孔机具及工艺的选择应根据桩型、钻孔深度、土层情况、泥浆排放及处理条件综合确定。钻机就位时应保持平衡，预先在两个方向用经纬仪测定钻杆的垂直度，钻杆垂直度偏差应控制在 0.2% 以内；钻头对孔应准确，钻具中心与钻孔定位中心的偏差不应超过 20mm。钻机应保持平稳，保证在钻孔过程中不发生位移和晃动。

(5) 泥浆制备 泥浆材料采用塑性指数 $I_P \geqslant 17$ 的黏土，掺入的水如果来自井水、河水时，其 pH 值应为 7~9；然后加入适量的膨润土、分散剂和增粘剂搅拌而成。泥浆循环系统应设置循环池、储浆池和沉淀池，其布置范围应按三倍的出土量计算确定。现场需安排一辆车随时外运泥浆，泥浆在存放过程中需不断地搅拌保持流动状态，并设专职检查人员每天按规定的时间对泥浆进行检查（每天不少于两次）。现场主要检查泥浆的密度和含沙率。泥浆的技术指标应满足下列要求：密度应为 1.1~1.3；含沙率不应大于 4%；胶体率应在 95% 以上；黏度为 18~22s；pH 值≥6.5。泥浆对孔壁的静压力和泥浆在孔壁上形成的泥皮可以有效地防止泥浆槽、孔壁坍塌。另外，泥浆还具有携渣（具有一定黏度的泥浆可以携同泥渣一起排出）、冷却及润滑机具的作用。

(6) 成孔 成孔的方式有回旋钻机成孔、潜水钻机成孔、冲击钻成孔及冲抓锥成孔等。

1) 回旋钻机成孔。回旋钻机是由动力装置带动带有钻头的钻杆转动，由钻头切削土壤，通过泥浆循环将泥渣排出桩孔（图 5-7）。

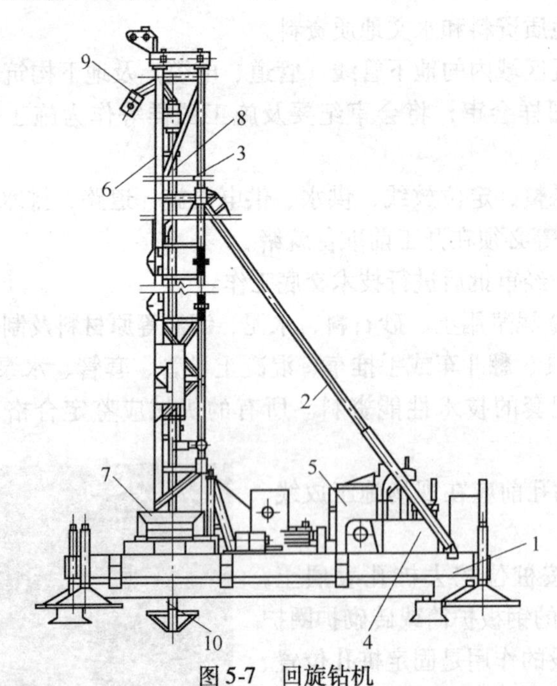

图 5-7 回旋钻机

1—座盘 2—斜撑 3—塔架 4—电动机 5—卷扬机 6—塔架 7—转盘 8—钻杆 9—泥浆输送管 10—钻头

回旋钻机排渣有正循环排渣和泵举反循环排渣两种方式（图 5-8）。

① 正循环排渣：在钻孔的过程中，旋转的钻头将碎泥渣切削成浆状后，利用泥浆泵压送高压泥浆，经钻机的中心管、分叉管送入到钻头底部强力喷出，与切削成浆状的碎泥渣混合后沿孔壁向上运动，最后从护筒的溢流孔排出。

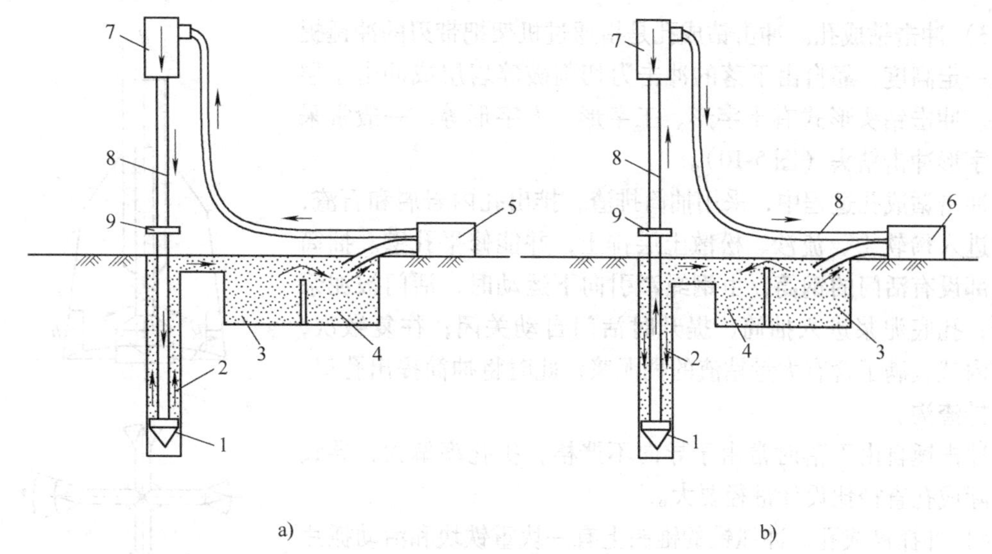

图5-8 回旋钻机泥浆循环成孔工艺

a）正循环 b）反循环

1—钻头 2—泥浆循环方向 3—沉淀池 4—泥浆池 5—泥浆泵 6—砂石泵 7—水阀 8—钻杆 9—钻机回转装置

② 反循环排渣：钻头回转切削碎石岩石，利用泵吸、气举和喷射等措施抽吸循环护壁泥浆，使其夹带钻渣从钻孔内排出。

2）潜水钻机成孔。潜水钻机成孔工艺如图5-9所示。潜水钻机是一种旋转式钻孔机，其防水电动机的变速机构和钻头密封在一起，由桩架及钻杆定位后可潜入水、泥浆中钻孔。注入泥浆后通过正循环或反循环排渣法将孔内切削的土粒、石渣排出。

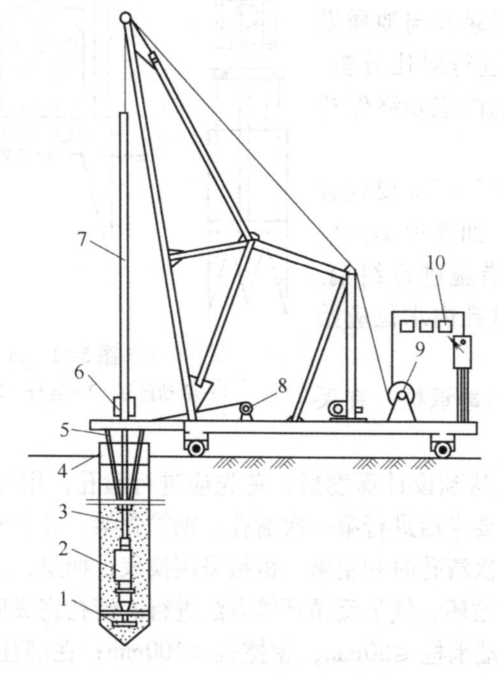

图5-9 潜水钻机成孔工艺

1—钻头 2—潜水钻 3—电缆 4—护筒 5—水管 6—滚轮支点 7—钻杆 8—电缆盘 9—卷扬机 10—控制箱

3）冲击钻成孔。冲击钻成孔是指通过机架把带刃的冲锤提高到一定高度，靠自由下落的冲击力切削破碎岩层或冲击土层成孔。冲击钻头形式有十字形、工字形、人字形等，一般常采用十字形冲击钻头（图5-10）。

冲击钻成孔过程中，采用抽筒排渣，排出孔内岩屑和石渣，也可进入稀软土、流沙、松散土层排土，并能修平孔壁。抽筒是底部设有活门的钢筒，由钢绳牵引向下运动时，活门被泥浆顶开，孔底泥浆进入抽筒，提升时活门自动关闭；往复数次，抽筒内就装满了含有大量钻渣的稠泥浆，此时将抽筒提出孔口，倒入排渣沟。

冲击锤自由下落时常由于导向不严格，扩孔率偏大，导致其实际成孔直径比设计桩径要大。

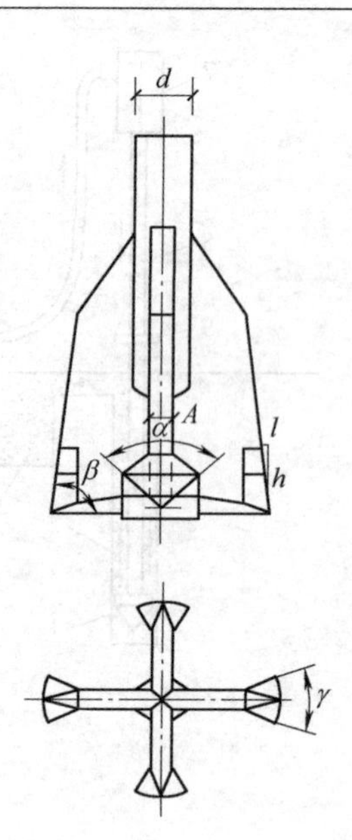

图5-10 十字形冲击钻头

4）冲抓锥成孔。冲抓锥的锥头上有一块重铁块和活动抓片（图5-11），通过机架和卷扬机将冲抓锥提升到一定高度，下落时活动抓片张开，锥头自由下落冲入土中；然后提升锥头，活动抓片闭合抓土；最后将冲击锥提升至地面上卸去土渣，循环成孔。冲抓锥成孔与冲击成孔施工相同，适用于有坚硬夹杂物的黏土、砂卵石土和碎石类土。

钻孔时需认真做好相关记录，并经常对钻孔泥浆进行检测和试验。注意土层的变化情况，当土层发生变化时应捞取土样进行鉴定，做好记录并与地质勘察报告中的地质剖面图进行对比分析。在钻孔、停钻和排渣时孔内应始终保持规定的水位和泥浆质量。

在钻进过程中每钻进1～2m要检查一次成孔的垂直度情况。如发现偏斜应立即停止钻进，并采取措施进行纠偏。在冲击钻钻进阶段应注意孔内水位应始终高过护筒0.5m以上。

对于孔深大于30m的端承桩，宜采用反循环工艺成孔。

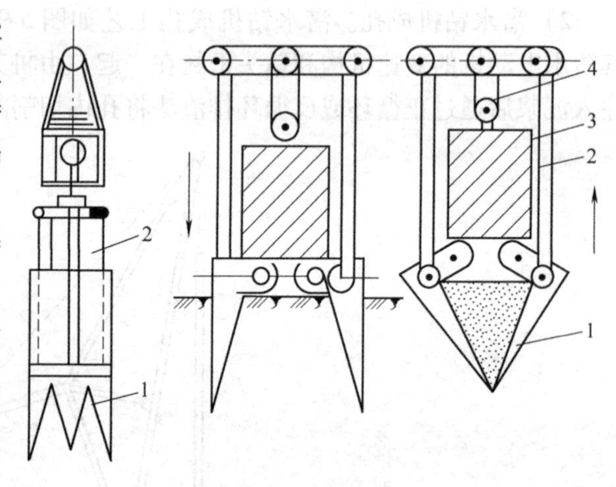

图5-11 冲抓锥锥头

1—活动抓片 2—连杆 3—重铁块 4—滑轮组

（7）清孔换浆 钻孔达到设计深度后，首先应进行验孔，用探测器对孔深、孔径、孔的垂直度进行检查，符合要求后进行第一次清孔；钢筋骨架、导管安放完毕，灌注混凝土之前进行第二次清孔。第一次清孔时利用施工机械采用换浆、抽浆、掏渣等方法进行；第二次清孔采用正循环、泵吸反循环、气举反循环等方法进行。清孔完成后沉渣厚度应满足下列要求：纯摩擦桩≤300mm，端承桩≤50mm，摩擦桩≤100mm；在灌注混凝土前，孔底500mm以内泥浆的性能指标应满足下列要求：相对密度≤1.25，黏度≤28s，含砂率≤8%。不管采用何种方式进行清孔排渣，清孔时必须保证孔内水头高度，防止塌孔。不许采取加深钻孔的方式代替清孔。

（8）钢筋笼制作与安装　钢筋骨架的制作应符合设计要求。长桩骨架宜分段制作，其接头宜采用焊接；为了确保钢筋骨架在移动、起吊时不发生大的变形，相邻两段钢筋骨架的接头需按规范要求错开；钢筋笼四周沿长度方向每2m设置不少于4个控制保护层厚度的定位器；骨架顶端应设置吊环；主筋净距必须大于混凝土骨料粒径的3倍以上；钢筋笼的内径比导管接头处的外径大100mm以上。

钢筋骨架的制作允许偏差应满足下列要求：主筋间距为±10mm，箍筋间距为±20mm，骨架外径为±10mm，骨架长度为±50mm。钢筋骨架吊装允许偏差应满足下列要求：倾斜度为±0.5%，水下灌注混凝土保护层厚度为±20mm，非水下灌注混凝土保护层厚度为±10mm，骨架中心为±20mm，骨架顶端高程为±20mm，骨架底端高程为±50mm。

钢筋笼吊放时要对准孔位，应防止其碰撞孔壁，就位后立即用钢丝绳或钢筋固定，并保证在安放导管、清孔及灌注混凝土的过程中不会发生位移。

（9）灌注水下混凝土　第二次清孔合格后，应立即进行水下混凝土的灌注，时间间隔不宜大于30min。

水下混凝土应有良好的和易性，在运输、灌注过程中无明显离析、泌水现象。通过试验确定其配合比，在选择施工配合比时，混凝土的试配强度应比设计强度提高10%～15%，坍落度宜为180～220mm。混凝土运至灌注地点时，如果不符合要求应进行第二次搅拌，第二次搅拌仍不合格时不得使用。

混凝土必须保证连续灌注，且灌注时间不得长于首批混凝土的初凝时间。一般采用钢制导管回顶法施工，导管内径一般为200～300mm，壁厚不得小于3mm，直径制作偏差不应超过2mm。导管使用前应进行水密承压和接头抗拉试验。首次灌注混凝土插入导管时，导管底部应用预制混凝土塞、木塞或充气气球封堵管底。开始灌注时，应先搅拌0.5～1.0m^3同混凝土强度的水泥砂浆，放于料斗的底部。

灌注过程中，时刻注意观察孔内泥浆的返出情况和导管内混凝土的下落声音，发现问题及时处理。同时，应注意探测孔内混凝土的高度，调整导管的埋入深度，导管埋深宜控制在2～6m，绝对禁止将导管拔出混凝土面。导管应该在一定范围内上下窜动，防止混凝土凝固，加快灌注速度。为防止钢筋骨架上浮，在灌注至钢筋骨架下方1m左右时，应降低灌注速度；当灌注至钢筋骨架底部以上超过4m时，提升导管，使其底部高于骨架底部2m以上，此时可以恢复正常灌注。灌注桩的桩顶标高应比设计标高高出0.5～1.0m，以保证桩头混凝土的强度。高出的部分进行上部承台施工时凿除，并保证桩头无松散层。灌注结束后，应核对混凝土的灌注数量是否正确。同一配比的试块，每班不得少于一组，每根桩不得少于1组。

（10）成桩养护

1）钢筋笼在制作、运输、安装过程中应采取措施防止变形。吊入桩孔后，应牢固确定其位置，防止下沉。

2）灌注桩施工完毕进行基础开挖时，应采取合理的施工顺序和技术措施，防止桩的位移和倾斜，并应检查每根桩的纵、横水平偏差。

3）在钻孔机安装、钢筋笼运输和混凝土灌注时，均应注意保护好现场的轴线定位桩和高程定位桩，并经常予以校核。

4）桩头预留的插筋要注意保护，不得任意弯折和压断。

5）桩头的混凝土强度没有达到5MPa时不得碾压，以防止桩头损坏。

6）混凝土灌注完成后的24h内，5m范围内的桩禁止进行成孔施工。

(11) 质量检验标准

1）泥浆护壁成孔灌注桩的原材料、强度、定位标高、成桩深度必须符合设计及施工要求。

2）钢筋笼质量检验标准见表5-5。

表5-5 钢筋笼质量检验标准

项　目	序　号	检查项目	允许偏差/mm	检验方法
主控项目	1	主筋间距	±10	尺量检查
	2	钢筋骨架长度	±10	尺量检查
一般项目	1	钢筋材质	设计要求	抽样送检
	2	箍筋间距	±20	尺量检查
	3	直径	±10	尺量检查

3）泥浆护壁成孔灌注桩质量检验标准见表5-6。

表5-6 泥浆护壁成孔灌注桩质量检验标准

<table>
<tr><th rowspan="2">项目</th><th rowspan="2">序号</th><th rowspan="2" colspan="3">检查项目</th><th colspan="2">允许偏差或允许值</th><th rowspan="2">检查方法</th></tr>
<tr><th>单位</th><th>数　量</th></tr>
<tr><td rowspan="8">主控项目</td><td rowspan="4">1</td><td rowspan="4">桩位</td><td rowspan="2">1～3根单排桩基础垂直于中心线方向和群桩基础的边桩</td><td>设计桩径 d ≤1000</td><td>mm</td><td>d/6且不大于100</td><td rowspan="4">基坑开挖前测量护筒，开挖后测量桩中心线</td></tr>
<tr><td>设计桩径 d >1000</td><td>mm</td><td>100+0.01H（H为施工现场地面标高与桩设计标高的距离）</td></tr>
<tr><td rowspan="2">条形桩基础沿中心线方向和群桩基础的中心桩</td><td>设计桩径 d ≤1000</td><td>mm</td><td>d/4且不大于150</td></tr>
<tr><td>设计桩径 d >1000</td><td>mm</td><td>150+0.01H（H为施工现场地面标高与桩设计标高的距离）</td></tr>
<tr><td>2</td><td colspan="3">孔深</td><td>mm</td><td>+300</td><td>只深不浅，用重锤测量或测量钻杆、套管长度，嵌岩桩应确保进入设计要求的嵌岩深度</td></tr>
<tr><td>3</td><td colspan="3">桩体质量检验</td><td colspan="2"></td><td>按《建筑基桩检测技术规范》（JGJ 106—2003）进行检查</td></tr>
<tr><td>4</td><td colspan="3">混凝土强度</td><td colspan="2">设计要求</td><td>试件报告或钻芯取样送检</td></tr>
<tr><td>5</td><td colspan="3">承载力</td><td colspan="2">满足《建筑基桩检测技术规范》（JGJ 106—2003）的要求</td><td>按《建筑基桩检测技术规范》（JGJ 106—2003）进行检查</td></tr>
</table>

（续）

项目	序号	检查项目	允许偏差或允许值		检查方法
			单位	数量	
一般项目	1	垂直度		不大于1%	测量套管或钻杆，或用超声波探测
	2	桩径	mm	±50	用井径仪或超声波检测
	3	泥浆相对密度		1.15～1.2	用比重计（清孔后于距孔底50cm处取样）检测
	4	泥浆面标高	mm	0.5～1.0	目测

5.4.3 螺旋钻成孔灌注桩

1. 概述

螺旋钻成孔灌注桩是指在成孔过程中采用螺旋钻孔机进行干作业成孔，螺旋钻孔机利用螺旋钻头的部分刃片旋转切削土层，碎土随钻头旋转并沿整个钻杆上的叶片上升而被推出孔外，成孔后吊放钢筋笼，灌注混凝土而形成的灌注桩。

螺旋钻头的外径有400mm、500mm、600mm 3种，相应的钻孔深度为12m、10m、8m，适用于钻孔深度范围内没有地下水的一般黏土层、沙土及人工填土地基。当在含水量较大的软塑土层施工时，可用叶片螺距较大的钻杆；在可塑、硬塑土层或含水量较小的砂土中施工时，则应采用叶片螺距较小的钻杆，以便能均匀平稳地钻进土中。

2. 螺旋钻成孔灌注桩施工程序

螺旋钻成孔灌注桩的施工程序为施工准备、测定桩位、钻机就位、钻孔取土成孔、孔底清理、桩孔质量检查、吊放钢筋笼、灌注混凝土、成桩养护（图5-12）。

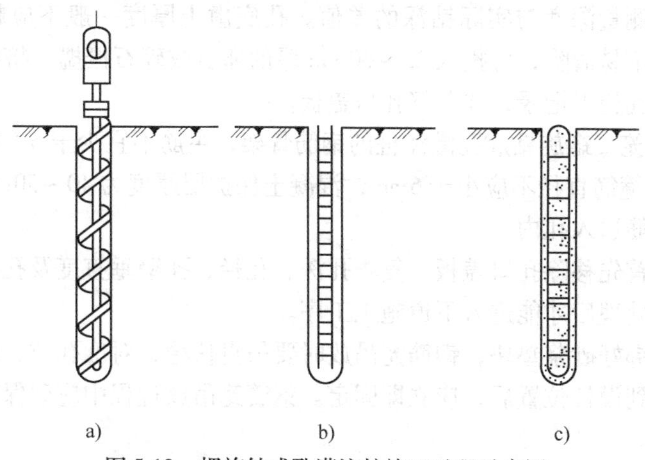

图5-12 螺旋钻成孔灌注桩施工过程示意图
a）钻机钻孔 b）放入钢筋笼 c）灌注混凝土

（1）施工准备

1）技术准备：同泥浆护壁成孔灌注桩。

2）材料准备：钢筋、水泥、水、砂、石、“火烧丝”、外加剂等。

① 砂：中砂或粗砂，含泥量不大于5%。

② 石子：粒径为0.5～3.2cm的卵石或碎石，含泥量不大于2%。

③ 水：应使用自来水或不含有害物质的洁净水。

④ 钢筋：钢筋的牌号、直径必须符合设计要求，有质量证明文件和复试报告。

⑤ 垫块：用1∶3水泥砂浆埋22号“火烧丝”提前预制或采用塑料卡。

⑥“火烧丝”：由18～20号钢丝烧制而成。

⑦ 外加剂：选用高效减水剂。

3）机具准备：螺旋钻孔机、翻斗车或手推车、混凝土导管、套管、插入式振捣棒、混凝土搅拌机、串筒、盖板、测绳、手电筒等。

（2）测定桩位　钻孔前，在现场施工放线确定桩位。

（3）钻机就位　钻孔机就位时，必须保持机身平稳，不发生倾斜位移。为准确控制钻孔深度，应在机架上作出控制标尺，以便在施工中进行观测、记录。

（4）钻孔取土成孔　调直机架挺杆，对好桩位，合理选择和调整钻进参数，以电流表控制进尺速度，开动机器钻进土层0.5～1.0m后，如果检查一切正常，则继续钻进，切下的土由套管中的螺旋叶片送至地面。钻进过程中，钻杆应保持垂直稳固、位置正确，防止因钻杆晃动而扩大桩径；随时清理孔口积土和地面散落土；成孔达设计深度后，应先放置孔口漏斗对孔口予以保护，防止后续施工对桩孔造成破坏。当钻进不稳定地层时，应采用低转速钻进，提钻前上下活动钻具，以挤实孔壁，必要时可投入黏土泥球，以保护井壁。钻进过程中。

（5）孔底清理　钻孔至规定要求的深度后，使钻具在孔内空钻数圈，以清除虚土；然后停钻，提钻卸土，进行孔底清理。其目的主要是将孔内的浮土、虚土取出，减少桩的沉降。

（6）桩孔质量检查　成孔后用探测器检查孔深、孔径、孔壁垂直度和孔底虚土厚度，孔底虚土厚度等于测量深度与实际钻深的差值。孔底虚土厚度一般不应超过100mm。如果孔内存在少量泥浆不易清除，可投入25～60mm厚的卵石或碎石振捣，挤密土体。成孔检查后，应逐项填好桩孔施工记录，并盖好孔口盖板。

（7）吊放钢筋笼　螺旋钻成孔灌注桩的钢筋骨架，主筋不宜少于6ϕ12，长度不应小于桩长的1/3～1/2，箍筋直径不应小于6mm，混凝土保护层厚度为40～50mm，整体骨架应一次绑好，用导向钢筋送入孔内。

钢筋笼吊放前首先移除孔口盖板，复查孔深、孔径、孔壁垂直度及孔底虚土厚度，与质量标准不符的经过处理后才能进入下道施工工序。

钢筋笼上预先绑好砂浆垫块，钢筋笼吊放时要吊直扶稳，对准孔位，缓慢下沉，避免碰撞孔壁；钢筋笼放到设计位置后，应立即固定。钢筋笼吊放过程中应确保钢筋位置准确，保护层厚度符合要求。

（8）灌注混凝土　放入钢筋笼后再次检测孔底虚土厚度，符合要求后就可以放置串筒灌注混凝土。成孔内放入钢筋笼后，要在4h内灌注混凝土。混凝土灌注过程中，注意落差不应大于2m，边灌注边分层振捣密实；根据振捣机具确定分层高度，一般不大于0.5m。灌注桩顶下5m范围内混凝土时，每次灌注高度不得大于1.5m。

混凝土灌注高度应超过桩顶设计标高500mm，以保证在凿除浮浆后桩标高符合设计要求。混凝土灌注到距桩顶1.5m时，可拔出串筒直接灌注混凝土；插入桩顶插筋时，钢筋要保持垂直，以保证有足够的保护层厚度和锚固长度，防止偏插和斜插。

（9）成桩养护　灌注混凝土后应进行养护，桩头的混凝土强度没有达到5MPa时不得碾压，以防桩头损坏；桩头预留的插筋要注意保护，不得任意弯折和压断。

螺旋钻成孔灌注桩质量检验标准见表5-7。

表5-7　螺旋钻成孔灌注桩质量检验标准

<table>
<tr><th rowspan="2">项目</th><th rowspan="2">序号</th><th rowspan="2" colspan="3">检查项目</th><th colspan="2">允许偏差或允许值</th><th rowspan="2">检查方法</th></tr>
<tr><th>单位</th><th>数量</th></tr>
<tr><td rowspan="8">主控项目</td><td rowspan="4">1</td><td rowspan="4">桩位</td><td rowspan="2">1～3根、单排桩基础垂直于中心线方向和群桩基础的边桩</td><td>设计桩径 d ≤1000</td><td>mm</td><td>d/6且不大于100</td><td rowspan="4">基坑开挖前测量护筒，开挖后测量桩中心线</td></tr>
<tr><td>设计桩径 d >1000</td><td>mm</td><td>100+0.01H（H为施工现场地面标高与桩设计标高的距离）</td></tr>
<tr><td rowspan="2">条形桩基础沿中心线方向和群桩基础的中心桩</td><td>设计桩径 d ≤1000</td><td>mm</td><td>d/4且不大于150</td></tr>
<tr><td>设计桩径 d >1000</td><td>mm</td><td>150+0.01H（H为施工现场地面标高与桩设计标高的距离）</td></tr>
<tr><td>2</td><td colspan="3">孔深</td><td>mm</td><td>+300</td><td>只深不浅，用重锤测量或测量钻杆、套管长度，嵌岩桩应确保进入设计要求的嵌岩深度</td></tr>
<tr><td>3</td><td colspan="3">桩体质量检验</td><td colspan="2"></td><td>按《建筑基桩检测技术规范》（JGJ 106—2003）进行检查</td></tr>
<tr><td>4</td><td colspan="3">混凝土强度</td><td colspan="2">设计要求</td><td>试件报告或钻芯取样送检</td></tr>
<tr><td>5</td><td colspan="3">承载力</td><td colspan="2">满足《建筑基桩检测技术规范》（JGJ 106—2003）的要求</td><td>按《建筑基桩检测技术规范》（JGJ 106—2003）进行检查</td></tr>
<tr><td rowspan="6">一般项目</td><td>1</td><td colspan="3">垂直度</td><td colspan="2">不大于1%</td><td>测量套管或钻杆，或用超声波探测</td></tr>
<tr><td>2</td><td colspan="3">桩径</td><td>mm</td><td>±50</td><td>用井径仪或超声波检测</td></tr>
<tr><td>3</td><td colspan="3">混凝土坍落度</td><td>mm</td><td>70～100</td><td>用坍落度仪测量</td></tr>
<tr><td>4</td><td colspan="3">钢筋笼安装深度</td><td>mm</td><td>±100</td><td>用钢直尺测量</td></tr>
<tr><td>5</td><td colspan="3">混凝土充盈系数</td><td colspan="2">>1</td><td>检查每根桩的实际灌注量</td></tr>
<tr><td>6</td><td colspan="3">桩顶标高</td><td>mm</td><td>-50，30</td><td>用水准仪检测，需扣除桩顶浮浆层及劣质桩体</td></tr>
</table>

5.4.4 套管成孔灌注桩

1. 概述

（1）定义　套管成孔灌注桩是指在成孔过程中采用振动沉桩机或锤击打桩机将带有活瓣式桩靴或预制钢筋混凝土桩尖的钢管沉入土中形成桩孔，在钢管内放入钢筋笼；然后边灌注混凝土边振动或锤击钢管，利用振动将混凝土捣实的同时缓慢将钢管拔出而形成的灌注桩。其中，利用锤击沉桩设备沉管、拔管成桩的，称为锤击沉管灌注桩，如图5-13所示；利用振动器振动沉管、拔管成桩的，称为振动沉管灌注桩，如图5-14所示。

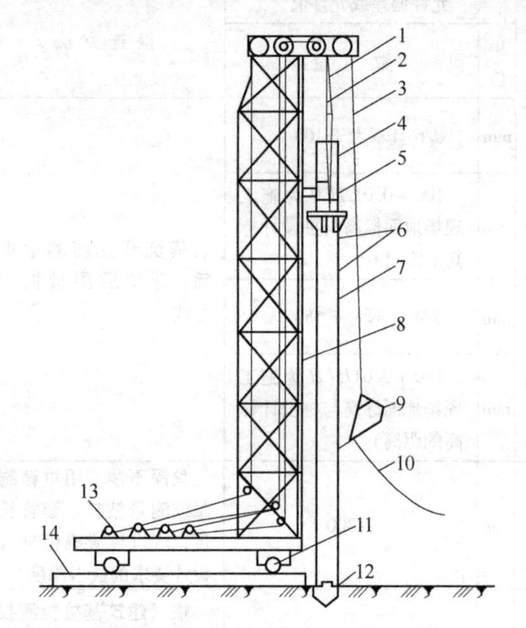

图5-13　锤击沉管灌注桩机械设备示意图

1—桩锤钢丝绳　2—桩管滑轮组　3—吊斗钢丝绳　4—桩锤
5—桩帽　6—混凝土漏斗　7—桩管　8—桩架　9—混凝土吊斗
10—回绳　11—行驶用钢管　12—预制桩靴
13—卷扬机　14—枕木

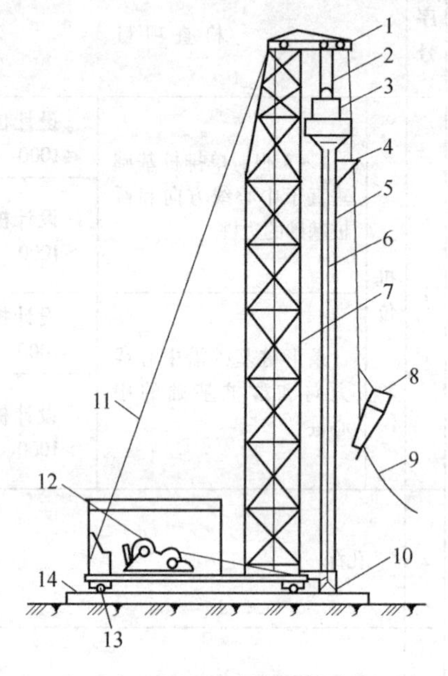

图5-14　振动沉管灌注桩机械设备示意图

1—导向滑轮　2—滑轮组　3—激振器
4—混凝土漏斗　5—桩管　6—加压钢丝绳
7—桩架　8—混凝土吊斗　9—回绳
10—活瓣桩靴　11—揽风绳　12—卷扬机
13—行驶用钢管　14—枕木

（2）特点　套管成孔灌注桩能适应复杂的地层，对于砂土地基可减轻或消除地层的地震液化性能；因为有套管护壁，故可防止塌孔、断桩，桩质量高；能沉能拔，施工速度快、效率高、造价低、工期短、设备简单、操作简便。

（3）成孔顺序的确定　沉管灌注桩施工过程中对土体有挤密作用和振动影响，施工中应结合现场的施工条件确定成孔顺序。一般从中间开始，向两侧边或四周进行，对于群桩基础或桩的中心距不大于$3.5d$（d为桩径）时应间隔施打（间隔一个或两个桩位成孔），中间空出的桩位必须待邻桩混凝土达到设计强度的50%后才能施工。

（4）沉管拔管施工工艺　为了提高桩的质量和承载能力，沉管灌注桩拔管常采用单打法、复打法、翻插法等施工工艺。

1）单打法（又称一次拔管法）、在拔管时，每提升0.5～1.0m，振动5～10s；然后再提升0.5～1.0m，再振动5～10s，这样反复进行，直至全部拔出。

2）复打法是指在同一桩孔内连续进行两次单打，或根据需要进行局部复打。施工时，应保证前后两次沉管轴线重合，并在混凝土初凝前进行。

3）翻插法在拔管时，钢管每提升0.5～1.0m，下插0.3～0.5m；然后再提升0.5～1.0m，再下插0.3～0.5m，这样反复进行，直至全部拔出。

2. 套管成孔灌注桩施工程序

套管成孔灌注桩的施工程序为施工准备、桩机就位、锤击（振动）沉管、灌注混凝土、插入钢筋笼、拔桩管、成桩检测（图5-15）。

（1）施工准备

1）技术准备：同泥浆护壁成孔灌注桩。

2）材料准备：钢管、砂石料、水泥、水、钢筋等。

① 水泥：宜采用32.5级以上的普通硅酸盐水泥或矿渣硅酸盐水泥。

② 砂：中砂或粗砂，含泥量不大于5%。

③ 石子：粒径为0.5～3.2cm的卵石或碎石，含泥量不大于2%。

④ 水：应采用自来水或不含有害物质的洁净水。

⑤ 钢筋：钢筋的牌号、直径必须符合设计要求，有质量证明文件和复试报告。

3）机具准备：沉管机械、翻斗车或手推车、混凝土导管、套管、混凝土搅拌机等。

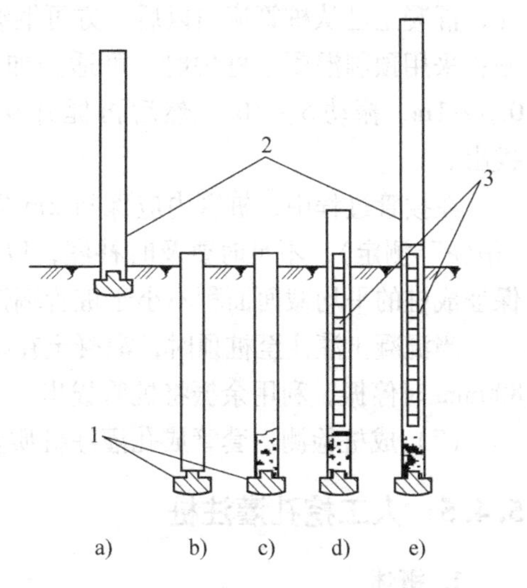

图5-15　沉管灌注桩施工过程
a）就位　b）沉钢管　c）开始灌注混凝土
d）下沉钢筋骨架继续浇筑混凝土　e）拔管成型
1—桩靴　2—钢管　3—钢筋

（2）桩机就位　桩机就位时，必须保持平稳，不得有倾斜、移位，桩锤（振动箱）应对准桩位中心。使用活瓣式桩尖时，桩尖活瓣应先用钢丝合拢，活瓣间隙应紧密；使用预制混凝土桩尖时，应先在桩基础的中心预埋好桩尖，在套管下端与桩尖接触处垫好缓冲材料。桩机就位后，吊起套管，使套管、桩尖、桩锤在一条直线上，利用锤重及套管自重把桩尖压入土中。为准确控制钻孔深度，应在机架上作出控制标尺，以便在施工中进行观测、记录。

（3）锤击（振动）沉管　调直机架挺杆，对好桩位，开动机器后桩管在强迫振动下沉入土中。开始沉管时，应轻击慢振。沉管时要注意“密振慢沉”或“密锤低击”。沉管应连续进行，不宜停歇过久，以免因土体摩擦阻力增大而造成下沉困难。沉管过程中，应经常探测管内有无地下水或泥浆，如果发现水或泥浆较多，应拔出桩管检查活瓣式桩尖的缝隙是否过疏，并及时修理，同时用砂土回填桩孔后重新沉管；如果再发现有少量水时，可在沉管前先灌入高度为1.5m左右的混凝土或砂浆封住桩尖缝隙，再继续沉入。

当沉管达到设计标高时，应按设计要求和试桩情况严格控制沉管最后的贯入度。锤击沉管应测量最后二振十击的贯入度；振动沉管应测量最后两个2min的贯入度。

（4）灌注混凝土　桩管沉到设计标高后，停止振动，用上料斗将混凝土灌注入桩管内，如用长套管成孔短桩，则一次灌足；如成孔长桩，则第一次应尽量灌满。

灌注混凝土的充盈系数（实际灌注混凝土量与理论计算量之比）应不小于1（一般土质为1.1，软土常取1.2~1.3）。当充盈系数小于1时，应采用全桩复打；对于断桩及缩颈桩可采用局部复打。混凝土灌注一般宜高出设计标高200mm左右，在承台施工时再凿除。

（5）插入钢筋笼　通常钢筋笼应在沉管到达设计标高后从管内插入；如果为短钢筋笼，则在混凝土灌注至钢筋笼底部标高时再从管内插入。

（6）拔桩管　拔管时要注意“密振慢拔”或“密锤慢拔”，拔管过急易引起断桩或缩颈。拔管时应将桩管上下翻拔，将混凝土向四周挤压，应仔细操作防止泥浆混入桩身混凝土形成夹泥桩。开始拔管时，先起动振动箱，再拔管，并用“吊铊”探测到桩尖活瓣确已张开、混凝土已从桩管流出以后，方可继续抽拔桩管，边拔边振。采用活瓣式桩尖时，拔管宜慢；采用预制混凝土桩尖时，可适当加快速度。拔管方法一般采用单打法，拔管时每提升0.5~1m，振动5~10s，然后再提升0.5~1m，振动5~10s，这样反复进行，直至全部拔出。

在拔管过程中，桩管内应保持2m以上高度的混凝土或混凝土高度不低于地面（可用“吊铊”测定），不足时要及时补灌，以防混凝土中断造成缩颈。每根桩的混凝土灌注量应保证成桩的平均截面面积不小于桩管端部的截面面积。

当混凝土灌注至桩顶时，混凝土在桩管内的高度应大于桩孔深度；当桩尖距地面600~800mm时停振，利用余振将桩管拔出。

（7）成桩检测　套管成孔灌注桩质量检验标准同螺旋钻成孔灌注桩。

5.4.5　人工挖孔灌注桩

1. 概述

人工挖孔灌注桩是指人工挖掘成孔后放置钢筋笼，然后灌注混凝土而成的桩，通常由承台、桩身和扩大头组成（图5-16），穿过深厚的软弱土层而直接坐落在坚硬的岩石层上。它具有桩身直径大、承载能力高、施工机具操作简单、占用施工场地少、对周围建筑物影响较小、桩质量可靠、工期较短、造价较低等优点，适用于桩径为（不含护壁）800mm以上，无地下水或地下水较少的土层。

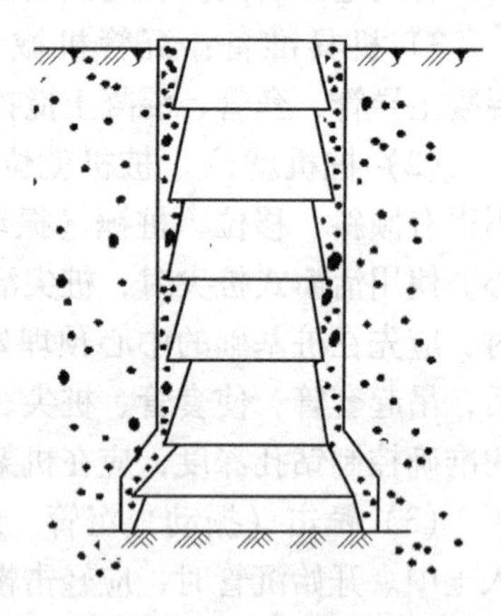

图5-16　人工挖孔灌注桩

2. 施工工艺流程

施工准备→放线定桩位→开挖第一节桩孔土方→支模、灌注第一节混凝土护壁→检查桩位轴线标高→垂直运输设备、通风照明设备及活动井盖的安装→开挖、吊运第二节桩孔土方、校核孔壁→拆除第一节模板、支第二节模板、灌注第二节护壁混凝土（重复挖土、校核、拆模、支模、灌注混凝土直至设计深度）→检查持力层、开挖扩底→挖孔质量验收→吊放钢筋笼→灌注桩身混凝土。

（1）施工准备

1）技术准备：同泥浆护壁成孔灌注桩。

2）材料准备：砂石料、水泥、钢筋、水等。

① 水泥：宜采用32.5~42.5级普通硅酸盐水泥、火山灰水泥、粉煤灰水泥、硅酸盐水

泥，使用矿渣硅酸盐水泥时应采取离析措施。水泥的初凝时间不宜早于2.5h，水泥必须具有质量证明文件且经复验合格。

② 砂：宜采用级配良好的中砂，含泥量、有害物质含量均应符合有关规范规定。

③ 石子：宜优先选用卵石，如采用碎石宜适当增加混凝土的含砂率。最大粒径不应大于导管内径的1/6和钢筋最小间距的1/4，且不宜大于50mm。含泥量、有害物质含量、针片状颗粒含量、压碎指标等均应符合相应规范要求。

④ 水：宜采用饮用水，当采用其他水源时应注意水中不得含有影响水泥正常凝结与硬化的有害物质以及油脂、糖类、游离酸类等，不得使用海水。

⑤ 外加剂：采用水下灌注混凝土时需要添加减水凝剂，目的在于延长混凝土的初凝时间，提高混凝土的和易性。外加剂的掺入量应通过试验确实。

⑥ 钢筋：钢筋的牌号、直径必须符合设计要求，有质量证明文件和复试报告。

3）机具准备：翻斗车或手推车、插入式振捣棒、照明工具、通风及氧气供应设备、简易提升设备、活动爬梯、组合钢模板、混凝土搅拌机、镐、锹、手铲、钢钎、线坠等。

(2) 放线、定桩位　在场地三通一平的基础上放线定位，定好桩位中心线，以中心为圆心画出桩孔大小，撒好灰线。

(3) 开挖第一节桩孔土方　开挖时每节桩孔土方的高度一般在0.9～1.2m。每挖完一节，必须根据桩口上的轴线吊直、修边，使孔壁圆弧保持上下顺直一致。

(4) 支模、灌注第一节混凝土护壁　为防止孔壁塌方，确保施工安全，成孔应做井圈护壁，一般采用素混凝土或钢筋混凝土灌注而成以钢筋混凝土为优，护壁厚度一般为100～150mm。第一节成孔后，绑扎护壁钢筋，然后支护壁模板。护壁模板采用拆上节、支下节的方式重复周转使用。模板之间用卡具、扣件连接固定，也可以在每节模板的上下端各设一道圆弧形的内钢圈（用槽钢或角钢制成）作为内侧支撑。第一节护壁应高出地面150～200mm，高出部分壁厚增加100～150mm。将桩位轴线和高程标于第一节护壁上口。灌注第一节护壁混凝土时，混凝土坍落度应控制在100mm以内。灌注24h后方可拆模。

(5) 检查桩位轴线及标高　每节护壁做好后，必须将桩轴线及标高测设于该节护壁的上口位置，然后对本节护壁进行检查。轴线、标高、截面尺寸均应满足质量标准。

(6) 垂直运输设备、通风照明设备及活动井盖的安装　第一节护壁完成后，应在桩口设置垂直运输设备。垂直运输设备包括支架、提升装置和吊桶。支架有木塔、钢管支架等，要求搭设牢固。提升装置有电动葫芦、卷扬机等。同时，安装或准备照明、水泵、通风等相关设备或机具。井底照明必须使用36V低压电源，并安设防水照明灯具，桩口周围设置围栏。桩身大于20m时，应向井下通风，必要时应输送氧气。施工人员应轮流下井挖土，确保人身安全。桩孔需安装水平推移的活动安全盖板，当桩孔内有人作业时，应盖好盖板，运土时打开。地下水位较高时，应预先降低地下水水位，然后进行开挖作业。地下水水量不大时，采用人工提水或水泵抽水。

(7) 开挖、吊运第二节桩孔土方校核孔壁　从第二节开始，利用提升设备吊运土方。桩孔内人员应戴好安全帽，地面人员应系好安全带。挖至规定深度后，检查孔壁的直径、弧度及垂直度。

(8) 拆除第一节模板、支第二节模板、灌注第二节护壁混凝土　第一节模板拆模时，混凝土强度应达到1MPa以上；支第二节模板时，模板上口留出100mm的混凝土灌注口放置附加钢筋。混凝土用串筒运送，人工灌注，人工插捣密实。混凝土可通过试验确定掺加早强剂，以加速混凝土的硬化。每一节都应检查桩孔的中心线和标高，然后如上所述逐节向下循环施工，直至设计深度（标高）。清除虚土，检查土质情况是否与设计规定的持力层相匹配。

（9）检查持力层、开挖扩底　人工挖孔灌注桩分为扩底和不扩底两种，有扩底时应先按不扩底将桩孔挖至设计深度，然后设计扩底尺寸进行扩底挖土。扩底直径一般为桩径的1.5~3.0倍，变径位置为孔深下部1/4处。

（10）挖孔质量验收　人工挖孔灌注桩施工完成后，必须会同监理工程师、建设单位项目负责人、勘察单位项目负责人、设计单位项目负责人进行检查验收。签字确认后方可进行后续施工。检查验收内容包括：桩径、扩底尺寸、孔底标高、桩位中心线、孔壁垂直度等。做好隐蔽工程验收记录。

（11）吊放钢筋笼　钢筋笼应预先按照设计要求制作完成，吊放前应绑好砂浆垫块（厚度一般为70mm）。如果钢筋笼较长时应分段制作，连接时采用焊接，接头率不超过50%。

（12）灌注桩身混凝土　混凝土坍落度为80~100mm，桩孔较浅时用溜槽向桩孔内灌注，当高度超过3m时应用串筒灌注，孔深超过12m时宜用导管进行灌注。灌注应连续，分层捣实，分层高度一般不超过1.5m。灌注至桩顶时，应适当超过桩顶设计标高，以保证在剔除浮浆后混凝土灌注高度符合设计标高的要求。

插入桩顶钢筋时一定要保持垂直，并有足够的锚固长度。

冬期施工时，当温度低于0℃以下时，应采取加热保温措施，在桩顶强度未达到设计强度的50%以前不得受冻；当温度高于30℃时，应对混凝土采取缓凝措施。雨期施工时，施工现场必须做好排水，严防地面雨水流入桩孔内造成桩孔塌方；雨天不宜进行挖孔施工。

3. 质量检验标准

1）人工挖孔灌注桩的原材料、强度、标高、成桩深度必须符合设计及施工要求。

2）钢筋笼质量检验标准见表5-5。

3）人工挖孔灌注桩质量检验标准同螺旋钻成孔灌注桩。

5.5 桩基础检测

5.5.1 概述

桩基础是工程结构中常采用的基础形式之一，属于地下隐蔽工程，施工技术比较复杂，工艺流程相互衔接紧密，施工时稍有不慎极易出现断桩等多种形态复杂的质量缺陷，影响桩身的完整性和桩的承载能力，从而直接影响上部结构的安全，因此其质量检测成为桩基础工程质量控制的重要手段。

桩身质量检测主要包括桩的承载力检测、桩身混凝土灌注质量和结构完整性检测等内容。桩的承载力检测，最传统而有效的方法是静载荷试验法。桩身混凝土灌注质量和结构完整性检测主要用于大直径混凝土灌注桩。混凝土灌注桩的质量通常存在两方面的问题，一是桩身的完整性问题，二是桩的承载力问题，检测方法有静载荷试验法、钻芯法、声波透射法和反射波法。

5.5.2 承载力检测

1. 静载荷试验法

静载荷试验法是目前公认的检测桩基础竖向抗压承载力最直接、最可靠的试验方法，是一种标准试验方法，可以作为其他检测方法的比较依据。该方法为我国法定的确定单桩承载力的方法，其试验要点在《建筑地基基础设计规范》（GB 50007—2011）等有关规范、手册中均有明确规定。目前，桩基础的静载荷试验按反力装置的不同有锚桩法、堆载平台法、地锚法、锚桩和堆载联合法等。

2. 高应变测试法

高应变测试法的主要工作原理是利用重锤冲击桩顶，通过桩、土的共同工作，让桩周土的阻力完全发挥，在桩顶下安装应变式传感器和加速度传感器，实测桩顶部的速度和力时程曲线；通过波动理论分析，解方程计算与桩、土运动相关土体的静动阻力和判别桩的缺陷程度，从而对桩身的完整性和单桩竖向承载力进行定性分析评价。该方法的主要功能是判定桩的竖向抗压承载力是否满足设计要求，也可用于检测桩身的完整性。高应变测试法在判定桩身水平整合型缝隙、预制桩接头等缺陷时，能够在查明这些“缺陷”是否影响竖向抗压承载力的基础上，合理地判定缺陷程度，但高应变测试法对于桩身承载力的检测仍有一定的限制。国家规范不主张采用高应变测试法检测静载 *Q—S* 曲线为缓变型的大直径混凝土灌注桩。新工艺桩基础、一级建筑桩基础也不适合采用高应变测试法。

5.5.3 桩身混凝土灌注质量及结构完整性检测

1. 反射波法检测

反射波法属于低应变动测法，其工作原理是桩顶竖向激振，弹性波沿着桩身向下传播，当桩身存在明显波阻抗差异的界面或桩身截面面积发生变化时，将产生反射波，经接收、放大滤波和数据处理，可识别来自不同部位的反射信息。

通过对反射信息进行分析计算，判断桩身混凝土的完整性，判定桩身缺陷的程度及其位置，也可对桩长进行核对，对桩身混凝土的强度等级作出估计。低应变动测法检测时，不论缺陷的类型如何，其综合表现均为桩的阻抗变小，因而对缺陷的性质难以区分；尤其是对存在严重不利缺陷的桩基础，将对工程质量造成影响，因此应根据缺陷的程度和位置同时辅以其他检测方法，以获得准确的检测结果。

绝大多数的检测机构采用反射波法（瞬态时域分析法）检测桩身完整性（主要原因是检测仪器轻便、现场检测快捷），同时将激励方式、频域分析方法等作为测试、辅助分析手段融合进去。

2. 声波透射法检测

声波透射法根据实测声波在混凝土介质中传播的声时、频率和波幅衰减等声学参数测量值和相对变化，并通过仪器的数据处理与判断分析软件对接收信号的各种声学参数进行综合分析，即可对桩身混凝土的灌注质量，缺陷的性质、位置，以及桩身混凝土灌注的总体均匀性作出判断。当桩身存在断裂、离析或其他缺陷时，接收到的信号会出现波速降低、振幅减小、波形畸变、接收信号主频发生变化等特征。

利用声波透射法检测时，在桩身混凝土灌注前需预埋纵向声测管道，待桩身混凝土具有一定强度时将发射器和接收换能器分别放入声测管底并调至同一水平面上，发射器发射超声波，接收器接收并记录测试数据；检测完成后，提升发射器和接收器至下一检测标高，重复记录，直至提升至管口。

声波透射法能够进行全面、细致的检测，且基本上无其他限制条件。但由于存在漫射、透射、反射等现象，对检测结果会造成影响。

3. 钻芯法

钻芯法是一种微破损或局部破损检测方法。该方法利用地质勘探技术在混凝土中钻取芯样，通过芯样的表观质量和芯样试件抗压强度试验结果，综合评价混凝土质量是否满足设计要求。

铁芯法具有科学、直观、实用等特点，是检测混凝土灌注桩成桩质量的有效方法，施工中不受场地条件的限制，应用较广；一次完整、成功的钻芯检测，可以得到桩长、桩身缺陷、桩底沉渣厚度，桩身混凝土强度、密实性、连续性等桩身完整性的情况，并可判定或鉴别桩端持力层的岩土性状。

抽芯技术对检测判断的影响很大；尤其是当桩身比较长时，成孔的垂直度和钻孔的垂直度很难控制，钻芯也容易偏离桩身，因此通常要求受检桩的桩径不小于800mm，长径比不宜大于30。

在桩基础检测中，各种检测手段需要配合使用。按照实际情况，利用各自的特点和优势，灵活运用各种方法，才能够对桩基础进行全面、准确的评价。

5.5.4 《建筑桩基检测技术规范》（JGJ 106—2003）相关规定

1. 单桩承载力和桩身完整性验收抽样检测

单桩承载力和桩身完整性验收抽样检测的受检桩选择宜符合下列规定：

1）施工质量有疑问的桩。

2）设计方认为重要的桩。

3）局部地质条件出现异常的桩。

4）施工工艺不同的桩。

5）除上述规定外，同类型桩宜均匀随机分布。

2. 检测开始时间

检测开始时间应符合下列规定：

1）当采用低应变动测法或声波透射法检测时，受检桩混凝土的强度至少应达到设计强度的70%，且不小于15MPa。

2）当采用钻芯法检测时，受检桩的混凝土龄期达到28d或预留的同条件养护试块的强度达到设计强度。

3. 混凝土桩的桩身完整性检测

混凝土桩的桩身完整性检测的抽检数量宜符合下列规定：

1）柱下三桩或三桩以下的承台抽检桩数不得少于1根。

2）设计等级为甲级或地质条件复杂。成桩质量可靠性较低的灌注桩，抽检数量不应少于总桩数的30%，且不得少于20根；其他桩基础工程的抽检数量不应少于总桩数的20%，且不得少于10根。

注：对于端承型大直径灌注桩，应在上述两款规定的抽检桩数范围内，选用钻芯法或声波透射法对部分受检桩进行桩身完整性检测。抽检数量不应少于总桩数的10%。

3）地下水位以上且终孔后桩端持力层已通过核验的人工挖孔桩及单节混凝土预制桩，抽检数量可适当减少，但不应少于总桩数的10%，且不应少于10根。

4）当符合第3.3.3条第1~4款的桩数较多，或为了全面了解整个工程桩基础的桩身完整性情况时，应适当增加抽检数量。

4. 承载力检测的检测数量

承载力检测的检测数量的规定：

1）符合《建筑桩基检测技术规范》（JGJ 106—2003）第3.3.5条规定的工程桩承载力验收检测，应采用静载荷试验法进行验收检测，同一条件下抽检数量不应少于总桩数的1%，且不少于3根；当总桩数在50根以内时，不应少于2根。

2）符合《建筑桩基检测技术规范》（JGJ 106—2003）第3.3.6条规定的工程桩承载力验收检测，可采用高应变测试法进行单桩竖向抗压承载力验收检测，抽检数量不宜少于总桩数的5%，且不少于5根。

3）对于端承型大直径灌注桩，当受设备或现场条件限制无法检测单桩竖向抗压承载力时，可采用钻芯法测定桩底沉渣厚度并钻取桩端持力层岩土芯样检验桩端持力层，抽检数量不应少于总桩数的10%，且不应少于10根。

4）对于承受拔力和水平力较大的桩基础，应进行单桩竖向抗拔、水平承载力检测，检测数量不应少于总桩数的1%，且不应少于3根。

本章小结

1）桩基础是一种常用的深基础形式，当天然地基上的浅基础沉降量过大或地基承载力不能满足设计要求时，宜采用桩基础。桩的分类：按桩的使用功能分为竖向抗压桩、竖向抗拔桩、水平受荷桩；按桩身材料分为混凝土桩、钢桩、组合材料桩；按成桩方法分为挤土桩、部分挤土桩、非挤土桩；按施工方法分为预制桩和灌注桩。

2）预制桩是指在工厂或工地预先将桩制作成型，然后运送到桩位，利用锤击、振动或静压等方法将其压入土中至设计标高的桩。其特点是施工速度快、机械化程度高、适用范围广，但噪声、振动和土体挤压都会对周围环境产生影响。施工中应尽可能采取预防措施，减少噪声、振动危害。

3）灌注桩施工包括成孔、钢筋笼的制作与安装、清孔和灌注混凝土等施工过程，成桩工艺复杂，湿作业成孔时成桩速度慢；其成桩质量与施工质量密切相关，成桩质量难以直观进行检查。

4）桩基础是工程结构中常采用的基础形式之一，属于地下隐蔽工程。其质量检测成为桩基础工程质量控制的重要手段。桩身质量检测主要包括桩的承载力检测、桩身混凝土灌注质量和结构完整性检测等内容。桩的承载力检测，最传统而有效的方法是采用静载荷试验法。桩身混凝土灌注质量和结构完整性检测主要用于大直径混凝土灌注桩。混凝土灌注桩的质量通常存在两方面的问题，一是桩身完整性问题，二是桩的承载力问题，检测方法有静载荷试验法、钻芯法、声波透射法和反射波法。

复习思考题

1. 桩基础有哪些类型？
2. 预制桩的制作、搬运、堆放有哪些要求？
3. 打桩前要做哪些准备工作？
4. 静力压桩法如何施工？
5. 试述泥浆护壁灌注桩护筒的作用。有哪些埋设要求？
6. 套管成孔施工的工艺流程是怎样的？
7. 人工挖孔灌注桩的施工要点及施工中应注意哪些问题？
8. 桩基础质量检测主要内容为哪两个方面？分别有哪些检测方法？
9. 桩基础承载力检测常用的方法有哪些？桩身完整性检测常用的方法有哪些？

第 6 章　大体积混凝土结构施工

教学目标：

1. 了解和掌握大体积混凝土的定义、特性，裂缝产生的机理，裂缝防治措施及施工技术措施。

2. 掌握大体积混凝土施工工艺及质量控制措施。

3. 熟悉大体积混凝土冬期施工的质量保证措施。

6.1　大体积混凝土裂缝

土木工程中有较多的尺寸较大的混凝土结构，如水电工程建设中的坝体、高层建筑的箱形基础或筏形基础都是厚度较大的钢筋混凝土底板；深梁、高层建筑的桩基础的厚大承台都是此种构件。这些结构中，体积较小的有近万立方米，较大的已达到上千万立方米，如举世瞩目的三峡大坝工程的混凝土浇筑量就超过 2800 万立方米。

这类大体积混凝土结构，由外荷载引起裂缝的可能性较小；而由于水泥用量大，由水泥水化过程中释放的水化热引起的温度变化和混凝土收缩产生的温度应力和收缩应力，将是其产生裂缝的主要因素。这些裂缝常给工程带来不同程度的危害，如何进一步认识温度应力的重要作用，如何控制温度变形及裂缝的开展，一直是大体积混凝土结构施工中的重大课题。

6.1.1　大体积混凝土的定义和特性

1. 大体积混凝土的定义

《大体积混凝土施工规范》（GB 50496—2009）中规定：大体积混凝土是指混凝土结构物实体最小几何尺寸不小于 1m 的大体量混凝土，或预计会因混凝土中的胶凝材料水化引起的温度变化和收缩而导致有害裂缝产生的混凝土。

2. 大体积混凝土的特性

在建筑施工中，大体积混凝土一般用于基础之中，所以对结构的强度、刚度、抗渗性能等指标有很高的要求。它的特点是：

1）水泥水化热量大，容易出现温度裂缝。混凝土是由多种材料组成的非匀质材料，它具有较高的抗压强度、良好的耐久性，但其抗拉强度低、抗变形能力差、易开裂。在大体积混凝土中，水泥用量较大，产生的水化热较大，当其里表温差高于 25℃时，出现温度裂缝的概率极大，必须采取措施控制这种裂缝的出现。

2）泌水现象严重。混凝土在运输、振捣、泵送的过程中出现粗集料下沉，水分上浮的现象称为混凝土泌水。泌水是影响新拌混凝土工作性能的一个重要方面。泌水会引起某些不良的后果，如会引起麻面、塑性开裂、表层混凝土强度降低等问题。泌水现象会使混凝土不均匀，并且泌水现象本身在混凝土中的分布是不均匀的，对混凝土是不利的。泌水部位的混凝土会产生缺陷，其水胶比的下降会导致该部位强度降低。泌水还会降低混凝土的抗渗透能力、抗腐蚀能力和抗冻融能力。大体积混凝土更容易出现泌水现象，尤其对于结构的整体性要求很高的基础结构，此现象更要引起重视。

3）整体性要求高，一般不允许留设施工缝或后浇带。施工缝或后浇带虽对结构的伸缩变形有效，但在对结构整体性要求很高的基础结构中是个薄弱环节，这类结构一般不允许此种施工方法。当结构允许时，必须经过设计计算确定施工缝或后浇带的位置，且应具有确实可靠的保证技术质量的施工方案。

针对大体积混凝土以上的3个特点，在施工过程中必须采取综合措施进行预防、控制，才能保证其施工质量达到施工及验收规范的标准。

6.1.2 裂缝产生机理

1. 混凝土的裂缝种类

（1）微观裂缝　微观裂缝也称为“肉眼不可见裂缝”，宽度一般在0.05mm以下，主要有三种：

1）沿着集料周围出现的集料与水泥石黏结面上的黏着裂缝。

2）分布于集料之间水泥浆中的水泥石裂缝。

3）存在于集料本身的集料裂缝。

上述三种微观裂缝中，前两种较多，最后一种较少。微观裂缝在混凝土中的分布是不规则的、不贯穿的，因此有微观裂缝的混凝土仍然可以承受拉力。

（2）宏观裂缝　宏观裂缝宽度不小于0.05mm，是肉眼可见的裂缝，是微观裂缝扩展的结果。

2. 混凝土裂缝产生机理

混凝土裂缝产生的原因主要有以下几个方面：

1）由外荷载的直接应力（即按常规计算的主要应力）引起的裂缝。

2）由结构的次应力引起的裂缝。

3）由变形变化引起的裂缝，即由温度、收缩、不均匀沉降、膨胀等变形变化产生的应力而引起的。

大体积混凝土的裂缝多是由变形变化引起的，即结构要求的变形受到约束得不到满足时，就会引起结构应力，当该应力超过混凝土抗拉强度时，混凝土就会产生裂缝，因此混凝土裂缝的产生既与变形大小有关，又与约束的强弱有关。

3. 外约束与自约束

当结构物产生变形变化时，不同结构之间、结构内部各质点之间都会相互影响、相互制约，这种现象简称为“约束”。约束的形式分为外约束和自约束两类。

（1）外约束　外约束是指一个结构的变形受到其他结构的阻碍。外约束又可分为自由体、全约束和弹性约束。

1）自由体是指一个结构的变形不受其他结构的任何约束（如理论上假定滚轴连接的摩擦力小到可以忽略不计），结构的位移等于结构的自由变形，因此没有约束变形，不产生约束应力，此时结构变形最大，应力为零。

2）全约束是指结构的变化全部受到其他结构的约束，使结构没有任何变形的可能，此时结构的应力最大，变形为零。

3）弹性约束是指介于上述两种极端约束状态之间的一种约束，结构的变形受到部分约束，部分产生自由变形。这是土建工程中经常遇到的情况，变形结构和约束结构都是弹性体，它们两者之间的相互约束称为弹性约束，此时结构既有变形，又有应力。

（2）自约束　自约束是指当结构截面较厚时，其内部温度和湿度分布不均匀，从而引起各质点变形的相互约束。

土建工程的结构大部分属于“中体积钢筋混凝土结构”，其承受的温差与收缩的主要部分是均匀温差和均匀收缩，故其外约束应力占主导地位，因此施工中的重点应放在外约束方面。

4. 大体积混凝土温度裂缝的种类

大体积混凝土由于截面较大，水泥用量较大，水泥水化过程中释放的水化热会使混凝土产生较大的温度变化，由此形成的温度应力是导致混凝土产生裂缝的主要原因。这种裂缝形成于两个阶段：

1）混凝土浇筑初期，水泥水化过程中产生大量的水化热，使混凝土的温度很快上升。但由于混凝土表面散热条件较好，热量可向大气中散发，因而温度上升较慢；而混凝土内部由于散热条件较差，热量散发较少，因而温度上升较快，内外形成温度梯度，形成自约束，导致混凝土内部产生压应力，面层产生拉应力，当该拉应力超过混凝土的抗拉强度时，混凝土表面就会产生裂缝。

2）混凝土浇筑后数日，水泥水化热基本上已释放，混凝土从最高温逐渐降温，降温引起混凝土的收缩，再加上由于混凝土中多余水分蒸发、碳化等引起的体积收缩、变形受到地基和结构边界条件的约束（外约束），使其不能自由变形，导致其产生温度应力（拉应力），当该温度应力超过混凝土抗拉强度时，则从约束面开始向上开裂形成温度裂缝。如果该温度应力足够大，严重时可能产生贯穿裂缝，破坏结构的整体性、耐久性和防水性，影响其正常使用，为此应尽一切可能避免贯穿裂缝的产生。

5. 大体积混凝土温度应力的计算

自约束拉应力的计算可按下式计算

$$\sigma_z(t) = \frac{\alpha}{2}\sum_{i=1}^{n}\Delta T_{1i}(t)E_i(t)H_i(t,\tau) \tag{6-1}$$

式中　$\sigma_z(t)$——龄期为 t 时，因混凝土浇筑体里表温差产生自约束拉应力的累计值（MPa）；

$\Delta T_{1i}(t)$——龄期为 t 时，在计算区段内，混凝土浇筑体里表温差的增量（℃）；

$E_i(t)$——第 i 计算区段，龄期为 t 时混凝土的弹性模量（N/mm^2）；

α——混凝土的线膨胀系数；

$H_i(t,\tau)$——在龄期为 τ 时，在第 i 计算区段产生的约束应力延续至 t 时的松弛系数，可按表6-1取值。

在施工准备阶段最大自约束应力可按下式计算

$$\sigma_{max} = \frac{\alpha}{2}E(t)\Delta T_{1max}H_i(t,\tau) \tag{6-2}$$

$$\Delta T_{1i}(t) = \Delta T_1(t) - \Delta T_1(t-j) \tag{6-3}$$

式中　σ_{max}——最大自约束应力（MPa）；

ΔT_{1max}——混凝土可能出现的最大里表温差（℃），可按下式计算

j——第 i 计算区段步长（d）。

$E(t)$——与最大里表温差 ΔT_{1max} 相对应龄期 t 时，混凝土的弹性模量（N/mm^2）；

$H_i(t,\tau)$——在龄期为 τ 时，在第 i 计算区段产生的约束应力延续至 t 时的松弛系数，可按表6-1取值。

表6-1 混凝土的松弛系数

$\tau=2d$		$\tau=5d$		$\tau=10d$		$\tau=20d$	
t	$H(t,\tau)$	t	$H(t,\tau)$	t	$H(t,\tau)$	t	$H(t,\tau)$
2.00	1.000	5.00	1.000	10.00	1.000	20.00	1.000
2.25	0.426	5.25	0.510	10.25	0.551	20.25	0.592
2.50	0.342	5.50	0.443	10.50	0.499	20.50	0.549
2.75	0.304	5.75	0.410	10.75	0.476	20.75	0.534
3.00	0.278	6.00	0.383	11.00	0.457	21.00	0.521
4.00	0.225	7.00	0.296	12.00	0.392	22.00	0.473
5.00	0.199	8.00	0.262	14.00	0.306	25.00	0.367
10.00	0.187	10.00	0.228	18.00	0.251	30.00	0.301
20.00	0.186	20.00	0.215	20.00	0.238	40.00	0.253
30.00	0.186	30.00	0.208	30.00	0.214	50.00	0.252
∞	0.186	∞	0.200	∞	0.210	∞	0.251

外约束应力可按下式计算

$$\sigma_x(t)=\frac{\alpha}{1-\mu}\sum_{i=1}^{n}\Delta T_{2i}(t)E_i(t)H_i(t,\tau)R_i(t) \tag{6-4}$$

式中 $\sigma_x(t)$——龄期为 t 时，因综合降温差而在外约束条件下产生的拉应力（MPa）；

$\Delta T_{2i}(t)$——龄期为 t 时，在第 i 计算区段内混凝土浇筑体综合降温差的增量（℃），可按下式计算

$$\Delta T_{2i}(t)=\Delta T_2(t-j)-\Delta T_2(t) \tag{6-5}$$

μ——混凝土的泊松比，取0.15；

$R_i(t)$——龄期为 t 时，在第 i 计算区段，外约束的约束系数，可按下式计算

$$R_i(t)=1-\frac{1}{\cosh\left(\sqrt{\frac{C_x}{HE(t)}}\frac{L}{2}\right)} \tag{6-6}$$

L——混凝土浇筑体的长度（mm）；

H——混凝土浇筑体的厚度，该厚度为浇筑体实际厚度与保温层换算混凝土虚拟厚度之和（mm）；

C_x——外约束介质（地基或混凝土）的水平变形刚度（N/mm^2）。

6.1.3 大体积混凝土裂缝的预防措施

根据大体积混凝土结构的施工经验，为防止其产生温度裂缝，应着重在控制混凝土温度升高、延缓混凝土降温速率、减少混凝土收缩、提高混凝土极限拉伸值、改善约束和完善构造设计等方面采取措施。另外，在大体积混凝土结构施工过程中的温度监测也十分重要，可以使有关人员及时了解混凝土结构内部温度的变化情况，必要时可采取有效措施，以防止混

凝土结构产生温度裂缝。

1. 控制混凝土温度的升高

大体积混凝土浇筑后的降温阶段，由于降温和水分蒸发等原因使其产生收缩，再加上外约束的限制使其不能自由变形而产生温度应力，因此控制水泥水化热引起的整体温度升高（即减小了降温温差）对降低混凝土的温度应力，防止其产生温度裂缝起到了重要的作用。

为控制大体积混凝土结构因水泥水化热而产生的温度升高，可以采取下列措施：

（1）选用中低热的水泥品种　混凝土温度升高的热源是水泥水化热，选用中低热的水泥品种可减少水泥水化热，控制混凝土温度升高，因此施工大体积混凝土结构多采用32.5级或42.5级矿渣硅酸盐水泥，如42.5级矿渣硅酸盐水泥的3d水化热为180kJ/kg，42.5级普通硅酸盐水泥则为250kJ/kg，水化热量减少了28%。

（2）利用混凝土的后期强度　试验数据证明，每立方米混凝土的水泥用量，每增加（减少）10kg，水泥水化热将使混凝土的温度相应升高（降低）1℃，由于高层建筑与大型工业设施等的施工工期很长，其基础等大体积混凝土结构承受的设计荷载要在较长时间之后才施加其上，所以只要能保证混凝土的强度在28d之后继续增长，且在预计的时间（60d或90d）能达到或超过其设计强度即可，因此为控制混凝土温度，降低温度应力，减少产生温度裂缝的可能性，可根据结构实际承受荷载的情况，当混凝土设计强度等级为C25~C40时，可采用f_{60}或f_{90}替代f_{28}作为混凝土的设计强度，这样可使每立方米混凝土的水泥用量减少40~70kg/m^3，混凝土的水化热温度升高相应降低4~7℃。利用混凝土的后期强度要专门进行混凝土的配合比设计，并通过试验证明28d之后混凝土的强度能继续增长。

（3）掺加减水剂　多数减水剂都属于阴离子表面活性剂，对水泥颗粒有明显的分散效应，并能使水的表面张力降低而引起加气作用。例如，在混凝土中掺入水泥质量25%的木钙减水剂（即木质素磺酸钙），不仅能使混凝土的和易性有明显的改善，同时又减少了10%左右的拌和水，节约了10%左右的水泥，从而降低了水化热（混凝土中掺入木钙减水剂后，7d的水化热虽略有增大，但可减少水泥用量10%左右，因此水化热还是降低了）；同时，可明显延迟水化热释放的时间，放热峰也相应推迟。这样不但可以减小温度应力，而且可使初凝和终凝的时间相应延缓5~8h，可显著减少在大体积混凝土施工过程中出现温度裂缝的可能性。

（4）掺加外掺料　外掺料的材料常采用粉煤灰。有试验资料表明，在混凝土内掺入一定数量的粉煤灰，可改善混凝土的可泵性，降低混凝土的水化热。由于粉煤灰具有一定的活性，不但可代替部分水泥，而且粉煤灰颗粒呈球形，具有“滚珠效应”而起润滑作用，能改善混凝土的黏塑性，并可增加泵送混凝土（大体积混凝土多用泵送施工）要求的0.315mm以下细颗粒的含量。

另外，根据大体积混凝土的强度特性，初期处于高温条件下，其强度增长较快、较高，但后期强度增长缓慢，这是由于高温条件下水化作用迅速，随着混凝土的龄期增长，水化作用缓慢停止的缘故。掺加粉煤灰后可改善混凝土的后期强度，但其早期抗拉强度及早期极限拉伸值均有少量降低，因此对早期抗裂要求较高的工程，粉煤灰的掺入量应少一些，否则表面易出现细微裂缝。

（5）集料的选择　为了达到预定的要求，同时又要发挥水泥最有效的作用，粗集料需选用最佳的最大粒径。对于土建工程的大体积钢筋混凝土，粗集料的规格常与结构物的配筋间距、模板形状，以及混凝土浇筑工艺等因素有关。

宜优先采用自然连续级配的粗集料配制混凝土，因为采用连续级配的粗集料配制的混凝土具有较好的和易性、较高的抗压强度，只需要较少的用水量和水泥用量。在石子规格方面，可根据施工条件尽量选用粒径较大、级配良好的石子。因为增大集料粒径可减少用水量，从而减少混凝土的收缩和泌水；同时，也可以减少水泥用量，从而使水泥的水化热减小，最终控制了混凝土温度的升高。当然，集料粒径增大后，容易引起混凝土的离析，因此必须优化级配设计，施工时加强搅拌、浇筑和振捣等工作。有关试验结果表明，采用5~40mm粒径的石子比采用5~25mm粒径的石子每立方米混凝土可减少用水量15kg左右；在相同水胶比的情况下，水泥用量可减少20kg左右。粗集料颗粒的形状对混凝土的和易性和用水量也有较大的影响，因此粗集料中的针、片状颗粒按质量计应不大于15%。细集料以采用中、粗砂为宜。有关试验资料表明，采用细度模数为2.79、平均粒径为0.38的中、粗砂比采用细度模数为2.12、平均粒径为0.336的细砂每立方米混凝土可减少用水量20~25kg，水泥用量可相应减少28~35kg。这样就控制了混凝土温度升高的幅度、减小了混凝土的收缩。

泵送混凝土的输送管道除直管外，还有锥形管、弯管和软管等。当混凝土通过锥形管和弯管时，混凝土颗粒间的相对位置就会发生变化，此时如果混凝土的砂浆量不足，便会产生堵管现象，所以在级配设计时适当提高砂率是完全必要的，但是砂率过大将对混凝土的强度产生不利影响。因此在满足可泵性的前提下，应尽可能使砂率降低。

另外，砂、石的含泥量必须严格控制。根据国内经验，当砂、石的含泥量超过规定时，不仅会增加混凝土的收缩，同时也会引起混凝土抗拉强度的降低，对混凝土的抗裂是十分不利的，因此在大体积混凝土施工中，建议将石子的含泥量控制在小于1%，砂的含泥量控制在小于2%。

(6) 控制混凝土的出机温度和浇筑温度　为了降低大体积混凝土总体温度升高的幅度和减少结构的内外温差，控制混凝土的出机温度和浇筑温度同样很重要。规范中规定混凝土浇筑体在入模温度基础上的温度升高值不宜大于50℃。混凝土从搅拌机出料后，经搅拌运输车运输、卸料、泵送、浇筑、振捣、平仓等工序后的混凝土温度称为浇筑温度。根据搅拌前混凝土原材料总的热量与搅拌后混凝土总热量相等的原理，可得出混凝土的出机温度如下

$$T_0=\frac{(c_s+c_w\omega_s)m_sT_s+(c_g+c_w\omega_g)m_gT_g}{c_sm_s+c_gm_g+c_wm_w+c_cm_c}+\frac{c_cm_cT_c+c_w(m_w\omega_sm_c-\omega_gm_g)T_w}{c_sm_s+c_gm_g+c_wm_w+c_cm_c} \tag{6-7}$$

式中　c_s、c_g、c_c、c_w——砂、石、水泥和水的比热容（J/kg·℃）；

m_s、m_g、m_c、m_w——每立方米混凝土中砂、石、水泥和水的用量（kg/m^3）；

T_s、T_g、T_c、T_w——砂、石、水泥和水的温度（℃）；

ω_s、ω_g——砂、石的含水量（%）。

计算时一般取　$c_s=c_g=c_c=800J/(kg\cdot℃)$

$c_w=4000J/(kg\cdot℃)$

由式（6-7）可知，混凝土原材料中石子的比热容较小，但其在每立方米混凝土中所占的重量较大；水的比热容最大，但它的重量在每立方米混凝土中只占一小部分，因此对混凝土出机温度影响最大的是石子和水的温度，砂的温度次之，水泥的温度影响很小。为了进一

步降低混凝土的出机温度，最有效的办法就是降低集料的温度及采用低温水拌制混凝土。在温度较高时，为防止太阳的直接照射，可在砂、石堆场搭设简易的遮阳装置，必要时向集料喷射水雾或使用前用冷水冲洗集料，如采用二次风冷的方法持续降低集料的温度，采用加冰拌制混凝土的方法来降低混凝土的出机温度和浇筑温度。

关于浇筑温度的控制，我国有些规范提出不得超过25℃，否则必须采取特殊的技术措施进行控制。在土建工程的大体积钢筋混凝土施工中，浇筑温度对结构物的内外温差影响不大，因此对主要受早期温度应力影响的结构物，没有必要对浇筑温度控制过严。例如某钢铁总厂施工的7个大体积钢筋混凝土基础，其中有4个基础混凝土的浇筑温度为32～35℃，均未采取特殊的技术措施，并未出现影响混凝土质量的问题。但是考虑到温度过高会引起较大的干缩，并给混凝土的浇筑带来不利影响，适当限制浇筑温度是合理的。建议混凝土的最高浇筑温度控制在40℃以下为宜，这要求在常规施工情况下合理选择浇筑时间，完善浇筑工艺，以及加强养护工作。

2. 延缓混凝土降温速率

大体积混凝土浇筑后给予适当的潮湿养护条件可起到以下作用：防止混凝土表面脱水产生干缩裂缝；使水泥水化顺利进行，提高混凝土的极限拉伸值；延缓混凝土的水化热降温速率，减小结构计算温差，防止产生过大的温度应力和产生温度裂缝；减少升温阶段的里表温差，防止产生表面裂缝。

规范中规定，混凝土的降温速率不宜大于2.0℃/d，混凝土浇筑体表面与大气的温差不宜大于20℃。

大体积混凝土表面的保温层厚度，可根据热交换原理按下式计算

$$\delta = \frac{0.5h\lambda_i(T_b - T_q)}{\lambda_0(T_{max} - T_b)}K_b \tag{6-8}$$

式中　δ——混凝土表面的保温层厚度（m）；

λ_0——混凝土的热导率［W/(m·K)］

λ_i——第i层保温材料的热导率［W/(m·K)］；

T_b——混凝土浇筑体表面温度（℃）；

T_q——混凝土达到最高温度时（浇筑后3～5d）的大气平均温度（℃）；

T_{max}——混凝土浇筑体内的最高温度（℃）；

h——混凝土结构的实际厚度（m）；

$T_b - T_q$——可取15～20℃；

$T_{max} - T_b$——可取20～25℃；

K_b——传热系数的修正值（表6-2）。

表6-2　传热系数的修正值

保温层种类	K_1	K_2
由易透风材料组成，但在混凝土面层上再铺一层不透风材料	2.0	2.3
在易透风保温材料上铺一层不易透风材料	1.6	1.9
在易透风保温材料上下各铺一层不易透风材料	1.3	1.5
由不易透风的材料组成	1.3	1.5

注：K_1为风速<4m/s时的取值，K_2为风速>4m/s时的取值。

多种保温材料组成的保温层总热阻，可按下式计算

$$R_s = \sum_{i=1}^{n} \frac{\delta_i}{\lambda_i} + \frac{1}{\beta_\mu} \tag{6-9}$$

式中 R_s——保温层的总热阻（$m^2 \cdot K/W$）；

δ_i——第 i 层保温材料的厚度（m）；

λ_i——第 i 层保温材料的热导率［$W/(m \cdot K)$］；

β_μ——固体在空气中的传热系数［$W/(m^2 \cdot K)$］，可按表 6-3 计算。

表 6-3 固体在空气中的传热系数

风速/(m/s)	β_μ		风速/(m/s)	β_μ	
	光滑表面	粗糙表面		光滑表面	粗糙表面
0	18.4422	21.0350	5.0	90.0360	96.6019
0.5	28.6460	31.3224	6.0	103.1257	110.8622
1.0	35.7134	38.5989	7.0	115.9223	124.7461
2.0	49.3464	52.9429	8.0	128.4261	138.2954
3.0	63.0212	67.4959	9.0	140.5955	151.5521
4.0	76.6124	82.1325	10.0	152.5139	164.9341

混凝土表面向保温介质传热的总传热系数（不包括保温层的热容量），可按下式计算

$$\beta_s = \frac{1}{R_s}$$

式中 β_s——保温材料的总传热系数［$W/(m^2 \cdot K)$］；

R_s——保温层的总热阻（$m^2 \cdot K/W$）。

保温层相当于混凝土的虚拟厚度，可按下式计算

$$h' = \frac{\lambda_0}{\beta_s}$$

式中 h'——混凝土的虚拟厚度（m）；

λ_0——混凝土的热导率［$W/(m^2 \cdot K)$］。

式（6-8）中的 0.5h 是指混凝土中心最高温度向边界散热的距离，取为结构物厚度的 1/2。大体积混凝土结构进行蓄水养护也是一种较好的防止其产生裂缝的方法。混凝土终凝后，在其表面蓄存一定深度的水［水的热导率为 0.58W/(m·K)，具有一定的隔热保温效果］，这样可延缓混凝土内部水泥水化热的降温速率，缩小混凝土中心和混凝土表面的温差值，从而控制混凝土裂缝的开展。

3. 提高混凝土的抗拉强度值

1）改善混凝土的配合比和施工工艺，可以在一定程度上减少混凝土的收缩和提高其极限拉伸值 ε_p，这对防止其产生温度裂缝也起到了一定的作用。混凝土的收缩值和极限拉伸值，除与水泥用量、水胶比、集料品种、级配及含泥量等有关外，还与施工工艺和施工质量密切有关。

2）对浇筑后的混凝土进行二次振捣，能排除混凝土因泌水而在粗集料、水平钢筋下部生成的水分和空隙；提高混凝土与钢筋的握裹力，防止因混凝土沉落而出现的裂缝，减少其

内部微型裂缝的生成；增加混凝土的密实度，使混凝土的抗压强度提高10%～20%，从而提高其抗裂性。

混凝土二次振捣的适宜时间是指混凝土经振捣后仍能恢复到塑性状态的时间，一般称为振动界限。判断二次振捣适宜时间的方法一般有以下两种：

① 将运转着的插入式振捣棒以自身的重力逐渐插入混凝土中进行振捣，当小心拔出振捣棒时混凝土仍能自行闭合，而不会在混凝土中留下孔穴时，则可认为当时施加的二次振捣是适宜的。

② 为了准确地判定二次振捣的适宜时间，一般采用测定标准贯入阻力值的方法进行判定，即当标准贯入阻力值达到350N/cm^{2}时，表明之前进行的二次振捣是有效的，不会损伤已成型的混凝土。有关试验结果表明，当标准贯入阻力值为350N/cm^{2}时，对应的立方体试块强度约为25N/cm^2，对应的压痕仪强度值约为27N/cm^2。

由于采用二次振捣的适宜时间与水泥品种、水胶比、坍落度、温度和振捣条件等有关，因此在实际施工前做相关试验是必要的。同时，在最后确定二次振捣的适宜时间时，既要考虑技术上的合理性，又要满足混凝土分层浇筑、循环周期的要求，在操作时间上要留有余量，避免出现“冷接头”等质量问题。

此外，改进混凝土的搅拌工艺也很有必要。传统混凝土的搅拌工艺在混凝土搅拌过程中水分直接润湿石子表面，在混凝土成型和静置的过程中，自由水进一步向石子与水泥砂浆界面集中，形成石子表面的水膜层。在混凝土硬化后，由于水膜的存在而使界面过渡层疏松多孔，削弱了石子与硬化水泥砂浆之间的黏结作用，形成混凝土中最薄弱的环节，从而对混凝土抗压强度及其他物理力学性能产生不良影响。

③ 为了进一步提高混凝土的质量，可采用二次投料的搅拌工艺。这样可有效地防止水分向石子与水泥砂浆界面的集中，使硬化后的界面过渡层的结构致密，黏结作用加强，从而可使混凝土的强度提高10%左右；同时，也提高了混凝土的抗拉强度和极限拉伸值。当混凝土的强度基本相同时，可减少7%左右的水泥用量。

4. 改善边界约束和构造设计

（1）设置滑动层　由于边界存在约束才会产生温度应力，如果在混凝土与外约束的接触面上全部设置滑动层，则可显著减弱外约束。如在距外约束的两端各1/4～1/5的范围内设置滑动层，则结构的计算长度可折减约一半。因此遇有约束强的岩石类地基、较厚的混凝土垫层等时，可在其接触面上设置滑动层，这对减小温度应力将起到显著的作用。

滑动层的做法有涂刷两道热沥青加铺油毡一层，铺设10～20mm厚沥青砂，铺设50mm厚砂或石屑层等。

（2）避免应力集中　孔洞周围、变断面转角部位、转角处等，由于温度变化和混凝土收缩，导致混凝土应力集中而产生裂缝，因此可在孔洞四周增配斜向钢筋、钢筋网片；在变断面处避免断面突变，可施以局部处理使断面逐渐过渡，同时增配抗裂钢筋，这对防止裂缝是有效的。

（3）设置缓冲层　在高、低底板交接处，以及底板地梁处等，用30～50mm厚聚苯乙烯泡沫塑料作为垂直隔离，以缓冲基础收缩时的侧向压力（图6-1）。

（4）合理配筋　在设计构造方面还应重视合理配筋对混凝土结构抗裂的有效作用。当混凝土的底板或墙板的厚度为200～600mm时，可以增配构造钢筋，使构造钢筋起到温度钢筋的作用，能有效地提高混凝土的抗裂性能。

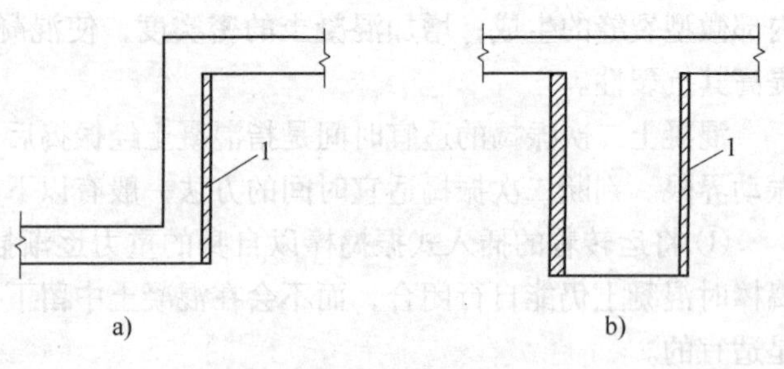

图 6-1 缓冲层示意图
a）高、低底板交接处 b）底板地梁处
1—聚苯乙烯泡沫塑料

配筋应尽可能采用小直径、小间距。例如，直径为 8～14mm 的钢筋，间距为150mm，按全截面对称配置比较合理，可提高混凝土抵抗贯穿性开裂的能力（全截面配筋率控制在0.3%～0.5%之间较好）。实践证明，当配筋率小于 0.3% 时，混凝土容易开裂。

当受力钢筋能满足变形构造要求时，可不再增加温度钢筋。构造钢筋如不能起到抵抗约束的作用时，应增配温度钢筋。

对于大体积混凝土，构造钢筋对控制贯穿性裂缝的作用较小。但沿混凝土表面配置钢筋可提高其面层抵抗表面降温和干缩的能力。

（5）设置应力缓和沟 设置应力缓和沟是一种防止大体积混凝土开裂的新方法，即在结构的表面每隔一定距离（约为结构厚度的 1/5）设置应力缓和沟（图 6-2），此方法可将结构表面的拉应力减少 20%～50%，能有效地防止表面裂缝的产生。

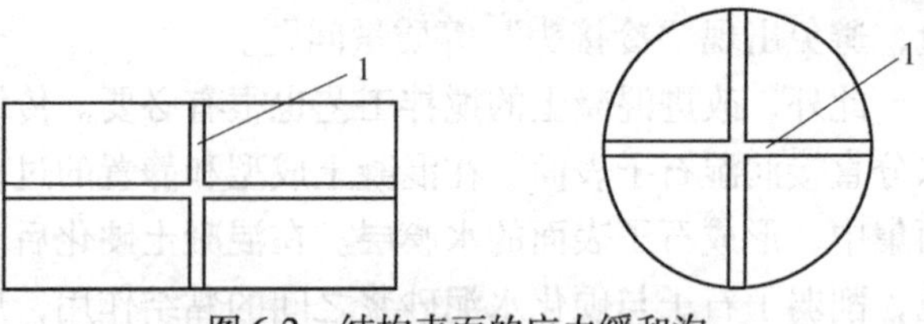

图 6-2 结构表面的应力缓和沟
1—应力缓和沟

（6）采用跳仓或后浇带施工法 跳仓施工法是指大体积混凝土施工中，将超长的混凝土块体分为若干个小块体间隔施工，经过短期的应力释放后再将若干个小块体连成整体，依靠混凝土的抗拉强度来抵抗下一段温度收缩应力的施工方法。

后浇带施工法是将降温温差和收缩分为两部分。施工时结构被分成若干段，使其能有效地减小温度和收缩应力；在施工后期再将这些若干段浇筑成整体，继续承受降温温差和收缩的影响。将这两部分由降温温差和收缩作用产生的温度应力进行叠加，其值应小于混凝土的设计抗拉强度（即利用后浇带控制混凝土产生裂缝而不设永久性伸缩缝）。

由式（6-10）及式（6-11）计算确定后浇带的最小及最大浇筑长度，在正常情况下其间距一般为 20～30m。

$$[L_{\max}] = 2\sqrt{\frac{HE}{C_x}}\operatorname{arch}\frac{|\alpha T|}{|\alpha T| - |\varepsilon_p|} \tag{6-10}$$

$$[L_{\min}] = \frac{1}{2}[L_{\max}] = \sqrt{\frac{HE}{C_x}}\operatorname{arch}\frac{|\alpha T|}{|\alpha T| - |\varepsilon_p|} \tag{6-11}$$

式中 α——混凝土线膨胀系数；

T——结构计算温差，一般计算方法为

$$T = T_m + T_{y(t)} \tag{6-12}$$

T_m——各龄期混凝土的水泥水化热降温温差；

$T_{y(t)}$——各龄期混凝土的收缩当量温差。

ε_p——混凝土的极限抗拉值，一般计算方法为

$$\varepsilon_p = \varepsilon_{pa} + \varepsilon_n \tag{6-13}$$

ε_{pa}——混凝土的瞬时极限抗拉值；

ε_n——混凝土的徐变变形。

E——混凝土的弹性模量，一定龄期时混凝土弹性模量的一般计算方法为

$$E_{(t)} = \beta E_0(1 - e^{-\varphi t}) \tag{6-14}$$

$E_{(t)}$——一定龄期混凝土弹性模量；

E_0——龄期 28d 时的混凝土弹性模量；

t——混凝土的龄期；

β——混凝土中掺和料对弹性模量的修正系数，取值应与现场试验数据为准；在施工准备阶段和现场无实验室数据时，可按规范计算；

φ——系数，应根据所用混凝土的试验决定，当无实验室数据时，可取 0.09；

H——混凝土浇筑的厚度；

C_x——阻力系数。

后浇带的保留时间根据其作用确定，一般不宜少于 40d，在此期间混凝土早期的温差及 30% 以上的收缩已完成，部分混凝土要到结构封顶时再浇筑。

后浇带的宽度应方便施工，避免应力集中，使后浇带在混凝土浇筑后承受第二部分温差及收缩作用时的内应力（即约束应力）分布得较均匀，故其宽度可取 70 ~ 100cm。当地上、地下都为现浇钢筋混凝土结构时，在设计中应标出后浇带的位置，并应贯通地下和地上整个结构，但该部分钢筋应连续不断。跳仓和后浇带施工法都必须采用竖直施工缝。后浇带处宜采用网状模板。网状模板是一种不拆除模板，浇筑混凝土时砂浆通过网格孔渗透到模板面，使表面成为一种抗剪性能很理想的均匀粗粒界面，第二次浇筑混凝土时不需要拆模和凿毛。

5. 施工监测

为了进一步了解大体积混凝土的水化热，以及不同深度处温度场升降的变化规律，应随时监测混凝土内部温度的变化情况，以便及时采取相应技术措施确保工程质量。可在混凝土内不同部位埋设热传感器，用混凝土温度测定记录仪进行施工全过程的跟踪和监测。

混凝土温度测定记录仪在大体积钢筋混凝土施工中主要用于监控混凝土结构的内外温度和裂缝的产生以及裂缝的发展；同时，还可自动记录各测点的温度，能及时绘制出温度变化曲线，因此在施工过程中，可对大体积混凝土内部各部位的温度变化进行跟踪监测，做到信息化施工，从而可确保工程质量。

6. 控制混凝土温度裂缝的条件

混凝土的抗拉强度可按下式计算

$$f_{tk}(t) = f_{tk}(1 - e^{-\gamma t}) \tag{6-15}$$

式中　$f_{tk}(t)$——混凝土龄期为 t 时的抗拉强度标准值（N/mm^2）；

f_{tk}——混凝土抗拉强度标准值（N/mm^2）；

γ——系数，应根据所用混凝土试验确定，当无试验数据时，可取 0.3。

混凝土的防裂性能可按下式计算

$$\sigma_z \leqslant \frac{\lambda f_{tk}(t)}{K} \tag{6-16}$$

$$\sigma_x \leqslant \frac{\lambda f_{tk}(t)}{K} \tag{6-17}$$

式中 K——防裂安全系数，取1.15；

λ——掺和料对混凝土抗拉强度的影响系数，可按表6-4计算；

f_{tk}——混凝土的抗拉强度标准值，可按表6-5取值。

表6-4 掺和料对混凝土抗拉强度的影响系数

掺合料	0	20%	30%	40%
粉煤灰（λ_1）	1	1.03	0.97	0.92
矿渣粉（λ_2）	1	1.13	1.09	1.10

表6-5 混凝土的抗拉强度标准值 （N/mm²）

符号	混凝土强度等级			
	C25	C30	C35	C40
f_{tk}	1.78	2.01	2.20	2.39

6.2 大体积混凝土的施工

大体积混凝土基础结构的施工方法根据基础形式确定，但都包括钢筋、模板和混凝土工程。

6.2.1 施工工艺

1. 钢筋工程

大体积混凝土结构的钢筋多具有数量多、直径大、分布密、上下层钢筋高差大等特点。为使钢筋网片的钢筋网格方整划一、间距正确，在绑扎或焊接钢筋时，宜采用卡尺限位，卡尺长4~5m，根据钢筋间距设有缺口。绑扎时在长钢筋的两端用卡尺缺口卡住钢筋，绑扎后再拿去卡尺，既满足了钢筋间距的质量要求，又能加快绑扎速度。粗钢筋可用焊接、锥螺纹或套筒挤压连接。有一部分粗钢筋要在基坑内底板处连接，故多用锥螺纹或套筒挤压连接。

大体积混凝土结构由于厚度大，多有上、下两层双向钢筋。为保证上层钢筋的标高和位置准确无误，应设立钢筋支架支撑上层钢筋。钢筋支架可由粗钢筋或型钢制作，每隔一定距离（一般2m左右）设置一个，相互间有一定的拉结，保持稳定。上层钢筋支架支撑图如图6-3所示，它是由Φ25钢筋构成的门形架，门形架钢筋底端与桩头四角的主筋焊接固定，

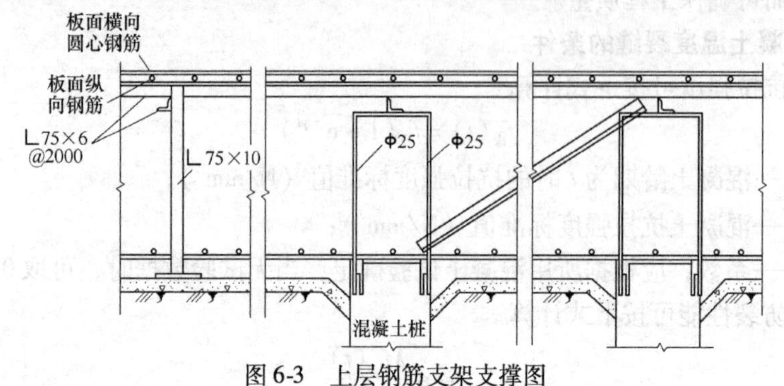

图6-3 上层钢筋支架支撑图

上部设L75×10角钢支架。

如果钢筋支架除支撑上层钢筋外，还需支撑操作平台的施工荷载，其性能可能不足，宜改用型钢支架，并由计算确定。

2. 模板工程

模板是保证工程结构外形和尺寸的关键，而混凝土对模板的侧压力是确定模板尺寸的依据。大体积混凝土采用泵送工艺，其特点是速度快、浇筑面集中，施工时不是同时将混凝土均匀地分送到要浇筑混凝土的各个部位，而是使某一部分的混凝土升高很大，然后再移动输送管，依次浇筑另一部分的混凝土。因此，采用泵送工艺浇筑的大体积混凝土的模板，不能按传统、常规的办法配置。应根据实际受力状况对模板和支撑系统等进行计算，以确保模板体系具有足够的强度和刚度。

大体积混凝土结构基础垫层的面积较大，垫层浇筑后其面层不可能在同一水平面上，因此宜在基础钢模板下端通长铺设一根50mm×100mm小方木，用水平仪找平，以确保基础钢模板安装后其上表面能在同一标高上。另外，沿基础纵向两侧及横向于混凝土浇筑最后结束的一侧，在小方木上开设50mm×300mm的排水孔，以便将大体积混凝土浇筑时产生的水分和浮浆排出。

箱形基础的底板模板，多将组合钢模板（或钢框胶合板、竹胶板模板）按照模板配板设计组装成大块模板进行安装，不足处以异形模板补充。模板要求支撑牢固，防止在混凝土侧压力作用下产生变形。有的工程其基础底板边线距离支护桩很近，难以支设模板，因此有的底板侧模用砌砖代替。采用砖砌模板时，混凝土浇筑后无法检查混凝土的浇筑质量，所以预先要与有关质量检查部门联系并取得许可。

3. 混凝土工程

规范中规定，大体积混凝土工程的施工宜采用整体分层连续浇筑或推移式连续浇筑。基础工程中的大体积混凝土数量巨大，宜用商品混凝土，利用混凝土泵（混凝土泵车）进行浇筑。混凝土泵（混凝土泵车）的型号主要根据单位时间需要的浇筑量及泵送距离确定。如果基础尺寸不是很大，可用布料杆直接浇筑时，宜选用带布料杆的混凝土泵车。否则，需要布管，采用一次接长至最远处、边浇边拆的方式浇筑。

混凝土泵（混凝土泵车）的实际输出量，可根据混凝土泵（混凝土泵车）的最大输出量、配管情况和作业效率，按下式计算

$$Q_1 = Q_{\max}\alpha_1\eta \tag{6-18}$$

式中 Q_1——每台混凝土泵（混凝土泵车）的实际输出量（m^3/h）；

$Q_{\max}$——每台混凝土泵（混凝土泵车）的最大输出量（m^3/h）

α_1——配管条件系数，可取0.8～0.9；

η——作业效率，可根据混凝土搅拌运输车向混凝土泵（混凝土泵车）供料的间断时间、拆装混凝土输出管和布料停歇等情况确定，可取0.5～0.7。

混凝土泵（混凝土泵车）的数量按下式计算，重要工程宜有备用泵

$$N = \frac{Q}{Q_1 t} \tag{6-19}$$

式中 N——混凝土泵（混凝土泵车）台数；

Q——混凝土浇筑数量（m^3/h）；

Q_1——混凝土泵（混凝土泵车）的实际输出量（m^3/h），可按式（6-18）计算；

t——施工作业时间（h）。

供应大体积混凝土结构施工用的商品混凝土，宜用混凝土搅拌运输车供应。混凝土泵不应间断，宜连续供应，以保证顺利泵送。混凝土搅拌运输车的台数按下式计算

$$N=\frac{Q_1}{V}\left(\frac{L}{S_0}+T_t\right) \tag{6-20}$$

式中 N——混凝土搅拌运输车台数；

Q_1——混凝土泵（混凝土泵车）单位时间计划泵送量（m^3/h）；

V——混凝土搅拌运输车的装载量（m^3）；

L——混凝土搅拌运输车往返一次的行程（km）；

S_0——混凝土搅拌运输车的平均车速（km/h）；

T_t——往返一次内的因装料、卸料、冲洗、停歇等的总停歇时间（h）。

混凝土泵（混凝土泵车）能否顺利泵送，在很大程度上取决于其在平面上的布置是否合理与施工现场道路是否畅通。如果利用混凝土泵车泵送，则宜使其尽量靠近基坑，以扩大布料杆的浇筑半径。混凝土泵（混凝土泵车）的受料斗周围宜有能够同时停放多辆混凝土搅拌运输车的场地，这样可轮流向泵（混凝土泵车）供料，使调换供料时不至于停歇。

由于泵送混凝土的流动性大，如果基础厚度不是很大，多采用推移式斜面分层连续浇筑的方法，这样可循序推进、一次到顶（图6-4）。这种自然流淌形成斜坡的混凝土浇筑方法，能较好地适应泵送工艺。

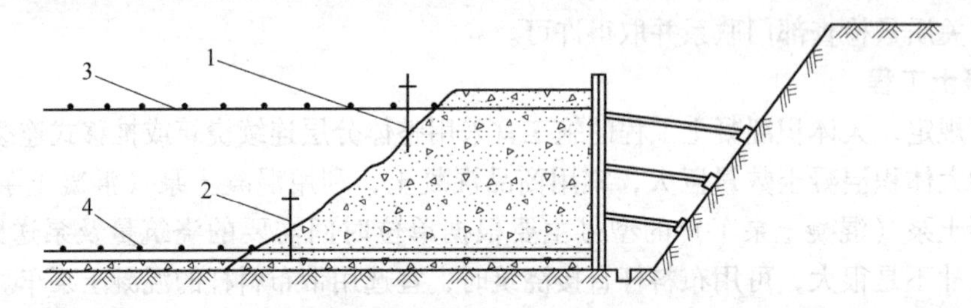

图6-4 混凝土浇筑与振捣方式示意图

1—上一道振动器 2—下一道振动器 3—上层钢筋网 4—下层钢筋网

混凝土的振捣也要满足斜面分层浇筑的工艺要求，一般在每个斜面层的上、下各布置一道振动器。上面一道振动器布置在混凝土卸料处，保证上部混凝土的捣实；下面一道振动器布置在近坡脚处，确保下部混凝土的密实。随着混凝土浇筑的向前推进，振动器也相应推进。

大流动性混凝土在浇筑和振捣过程中，上涌的水分和浮浆沿着混凝土坡面流到坑底，由于混凝土垫层在施工时已预先留有一定坡度，可使大部分泌水顺着垫层坡度通过侧模底部的预留孔排出坑外。少量来不及排除的水分随着混凝土向前浇筑推进而被赶至基坑顶部，由模板顶部的预留孔排出。

当混凝土大坡面的坡脚接近顶端模板时，改变混凝土浇筑方向，即从顶端往回浇筑，与原斜坡相交成一个集水坑；另外，有意识地加强两侧板模板处的混凝土浇筑强度，这样集水坑逐步在中间缩小成水潭，用软轴水泵及时排除。采用这种方法基本上排除了最后阶段的所

有泌水（图6-5）。

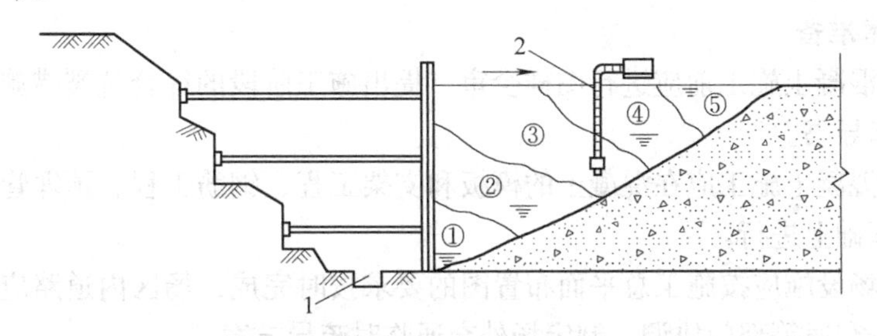

图6-5　泌水排除与顶端混凝土浇筑方向

①、②…⑤表示分层浇筑流程，箭头表示顶端混凝土浇筑方向。

1—排水沟　2—软轴水泵

大体积混凝土（尤其是泵送混凝土）表面的水泥浆较厚，在浇筑后要进行处理。一般先初步按设计标高用长刮尺刮平，然后在初凝前用辊筒碾压数遍，再用木抹子打磨压实，以闭合收水裂缝；经12h左右，再用塑料薄膜和草袋覆盖，充分浇水湿润，进行养护。

6.2.2　大体积混凝土的质量控制

1. 一般规定

大体积混凝土施工组织设计，应包括下列主要内容：

1）大体积混凝土浇筑体温度应力和收缩应力的计算。

2）施工阶段主要抗裂构造措施和温控指标的确定。

3）原材料优选、配合比设计、制备与运输计划。

4）混凝土主要施工设备和现场总平面布置。

5）温控监测设备和测试布置图。

6）混凝土浇筑顺序和施工进度计划。

7）混凝土保温和保湿养护方法，其中保温覆盖层的厚度可根据温控指标的要求按规范计算。

8）主要应急保障措施。

9）特殊部位和特殊气候条件下的施工措施。

2. 大体积混凝土工程的施工

大体积混凝土工程的施工宜采用整体分层、连续浇筑的施工方法。大体积混凝土的施工宜规定合理的工期，在不利的气候条件下应采取确保工程质量的措施。

3. 大体积混凝土施工缝的设计

大体积混凝土施工设置水平施工缝时，除应符合设计要求外，还应根据混凝土浇筑过程中温度裂缝控制的要求、混凝土的供应能力、钢筋工程的施工、预埋管件安装等确定其位置及间歇时间。

4. 后浇带施工

后浇带的设置和施工应符合国家现行有关标准的规定。

5. 跳仓法施工

跳仓的最大分块尺寸不宜大于40m，跳仓施工间隔的时间不宜小于7d，跳仓接缝处应按施工缝的要求进行设置和处理。

6. 施工技术准备

1）大体积混凝土施工前应进行图样会审，提出施工阶段的综合抗裂措施，制定关键部位的施工作业指导书。

2）大体积混凝土施工应在混凝土的模板和支架工程、钢筋工程、预埋管件等工作完成并验收合格的基础上进行。

3）施工现场设施应按施工总平面布置图的要求按时完成，场区内道路应坚实平坦，必要时应与市政、交通等部门协调，制定场外交通临时疏导方案。

4）施工现场的供水、供电应满足混凝土连续施工的需要，当有断电可能时，应有双回路供电或自备电源等措施。

5）大体积混凝土的供应能力应满足混凝土连续施工的需要，不宜低于单位时间所需量的1.2倍。

6）用于大体积混凝土施工的设备，在浇筑混凝土前应进行全面的检修和试运转，其性能和数量应满足大体积混凝土连续浇筑的需要。

7）混凝土的测温监控设备宜按设计的有关规定配置和布设，标定调试应正常，保温用材料应齐备，并应派专人负责测温作业。

8）大体积混凝土施工前，应对施工人员进行专业培训，并应逐级进行技术交底，同时应建立严格的岗位责任制和交接班制度。

7. 模板工程

1）大体积混凝土的模板和支架系统应按国家现行有关标准的规定进行强度、刚度和稳定性验算，同时还应结合大体积混凝土的养护方法进行保温构造设计。

2）模板和支架系统在安装、使用和拆除过程中，必须采取防倾覆的临时固定措施。

3）后浇带或跳仓法施工留置的竖向施工缝，宜用钢板网、钢丝网或小板条拼接支模，也可用快易收口网进行支挡。后浇带施工的垂直支架系统宜与其他部位分开。

4）大体积混凝土的拆模时间，应满足国家现行有关标准对混凝土的强度要求，并且保证混凝土浇筑体表面温度与环境温度的温差不大于20℃；当模板作为保温养护措施的一部分时，其拆模时间应根据规范规定的温度控制要求确定。

5）大体积混凝土宜适当延迟拆模时间，拆模后应采取预防寒流袭击、突然降温和剧烈干燥等措施。

8. 混凝土浇筑

1）大体积混凝土的浇筑应符合下列规定：

① 混凝土浇筑层厚度应根据所用振动器的作用深度及混凝土的和易性确定，整体连续浇筑时宜为300～500mm。

② 整体分层连续浇筑或推移式连续浇筑时，应缩短间歇时间，并应在前层混凝土初凝之前将次层混凝土浇筑完毕。层间最长的间歇时间不应大于混凝土的初凝时间。混凝土的初凝时间应通过试验确定。当层间间歇时间超过混凝土的初凝时间时，层面应按施工缝处理。

③ 混凝土浇筑宜从低处开始，沿长边方向自一端向另一端进行。当混凝土供应量有保证时，也可多点同时浇筑。

④ 混凝土浇筑宜采用二次振捣工艺。

2）大体积混凝土施工采取分层间歇浇筑混凝土时，水平施工缝的处理应符合下列规定：

① 应清除已硬化混凝土表面的浮浆、松动的石子及软弱混凝土层。

② 在上层混凝土浇筑前，应用清水冲洗混凝土表面的污物，并应充分润湿，但不得有积水。

③ 混凝土应振捣密实，并应使新旧混凝土紧密结合。

3）大体积混凝土底板与侧墙相连接的施工缝，当有防水要求时，应采取钢板止水带处理措施。

4）在大体积混凝土浇筑过程中，应采取防止受力钢筋、定位筋、预埋件等移位和变形的措施，并应及时清除混凝土表面的泌水。

5）大体积混凝土浇筑面应及时进行二次抹压处理。

6）混凝土养护。大体积混凝土应进行保温保湿养护，在每次混凝土浇筑完毕后，除应按普通混凝土的要求进行常规养护外，还应及时按温控技术措施的要求进行保温养护，并应符合下列规定：

① 应设专人负责保温养护工作，并应按设计的有关规定操作，同时应做好测试记录。

② 保湿养护的持续时间不得少于14d，并应经常检查塑料薄膜或养护剂涂层的完整情况，保持混凝土表面湿润。

③ 保温覆盖层的拆除应分层逐步进行，当混凝土表面温度与环境温度的最大温差小于20℃时，可全部拆除。

④ 在混凝土初凝前，宜立即进行喷雾养护工作。

⑤ 塑料薄膜、麻袋、阻燃保温被等可作为保温材料覆盖混凝土和模板，必要时可搭设挡风保温棚或遮阳降温棚。在保温养护中，应对混凝土浇筑体的里表温差和降温速率进行现场监测，当实测结果不满足温控指标的要求时，应及时调整保温养护措施。

⑥ 高层建筑转换层的大体积混凝土施工应加强养护，其侧模、底模的保温构造应在支模设计时确定。

7）大体积混凝土拆模后，地下结构应及时回填土；地上结构应尽早进行装饰，不宜长期暴露在自然环境中。

8）对特殊气候条件下的施工有以下要求：

1）大体积混凝土施工遇炎热、寒冷、大风或雨雪天气时，必须采取保证混凝土浇筑质量的技术措施。

2）炎热天气浇筑混凝土时，宜采用遮盖、洒水、拌冰屑等降低混凝土原材料温度的措施，混凝土入模温度宜控制在30℃以下。混凝土浇筑后，应及时进行保温保湿养护；条件许可时，应避开高温时段浇筑混凝土。

3）寒冷天气浇筑混凝土时，宜采用热水拌和、加热集料等提高混凝土原材料温度的措施，混凝土入模温度不宜低于5℃。混凝土浇筑后，应及时进行保温保湿养护。

4）大风天气浇筑混凝土时，在作业面应采取挡风措施，并应增加混凝土表面的抹压次数，及时覆盖塑料薄膜和保温材料。

5）雨雪天气不宜露天浇筑混凝土，当需施工时，应采取确保混凝土质量的措施。浇筑过程中突遇大雨或大雪天气时，应及时在结构合理部位留置施工缝，并应尽快中止混凝土浇筑；对已浇筑还未硬化的混凝土应立即进行覆盖，严禁雨水直接冲刷新浇筑的混凝土。

6.3 大体积混凝土的冬期施工

连续5d日平均温度在5℃以下时，即进入混凝土的冬期施工阶段。

混凝土、钢筋混凝土是建筑结构的主要组成材料与工业及民用建筑钢筋混凝土结构的冬期施工相比，除应防止早期混凝土受冻外，大体积混凝土的冬期施工还存在着控制温差、防止裂缝的问题，在设计和施工中，必须妥善解决这个矛盾，满足防冻与防裂两方面的要求。混凝土冬期施工，尤其是在严寒地区，无论采用哪种施工方法，为了防止早期混凝土受冻，一般都要求混凝土具有较高的浇筑温度；但另一方面，正是由于气候寒冷导致了结构的里表温差加大，超过了允许温差，不能满足防止混凝土产生裂缝的要求。因此，大体积混凝土冬期施工中防冻与防裂的矛盾集中在混凝土浇筑温度的选择上。实践经验表明，如果单纯从防止混凝土早期受冻出发而选择过高的浇筑温度，常会导致混凝土开裂，造成混凝土施工出现质量问题，所以要选择合理的浇筑温度。

6.3.1 准备工作

1. 现场准备

1）由于底板混凝土施工处于冬季寒冷时期，因此做完防水保护层后应在其上加以覆盖；放线时掀开，施工完后再行覆盖，以防地基土受冻起拱。

2）钢筋绑扎及插筋施工完毕后，须做好隐蔽工程检查及验收工作，并办理相关手续。

3）抹立面（侧壁）防水层的砂浆保护层。

4）若钢筋绑扎后至浇筑混凝土前遇到降雪天气，应及时在钢筋上满铺苫布，以免因降雪进入钢筋骨架内无法清除而影响施工质量。

5）现场应安装发电机，以防停电影响混凝土连续施工，并保证昼夜施工用电。

2. 原材料的选择

1）水泥。优先选用水化热较低的水泥品种，如矿渣硅酸盐水泥，且强度等级不应低于42.5级，也可以掺加一定的外加剂以改善混凝土的抗裂性能。

2）粗集料。优先选用碎卵石，粒径为5~40mm，含泥量控制在1%以内。

3）细集料。采用中砂，粒径一般大于0.5mm，含泥量一般控制在3%以内。

6.3.2 大体积混凝土冬期施工的技术措施

1. 混凝土出机温度与浇筑温度的选择

混凝土的浇筑温度是指经过平仓振捣，将要盖上第二层混凝土拌合物之前的温度。为了防止早期混凝土受冻，浇筑温度当然越高越好规范规定混凝土的入模温度不应低于5℃，没有上限控制。但大体积混凝土除了防冻外，还有防裂要求，由于体积大，浇筑以后虽然表面温度很低，而内部温度却因水泥水化热而急剧上升。为了减小内外温差和基础温差，浇筑温度越低越有利，一般最好不超过10℃，因此大体积混凝土施工的浇筑温度一般以5~10℃为宜。如果环境温度很低，在达到临界强度以前，表面混凝土有遭受冻害的可能时，应加强保温措施，不能为了防冻而随意提高浇筑温度。

根据当地的气候条件和保温方法，由浇筑温度、运输及浇筑过程中的热量损失就可得到混凝土的出机温度（规范规定不低于10℃，一般控制在10~15℃为宜）。

2. 基础及冷壁的预热

在浇筑混凝土以前，对基础、预埋件及与新浇混凝土接触的冷壁（已浇混凝土、预制混凝土的模板等）应用蒸汽清除所有的冰、雪、霜冻，并使其表面温度上升。如果基岩及冷壁的内部温度较低，还需要预热，否则浇筑混凝土以后，接触面附近的新浇混凝土温度将很快降至零度以下。预热所需温度、深度和持续时间，由温度计算确定。计算的原则是应使接触面附近的新浇混凝土在达到临界强度之前不被冻结。一般来说，应使基岩深度10cm内的温度在5℃以上。

3. 原材料加热

当环境温度不低于-1℃时，一般只将拌合水加热，以满足混凝土出机温度的要求（水温不能超过600℃，以免水泥发生假凝）；当环境温度低于-1℃时，应将水与细集料加热，同时加热粗集料使其中的冰雪融化。加热砂石料时应避免过热和过分干燥，最高加热温度不宜超过75℃。

拌合水的加热可采用锅炉、电热或蒸汽，砂料的加热可采用封闭的蛇形管，石料加热使用蒸汽最方便。

4. 运输中的保温

运输中的热量损失与运输工具有关。如果使用大型运输罐，热损失一般不大；如果使用自卸汽车，可用废气加热车底，车皮外面应加保温层并在车身上面加以覆盖；如果使用带式输送机，最好搭盖帐篷完全封闭，否则热量损失很大。此外，运输中应尽量减少倒转次数。

5. 浇筑过程中减少热量损失

混凝土是分层浇筑的，每层厚度为20~50cm，由于厚度薄、散热面积大，浇筑过程中的热量损失是很大的。减少热量损失的办法包括加快浇筑速度、缩短浇筑时间及用保温被或聚乙烯泡沫塑料板覆盖保温等。

6. 控制裂缝的措施

1）选择合理的结构形式和分缝分块形式。结构形式对温度应力和裂缝的出现具有重要的影响。浇筑块尺寸对温度应力影响也非常大，浇筑块越大，温度应力也越大，就越容易产生裂缝，因此合理的分缝分块对防止裂缝具有重要意义。实际经验和理论分析表明，当浇筑块平面尺寸控制在15m×15m左右时，温度应力比较小。

2）合理选择混凝土原材料、优化混凝土配合比。合理选择混凝土原材料、优化混凝土配合比的目的是使混凝土具有较大的抗裂能力，具体来说就是要求混凝土的绝热温升较小，抗拉强度较大，极限拉伸变形能力较大，热强比较小，线膨胀系数较小。

① 水泥。混凝土主要考虑低水化热和高强度性能，一般采用矿渣水泥。

② 掺用混合材料。掺用混合材料的目的是降低混凝土的绝热温升，提高混凝土抗裂能力。混合材料包括矿渣、粉煤灰等。目前，粉煤灰采用较多。

③ 掺用外加剂。外加剂有减水剂、引气剂、缓凝剂、早强剂等多种类型。

④ 优化混凝土配合比。在保证混凝土强度及流动性的条件下，尽量节省水泥，降低混凝土绝热温升。

3）严格控制混凝土温度，减小基础温差及内外温差，避免表面温度骤降。

本章小结

在大体积混凝土施工中，温度裂缝是质量通病，如何预防温度裂缝是施工的关键问题。这就要求在大体积混凝土工程设计，设计构造要求，混凝土强度等级选择，混凝土后期强度利用，混凝土材料选择，混凝土配合比设计，混凝土制备、运输、浇筑、养护、监测等技术环节中采取科学合理的技术措施。

复习思考题

1. 简述大体积混凝土的定义及大体积混凝土的特性。
2. 什么是温度裂缝？
3. 结构的自约束和外约束指的是什么？
4. 简述预防大体积混凝土温度裂缝的措施。
5. 如何计算大体积混凝土的温度应力？

第7章　高层建筑常用施工机具

教学目标：

了解高层建筑施工用的塔式起重机、垂直升运机械、施工电梯、混凝土泵等的技术性能，施工机械选择方案的确定原理和应用方法，以及在应用时的安全注意事项。

7.1　高层建筑常用施工机具的选用

在高层建筑施工中建立一个高效能的垂直运输系统（包括起重系统、混凝土输送系统），对保证施工顺利进行、加快施工速度、缩短工期、降低施工成本都具有极为重要的意义。

高层建筑施工中垂直运输的特点是：

1）运输高度大。高层建筑一般层数多、高度大，一些超高层建筑多为100～200m，有的已超过400m，其运输高度一般在45～80m。

2）运输量大。现浇框架结构施工时标准层的运输量一般为1.5～1.6t/m^2，现浇筒体结构施工时标准层的运输量一般为2.3～2.5t/m^2。特别是结构与装修平行流水、立体交叉作业时，运输量更大。

3）运送范围广，运输对象多样。运输对象有建筑材料，混凝土拌合物，构件、水电、暖通方面的配件，施工工具，设备，模板，支撑、脚手架等。

4）工期要求紧，工序交叉作业，衔接紧凑。目前，高层建筑结构的工期一般为5～10d/层，少的为3d/层，通常采用二班或三班连续作业，运输量很大。

5）混凝土输送必须保证连续。

根据以上特点，对垂直运输设备的选用一般应满足以下要求：

1）效率要高，技术状况必须可靠，能满足连续施工的要求。

2）由于运输对象不一，必须合理选择多功能的运输设备，实现一套设备多种功用，以较少的装备费用获得最佳的经济效益。

3）机具必须配套，以满足多工种同时作业的需要。

高层建筑施工中，较完备的垂直运输体系是：

1）以塔式起重机（附着式或内爬式）为主的吊装与垂直运输体系。

2）以提升机为主的垂直运输体系。

3）以混凝土泵（混凝土泵车）与搅拌运输车配套的混凝土输送体系。

一般在主体结构施工阶段，以塔式起重机为主；装修阶段以井架提升机或卷扬机等垂直运输设备为主。如果主体与装修交叉施工，则选择塔式起重机和垂直运输设备混合使用。也有的提前安装塔式起重机供地下室施工时使用，以充分发挥塔式起重机的使用效率。

我国近年来在高层、超高层建筑施工中所选用的垂直运输体系主要有以下几种：

1）塔式起重机 + 施工电梯。

2）塔式起重机 + 混凝土泵 + 施工电梯。

3）塔式起重机 + 井架提升机（或快速提升机）+ 施工电梯。

4）塔式起重机 + 井架提升机（或快速提升机）+ 混凝土泵 + 施工电梯。

5）井架提升机（或快速提升机）+ 施工电梯。

以上五种垂直运输体系组合，在一定的条件下，其技术方面均能满足高层建筑施工过程中运输的需要。一般可根据工程规模、结构形式、施工工艺、工期要求、装备能力、现场具体条件、机械费用、综合经济效益等从实际情况出发加以选择。同时，要考虑到各种垂直运输设备的功能与作用不同，需扬长避短，如主体工程施工时用塔式起重机，装修时用其他垂直运输设备。估算垂直运输设备的能力时，除必须考虑设备的安装、接高、锚拉、检查维修等占用的时间外，还必须为各种意外时间损失留有余量。

塔式起重机是高层、超高层建筑结构施工的关键性设备，它适应性强、应用广泛。井架提升机是高层建筑装修施工阶段不可缺少的设备，也是结构施工阶段极为重要的辅助垂直运输设备。

总之，在高层建筑施工中必须合理选用、正确使用垂直运输设备，选择最佳的配套设备，并精心管理，以保证高层建筑顺利施工，并取得预期的技术经济效益。

7.2 塔式起重机

塔式起重机由塔体、工作机构、电气设备及安全装置等组成。塔体包括塔身、塔尖、起重臂（吊臂）、平衡臂、转台、底架及台车等。工作机构包括起升、变幅、回转及行走四部分。电气设备包括电动机、电缆卷筒、中央集电环、整流器、控制开关和仪表、保护电器、照明设备和音响信号装置等。安全装置包括起重力矩限制器、起重量和吊钩高度限制器、幅度限位开关、回转限位器等。

7.2.1 塔式起重机的分类

塔式起重机的种类较多，高层建筑中应用的主要为轨道式塔式起重机、附着式塔式起重机和内爬式塔式起重机三类。轨道式塔式起重机为行走式，分为上回转式（塔身固定不转）和下回转式（塔身回转）两类，两者均有俯仰变幅臂架或小车变幅臂架两种，适用于中高层和高层建筑。附着式和内爬式塔式起重机均为固定式，均只有上回转式，两者也均有俯仰变幅臂架或小车变幅臂架两种，适用于高层和超高层建筑。

高层建筑施工常用塔式起重机的几种主要类型示意图如图 7-1 所示。

塔式起重机是高层建筑施工中的主导设备，其优点是：

1）地面与空间作业范围大，兼有垂直运输与水平运输的作用，可显著节约劳动力，加快施工速度。

2）作业功能多，既可进行构件的安装，又能垂直运输建筑材料、配件等，因此无论是预制还是现浇高层建筑的施工，塔式起重机均是比较理想的施工设备。轨道式、附着式和内爬式塔式起重机在使用上各有其优缺点，其对比见表 7-1。

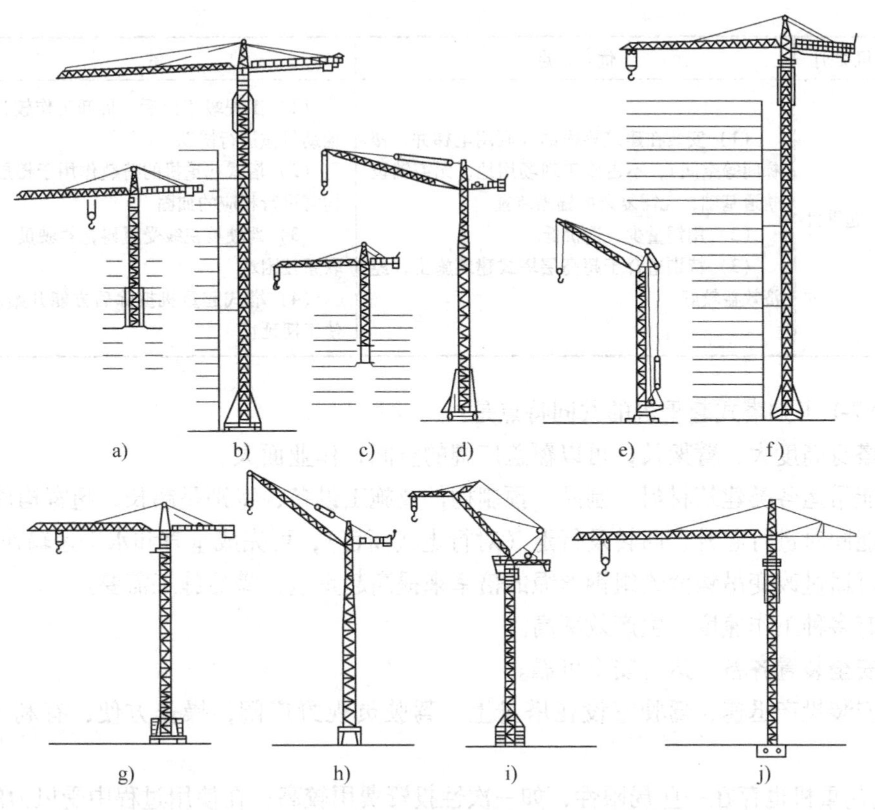

图7-1 高层建筑施工常用塔式起重机的几种主要类型示意图

a）QT80A型内爬式塔式起重机 b）QT_4-10、QT_4-10A、QTZ200型塔式起重机 c）$QT_5-4/20$型塔式起重机 d）TQ90型塔式起重机 e）QTG60型塔式起重机 f）ZT120型塔式起重机 g）QT80型塔式起重机 h）TQ60/80型塔式起重机 i）Z80、ZT80型塔式起重机 j）QTF80型塔式起重机

表7-1 高层建筑施工用各类塔式起重机优缺点对比

塔式起重机类别	优点	缺点
轨道式塔式起重机	（1）可沿轨道行走，作业面大，覆盖范围为长方形空间，适合于条状的板式高层建筑 （2）便于在建设小区内部转移施工 （3）下回转式塔式起重机的整机重心较低，稳定性好，塔身受力状况较好；造价低，拆装快，转移方便 （4）无需与建筑物拉结	（1）轨道基础工作量大，占用施工场地较多，铺筑费用开支大，不适合在现场狭窄的工地使用 （2）造价较内爬式、附着式及独立式塔式起重机要高 （3）下回转式轨道式塔式起重机一般仅适用于12层以下的高层建筑；上回转式轨道式塔式起重机一般只可用于16层以下的高层建筑
附着式塔式起重机	（1）起升高度大，一般为70～100m，少数达160m （2）能随施工进程进行顶升接高，安装方便；安装与拆卸对施工影响较小 （3）占用施工场地极小，特别适合在狭窄工地施工；现场材料、构件的堆放位置灵活方便	（1）需每隔一定距离与建筑物拉结，对建筑结构增加横向荷载 （2）由于塔身固定，服务空间受到限制 （3）在地面拆装需占用较大场地

（续）

塔式起重机类别	优　点	缺　点
内爬式塔式起重机	（1）安装在建筑物内部（利用电梯井、楼梯间等空间），不占施工现场用地，无需铺设轨道基础，无需复杂的锚固装置 （2）用钢量少，造价低 （3）特别适合于超高层塔式建筑施工，经济效益较好	（1）工程竣工以后，拆卸工作较为麻烦，需辅助机械进行协助 （2）塔式起重机的荷载作用于楼层，建筑结构需进行相应的加固 （3）驾驶员视线受阻碍，驾驶员与挂钩人员联系较困难 （4）塔式起重机拆除后方能开始装修工程，使工期延长

由表7-1可知塔式起重机的共同特点是：

1）塔身高度大，臂架长，可以覆盖广阔的空间，作业面大。

2）能吊运各类建筑材料、制品、预制构件及施工设备，特别是超长、超宽构件。

3）能同时进行起升、回转及行走（对行走式而言），可完成垂直和水平运输作业。

4）可通过改变吊钩滑轮组钢丝绳的倍率来提高起重量，满足施工需要。

5）有多种工作速度，生产效率高。

6）安全装置齐备，运行安全可靠。

7）安装投产迅速，驾驶室设在塔身上，驾驶员视野广阔，操作方便，有利于提高生产率。

塔式起重机也存在一些局限性，如一次性投资费用较高；在使用过程中受风力的影响较大，在四级以上风力时塔身不允许进行接高或拆卸作业，六级以上风力时不允许吊装作业。

7.2.2 塔式起重机的选用

高层建筑施工用塔式起重机，一般应遵循下列原则进行选择：

1）塔式起重机的起重力矩、起重量、起重高度及回转半径（幅度）等参数应满足施工要求。

2）塔式起重机的生产效率应能满足施工进度的要求。

3）尽量利用施工单位已有的起重运输设备，尽可能不购置新设备，以节省投资

4）塔式起重机的效能要能得到充分发挥，不得“大材小用”，做到台班费用低、经济效益好。

5）装修材料的升运应尽量利用其他快速提升设备，以加快塔式起重机的周转使用。

6）选用的塔式起重机应能适应施工现场的环境，便于安装架设和拆除退场。

7）从机械管理出发，还必须对塔式起重机本身构造与性能的先进性、可靠性进行考核。

7.2.3 塔式起重机的支撑和附着装置

1. 塔式起重机轨道

行走式塔式起重机在地面路基轨道上行走时，由于传递到行走轮上的轮压较大，在考虑轨道的设置时，需要有严格的技术措施来保证起重机在轨道上行走的安全性。

各类塔式起重机对轨道和路基的要求在技术说明书中都有专门的规定，类型较多，常用的有两种，如图7-2所示。

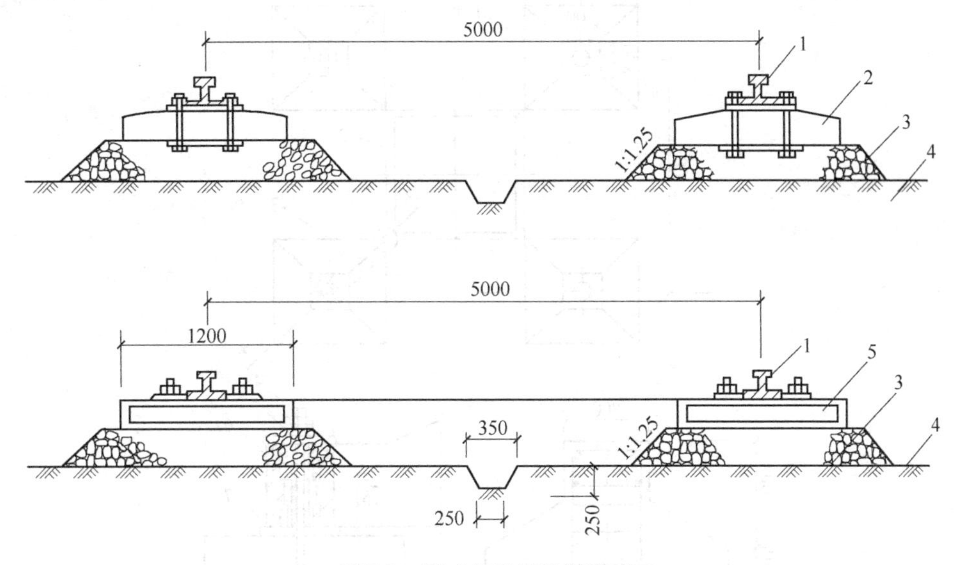

图7-2 塔式起重机轨道形式

1—钢轨 2—混凝土轨枕或木枕 3—道砟 4—地基 5—钢制路基箱

路基钢轨一般选用43kg/m的钢轨，中心距为5m，钢轨下面采用混凝土轨枕或木枕、钢制路基箱均匀排列在夯实的400mm厚的道砟上。在铺设道砟前地基必须压（夯）实，地基的承载力应不低于100kPa。在轨道中间或两旁必须设排水沟，以避免道路积水降低路基承载力。为保证两根轨道间的整体性，在两轨道之间每隔6m设置1根由12号槽钢制成的拉条或系梁，以保持轨道间距不变。在轨道端部必须设置限位装置，以防塔式起重机脱离轨道。

铺设钢轨的一般技术要求为：

1）路基土体承载力：中型塔式起重机为80～100kPa，重型塔式起重机为120～160kPa。

2）轨道纵、横向倾斜度不大于1/1000，即每5m内的标高误差不大于5mm，同样距离内两根轨道的标高误差不大于5mm。

3）两根轨道的中心距为5m，间距误差不大于5mm。

4）钢轨转弯时，内轨的曲率半径不得小于5m。

5）塔式起重机安装完毕并在轨道上来回行走数次后，应复查轨道有无沉陷变形，如沉陷变形超过允许误差，应予以纠正后再投入使用。

2. 塔式起重机基础

自升式塔式起重机在作为固定式或附着式塔式起重机使用时，需要在支腿或底座位置下设四个钢筋混凝土基础，以承受塔式起重机的自重及由外荷载产生的作用力，并传至地基。塔式起重机基础如图7-3所示。

基础混凝土采用C35，钢筋采用Ⅰ级螺纹钢筋，基础内预埋螺栓锚固起重机的支腿或底座。四个基础表面标高有误差时，可通过设置调整钢板进行微调。如果在地下室施工阶段需要在深基坑近旁设置塔式起重机基础时，一般宜采用灌注桩承台式钢筋混凝土基础，在四个

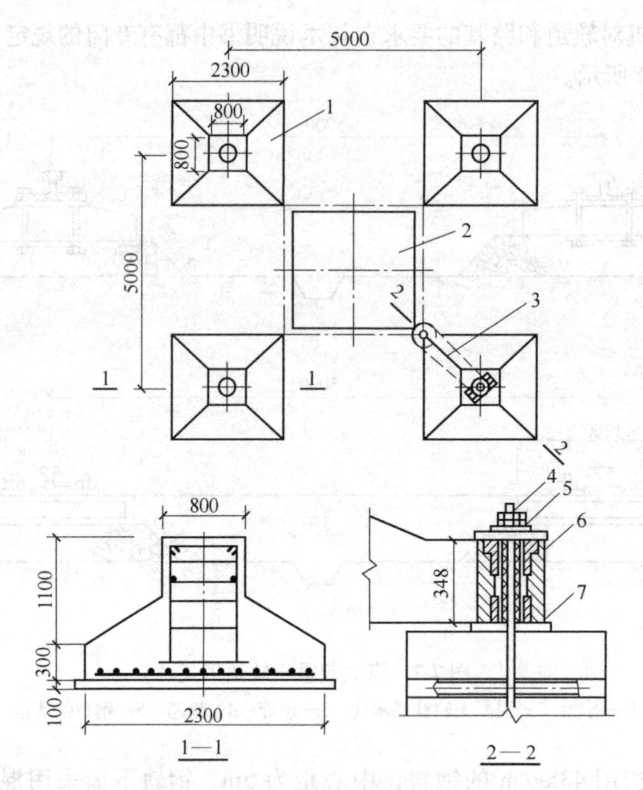

图 7-3 塔式起重机基础
1—钢筋混凝土基础 2—塔式起重机基础底座 3—支腿 4—紧固螺母
5—垫圈 6—钢套 7—钢板调整片（上下各1片）

基础的每个基础下根据地质情况设置1根直径为800～1000mm的钢筋混凝土灌注桩，桩深由计算确定，四个基础之间用圈梁连接。

3. 附着支撑设施

自升式塔式起重机作为附着式塔式起重机使用时，为了保持塔体稳定，需要设置附着支撑（又称为锚固装置）与建筑物拉结，其作用是使塔式起重机上部传来的水平力、不平衡力矩及扭矩，通过附着支撑传给建筑结构；同时，可减小塔身长细比，改善塔身结构受力情况。

附着支撑拉住塔体结构的形式有两种，即抱箍式和节点（塔身）抱柱式（图7-4）。前者能充分利用塔身的空间，整体性好；后者结构较简单，安装方便。

附着支撑由边柱抱箍和附着杆组成。边柱抱箍由U形梁（由两块钢板组焊或型钢组焊）拼装而成；附着杆则可由型钢、无缝钢管制成，也可用型钢组焊成桁架结构。在附着杆上应设置调节螺母，螺杆副的调节距离约为±200mm，以便灵活调节塔身的附着距离和垂直度。

附着杆的布置形式有三杆式附着杆系、四杆式附着杆系和空间桁架式附着杆系，如图7-5所示。附着杆系与墙面之间的距离一般为4.1～6.5m，距离大的可达10m，个别情况下也有达15m的。

附着距离在6.5～10m的，也可采用图7-5a～f所示的布置形式，附着杆可利用标准附着杆适当加长和加固，必要时可在一附着点上下各设置一道附着杆。对15m或超过15m的

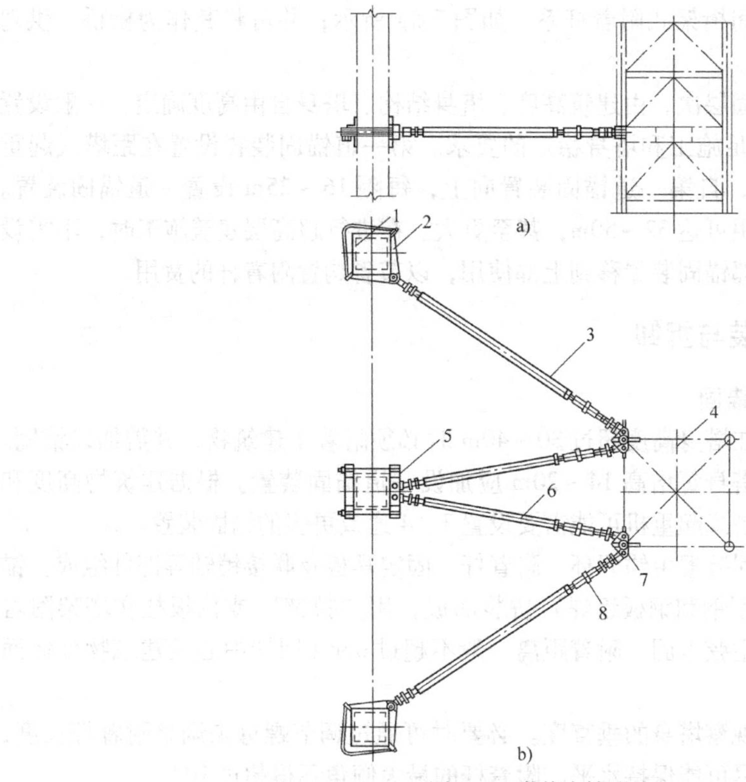

图7-4　附着支撑形式

a）抱箍式　b）节点抱柱式

1—柱　2—边柱抱箍　3—附着杆　4—塔身　5—中柱抱箍　6—附着杆　7—附着杆承座　8—调节螺母

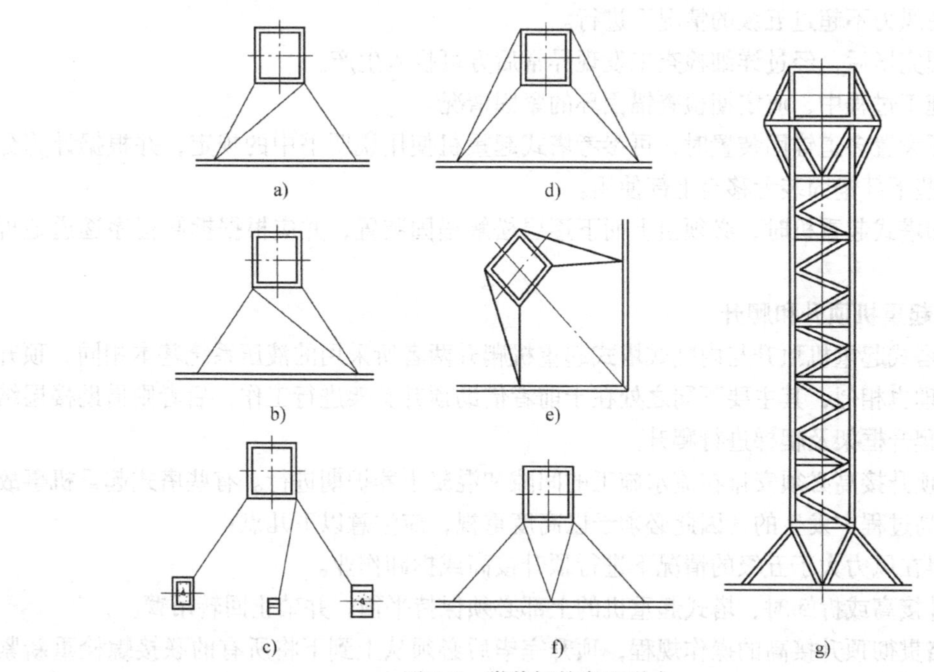

图7-5　附着杆的布置形式

a）、b）、c）三杆式附着杆系　d）、e）、f）四杆式附着杆系　g）空间桁架式附着杆系

附着杆，可采用三角截面空间桁架式附着杆系，如图7-5g所示；并可将其作为桁桥，供驾驶员登机操作之用。

附着式塔式起重机的锚固层次，由建筑高度、塔身结构、塔身自由高度确定，一般设置2~3道附着锚固装置即可满足施工和塔身稳定的要求。第一道锚固装置设置在距塔式起重机基础表面以上30~50m处，自第一道锚固装置向上，每隔16~25m设置一道锚固装置。重型塔式起重机的锚固点间距可达32~50m，甚至更大。在进行超高层建筑施工时，不需设置过多的锚固装置，可将下部锚固装置移到上部使用，以节省购置附着杆的费用。

7.2.4 塔式起重机的安装与拆卸

1. 附着式塔式起重机的锚固

附着式塔式起重机一般在塔身高度超过30~40m时必须附着于建筑物，并需加以锚固。在装设第一道锚固装置后，塔身每增高14~20m应加设一道锚固装置。根据建筑物高度和塔架结构特点，一台附着式塔式起重机可能需要设置3、4道或更多的锚固装置。

附着式塔式起重机的锚固装置由锚固环、附着杆、固定耳板及联接销轴等部件组成。锚固环通常由箱形断面梁（由型钢和钢板组焊）拼装而成，用“拉链”或拉板挂在塔架附着杆上，并通过楔紧件与塔架主弦卡固。附着距离一般不超过6m（回转中心至建筑物外墙面的距离）。

锚固时，应采用经纬仪观察塔身的垂直度。必要时可通过调节螺母来调整附着杆长度，以消除垂直误差。锚固装置尽可能保持水平，附着杆的最大倾角不得超过10°。

为了保证安全生产，锚固时应遵循以下几点：

1）锚固装置的安装应利用施工间隙穿插进行。

2）应在风力不超过五级的情况下进行。

3）锚固完毕后，经过详细检查未发现异常后方可投入生产。

4）在施工过程中，应定期检查锚固环的紧固情况。

5）需要设置多道锚固装置时，可参考塔式起重机使用说明书中的规定，并根据计算分析结果将一些下部锚固装置移至上部使用。

6）拆卸塔式起重机时，必须由上而下逐层松解锚固装置，并应根据拆卸程序逐道地拆卸附着杆。

2. 塔式起重机顶升和爬升

附着式塔式起重机顶升与内爬式塔式起重机爬升两者所采用的液压系统基本相同，顶升和爬升的原理也相似，其主要不同之处在于前者借助顶升套架进行工作，后者则借助楼层结构和专用的爬升框架及爬梯进行爬升。

塔架的顶升接高必须安排在流水施工的间隙和混凝土养护期进行。有些塔式起重机事故是在顶升接高过程中发生的，因此必须予以高度重视，应注意以下几点：

1）不得在风力大于五级的情况下进行顶升接高或拆卸作业。

2）顶升接高或拆卸时，塔式起重机的上部必须保持平衡，并禁止回转吊臂。

3）严格贯彻顶升接高的操作规程，顶升完毕后必须从上到下将所有的联接螺栓重新紧固一遍。

4）必须由专职检查人员进行全面的安全技术检查，经认可合格后方可交付使用。

内爬式塔式起重机通常一次爬升两层楼。3套爬升框架分别安置在3个不同的楼层上，最下面的框架用作支撑底架，支撑塔式起重机将所承受的全部荷载传递给建筑结构；上面两套框架用作爬升导向、交替定位及支撑底架。爬升之前，应将爬升框架、支撑梁及爬梯等安置完成；爬升时，必须使塔式起重机上部保持前后平衡。爬升作业要由专人负责指挥和检查，如果发现异常，必须立即检修并加以排除，否则不得爬升。相关的楼层结构必须在爬升之前进行支撑加固。爬升后，塔式起重机下面的楼板开孔应及时封闭。每次爬升完毕后，应对各连接件及关键部位进行检查，并按规定进行空载试运行。

3. 内爬式塔式起重机的拆卸

内爬式塔式起重机的拆卸工序较复杂，且属于高处作业，总结其施工经验得到下列四种拆卸方式：

1）用一台附着式重型塔式起重机拆卸两台内爬式塔式起重机。除非工程后期确实需要另加一台附着式重型塔式起重机，否则不宜再另加。

2）用屋面起重机拆除。

3）用台灵架拆除。台灵架实质上是另一种屋面起重机，但工作效率不如屋面起重机。

4）采用两组或三组人字架扒杆（或称拔杆）配以慢动卷扬机拆除。

拆卸内爬式塔式起重机的施工顺序如下：

1）开动液压顶升机组，降落塔式起重机使起重臂落至屋顶层。

2）拆卸平衡重。

3）拆卸起重臂。

4）拆卸平衡臂。

5）拆卸塔帽。

6）拆卸转台、驾驶室。

7）拆卸支撑回转装置及承台座。

8）逐节顶升塔身标准节，拆卸、下放到地面并运走。

拆卸时必须注意以下几点：

1）建筑物外檐要有可靠的保护措施，以免拆卸时碰坏建筑物外檐装饰面。

2）拆卸作业时四周要设置防护栏杆，以免发生意外。

3）拆下的每一个部件都要及时降到地面，并尽可能做到随拆随运，以节省二次搬运费用。

4）要统一指挥和统一检查，以利于拆卸作业安全顺利进行。

7.3 垂直升运机械

7.3.1 井架提升机

1. 分类与构造

井架提升机又称为井架起重机，是由钢结构塔架（包括吊篮平台或吊笼料斗）、卷扬机、绳轮系统及导向装置等组成的货用简易提升机，它可作为塔式起重机的辅助机械，在特定条件下也可独立承担运输工作。

井架提升机的钢塔架一般由杆件拼装而成，也可由若干单片桁架组拼而成，或者由标准节组装而成。标准节的长度一般为2～3m，有的长达6m。塔架的截面尺寸及主弦杆的规格由井架提升机的起重量、吊笼的容量及尺寸、塔身自由高度及最大提升高度等确定。

井架提升机的类型繁多，使用较多的主要有以下几类：

（1）单塔架单吊笼井架提升机　单塔架单吊笼井架提升机的塔架采用角钢或钢管制成，在塔架上部设置一根起重桅杆，供吊运钢筋和长尺寸材料使用（图7-6）。起重量为1～3t，吊笼和起重桅杆各用一台卷扬机起重，桅杆一般长8m，用ϕ200mm×10mm钢管制作，架体通过附着杆系与建筑物拉结，可不设缆风绳。

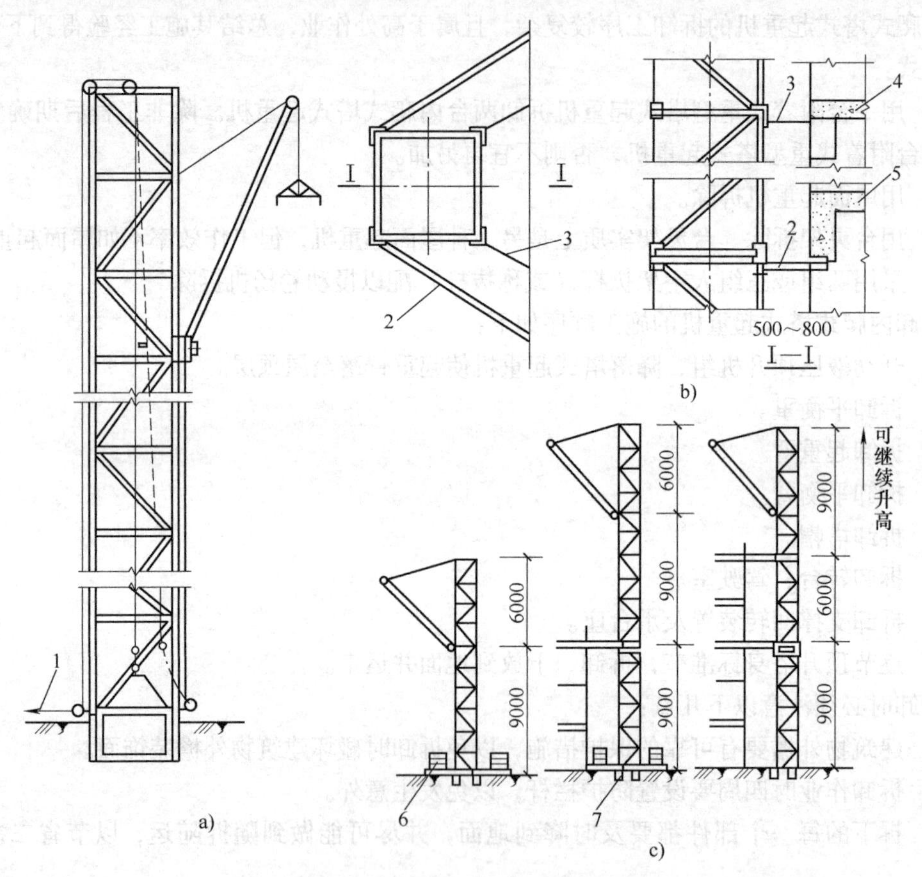

图7-6　单塔架单吊笼井架提升机构造示意图

a）用1台卷扬机带动吊笼和起重桅杆　b）锚固和附着杆系布置　c）接高程序

1—接卷扬机　2—附着杆L75mm×75mm　3—8号钢丝　4—楼板　5—边梁　6—压重　7—基础

（2）单塔架双吊笼井架提升机　在塔架内设置两个井孔和两个吊笼即可组成单塔架双吊笼井架提升机，两个吊笼可上下互不干扰地同时作业，如图7-7所示。塔架最大安装高度可达60m，30m以下塔架只需固定在混凝土基座上，无需设缆风绳；30m以上塔架需与建筑物拉结，通过两道附着装置锚固于建筑物上。塔架根部的四角各设置一个调节撑杆，通过调节丝杠可使其保持垂直。单塔架双吊笼井架提升机能组合使用，可由两台组拼成一台大型多吊笼附着式井架提升机。

（3）双塔架单吊笼井架提升机　双塔架单吊笼井架提升机由立柱式塔架、吊笼、底座、

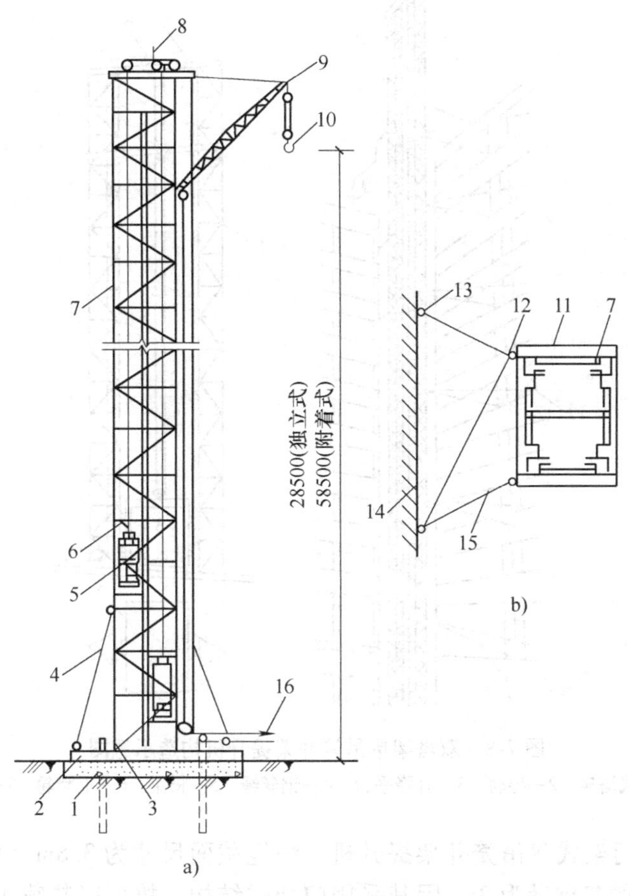

图7-7　单塔架双吊笼井架提升机构造示意图

a）GSD-60单塔架双吊笼井架提升机　b）附着装置

1—基础　2—底座　3—接地装置　4—调节撑杆　5—吊笼　6—防尘安全装置　7—塔架　8—避雷针　9—桅杆　10—吊钩　11—锚固环　12—耳板　13—锚固支座　14—建筑物　15—附着杆　16—接卷扬机

卷扬机、升降平台、自升桅杆，以及附墙设施等组成，由于形状似门架，故也称为附墙门式提升机（图7-8）。塔架立柱采用三角形或正方形，截面用格构式标准节（由钢管或角钢焊接）组装而成。两立柱顶部架1根横梁作为安装滑轮组起吊吊笼，其最大起重量为1.5t，最大提升高度为65m。

（4）三塔架（立柱）三（双）吊笼井架提升机　三塔架（立柱）三（双）吊笼井架提升机是由两台单塔架单吊笼井架提升机组合发展而成（图7-9），两侧塔架截面尺寸为2m×1.85m，中间塔架截面尺寸为2m×3.65m，高度为100（140）m，采取附墙固定的方式，三个井孔连成一体，整体性好。中间塔架借用两侧塔架的主弦杆，塔架标准节采用十字销联接，具有装拆方便、安全，使用寿命长的优点。塔架每孔独立配置一台卷扬机驱动，互不干扰，每台吊笼起重量为1.5～2.0t，提升速度为55～60m/min，最大达140m/min。这种井架提升机的安全装置齐全，并设有楼层显示与通信装置，驾驶员可以根据操作台的显示信号进行操作。

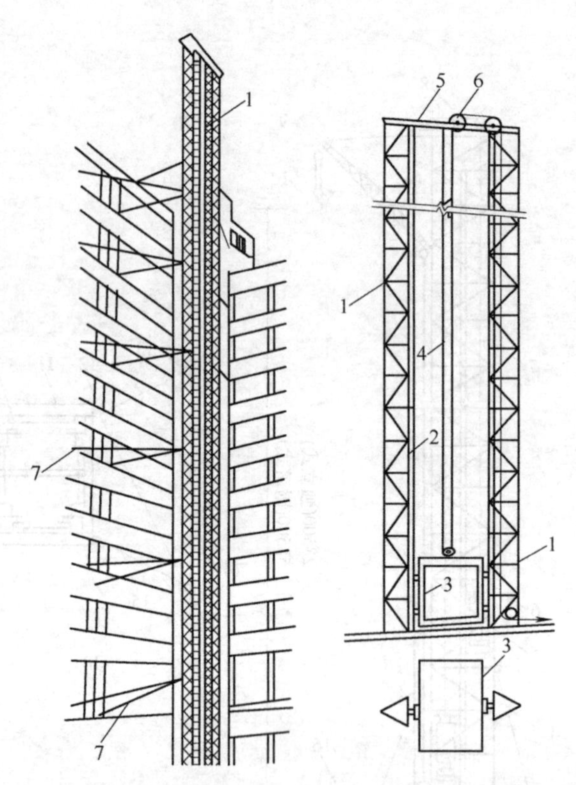

图 7-8 双塔架单吊笼井架提升机构造示意图

1—立柱式塔架 2—导轨 3—升降平台 4—钢丝绳 5—横梁 6—上滑轮 7—附着杆

还有一种三柱门架式双吊笼井架提升机，吊笼截面尺寸为 3.8m×1.6m，架设高度为 150m，配套卷扬机的起重量为 2t，因其采用门架式结构，故可以装载 4.5m 长的钢管和钢筋。这两种井架提升机的特点是运输效率高，运量大、效益好。

井架提升机虽为施工单位自行制作、使用的垂直升运设备，但都必须满足以下要求：

1）必须与建筑物主体结构连接固定，保证井架与门架的稳定可靠。

2）随着建筑物主体结构的升高进行分段搭设接高，必须附有操作平台，以便于接高和拆卸，保证高处作业的安全；井架与门架的杆件连接要方便，接点要可靠。

3）必须在楼层设置显示装置，以解决驾驶员因视线受限制无法掌握吊笼或吊盘升降位置的问题。

4）有必要的安全装置，如防止冒顶限位的装置，防止断绳滑溜、坠落的装置，以及吊盘停靠等方面的安全装置。

5）配套卷扬机的提升速度以 50~60m/min 为宜，如果有提升与下降两种速度则更为适合。卷扬机的制动装置必须可靠，如采用液压推杆制动器等。

2. 使用注意事项

1）井架提升机的布置应根据现场场地条件、使用范围和混凝土供应方式确定。在场地狭窄、采用商品混凝土的条件下，宜采用集中布置方式，以便于混凝土搅拌运输车同时向两台井架提升机内卸料，以利于提高效率；如果场地较宽敞、采用现场搅拌混凝土，则可分散设置。

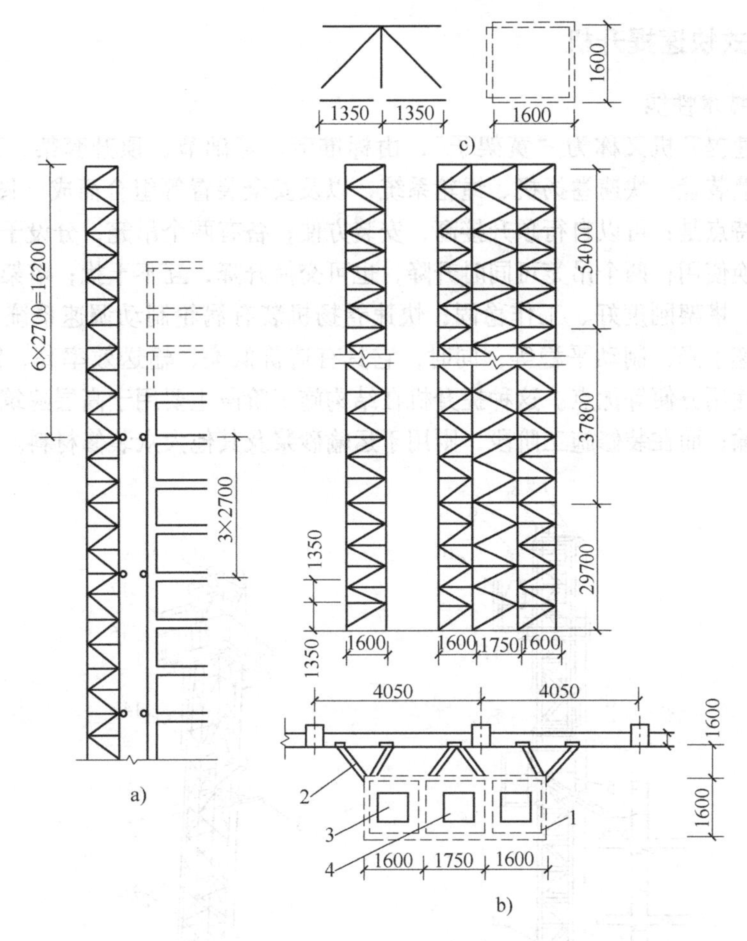

图7-9 三塔架（立柱）三（双）吊笼井架提升机构造示意图
a）附墙示意图 b）平面图 c）标准节尺寸图
1—井架 2—附墙拉杆 3—吊斗 4—吊篮

2）井架与建筑物外墙之间应保持有0.5～0.8m的距离，以便在井架拆除之前不影响外墙装修。同时，井架宜设在阳台外0.7m处，以便于利用阳台作为进料通道，并可在井架拆除前对外墙阳台进行施工。

3）井架的附墙装置必须按设计要求设置，不得随意加大间距、遗漏或随便拆除。附着杆与锚固点预埋件和井架之间的连接必须牢固。井架顶部悬臂部分在刮大风时应用缆风绳与建筑物梁、柱拉结。

4）在井架外围应设置防护网，在井架底部应搭盖遮板，以保护周围操作人员的安全。

5）使用中应定期对塔架结构设备进行检查，并采取预防措施检查内容为：结构焊缝有无开裂，螺栓联接件有无松动和短缺，安全装置有无损坏，钢丝绳有无严重磨损或断丝现象，滑轮转动部件的润滑是否良好，卷扬机制动是否可靠等，如果有异常应立即停机检修，在故障排除后方可继续使用。

6）做好设备的管理使用与施工配合工作，保证井架提升机的正常使用，使其效率得到充分发挥。

7.3.2 自升式快速提升机

1. 构造与技术性能

自升式快速提升机又称为“黄架子”，由标准节、基础节、顶升套架、顶升系统、吊笼、料斗、附墙装置、快速卷扬机、绳轮系统，以及安全装置等组合而成（图 7-10）。这种提升机的主要特点是：可以自行顶升接高，安装方便；备有两个吊笼，分设于塔架两侧，吊笼可与料斗互换使用；两个吊笼可同时升降，也可交换升降，互不干扰；塔架通过附墙装置与建筑物拉结，塔架刚度好、工作稳固；快速卷扬机装有涡轮制动调速系统，速度可以调节，空斗能高速下降，制动平稳等；同时，它具有造价低廉、输送效率高、制造工艺要求低、运量大、使用方便等优点。这种提升机在结构施工阶段主要用于高层建筑施工中大量混凝土的垂直运输；而在装修施工阶段，则用于运输砂浆及其他大众装修材料。

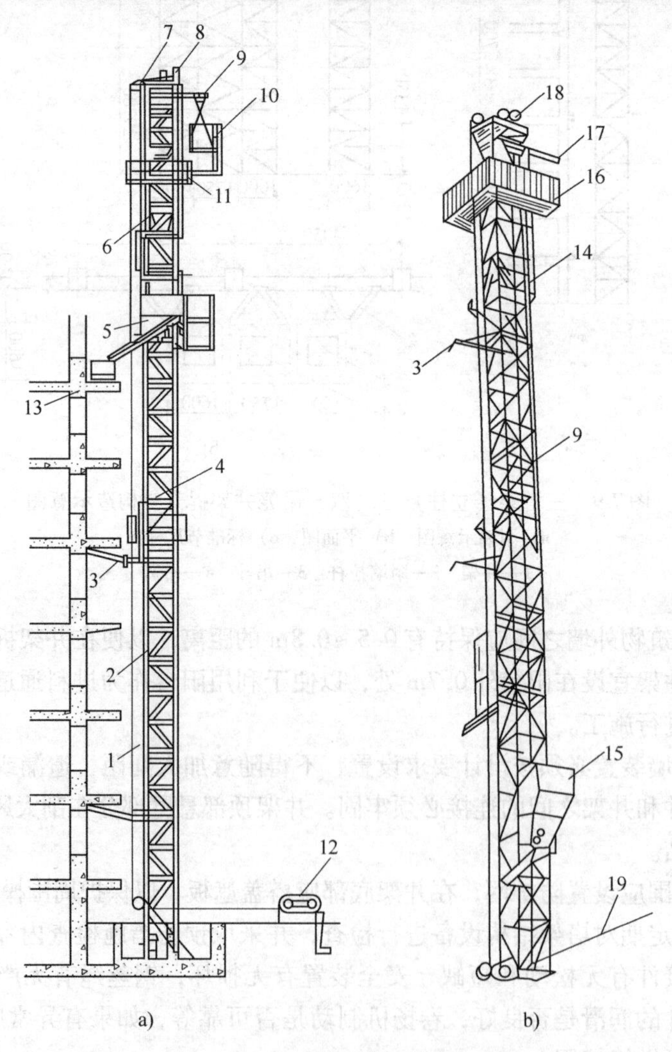

图 7-10 自升式快速提升机简图

1—起升钢丝绳 2—塔架 3—附墙杆 4—吊笼 5—料斗 6—顶升套架 7—导轨 8—顶升机构 9—塔架标准节引进轨道 10—塔架标准节 11—操作平台 12—快速卷扬机 13—建筑物 14—塔头主架 15—混凝土斗或吊笼 16—接杆作业台 17—吊杆 18—天轮 19—接卷扬机

2. 使用注意事项

1）塔架的附墙装置必须按设计要求设置，不得遗漏和加大竖向间距。附墙装置必须牢固可靠，间距一般不宜大于6m。

2）塔架悬臂高度一般不得超过11m，并要加设缆风绳以保证塔架刚度。

3）顶升接高塔架之前，应对顶升套架结构、顶升机构、塔架标准节提升机构进行全面检查，纠正发现的问题后，方准进行顶升接高。

4）在井架外围应设防护网，以保护周围操作人员的安全。

5）楼层指挥人员与地面卷扬机操作人员之间应设无线对讲电话，便于互相联系、指挥操作。

6）提升机操作驾驶员应经培训和考试合格，方可上岗操作，不准随便换人顶替操作。

7）拆卸时，附着装置必须随塔架下落而逐步拆除，不允许先拆除全部附着装置而后拆除塔架。

8）使用中应定期对塔架结构设备进行保养和检查，如果发现情况异常，必须停机检修，故障未经排除不得使用。

7.3.3 组合式快速货物提升机

1. 构造

组合式快速货物提升机是由两台单塔架单吊笼井架提升机组合发展而成，现已有较成熟的定型产品。其特点是速度快、运量大、效益好。组合式快速货物提升机由左、中、右3个塔架组成，但中间塔架借用两侧塔架的主弦杆，腹杆布置方式也不同于左、右两侧塔架。塔架标准节采用十字销联接，装拆方便、安全，使用寿命长。组合式快速货物提升机设有齐全的安全装置，控制系统既可手动，也可电动，操作简单。3个吊笼分别用3台独立的卷扬机驱动，运行时相互不干扰，其中任何1台发生故障，不影响其他两台的工作。ZJK100型自动快速货物提升机的最大提升高度为150m，最大提升速度为104m/min，单吊笼最大载重量为1.5～2t。

2. 技术性能

ZJK100型自动快速货物提升机的技术性能见表7-2。

表7-2　ZJK100型自动快速货物提升机的技术性能

最大运货高度/m		100、140		
吊笼尺寸（长×宽）/m	小吊笼2个	2.00×1.85，可容纳两辆手推车		
	大吊笼1个	3.65×2.00，可容纳4辆手推车		
快速卷扬机		牵引力/kN	升速/(m/min)	电动机功率/kW
	Ⅰ型	20	84	30
	Ⅱ型	20	61	22
	Ⅲ型	15	104	30
	Ⅳ型	15	84	22
涡轮制动器		ZV_3-50		
电磁制动器		TJ_2-300		
安全装置		吊笼运行高低限位开关、断绳保险、起重报警、起动警告等		

7.4 施工电梯

施工电梯又称为人货两用电梯，它是一种附着在外墙或其他结构部位上的垂直提升机械，随着建筑物的升高而接高，搭设高度可达100~220m。施工电梯用于运送施工人员和建筑器材，被认为是高层建筑物施工中不可缺少的关键性设备之一。

7.4.1 分类与构造

施工电梯的驱动系统分为齿轮齿条驱动和钢丝绳轮驱动两类，前者又分为单厢（笼）式和双厢（笼）式，可配平衡重，也可不配平衡重（图7-11）。一般选择双厢式，以提高运输效率。施工电梯又有单塔架式和双塔架式之分，我国采用较多的主要为单塔架式。

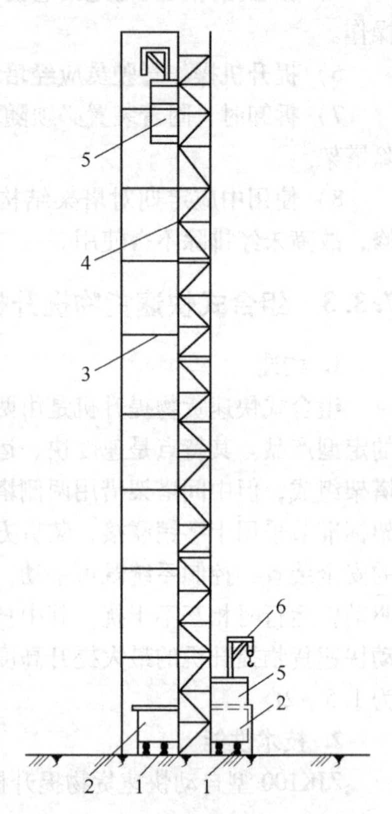

图7-11　齿轮齿条驱动无配重
1—缓冲机构　2—底笼　3—附墙装置　4—塔架　5—轿厢　6—小吊杆

齿轮齿条驱动施工电梯由塔架（导轨架）、轿箱、驱动机构、安全装置、电控系统、提升接高机构组成。导轨架由节长1.5m、带有齿条的标准节连接而成，其截面尺寸多为650mm×650mm和800mm×800mm，也有其他尺寸的。四角立柱用ϕ76mm×4mm无缝钢管制作，标准节之间用套柱螺栓联接。主弦杆即为轿厢升降的导轨，导轨通过附墙装置与施工中的建筑物拉结。塔架的不附着高度为5.5~12.0m。轿厢由型钢焊接骨架和方眼编织网围护组成，顶上设有提升塔架标准节接高用的小吊杆。齿轮齿条驱动系统由尾端带有盘式制动器的电动机、蜗杆减速器和小齿轮组成，通过钢板机座安装在轿厢内，齿条安装在塔架面对轿厢一侧的桁架上，小齿轮与齿条口齿合，电动机通电后蜗杆带动小齿轮在齿条上转动，从而驱动轿厢上下运行。轿厢上装有导轮，使轿厢以塔架主弦杆为导杆作直线运动而不偏摆。轿厢一侧设有电梯驾驶员专座，负责操纵电梯升降。轿厢上升速度一般为36m/min左右，下降速度一般控制在0.88~0.98m/s，用限速制动装置控制速度。

钢丝绳轮驱动施工电梯由放线筒、底架、电气箱、卷扬机、电缆及安全装置等部件组成（图7-12）。其安全装置有上下限位开关、止挡缓冲装置、安全钳和轿厢自锁装置。当突然停电、钢丝绳破断等事故发生时，可使轿厢下滑距离不超过100mm。

高层建筑施工外用施工电梯的机型选择应根据建筑结构体型、建筑面积、运输总量、工期要求、电梯价格，以及供货条件等确定，要求各项参数（载重量、提升高度、提升速度）满足要求，可靠性好，价格便宜，效能高。根据对一些高层建筑配置施工电梯数量的调查，一台单笼齿轮齿条驱动施工电梯的服务面积一般为2~4万m^2。

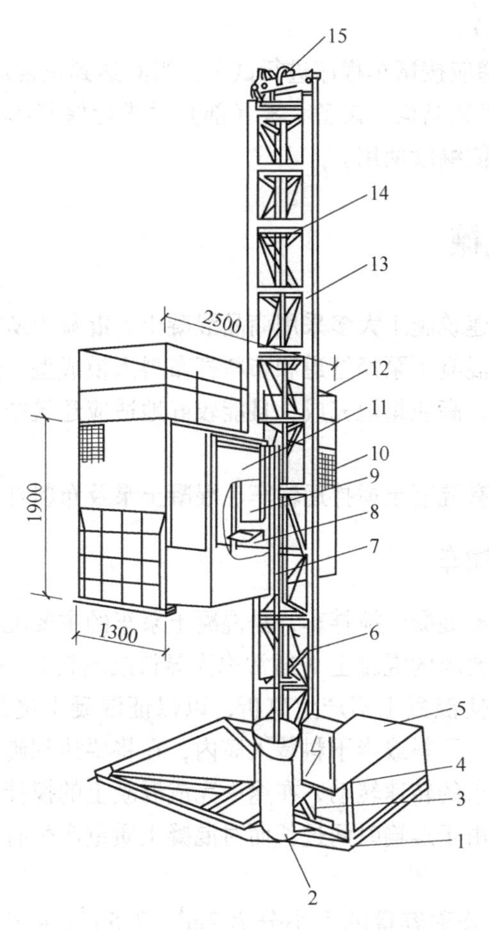

图7-12　钢丝绳轮驱动施工电梯示意图

1—底架　2—放线筒　3—减震器　4—电气箱　5—卷扬机　6—引线架　7—电缆　8—安全装置　9—限速机构　10—工作笼　11—驾驶室　12—围栏　13—立柱　14—联接螺栓　15—柱顶

7.4.2　使用注意事项

1）施工电梯布置的位置应便利人员上下和物料集散；由电梯出口至各施工处的平均距离应最近；便于安装附墙装置；接近电源，有良好的夜间照明。

2）输送人员的时间占施工电梯总运送时间的60%～70%，因此要设法解决好工人上下班运量高峰时的拥堵问题。在结构、装修施工进行平行流水、立体交叉作业时，运输量最为繁忙，也要设法疏导运输流量，解决好高峰时的拥堵问题，一般采取分别设置电梯，各负责一段的运输方法。

3）电梯的安装应按安装说明书的程序和要求进行。一般的安装程序为：将部件运到安装地点→装底笼和二层标准节→装轿厢→接高标准节，并同时设置附墙支撑→安装配重。

4）导轨架应设置在混凝土基础上，并用锚固螺栓固定。电梯导轨安装时必须严格掌握垂直度，在任何高度上的垂直偏差均不得超过10mm。导轨架的接高与附墙支撑和站台结构的装设应协调同步进行。

5）电梯架设使用前和满载时，均应进行电动机制动效果的检查（要求点动1m高度，停2min，里笼无下滑现象)。

6）安装好的施工电梯应按试车程序进行试车，当其达到正常运行条件时方可使用。

7）使用中应定期对塔架结构、设备、零（部）件进行保养和检查，发现异常情况时必须立即检修，经修复后才能继续使用。

7.5 混凝土运送机械

目前，我国大中城市建筑施工大多采用商品混凝土。混凝土从搅拌站由混凝土搅拌运输车运到施工现场，然后由混凝土泵经管道和布料杆布料入模成型，这种混凝土的运输方式能保证高层建筑施工高效率、高质量地完成，且能较好地适应建筑结构体型复杂、施工场地狭窄等施工环境条件。

混凝土运送机械主要有混凝土搅拌运输车、混凝土泵及布料杆等。

7.5.1 混凝土搅拌运输车

混凝土搅拌运输车简称混凝土搅拌车，是混凝土泵车的主要配套设备，其用途是运送已搅拌好的、质量符合施工要求的混凝土（通常称为湿料或熟料)。在运输途中，搅拌筒进行低速转动（1～4r/min)，使混凝土不产生离析，以保证混凝土浇筑入模的施工质量。在运输距离很长时也可将混凝土干料或半干料装入筒内，在将要达到施工地点之前补充定量拌合水，并使搅拌筒按搅拌要求的转速转动，在途中完成混凝土的搅拌全过程，到达工地后可立即卸下并进行浇筑，以免由于运输时间过长而对混凝土质量产生有害影响。

1. 分类与构造

混凝土搅拌运输车按公称容量的大小分为$2m^3$、$2.5m^3$、$4m^3$、$5m^3$、$6m^3$、$7m^3$、$8m^3$、$9m^3$、$10m^3$、$12m^3$等多种类型，搅拌筒的充盈率为55%～60%。公称容量在$2m^3$以下的属于轻型混凝土搅拌运输车，将搅拌筒安装在普通汽车底盘上制成；公称容量在4～$6m^3$的属于中型混凝土搅拌运输车，用重型汽车底盘改装而成；公称容量在$8m^3$以上的为大型混凝土搅拌运输车，以三轴式重型载重汽车底盘制成。实践表明，公称容量为$6m^3$的混凝土搅拌运输车技术经济效益最佳。

混凝土搅拌运输车如图7-13所示，主要由底架、搅拌筒、发动机、静液驱动系统、加水系统、装料及卸料系统、卸料溜槽、卸料振动器、操作平台、操作系统及防护设备组成。

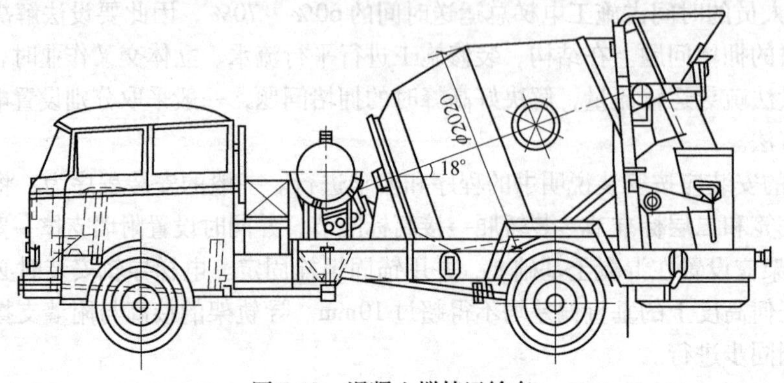

图7-13 混凝土搅拌运输车

搅拌筒内装有两条螺栓形搅拌叶片，当鼓筒正向回转时，可使混凝土得到拌和；反向回转时，可使混凝土排出。

2. 选用与使用注意事项

1）选用混凝土搅拌运输车时，应注意以下几点：

① 公称容量为$6m^3$的混凝土搅拌运输车，其装料时间一般需40～60s，卸料时间为90～180s；搅拌筒的开口宽度应大于1050mm，卸料溜槽的宽度应大于450mm。

② 装料高度应低于搅拌站（机）出料口的高度；卸料高度应高于混凝土泵车受料口的高度，以免影响正常的装卸作业。

③ 搅拌筒的筒壁及搅拌叶片必须用耐磨、耐腐蚀的优质钢材制作，并应有适当的厚度。

④ 安全保护装备齐全。

⑤ 性能可靠，操作简单，便于清洗、保养。

2）新车投入使用前必须经过全面检查和试车，一切正常后才可正式使用。

3）混凝土搅拌运输车液压系统使用的压力应符合规定要求，不得随意调整。液压系统的油量、油质和油温应符合使用说明书中的规定；换油时，应选用与原牌号相应的液压油。

4）混凝土搅拌运输车装料前，应先排净筒内的积水和杂物。压力水箱内应始终装满水，以备急用。

5）混凝土搅拌运输车装载混凝土的体积不得超过其允许的最大搅拌容量。在运输途中，搅拌筒不得停止转动，以免混凝土离析。

6）混凝土搅拌运输车到达现场卸料前，应先使搅拌筒全速（14～18r/min）转动1～2min，并待搅拌筒完全停稳不转后进行反转卸料。

7）当环境温度高于25℃时，混凝土搅拌运输车从装料到卸料（包括途中运输）的全部延续时间不得超过60min；当环境温度低于25℃时，全部延续时间不得超过90min。

8）搅拌筒由正转变为反转时，必须先将操作手柄放置在中间位置，待搅拌筒停转后再将操作手柄放至反转位置。

9）冬期施工时，搅拌机开机前应检查水泵是否冻结；每日工作结束时，应按以下程序将积水排放干净：开启所有阀门→打开管道的排水龙头→打开水泵排水阀门→使水泵短时间运行（5min）→最后将控制手柄转至“搅拌出料”位置。

10）混凝土搅拌运输车在施工现场卸料完毕返回搅拌站前，应放水将装料口、出料漏斗及卸料槽等部位冲洗干净，并清除粘在车身各处的污泥和混凝土。

11）在现场卸料后，应随即向搅拌筒内注入150～200L清水，并在返回途中使搅拌筒慢速转动，以清洗搅拌筒内壁，防止水泥浆渣黏附在筒壁和搅拌叶片上。

12）筒内杂物和积水应排放干净。每天下班后，应向搅拌筒内注入适量清水，并高速（14～18r/min）转动5～10min，然后排放干净，以使筒内保持清洁。

13）混凝土搅拌运输车的操作人员必须经过专门培训并取得合格证；未取得合格证的不能上岗顶班作业。

7.5.2 混凝土泵

混凝土泵是在压力推动下沿管道输送混凝土的一种设备，它能一次连续完成混凝土的水平运输和垂直运输，配以布料杆或布料机还可有效地进行布料和浇筑。混凝土泵具有工作效率高、节省劳动力的优点，在国内外高层建筑施工中得到了广泛的应用，产生了良好的技术和经济效益。

1. 分类与构造

混凝土泵按其是否能移动和移动方式分为固定式、牵引（拖）式和汽车式（即混凝土泵车）3种，其中高层建筑施工所用的混凝土泵主要为后两种。牵引（拖）式混凝土泵是将混凝土泵装在可移动的底盘上，由其他运输工具拖动转移到工作地点。混凝土泵车是将混凝土泵装在汽车底盘上，且大都装有带三节折叠式臂架的液压操纵布料杆，如图7-14所示。混凝土泵车移动方便，机动灵活，移至新的工作地点后不需进行很多准备工作即可进行混凝土浇筑工作。

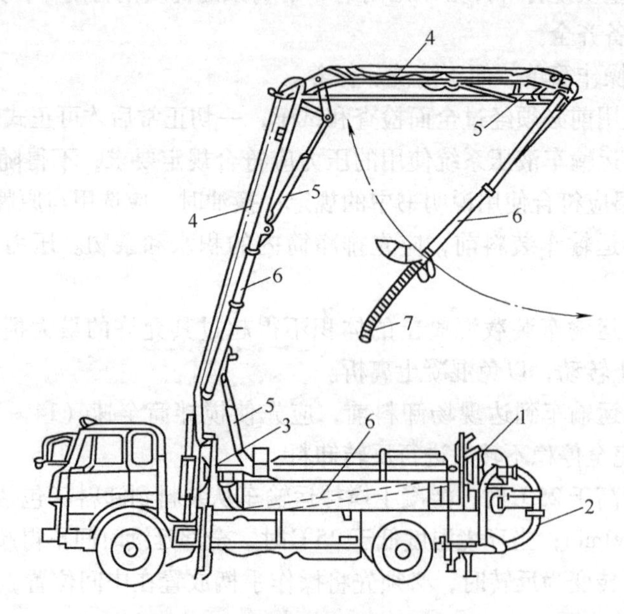

图7-14 带布料杆的混凝土泵车

1—混凝土泵 2—输送管 3—布料杆回转支撑装置 4—布料杆臂架 5—液压缸 6—输送管 7—橡胶软管

混凝土泵按其驱动方式可分为挤压式混凝土泵和柱塞式混凝土泵，如图7-15所示。目前，我国应用较多的是液压传动柱塞式混凝土泵，它主要由两个液压缸、两个混凝土缸、分

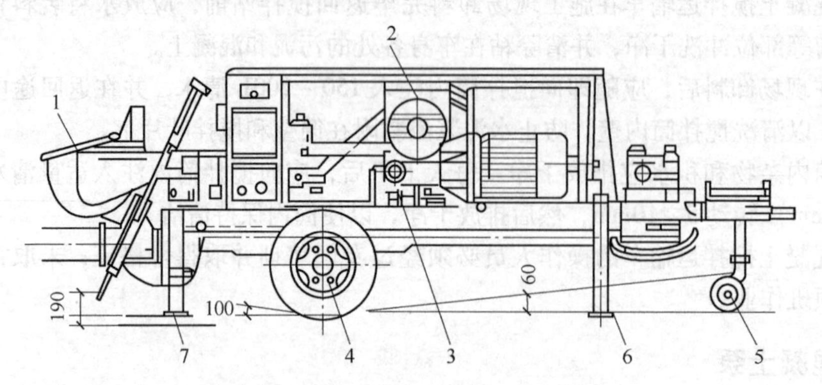

图7-15 HBT60牵引柱塞式混凝土泵

1—料斗 2—泵体 3—变量手柄 4—车桥 5—导向轮 6—前支腿 7—后支腿

配阀（闸板式管形）、料斗、Y形连通管及液压系统组成。通过液压控制系统使两个分配阀交替启闭。液压缸与混凝土缸相连通，通过液压缸活塞杆的往复作用及分配阀的密切协同动作，使两个混凝土缸轮流交替完成吸入和压送混凝土冲程。在吸入冲程中，混凝土缸由料斗吸入混凝土拌合物；在压送冲程中，把混凝土送入Y形连通管内，并通过输送配管压送至浇筑地点，从而使混凝土泵能连续稳定地进行输送。

2. 技术性能

部分混凝土泵的技术性能见表7-3。

表7-3 部分混凝土泵的技术性能

型号		HBJ30	HBT60	B5518E	BPA550HD	BRA2100H	NCP-9FB
最大理论排量/(m^3/h)		30	58	55	66	62	90
最大混凝土压力/(N/mm^2)		3.2	4.62	7.3	7	11.7	4.5
最大运距/m	水平	200	620	400	400	1000	600
	垂直	50	115	80	100	300	100

注：另有HBJ12挤压式混凝土泵，最大理论排量为$12m^3/h$。

7.5.3 布料杆

布料杆装在混凝土泵输送管道的端部，用于混凝土拌合物的运输、布料、摊铺及浇筑入模。它具有能在作业范围内进行水平和垂直方向输送，减少劳动消耗，提高生产效率，降低劳动强度和加快施工速度等优点。布料杆分为混凝土泵车布料杆和独立式布料杆两类。

1. 混凝土泵车布料杆

混凝土泵车布料杆由臂架和混凝土输送管组成，它与混凝土泵一同装在汽车底盘上组成混凝土泵车。这种布料杆为液压驱动三节折叠式，多安装在驾驶室后方的回转支撑架上。回转支撑架以液压驱动、内齿轮传动的滚珠盘为底座，可作360°回转，工作范围较大。

2. 独立式布料杆

独立式布料杆分为移置式、固定式、塔架式和管柱式，一般安装在底座、格构式塔架或管柱上，甚至安装在起重机的外伸臂上，以扩大布料范围来适应各种建筑物的混凝土浇筑工作。

（1）移置式布料杆　移置式布料杆由布料系统、支架、回转支撑及底架支腿等部件组成（图7-16），布料系统又由臂架、泵送管道及平衡臂组成。根据支架构造不同，移置式布料杆可分为台灵架式和屋面起重机式两种，前者工作幅度为9.5m，有效作业覆盖面积为$300m^2$；后者工作幅度为10~15m。两种布料杆都是借助塔式起重机进行移位，可直接安放在需要浇筑混凝土的施工处，与混凝土泵（或混凝土泵车）配套使用。整个布料杆可用人力推动，围绕回转中心转动360°。

（2）固定式布料杆　固定式布料杆又称为塔式布料杆（图7-17a），包括附着式布料杆及内爬式布料杆，两种布料杆除布料架外，其他部件如转台、回转支撑和机构、操作平台、爬梯、底架均采用批量生产的相应塔式起重机的部件。布料杆的塔架可用钢管或格桁结构制成。布料臂架采用薄壁箱形截面结构，一般由三节组成，末端装有4m长的橡胶软管，其俯、仰、曲、伸动作均由液压系统操纵。

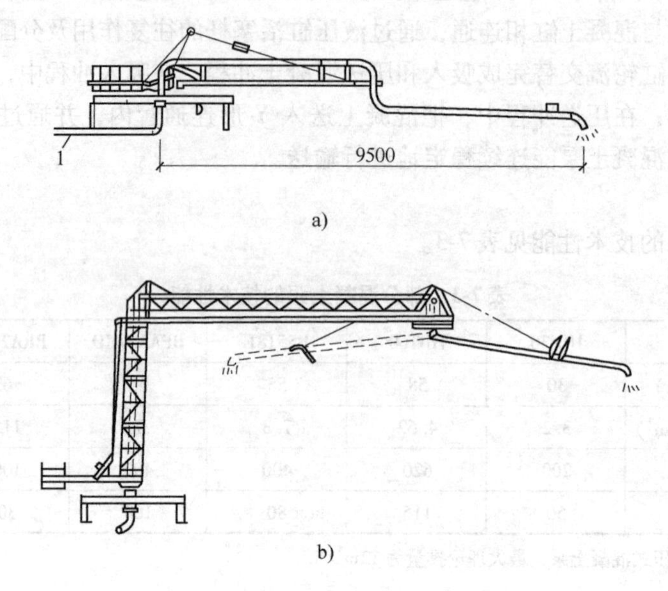

图 7-16 移置式布料杆

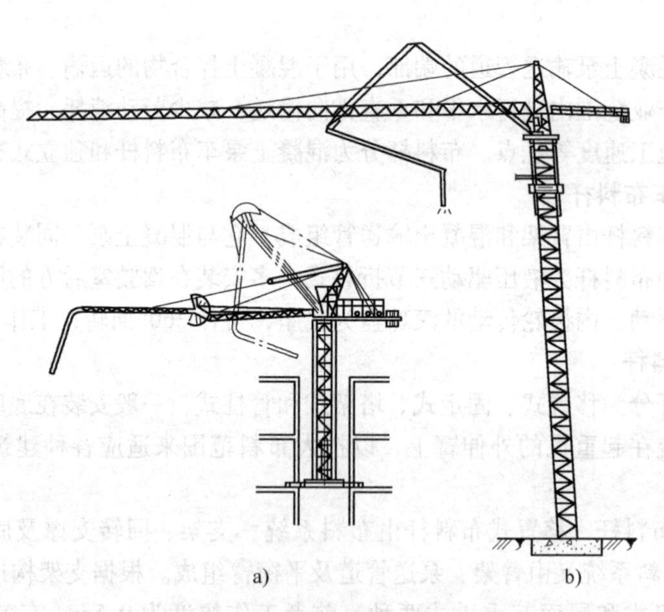

图 7-17 固定式和塔架式布料杆
a）固定式布料杆 b）塔架式布料杆

（3）塔架式布料杆 塔架式布料杆也称为起重布料两用塔式起重机，布料系统（图 7-17b）附装在特制的爬升套架上，也可安装在塔顶部经过加固改装的转台上。其中，特制的爬升套架是带悬挑支座的特制转台与普通爬升套架的集合体，布料系统及顶部塔身均装设在此集合体上。

（4）管柱式布料杆 管柱式布料杆由立柱（由多节钢管组成）、三节式臂架、泵管、转台、回转机构、操作平台、底座等组成，如图 7-18 所示。最大幅度为 16.8m，可 360°回转，三节臂架直立时，其垂直输送高度可达16m。在其钢管立柱下部设有液压爬升机构，借助爬升机构可在楼层预留孔洞中逐层向上爬升，工作十分方便，效果较好。

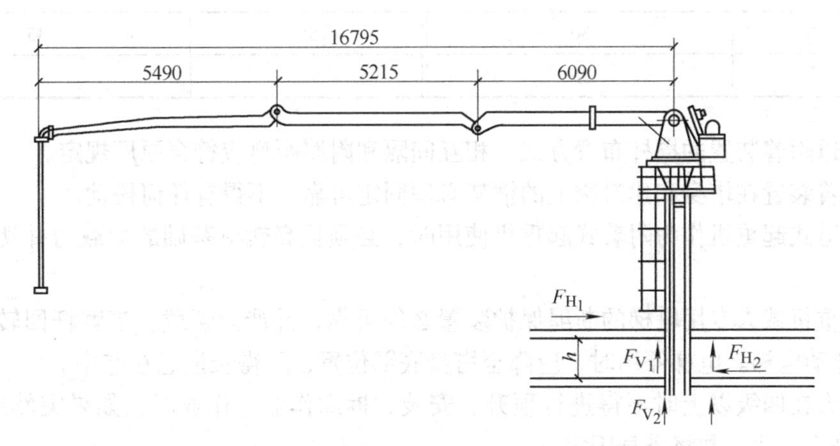

图7-18 管柱式布料杆
F_H—水平反力 F_V—垂直反力 h—楼层高度

在高层建筑施工中独立式布料杆应用较多。高层建筑高度大，除下面几层外，用混凝土泵（或混凝土泵车）进行楼盖结构等浇筑时都宜用独立式布料杆进行布料，以加快混凝土的浇筑速度。

布料杆的选用一般取决于下列一些条件：

1）工程对象特点（包括结构特点、造型尺寸及建筑面积等）。

2）工程量。

3）人力及物力资源情况。

4）设备供应情况等。

一般来说，地下室结构应选用2~4台混凝土泵车布料杆进行摊铺布料；零点标高以上、7层以下混凝土结构宜选用最大作业幅度为21~23m的混凝土泵车布料杆进行施工；7层以上的混凝土结构宜采用内爬式或附着式布料杆进行施工；如果只浇筑混凝土楼板，宜采用台灵架式布料杆；如果既要浇筑混凝土楼板，又要浇筑混凝土板墙，宜采用屋面起重机式布料杆。

7.6 施工机械使用安全注意事项

7.6.1 塔式起重机

塔式起重机使用安全注意事项：

1）附着式或内爬式塔式起重机，其基础和附着的建筑物的受力强度必须满足塔式起重机的设计要求。

2）附着时应用经纬仪检查塔身的垂直情况并用撑杆调整垂直度，其垂直度偏差不应超过表7-4的规定值。

表 7-4 塔身垂直度

锚固点距轨面高度/m	塔身锚固点垂直度偏差值/mm	锚固点距轨面高度/m	塔身锚固点垂直度偏差/mm
25	25	50	40
40	30	55	45
45	35		

3）每道附着装置的撑杆布置方式、相互间隔和附墙距离应符合原厂规定。

4）附着装置在塔身和建筑物上的框架必须固定可靠，不得有任何松动。

5）轨道式起重机作为附着式起重机使用时，必须提高轨道基础的承载力并切断行走机构的电源。

6）起重机载人专用电梯的断绳保护装置必须可靠，并严禁超载。当臂杆回转或起重作业时严禁开动电梯。电梯停用时，应降至塔身底部位置，不得长期悬在空中。

7）风力在四级以上时不得进行顶升、安装、拆卸作业。作业时，如果突然风力加大，必须立即停止作业，并将塔身固定。

8）顶升前必须检查液压顶升系统各部件的连接情况，并调整好爬升架滚轮与塔身的间隙；然后放松电缆，其长度略大于顶升高度，并紧固好电缆卷筒。

9）顶升作业必须由专人指挥，非专业人员不得登上顶升套架的操作台，操作室内只准1人操作。顶升作业时，现场人员应严格听从信号指挥。

10）顶升时，必须使吊臂和平衡臂处于平衡状态，并将回转部分制动住。顶升时严禁回转臂杆及进行其他作业。顶升中出现故障必须立即停止顶升进行检查，待故障排除后方可继续顶升。

11）顶升到规定高度后必须先将塔身附着在建筑物上后方可继续顶升。塔身高出固定装置的自由端高度应符合原厂规定。

12）顶升完毕后，各联接螺栓应按规定的力矩紧固，爬升套架滚轮与塔身应匹配良好，左右操纵杆应位于中间位置，并切断液压顶升机构的电源。

7.6.2 施工电梯

施工电梯使用安全注意事项：

1）电梯在每班首次载重运行时，必须从最底层上升。当梯笼升离地面1～2m时，要停车试验制动器的可靠性，如果发现制动器不正常，经修复后方可运行。

2）梯笼内载人或载物时，应使荷载均匀分布，防止偏重，严禁超载运行。

3）操作人员应与指挥人员密切配合，根据指挥信号操作，作业前必须鸣声示意。在电梯未切断总电源开关前，操作人员不得离开操作岗位。

4）电梯运行中如发现机械有异常情况应立即停机检查，排除故障后方可继续运行。

5）电梯在大雨、大雾和六级及以上大风天气时应停止运行，并将梯笼降到底层，切断电源。暴风雨后，应对电梯各有关安全装置进行一次检查。

6）电梯运行到最上层和最底层时，严禁以行程限位开关自动停车来代替正常操作按钮的使用。

7）作业后，将梯笼降到底层，各控制开关拨到零位，切断电源，锁好电闸箱，闭锁梯笼门和维护门。

7.6.3　混凝土泵送机械

混凝土泵送机械使用安全注意事项：

1）机械操作和喷射操作人员应密切联系，送风、加料、停机、停风作业时，以及发生堵塞等情况时应相互协调配合。

2）在喷嘴的前方或左右5m范围内不得站人，工作停歇时喷嘴不得对向有人的方向。

3）作业中当暂停时间超过1h时，必须将仓内及运输管内的干混合料（不加水）全部喷出。

4）转移作业面时，供风、供水系统也应随之移动，输料软管不得随地拖拉和折弯。

5）作业后，必须将仓内和输料软管内的干混合料（不含水）全部喷出，再将喷嘴拆下清洗干净，并清除喷射机外部黏附的混凝土。

6）支腿应全部伸出并支固，未支固前不得开动布料杆。布料杆升离支架后即可回转。布料杆伸出时应按顺序进行。严禁用布料杆起吊或拖拉物件。

7）当布料杆处于全伸状态时，严禁移动车身。作业中需要移动时，应将上段布料杆折叠固定，移动速度不超过10km/h。布料杆不得使用超过规定直径的配管，装接的软管应系紧防脱安全绳带。

8）应随时观察各种仪表和指示灯，发现不正常时应及时调整和处理。输送管道堵塞时，应进行逆向运转使混凝土返回料斗，必要时应拆管排除堵塞。

9）泵送工作应连续进行，必须暂停时应每隔5~10min（冬季为3~5min）泵送一次。若停止较长时间后泵送，应逆向运转1~2个行程，然后顺向泵送。泵送时料斗内应保持一定量的混凝土，不得吸空。

10）应保持水箱内储满清水，发现水质混浊并有较多砂粒时应及时检查处理。

11）泵送系统受压力时，不得开启任何输送管道和液压管道。液压系统的安全阀不得任意调整，蓄能器只能充入氮气。

12）作业后，必须将料斗内和管道内的混凝土全部输出，然后对泵机、料斗、管道进行冲洗。用压缩空气冲洗管道时，管道出口端前方10m内不得站人，并应用金属网篮等收集冲出的泡沫橡胶及砂石粒。

13）严禁用压缩空气冲洗布料杆配管。布料杆的折叠收缩应按顺序进行。

14）作业后，将两侧活塞运转到清洗室位置，并涂上润滑油。

15）作业后，各部位的操纵开关、调整手柄、手轮、控制杆、旋塞等均应复位，液压系统应卸荷。

本章小结

高层建筑施工的特点是：运输量大，运输高度大；多工种交叉作业，安全隐患大；施工人员频繁上下，人员交通量大；组织管理工作复杂。为确保工程有效、安全、合理地进行，关键工作之一是选择合理的垂直运输机械，在保证工期和质量的前提下节约劳动力、增强工效、提高经济效益。

复习思考题

1. 塔式起重机的基本形式有哪几种？各自如何分类？
2. 塔式起重机的基本参数有哪些？
3. 塔式起重机基础如何布置？
4. 施工电梯的布置位置有何要求？

第 8 章　高层建筑施工用脚手架工程

教学目标：

1. 了解脚手架工程在建筑施工中的作用。熟悉脚手架的分类、选型、构造组成、搭设及拆除。

2. 掌握扣件式多立杆钢管脚手架的构造组成及技术要求。重点掌握扣件式钢管脚手架的构造和设计方法。

3. 熟悉碗扣式钢管脚手架、门式钢管脚手架的构造和搭设方法。了解附着升降式脚手架和悬挑式脚手架的构造和搭设要求。熟悉脚手架的拆除要求及安全防护要求。

8.1　高层建筑脚手架综述

8.1.1　脚手架工程的特点及其发展方向

脚手架是建筑施工中不可缺少的临时设施，它是为解决在建筑物高部位施工而专门搭设的，用作操作平台、施工作业和运输通道，并能临时堆放施工用材料和机具，因此脚手架在砌筑工程、混凝土工程、装修工程中有着广泛的应用。

我国脚手架工程的发展大致经历了三个阶段：20 世纪 50 ~ 60 年代，脚手架的原材料主要是竹、木，这是脚手架发展的第一阶段；20 世纪 60 ~ 70 年代，出现了钢管扣件式脚手架及各种钢制工具式里脚手架，这是脚手架发展的第二阶段；从 20 世纪 80 年代开始，随着土木工程的发展，一些研究、设计、施工单位在从国外引入的新型脚手架的基础上，经多年研究、应用，开发出了一系列新型脚手架，进入了多种脚手架并存的第三阶段。

脚手架与一般结构相比，其工作条件具有以下特点：

1）所受荷载变异性较大。

2）扣件连接节点属于半刚性，且节点刚性与扣件质量、安装质量有关，节点性能存在较大差异。

3）脚手架结构、构件存在初始缺陷，如杆件的初弯曲、锈蚀，搭设尺寸误差，受荷偏心等。

4）与墙的连接点对脚手架的约束性差异较大。

5）安全储备小。

目前，脚手架的发展趋势是向着轻量化、高强度化、标准化、装配化和多功能化方向发展。材料由木、竹发展为金属制品；搭设工艺将逐步采用组装方法，尽量少用或不用扣件、螺栓等零件；材质也将逐步采用薄壁型钢、铝合金制品等。

8.1.2　脚手架的分类

脚手架可根据与施工对象的位置关系，以及支撑特点、结构形式及使用的材料等划分为多种类型。

1. 按照与建筑物的位置关系划分

1）外脚手架：沿建筑物外围从地面搭起，既可用于外墙砌筑，又可用于外装饰施工。其主要形式有多立杆式、框式、桥式等。多立杆式应用最广，框式次之，桥式应用最少。

2）里脚手架：搭设于建筑物内部，每砌完一层墙后即将其转移到上一层楼面，进行新的一层砌体砌筑，它可用于内外墙的砌筑和室内装饰施工。里脚手架用料较少，但装拆频繁，故要求轻便灵活，装拆方便。其结构形式有折叠式、支柱式和门架式等多种。

2. 按照支撑部位和支撑方式划分

1）落地式脚手架：搭设（支座）在地面、楼面、屋面或其他平台结构之上的脚手架。

2）悬挑式脚手架：采用悬挑方式支固的脚手架，其悬挑方式又有以下 3 种：

① 架设于专用悬挑梁上。

② 架设于专用悬挑三角桁架上。

③ 架设于由撑拉杆件组合的支挑结构上。其中，支挑结构有斜撑式、斜拉式、拉撑式和顶固式等多种。

3）附墙悬挂脚手架：在上部或中部挂设于墙体挑挂件上的定型脚手架。

4）悬吊脚手架：悬吊于悬挑梁或工程结构之下的脚手架。

5）附着升降脚手架（简称“爬架”）：附着于工程结构、依靠自身提升设备实现升降的悬空脚手架。

6）水平移动脚手架：带行走装置的脚手架或操作平台架。

3. 按照所用材料划分

按所用材料划分为木脚手架、竹脚手架和金属脚手架。

4. 按照结构形式划分

按结构形式划分为多立杆式、碗扣式、门式、方塔式、附着式及悬吊式等。

8.1.3 脚手架的构造及搭设要求

1. 扣件式钢管脚手架

扣件式钢管脚手架属于多立杆式外脚手架中的一种，其特点是杆配件数量少；装卸方便，利于施工操作；搭设灵活，搭设高度大；坚固耐用，使用方便。

扣件式钢管脚手架的适用范围如下：工业与民用房屋建筑，特别是多高层房屋的施工用脚手架；高耸构筑物，如井架、烟囱、水塔等的施工用脚手架；模板支撑架；上料平台；栈桥、码头、高架公路等工程的施工用脚手架；简易建筑物的骨架等。

多立杆式脚手架由立杆、大横杆、小横杆、斜撑、脚手板等组成，如图 8-1 所示。每步架高可根据施工需要灵活布置，取材方便，钢、木、竹等均可应用。多立杆式脚手架分为双排式和单排式两种。单排式脚手架（单排架）只有一排立杆，是将横向水平杆的一端搁置在墙体上的脚手架；双排式脚手架（双排架）是由内外两排立杆和水平杆等构成的脚手架。

单排式脚手架不适用于下列情况：墙体厚度小于或等于 180mm；建筑物高度超过 24m；空斗砖墙、加气混凝土砌块墙等轻质墙体；砌筑砂浆强度等级小于或等于 M1.0 的砖墙。

双排式脚手架沿外墙一侧设置两排立杆，小横杆两端支撑在内外两排立杆上，多高层房屋均可采用。但当房屋高度超过 50m 时，需专门设计。单排式脚手架沿外墙一侧仅设置一

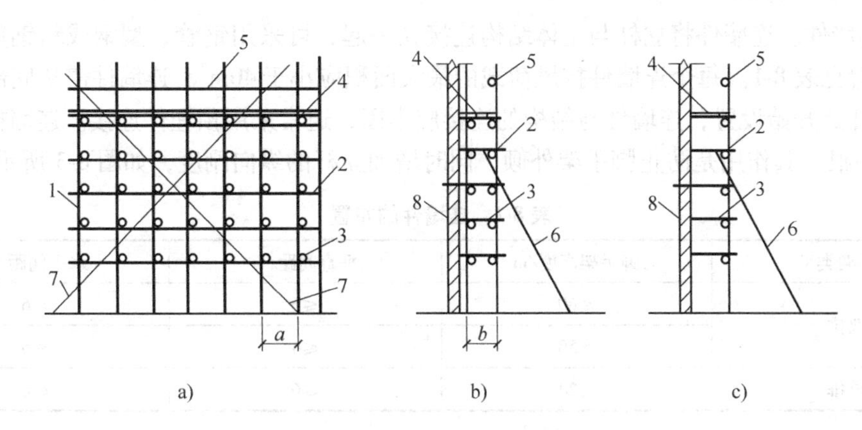

图8-1 多立杆式脚手架

a）立面 b）侧面（双排架） c）侧面（单排架）

1—立杆 2—大横杆 3—小横杆 4—脚手板 5—栏杆 6—抛撑 7—斜撑（剪刀撑） 8—墙体

排立杆，其小横杆与大横杆连接，另一端支撑在外墙上，仅适用于荷载较小、高度较低（≤25m）、墙体有一定强度的多层房屋。

（1）构造要求

1）钢管杆件。钢管杆件包括立杆、大横杆、小横杆、剪刀撑、斜杆和抛撑（在脚手架立面之外设置的斜撑）。钢管杆件一般采用外径为48mm、壁厚为3.5mm的焊接钢管或无缝钢管，也有采用外径为50～51mm、壁厚为3～4mm的焊接钢管或其他钢管。用于立杆、大横杆、剪刀撑和斜杆的钢管最大长度为6.5m，每根钢管最大质量不宜超过25kg，以便人工操作。用于小横杆的钢管长度宜在1.8～2.2m，以适应脚手架宽度的需要。

2）扣件。扣件为杆件的连接件，分为可锻铸铁铸造扣件和钢板压制扣件两种。扣件的基本形式（图8-2）有以下3种：

① 直角扣件：用于两根钢管呈垂直交叉的连接。

② 旋转扣件：用于两根钢管呈任意角度交叉的连接。

③ 对接扣件：用于两根钢管的对接连接。

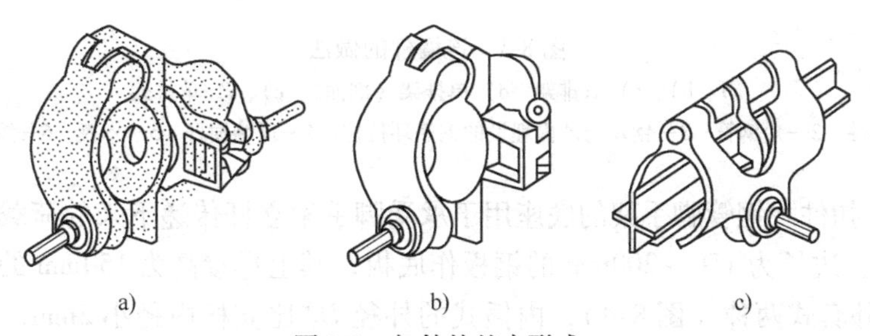

图8-2 扣件的基本形式

a）直角扣件 b）旋转扣件 c）对接扣件

3）脚手板。脚手板一般用厚度为2mm的钢板压制而成，长度为2～4m，宽度为250mm，表面应有防滑措施；也可用厚度不小于50mm的杉木板或松木板制成，长度为3～6m，宽度为200～250mm。脚手板可采用竹脚手板，有竹笆板和竹片板两种形式。脚手板的材质应符合设计规定，且脚手板不得有超过允许的变形和缺陷。

4）连墙件。连墙件将立杆与主体结构连接在一起，可采用钢管、型钢或粗钢筋等。连墙件的布置见表8-1。每个连墙件抗风荷载的最大面积应小于40m²。连墙件需从底部第一根纵向水平杆处开始设置，连墙件与结构的连接应牢固，通常采用预埋件连接。连墙杆每3步5跨设置一根，其作用是防止脚手架外倾，同时增加立杆的纵向刚度，如图8-3所示。

表8-1 连墙件的布置

脚手架类型	脚手架高度/m	垂直间距/m	水平间距/m
双排	≤60	≤6	≤6
	>50	≤4	≤6
单排	≤24	≤6	≤6

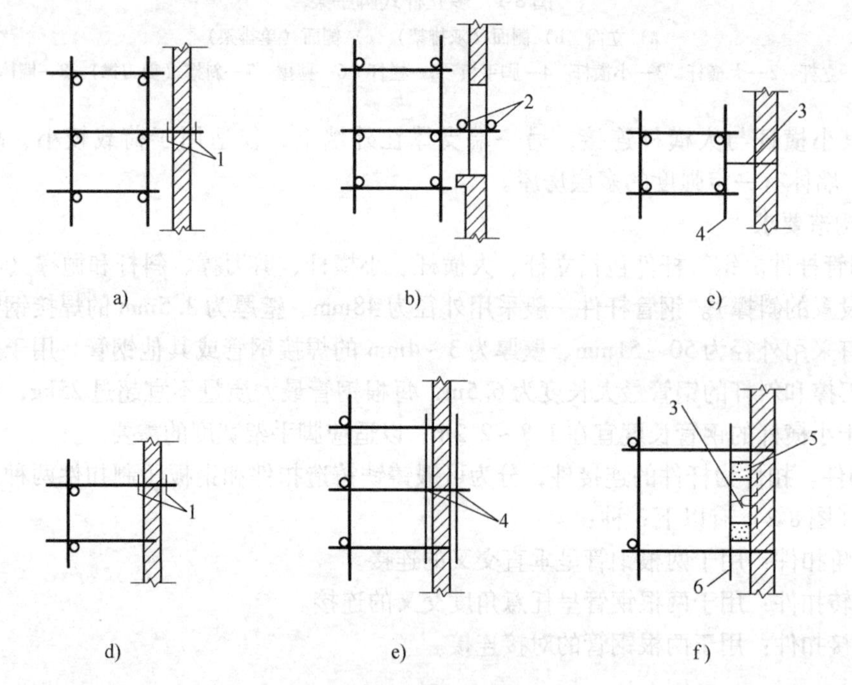

图8-3 连墙件的做法

a)、b)、c) 双排架 d) 单排架（剖面） e)、f) 单排架

1—扣件 2—短钢管 3—钢丝与墙内埋设的钢筋环拉住 4—顶墙横杆 5—木楔 6—短钢管

5）底座。扣件式钢管脚手架的底座用于承受脚手架立杆传递下来的荷载，底座一般采用厚度为8mm、边长为150～200mm的钢板作底板，其上焊接高为150mm的钢管。底座形式有内插式和外套式两种（图8-4），内插式的外径D_1比立杆内径小2mm，外套式的内径D_2比立杆外径大2mm。

（2）搭设要求

1）扣件式钢管脚手架搭设范围内的地基要夯实找平，做好排水处理，防止积水浸泡地基。

2）立杆中大横杆步距和操作层小横杆间距可按表8-2选用，最下一层步距可放大到1.8m，便于底层施工人员的通行和运输。

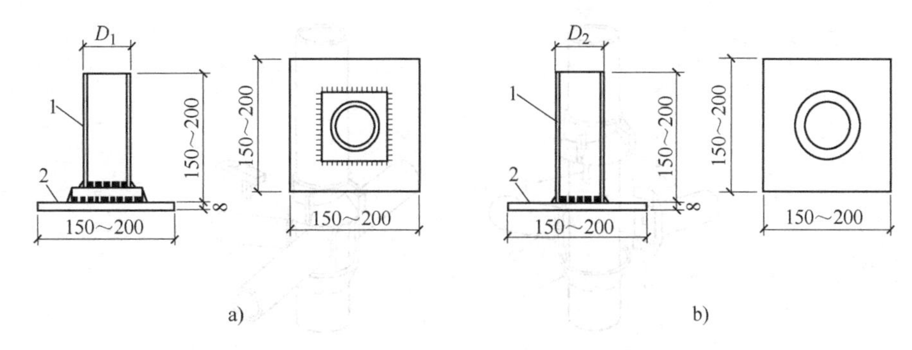

图8-4 扣件式钢管脚手架底座

a）内插式底座 b）外套式底座

1—承插钢管 2—钢板底座

表8-2 扣件式钢管脚手架构造尺寸和施工要求

用 途	构造形式	里立杆离墙面的距离/m	立杆间距/m		操作层小横杆间距/m	大横杆步距/m
			横距 l_b	纵距 l_a		
砌筑	单排	0.5	1.2~1.4	1.2~2.0	≤0.5l_n	1.5~1.8
	双排		1.05~1.55	1.2~2.0		1.5~1.8

3）须在立杆底座底下垫以木板或垫块。杆件搭设时应注意保持立杆垂直，竖立第一节立杆时，每6跨应暂设一根抛撑（垂直于大横杆，一端支撑在地面上），直至固定件架设好后方可根据情况拆除。

4）剪刀撑设置在脚手架两端的双跨内和中间每隔30m净距的双跨内，仅在脚手架外侧与地面呈45°布置。搭设时将一根剪刀撑扣在小横杆的伸出部分，同时随着墙体的砌筑设置连墙杆与墙锚拉，扣件要拧紧。

5）脚手架的拆卸按由上而下逐层向下的顺序进行，严禁上下同时作业。严禁将整层或数层固定件拆卸后再拆卸脚手架。严禁抛扔，卸下的材料应集中。严禁行人进入施工现场，要统一指挥，上下呼应，保证安全。

2. 碗扣式钢管脚手架

（1）基本构造 碗扣式钢管脚手架是我国自行研制的一种多功能脚手架，其杆件节点处采用碗扣连接。由于碗扣是固定在钢管上的，构件全部轴向连接，故力学性能较好、连接可靠，组成的脚手架整体性好，不存在扣件丢失问题。碗扣式钢管脚手架由钢管立杆、横杆、碗扣接头等组成。其基本构造和搭设要求与扣件式钢管脚手架类似，不同之处主要在于碗扣接头形式。碗扣接头是碗扣式钢管脚手架的核心部件，由上碗扣、下碗扣、横杆接头和限位销等组成（图8-5）。上碗扣、下碗扣和限位销分别按60cm间距设置在钢管立杆之上，其中下碗扣和限位销直接焊接在立杆上。组装时，将上碗扣的缺口对准限位销后，压紧和旋转上碗扣，利用限位销固定上碗扣，把横杆接头插入下碗扣内。碗扣接头可同时连接4根横杆，可以互相垂直或偏转一定角度。

（2）搭设要求 碗扣式钢管脚手架立杆的横距为1.2m，纵距可为1.2m、1.5m、1.8m、2.4m（根据脚手架荷载确定），步距为1.8m、2.4m。搭设时立杆的接长缝应错开，第一层立杆应用长度为1.8m和3.0m的立杆错开布置，往上均用3.0m长的立杆，至顶层再用

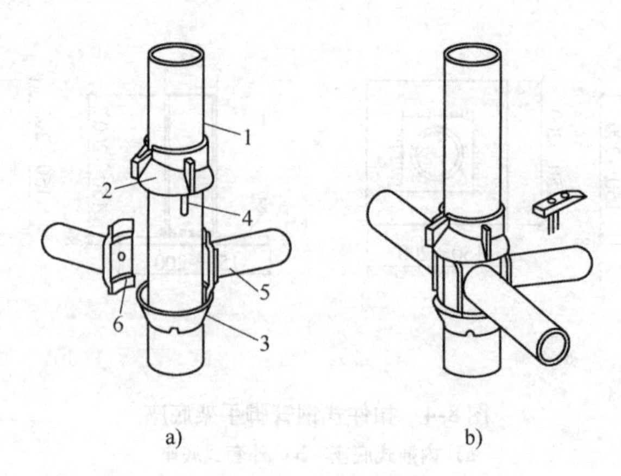

图 8-5　碗扣接头

a）连接前　b）连接后

1—立杆　2—上碗扣　3—下碗扣　4—限位销　5—横杆　6—横杆接头

1.8m 和 3.0m 两种长度的立杆找平。30m 以下高度脚手架的垂直度偏差应在 1/200 以内；30m 以上高度脚手架的垂直度偏差应控制在 1/600 ~ 1/400，且总高垂直度偏差不应大于 100mm。

3. 门式钢管脚手架

门式钢管脚手架又称为多功能门式钢管脚手架，是一种工厂生产、现场搭设的脚手架，是目前国际上应用最普遍的脚手架之一。

（1）构造要求　门式钢管脚手架由门式框架、剪刀撑和水平梁架（或脚手板）构成基本单元，如图 8-6a 所示。将基本单元连接起来即构成门式外脚手架，如图 8-6b 所示。

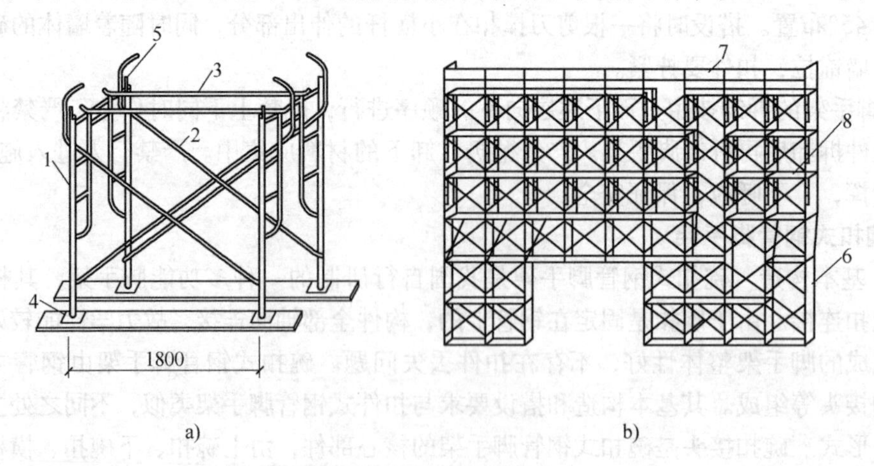

图 8-6　门式钢管脚手架

a）基本单元　b）门式外脚手架

1—门式框架　2—剪刀撑　3—水平梁架　4—螺旋基脚　5—连接器　6—梯子　7—栏杆　8—脚手板

（2）搭设要求　门式钢管脚手架一般按以下程序搭设：铺放垫木（板）→拉线、放底座→自一端起立门架并随即装设剪刀撑→装水平梁架（或脚手板）→装梯子→装设通长的纵向水平杆（需要时）→装设连墙杆→按照上述步骤，逐层向上安装→装设加强整体刚度的长剪刀撑→装设顶部栏杆。

搭设门式钢管脚手架时，基底必须平整夯实。

外脚手架必须通过附墙管（连墙器）与墙体拉结，并用扣件把钢管及与其处于相交方向的门架连接起来。整片脚手架必须适量放置水平加固杆（纵向水平杆），前3层需要每层设置，3层以上则每隔3层设置一道。在架子外侧面设置长剪刀撑。高层脚手架应增加连墙点的布设密度。

拆卸架子时应自上而下进行，部件的拆卸顺序与安装顺序相反。门式钢管脚手架的架设高度超过10层时，应加设辅助支撑，一般高度在8~11层门式框架之间、宽度在5个门式框架之间加设一组，使部分荷载由墙体承受（图8-7）。

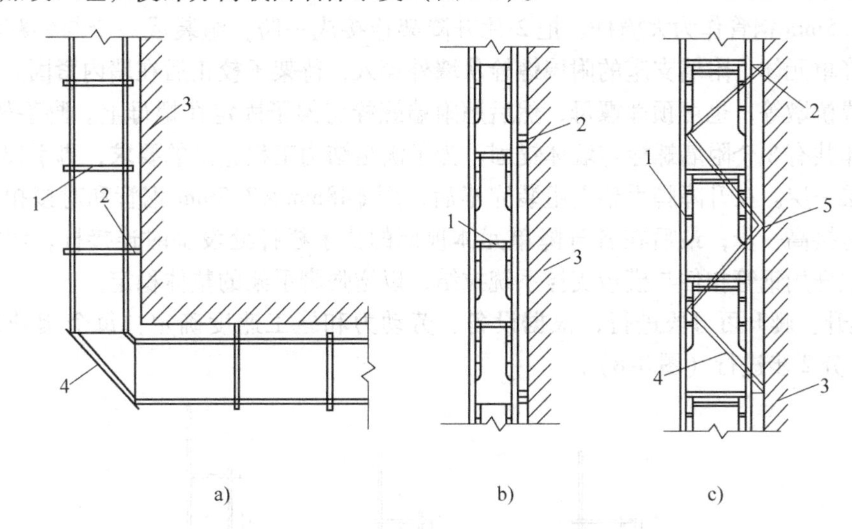

图8-7 门式钢管脚手架的加固处理

a）转角用钢管扣紧 b）用附墙管与墙体拉结 c）用钢管与墙体撑紧

1—门式钢管脚手架 2—附墙管 3—墙体 4—钢管 5—混凝土板

4. 附着升降式脚手架

近年来在高层建筑及筒仓、竖井、桥墩等施工中发展了多种形式的外脚手架，其中应用较为广泛的是附着升降式脚手架。附着升降式脚手架是沿结构外表面满搭的脚手架，在结构和装修工程施工中应用较为方便，但缺点是材料与工时消耗较大、一次性投资大、工期较长。

附着升降式脚手架的主要特点是：脚手架不需满搭，只需搭设到满足施工操作及安全要求的高度；地面不需做支撑脚手架的坚实地基，也不占用施工场地；脚手架将其承担的荷载传给与之相连的结构，因而对这部分结构的强度有一定的要求；脚手架可随施工进程沿外墙升降，结构施工时由下往上逐层提升，装修施工时由上往下逐层下降。

附着升降式脚手架包括自升降式、互升降式、整体升降式3种类型。

（1）自升降式脚手架　自升降式脚手架的升降运动是通过手动或电动手拉葫芦交替对活动架和固定架进行升降来实现的。从升降架的构造来看，活动架和固定架之间能够进行上下相对运动。当脚手架工作时，活动架和固定架均用附墙螺栓与墙体锚固，两架之间无相对运动；当脚手架需要升降时，活动架与固定架中的一个仍然锚固在墙体上，使用手拉葫芦对另一个进行升降，两架之间便产生相对运动。通过活动架和固定架交替附墙、互相升降，脚手架即可沿着墙体上的预留孔逐层升降。

具体操作过程如下：

1）施工前准备。按照脚手架平面布置图和升降架附墙支座的位置，在混凝土墙体上设置预留孔。预留孔尽可能与固定模板的螺栓孔结合布置，孔径一般为40~50mm。为使升降顺利进行，预留孔中心必须在一条直线上。脚手架爬升前，应检查墙上预留孔的位置是否正确，如有偏差应预先修正，墙面凸出严重时也应预先修平。

2）安装。脚手架的安装应在起重机配合下按脚手架平面布置图进行。先把上、下固定架用临时螺栓联接起来，组成一片，附墙安装。一般每2片为一组，每步架上用4根ϕ48mm×3.5mm钢管作为大横杆，把2片升降架连接成一跨，组装成一个与邻跨没有联系的独立升降单元体。附墙支座的附墙螺栓从墙外穿入，待架子校正后在墙内紧固。对墙壁较厚的筒仓或桥墩等，也可预埋螺母，然后用附墙螺栓将架子固定在螺母上。脚手架工作时，每个单元体共有8个附墙螺栓与墙体锚固。为了满足结构工程施工的要求，脚手架的高度应超过结构层一层。在升降脚手架上组装完毕后，用ϕ48mm×3.5mm钢管和对接扣件在上固定架上面再接高一步；最后在各升降单元体顶部的扶手栏杆处设临时连接杆，使之成为整体，内侧立杆用钢管扣件与模板支撑系统拉结，以增强脚手架的整体稳定。

3）爬升。爬升可分段进行，根据设备、劳动力和施工速度确定，每个爬升过程提升1.5~2m，分2步进行（图8-8）。

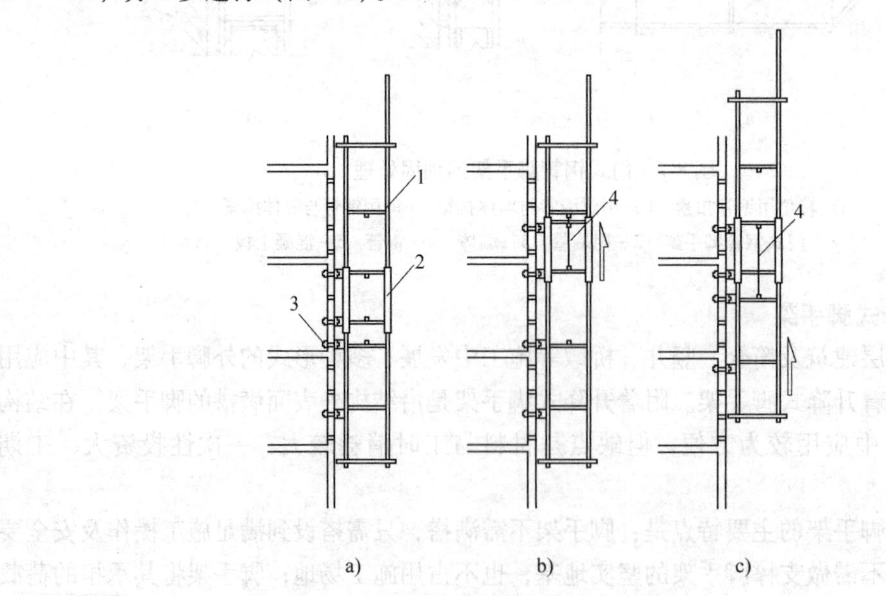

图8-8 自升降式脚手架爬升过程

a）爬升前的位置 b）活动架爬升（半个层高） c）固定架爬升（半个层高）

1—活动架 2—固定架 3—附墙螺栓 4—手拉葫芦

① 爬升活动架。解除脚手架上部的连接杆，在一个升降单元体两端升降架的吊钩处各配置1只手拉葫芦，手拉葫芦的上、下吊钩分别挂入固定架和活动架的相应吊钩内。操作人员位于活动架上，手拉葫芦受力后卸去活动架附墙支座的螺栓，活动架即被手拉葫芦吊挂在

固定架上；然后在两端同步提升手拉葫芦，活动架即呈水平状态缓慢上升。爬升至预定位置后，将活动架用附墙螺栓与墙体锚固，卸下手拉葫芦，活动架爬升完毕。

② 爬升固定架。同爬升活动架相似，将手拉葫芦的上、下吊钩分别挂入活动架和固定架的相应吊钩内，手拉葫芦受力后卸去固定架附墙支座的附墙螺栓，固定架即被手拉葫芦吊挂在活动架上；然后在两端同步提升手拉葫芦，固定架随之缓慢上升，爬升至预定位置后，将固定架用附墙螺栓与墙体锚固，卸下手拉葫芦，固定架爬升完毕。

至此，脚手架完成了一个爬升过程。待爬升一个施工高度后，重新设置上部连接杆，待脚手架进入工作状态后按此循环操作，脚手架即可不断爬升，直至设计高度。

4）下降。与爬升操作顺序相反，沿着墙体预留孔倒行，脚手架即可逐层下降，同时把墙面上的预留孔修补完毕，最后脚手架返回地面。

5）拆除。拆除时应设置警戒区，并设有专人监护、统一指挥。先清理脚手架上的垃圾杂物，然后自上而下逐步拆除。拆除升降架可用起重机、卷扬机或手拉葫芦。升降架拆下后要及时清理、整修和保养，以利于重复使用；其运输和堆放时均应设置地楞，防止变形。

（2）互升降式脚手架　互升降式脚手架是将脚手架分为甲、乙两单元，通过手拉葫芦交替对甲、乙两单元升降。当脚手架工作时，甲单元与乙单元均用附墙螺栓与墙体锚固，两单元之间无相对运动；当脚手架升降时，其中一个单元仍然锚固在墙体上，使用手拉葫芦对相邻一个单元升降，两单元之间便产生相对运动。通过甲、乙两单元交替附墙、交替升降，脚手架即可沿着墙体上的预留孔逐层升降。

互升降式脚手架的性能特点是：

① 结构简单，易于操作控制。

② 架子搭设高度低，用料少。

③ 操作人员不在升降架上，增加了作业的安全性。

④ 脚手架结构刚度较大，附墙跨度大。

互升降式脚手架适用于框架剪力墙结构的高层建筑、水坝、筒体等的施工。

具体操作过程如下：

1）施工前的准备。施工前应根据工程设计和施工要求进行布架设计，绘制设计图，编制施工组织设计，编订施工安全操作规定。在施工前还应准备好互升降式脚手架作业时所需要的辅助材料和施工机具，并按照设计位置预留附墙螺栓孔或设置好预埋件。

2）安装。互升降式脚手架的组装有两种方式：在地面组装好单元脚手架，再用塔式起重机吊装就位；或者是在设计爬升位置搭设操作平台，在平台上逐层安装。

脚手架组装固定后的允许偏差应满足下列要求：架体纵向垂直偏差不超过30mm，架体横向垂直偏差不超过20mm，架体水平偏差不超过30mm。

3）爬升。脚手架爬升前应进行全面检查，检查的主要内容有：预留附墙连接点的位置是否符合要求，预埋件是否牢固可靠；架体上的横梁设置是否牢固；升降单元的导向装置是否可靠；升降单元与周围的约束是否解除，升降有无障碍；脚手架上是否有杂物；所使用的提升设备是否符合要求等。当确认以上各项都符合要求后方可进行爬升（图8-9），提升到位后应及时将单元脚手架与结构固定；然后用同样的方法对相邻的单元脚手架进行爬升操作，待相邻的单元脚手架爬升至预定位置后，将两单元脚手架连接起来，并在两单元操作层之间铺设脚手板。

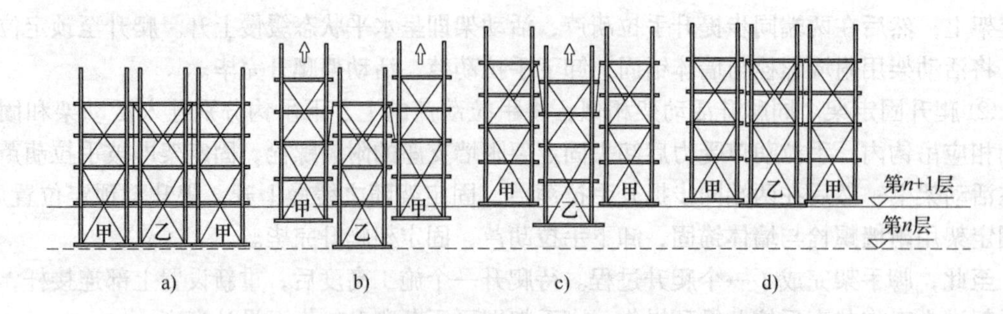

图 8-9 互升降式脚手架爬升过程

a）第 n 层作业 b）提升甲单元 c）提升乙单元 d）第 $n+1$ 层作业

4）下降。与爬升操作顺序相反，利用固定在墙体上的架子对相邻的单元脚手架进行下降操作，同时把留在墙面上的预留孔修补完毕，最后脚手架返回地面。

5）拆除。架体在拆除前应清理上面的杂物。有两种拆除方式：一种是按照自上而下的顺序逐步拆除（同常规脚手架拆除方式）；另一种是用起重设备将脚手架整体吊至地面后拆除。

(3) 整体升降式脚手架 在超高层建筑的主体施工中，整体升降式脚手架有明显的优越性，其结构整体性好、升降快捷方便、机械化程度高、经济效益显著，是一种很有推广、使用价值的超高建（构）筑物的外脚手架。

整体升降式脚手架以电动手拉葫芦为提升机，使整个外脚手架沿建筑物外墙或柱整体向上爬升。搭设高度按照建筑物施工层的层高确定，一般取建筑物 4 个标准层层高加 1 步安全栏的高度为架体的总高度。脚手架为双排布置，宽度以 0.8～1m 为宜，里排架体距建筑物的净距为 0.4～0.6m。脚手架的横杆和立杆间距都不宜超过 1.8m，可将 1 个标准层层高分为 2 步架，以此步距为基准确定架体横、立杆的间距。

架体设计时可将其沿建筑物外围分成若干单元，每个单元的宽度参考建筑物的开间确定，一般为 5～9m。

具体操作如下：

1）施工前准备。首先按施工平面图确定承力架及电动手拉葫芦挑梁的安装位置和数量，然后在相应位置上的混凝土墙或梁内预埋螺栓或预留螺栓孔。各层预埋螺栓或预留螺栓孔的位置要求上下一致，误差不超过 10mm。加工制作型钢承力架、挑梁、斜拉杆。准备电动手拉葫芦、钢丝绳、脚手管、扣件、安全网、木板等材料。整体升降式脚手架的高度一般为 4 个标准层层高加 1 步安全栏的高度，但在建筑物施工时，由于建筑物的底层层高一般与标准层层高不一致，且平面形状一般也与标准层不同，所以一般在建筑物主体施工到 3～5 层时才开始安装脚手架。下面几层施工时一般要先搭设落地外脚手架。

2）安装。首先安装承力架，承力架内侧用 M25～M30 的螺栓与混凝土边梁固定，外侧用斜拉杆与上层边梁拉结固定，用斜拉杆中部的花篮螺栓将承力架调平；然后在承力架上搭设架体，安装承力架上的立杆，搭设下面的承力桁架；最后逐步搭设整个架体，随搭随设拉结点，并设斜撑。在比承力架高 2 层的位置安装工字钢挑梁，挑梁与混凝土边梁的连接方法与承力架相同，并将电动手拉葫芦的吊钩挂在承力架的挑梁上。在架体上沿每个层高满铺厚木板，架体外面挂安全网。

3）爬升。短暂开动电动手拉葫芦，将电动手拉葫芦与承力架之间的吊链拉紧，使其处于初始受力状态。松开架体与建筑物的拉结点，开动电动手拉葫芦开始爬升，爬升过程中应随时观察架体的同步情况，如果发现不同步应及时停机调整。爬升到位后，先安装承力架与混凝土边梁的紧固螺栓，并将承力架的斜拉杆与上层边梁固定，然后安装架体上部与建筑物的各拉结点。待检查符合安全要求后，脚手架可开始使用，进行上一层的主体施工。在新一层主体施工期间，将电动手拉葫芦及其挑梁卸下，用滑轮或手动手拉葫芦将架体转至上一层重新安装，为下一层的爬升做准备，整体升降式脚手架示意图如图 8-10 所示。

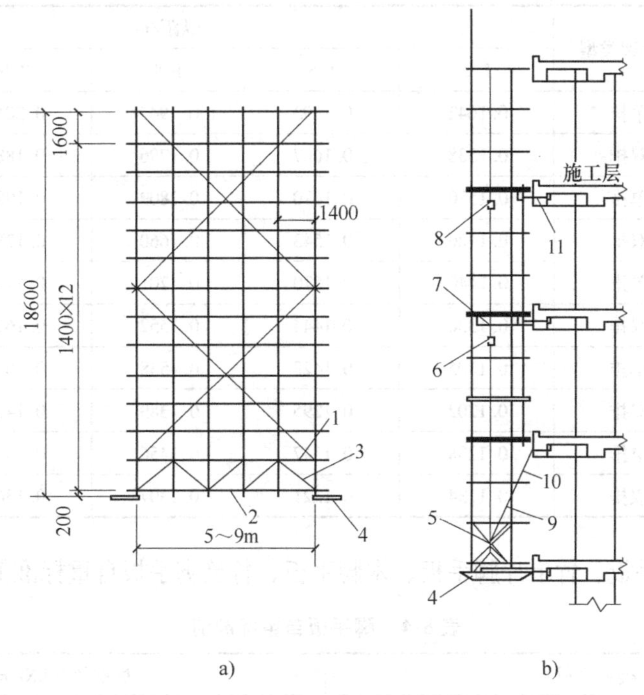

图 8-10　整体升降式脚手架示意图

a）立面图　b）侧面图

1—上弦杆　2—下弦杆　3—承力桁架　4—承力架　5—斜撑　6—电动手拉葫芦
7—挑梁　8—手拉葫芦　9—花篮螺栓　10—拉杆　11—螺栓

4）下降。与爬升操作顺序相反，利用电动手拉葫芦沿着爬升用的墙体预留孔倒行，脚手架即可逐层下降；同时，把预留孔修补完毕，最后脚手架返回地面。

5）拆除。架体拆除前应清理上面的杂物，拆除方式与互升式脚手架类似。

8.2　扣件式钢管脚手架设计

8.2.1　扣件式钢管脚手架的荷载

作用于脚手架的荷载可分为永久荷载（恒荷载）与可变荷载（活荷载）。永久荷载（恒荷载）可分为脚手架结构自重（包括立杆、纵向水平杆、横向水平杆、剪刀撑，以及横向斜撑和扣件等的自重）和构（配）件自重（包括脚手板、栏杆、挡脚板、安全网等防护设施的自重)。可变荷载(活荷载)可分为施工荷载(包括作业层上的人员、器具和材料的自重)和风荷载。

永久荷载标准值应符合下列规定:

1)单、双排脚手架立杆承受的每米结构自重标准值,宜按表 8-3 采用;满堂脚手架立杆及满堂支撑立杆承受的每米结构自重标准值,宜按《建筑施工扣件式钢管脚手架安全技术规范》(JGJ 130—2011)附录 A 表 A. 0. 2 和表 A. 0. 3 采用。

表 8-3 单、双排脚手架立杆承受的每米结构自重标准值 g_k (单位: kN/m)

步距/m	脚手架类型	纵距/m				
		1. 2	1. 5	1. 8	2. 0	2. 1
1. 20	单排	0. 1642	0. 1793	0. 1945	0. 2046	0. 2097
	双排	0. 1538	0. 1667	0. 1796	0. 1882	0. 1925
1. 35	单排	0. 1530	0. 1670	0. 1809	0. 1903	0. 1949
	双排	0. 1426	0. 1543	0. 1660	0. 1739	0. 1778
1. 50	单排	0. 1440	0. 1570	0. 1701	0. 1788	0. 1831
	双排	0. 1336	0. 1444	0. 1552	0. 1624	0. 1660
1. 80	单排	0. 1305	0. 1422	0. 1538	0. 1615	0. 1654
	双排	0. 1202	0. 1295	0. 1389	0. 1451	0. 1482
2. 00	单排	0. 1238	0. 1347	0. 1456	0. 1529	0. 1565
	双排	0. 1134	0. 1221	0. 1307	0. 1365	0. 1394

2)冲压钢脚手板、竹串片脚手板、木脚手板、竹笆脚手板自重标准值应按表 8-4 选取。

表 8-4 脚手板自重标准值

类 别	标准值/(kN/m^2)
冲压钢脚手板	0. 30
竹串片脚手板	0. 35
木脚手板	0. 35
竹笆脚手板	0. 10

3)栏杆、挡脚板自重标准值应按表 8-5 采用。

表 8-5 栏杆、挡脚板自重标准值

类 别	标准值/(kN/m)
栏杆、冲压钢脚手板挡板	0. 16
栏杆、竹串片脚手板挡板	0. 17
栏杆、木脚手板挡板	0. 17

4)脚手架上吊挂的安全设施(安全网、苇席、竹笆及帆布等)的荷载应按实际情况采用,密目式安全立网自重标准顶不应低于 0. 01kN/m^2。常用构(配)件与材料、人员的自重应按表 8-6 选取。

表 8-6 常用构（配）件与材料、人员的自重

名称		单位	自重	备注
扣件	直角扣件	N/个	13.2	—
	旋转扣件		14.6	
	对接扣件		18.4	
人		N	800 ~ 850	—
灰浆车、砖车		kN/辆	2.04 ~ 2.50	—
普通砖（240mm × 115mm × 53mm）		kN/m^3	18 ~ 19	684 块/m^3，湿
灰砂砖		kN/m^3	18	砂：石灰 = 92：8
瓷面砖（150mm × 150mm × 8mm）		kN/m^3	17.8	5556 块/m^3
陶瓷锦砖（马赛克）δ = 5mm		kN/m^3	0.12	—
石灰砂浆、混合砂浆		kN/m^3	17	—
水泥砂浆		kN/m^3	20	—
素混凝土		kN/m^3	22 ~ 24	—
加气混凝土		kN/块	5.5 ~ 7.5	—
泡沫混凝土		kN/m^3	4 ~ 6	—

单、双排与满堂脚手架作业层上的施工荷载标准值应根据实际情况确定，且不应低于表 8-7 的规定。

表 8-7 施工均布活荷载标准值

类别	标准值/(kN/m^2)
装修脚手架	2.0
混凝土砌筑结构脚手架	3.0
轻型钢结构及空间网格结构脚手架	2.0
普通钢结构脚手架	3.0

注：斜道上的施工均布荷载标准值不应低于 2.0kN/m^2。

作用于脚手架上的水平风荷载标准值，应按下式计算

$$w_k = \mu_z \mu_s w_0 \tag{8-1}$$

式中 w_k——风荷载标准值（kN/m^2）；

μ_z——风压高度变化系数，按《建筑结构荷载规范》（GB 50009—2012）规定采用，见表 8-8；

μ_s——脚手架风荷载体型系数，按表 8-9 的规定采用；

w_0——基本风压值（kN/m^2），按《建筑结构荷载规范》（GB 50009—2012），取重现期 η = 10 时对应的风压值。

表 8-8 风压高度变化系数 μ_z

离地面或海平面高度/m	地面粗糙度类别			
	A	B	C	D
5	1.09	1.00	0.65	0.51
10	1.28	1.00	0.65	0.51

（续）

离地面或海平面高度/m	地面粗糙度类别			
	A	B	C	D
15	1.42	1.13	0.65	0.51
20	1.52	1.23	0.74	0.51
30	1.67	1.39	0.88	0.51
40	1.79	1.52	1.00	0.60
50	1.89	1.62	1.10	0.69
60	1.97	1.71	1.20	0.77
70	2.05	1.79	1.28	0.84
80	2.12	1.87	1.36	0.91
90	2.18	1.93	1.43	0.98
100	2.23	2.00	1.50	1.04
150	2.46	2.25	1.79	1.33
200	2.64	2.46	2.03	1.58
250	2.78	2.63	2.24	1.81
300	2.91	2.77	2.43	2.02
350	2.91	2.91	2.60	2.22
400	2.91	2.91	2.76	2.40
450	2.91	2.91	2.91	2.58
500	2.91	2.91	2.91	2.74
≥550	2.91	2.91	2.91	2.91

表 8-9 脚手架风荷载体型系数μ_s

背靠建筑物的状况		全封闭墙	敞开、框架和开洞墙
脚手架状况	全封闭、半封闭	1.0ϕ	1.3ϕ
	敞开	μ_{stw}	

注：ϕ为挡风系数，$\phi=1.2A_n/A_w$，其中A_n为挡风面积；A_w为迎风面积。密目式安全立网全封闭脚手架挡风系数ϕ不宜小于0.8。

μ_{stw}可将脚手架视为桁架，其值按《建筑结构荷载规范》（GB 50009—2012）的有关规定计算。

对于平坦或稍有起伏的地形，风压高度变化系数应根据地面粗糙度类别按上表确定。地面粗糙度可分为A、B、C、D4类：A类指近海海面和海岛、海岸、湖岸及沙漠地区；B类指田野、乡村、丛林、丘陵，以及房屋比较稀疏的乡镇；C类指有密集建筑群的城市市区；D类指有密集建筑群，且房屋较高的城市市区。

对于分布在山区的建筑物，其风压高度变化系数按平坦地面的粗糙度类别确定后（表8-8），还应考虑对其地形条件的修正，修正系数η分别按下述规定采用。

1）对于山峰和山坡（图8-11），其顶部B处的修正系数可按式（8-2）计算

$$\eta_B=\left[1+k\tan\alpha\left(1-\frac{z}{2.5H}\right)\right]^2 \tag{8-2}$$

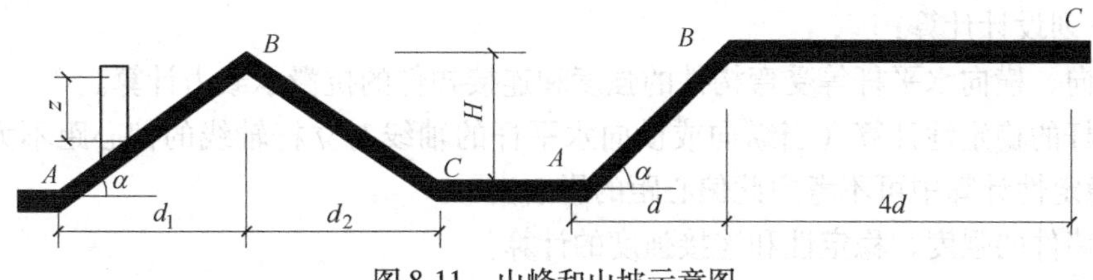

图 8-11　山峰和山坡示意图

式中　$\tan\alpha$——山峰或山坡在迎风面一侧的坡度，当 $\tan\alpha>0.3$ 时，取 $\tan\alpha=0.3$；

k——系数，对山峰取 3.2，对山坡取 1.4；

H——山顶或山坡全高（m）；

z——建筑物计算位置离建筑物地面的高度（m），当 $z>2.5H$ 时，取 $z=2.5H$。

对于山峰和山坡的其他部位（图 8-11），取 A、C 处的修正系数 η_A、η_C 为 1，AB 间和 BC 间的修正系数按线性插值确定。

2）山间盆地、谷地等闭塞地形 $\eta=0.75\sim0.85$；对于与风向一致的谷口、山口 $\eta=1.20\sim1.50$。

3）对于远海海面和海岛的建（构）筑物，风压高度变化系数除可按 A 类粗糙度类别（表 8-8）确定外，还应考虑表 8-10 给出的修正系数。

表 8-10　远海海面和海岛的修正系数

距海岸距离/km	η
<40	1.0
40～60	1.0～1.1
60～100	1.1～1.2

8.2.2　脚手架的荷载组合

设计脚手架的承重构件时，应根据使用过程中可能出现的荷载取其最不利组合进行计算，荷载效应组合宜按表 8-11 采用。

表 8-11　脚手架的荷载效应组合

计 算 项 目	荷载效应组合
纵向、横向水平杆强度与变形	永久荷载 + 施工荷载
脚手架立杆地基承载力 型钢悬挑梁的强度、稳定与变形	① 永久荷载 + 施工荷载
	② 永久荷载 +0.9（施工荷载 + 风荷载）
脚手架立杆稳定	① 永久荷载 + 可变荷载（不含风荷载）
	② 永久荷载 +0.9（可变荷载 + 风荷载）
连墙件强度与稳定	单排架，风荷载 +2.0kN 双排架，风荷载 +3.0kN

8.2.3　扣件式钢管脚手架的设计计算

1. 基本设计规定

脚手架的承载力应按概率极限状态设计法的要求，采用分项系数设计表达式进行设计。

可只进行下列设计计算：

1）纵向、横向水平杆等受弯构件的强度和连接扣件的抗滑承载力计算。

2）立杆的稳定性计算（当纵向或横向水平杆的轴线对立杆轴线的偏心距不大于55mm时，立杆稳定性计算中可不考虑此偏心距的影响）。

3）连墙件的强度、稳定性和连接强度的计算。

4）立杆地基承载力计算。

计算构件的强度、稳定性与连接强度时，应采用荷载效应基本组合的设计值。永久荷载分项系数应取1.2，可变荷载分项系数应取1.4。脚手架中的受弯构件应根据正常使用极限状态的要求验算其变形，验算构件变形时，应采用荷载短期效应组合的设计值。

钢材的强度设计值与弹性模量应按表8-12采用；扣件、底座的承载力设计值应按表8-13采用；受弯构件的挠度不应超过表8-14规定的允许值；受压、受拉构件的长细比不应超过表8-15规定的允许值。

表8-12 钢材的强度设计值与弹性模量 （单位：N/mm^2）

Q235钢抗拉、抗压和抗弯强度设计值f	205
弹性模量E	2.06×10^5

表8-13 扣件、底座的承载力设计值 （单位：kN）

项 目	承载力设计值
对接扣件（抗滑）	3.20
直角扣件、旋转扣件（抗滑）	8.00
底座（受压）、可调托撑（受压）	40.00

表8-14 受弯构件的允许挠度

构件类别	允许挠度ν
脚手板，纵向、横向水平杆	$l/150$与10mm
脚手架悬挑受弯杆件	$l/400$
型钢悬挑脚手架悬挑钢梁	$l/250$

注：l为受弯构件的跨度，对悬挑杆件为其悬伸长度的2倍。

表8-15 受压、受拉构件的允许长细比

构件类别		容许长细比λ
立杆	双排架	210
	单排架	230
横向斜撑、剪刀撑中的压杆		250
拉杆		350

2. 纵向水平杆、横向水平杆的计算

1）纵向、横向水平杆的抗弯强度应按下式计算

$$\sigma=\frac{M}{W}\leqslant f \tag{8-3}$$

式中 M——纵向、横向水平杆弯矩设计值（N·mm），其值按式（8-4）计算

$$M = 1.2M_{Gk} + 1.4M_{Qk} \tag{8-4}$$

M_{Gk}——脚手板自重标准值产生的弯矩（kN·m）；

M_{Qk}——施工荷载标准值产生的弯矩（kN·m）；

W——截面模量（mm^3），可查表确定；

f——钢材的抗弯强度设计值（N/mm^2）。

2）纵向、横向水平杆的挠度应符合下式规定

$$\nu < [\nu] \tag{8-5}$$

式中 ν——挠度（mm）；

$[\nu]$——允许挠度。

计算纵向、横向水平杆的内力与挠度时，不考虑扣件的弹性嵌固作用（偏于安全），纵向水平杆宜按三跨连续梁计算，计算跨度取纵距 l_a；横向水平杆宜按简支梁计算，计算跨度 l_0可按图8-12所示采用（在横向水平杆向立杆直接传递荷载的情况下，计算跨度取法同理）。双排脚手架的横向水平杆的构造外伸长度 $a \leq 500$mm，其计算外伸长度（即荷载分布范围）可取300mm。水平杆自重与脚手板自重相比很小，可忽略不计。

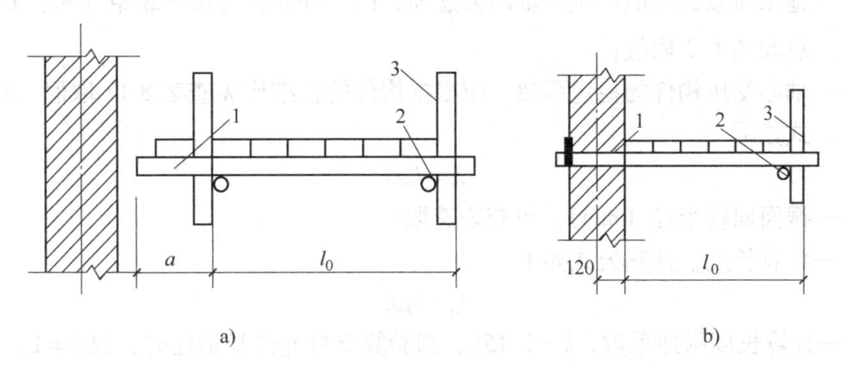

图8-12 横向水平杆计算跨度

a）双排脚手架 b）单排脚手架

1—横向水平杆 2—纵向水平杆 3—立杆

3）纵向或横向水平杆与立杆连接时，其扣件的抗滑承载力应符合下式规定

$$R \leq R_c \tag{8-6}$$

式中 R——纵向、横向水平杆传递给立杆的竖向作用力设计值；

R_c——扣件抗滑承载力设计值，见表8-16。

表8-16 扣件、底座的承载力设计值 （单位：kN）

项 目	扣件数量/个	扣件、底座承载力设计值
对接扣件	1	3.20
直角扣件、旋转扣件	1	8.00
	2	16.00
底座抗压	1	40.00

注：扣件螺栓拧紧扭力矩值不应小于40N·m，也不应大于65N·m。

4）立杆的稳定性应按下列公式计算

不组合风荷载时

$$\frac{N}{\varphi A} \leqslant f \tag{8-7}$$

组合风荷载时

$$\frac{N}{\varphi A} + \frac{M_w}{W} \leqslant f \tag{8-8}$$

式中 N——计算立杆段的轴向力设计值（N），可按下式计算

不组合风荷载时

$$N = 1.2(N_{G1k} + N_{G2k}) + 1.4 \sum N_{Qk} \tag{8-9}$$

组合风荷载时

$$N = 1.2(N_{G1k} + N_{G2k}) + 0.9 \times 1.4 \sum N_{Qk} \tag{8-10}$$

N_{G1k}——脚手架结构自重标准值产生的轴向力标准值；

N_{G2k}——构（配）件自重标准值产生的轴向力标准值；

$\sum N_{Qk}$——施工荷载标准值产生的轴向力总和，内、外立杆各按一纵距（跨）内施工荷载总和的1/2取值；

φ——轴心受压构件的稳定系数，应根据构件的长细比λ查表8-17取值，λ的计算公式如下

$$\lambda = l_0 / i$$

i——截面回转半径（mm），可查表选取；

l_0——计算长度，计算公式如下

$$l_0 = k\mu h \tag{8-11}$$

式中 k——计算长度附加系数，$k = 1.155$；当验算立杆允许长细比时，取$k = 1$；

μ——考虑脚手架整体稳定因素的单杆计算长度系数，按表8-18取值；

h——立杆步距；

A——立杆的截面面积（mm^2），可查表选取；

M_w——计算立杆段由风荷载设计值产生的弯矩（N·mm）

$$M_w = 0.9 \times 1.4 M_{wk} = \frac{0.9 \times 1.4 w_k l_a h^2}{10} \tag{8-12}$$

M_{wk}——风荷载标准值产生的弯矩标准值（kN·m）；

w_k——风荷载标准值（kN/m^2）；

l_a——立杆纵距（m）。

f——钢材的抗压强度设计值（N/mm^2）。

表8-17 轴心受压构件的稳定系数φ（Q235钢）

λ	0	1	2	3	4	5	6	7	8	9
0	1.000	0.997	0.995	0.992	0.989	0.987	0.984	0.981	0.979	0.976
10	0.974	0.971	0.968	0.966	0.963	0.960	0.958	0.955	0.952	0.949

（续）

λ	0	1	2	3	4	5	6	7	8	9
20	0.947	0.944	0.941	0.938	0.936	0.933	0.930	0.927	0.924	0.921
30	0.918	0.915	0.912	0.909	0.906	0.903	0.899	0.896	0.893	0.889
40	0.886	0.882	0.879	0.875	0.872	0.868	0.864	0.861	0.858	0.855
50	0.852	0.849	0.846	0.843	0.839	0.836	0.832	0.829	0.825	0.822
60	0.818	0.814	0.810	0.806	0.802	0.797	0.793	0.789	0.784	0.779
70	0.775	0.770	0.765	0.760	0.755	0.750	0.744	0.739	0.733	0.728
80	0.722	0.716	0.710	0.704	0.698	0.692	0.686	0.68	0.673	0.667
90	0.661	0.654	0.648	0.641	0.634	0.626	0.618	0.611	0.603	0.595
100	0.588	0.580	0.573	0.566	0.558	0.551	0.544	0.537	0.530	0.523
110	0.516	0.509	0.502	0.496	0.489	0.483	0.476	0.470	0.464	0.458
120	0.452	0.446	0.440	0.434	0.428	0.423	0.417	0.412	0.406	0.401
130	0.396	0.391	0.386	0.381	0.376	0.371	0.367	0.362	0.357	0.353
140	0.349	0.344	0.340	0.336	0.332	0.328	0.324	0.320	0.316	0.312
150	0.308	0.305	0.301	0.298	0.294	0.291	0.287	0.284	0.281	0.277
160	0.274	0.271	0.268	0.265	0.262	0.259	0.256	0.253	0.251	0.248
170	0.245	0.243	0.240	0.237	0.235	0.232	0.230	0.227	0.225	0.223
180	0.220	0.218	0.216	0.214	0.211	0.209	0.207	0.205	0.203	0.201
190	0.199	0.197	0.195	0.193	0.191	0.189	0.188	0.186	0.184	0.182
200	0.180	0.179	0.177	0.175	0.174	0.172	0.171	0.169	0.167	0.166
210	0.164	0.163	0.161	0.160	0.159	0.157	0.156	0.154	0.153	0.152
220	0.150	0.149	0.148	0.146	0.145	0.144	0.143	0.141	0.140	0.139
230	0.138	0.137	0.136	0.135	0.133	0.132	0.131	0.130	0.129	0.128
240	0.127	0.126	0.125	0.124	0.123	0.122	0.121	0.120	0.119	1.118
250	0.117									

注：当 $\lambda>250$ 时，$\varphi=7320/\lambda^2$。

表 8-18　脚手架立杆的计算长度系数 μ

类　别	立杆横距/m	连墙件布置	
		二步三跨	三步三跨
双排架	1.05	1.50	1.70
	1.30	1.55	1.75
	1.55	1.60	1.80
单排架	≤1.50	1.80	2.00

立杆稳定性计算部位的确定应符合下列规定：

① 当脚手架采用相同的步距、立杆纵距、立杆横距和连墙件间距时，应计算底层立杆段。

② 当脚手架的步距、立杆纵距、立杆横距和连墙件间距有变化时，除应计算底层立杆段外，还必须对出现最大步距或最大立杆纵距、立杆横距、连墙件间距等部位的立杆段进行验算。

5）单、双排脚手架的允许搭设高度 [H] 应按下列公式计算并取较小值

不组合风荷载时

$$[H]=\frac{\varphi Af-(1.2N_{G2k}+1.4\sum N_{Qk})}{1.2g_k} \tag{8-13}$$

$$组合风荷载时[H] = \frac{\varphi Af - \left[1.2N_{G2k} + 0.9 \times 1.4\left(\sum N_{Qk} + \frac{M_{wk}}{W}\varphi A\right)\right]}{1.2g_k} \tag{8-14}$$

式中 $[H]$——脚手架允许搭设高度（m）；

g_k——每米立杆承受的结构自重标准值（kN/m），见表8-3。

3. 连墙件计算

连墙件的强度

$$\sigma = \frac{N_l}{A_c} \leqslant 0.85f$$

稳定

$$\frac{N_l}{\phi A} \leqslant 0.85f \tag{8-15}$$

连墙件的轴向力设计值应按下式计算

$$N_l = N_{lw} + N_0 \tag{8-16}$$

式中 σ——连墙件应力值（N/mm^2）；

N_l——连墙件轴向力设计值（N）；

ϕ——连墙件的稳定系数，按现行国家规范《建筑施工扣件式钢管脚手架安全技术规范》（JGJ 130—2011）取用；

A_c——连墙件的净截面面积（mm^2）；

A——连墙件的毛截面面积（mm^2）；

f——连墙件钢材的强度设计值（N/mm^2）；

N_{lw}——风荷载产生的连墙件轴向力设计值，按式（8-17）计算

$$N_{lw} = 1.4\omega_k A_w \tag{8-17}$$

A_w——每个连墙件的覆盖面积内脚手架外侧面的迎风面积；

N_0——连墙件约束脚手架平面外变形所产生的轴向力（kN），单排架取2kN，双排架取3kN。

连墙件与脚手架、连墙件与建筑结构连接的承载力应小于或等于 N_V，即 $N_l \leqslant N_V$，式中，N_V是连墙件与脚手架、连墙件与建筑结构连接的抗拉（压）承载力设计值，应根据相应规范规定计算。

当采用钢管扣件作连墙件时，应按有关规定验算抗滑承载力。N_l 应不大于扣件抗滑承载力设计值 R_c。

4. 立杆地基承载力计算

立杆基础底面的平均压力应满足式（7-18）的要求

$$p_k \leqslant f_g \tag{8-18}$$

式中 p_k——立杆基础底面的平均压力标准值（kPa），可按下式计算

$$p_k = N_k / A$$

N_k——上部结构传至基础顶面的轴向力标准值（kN）；

A——基础底面面积（m^2）；

f_g——地基承载力标准值（kPa），可按下式计算

$$f_g = k_c f_{gk}$$

k_c——脚手架地基承载力调整系数，碎石土、砂土、回填土应取 0.4；黏土取 0.5，岩石、混凝土取 1.0；

f_{gk}——地基承载力标准值，应按《建筑地基基础设计规范》（GB 50007—2011）的规定采用，黏性土地基承载力标准值见表 8-19。

表 8-19　黏性土地基承载力标准值

N/次	3	5	7	9	11	13	15	17	19	21	23
f_{gk}/kPa	105	145	190	235	280	325	370	430	515	600	680

注：N 为标准贯入次数。

5. 模板支架计算

模板支架的立杆稳定性计算应按上述脚手架立杆稳定承载力计算方法计算（不计算沉降，但应经常检测脚手架沉降），参与荷载效应组合的项目及其荷载值按《建筑施工扣件式钢管脚手架安全技术规范》（JGJ 130—2011）规定确定，即模板支架立杆的轴向力设计值应按式（8-19）、式（8-20）计算

不组合风荷载时

$$N = 1.2\sum N_{Gk} + 1.4\sum N_{Qk} \tag{8-19}$$

组合风荷载时

$$N = 1.2\sum N_{Gk} + 0.9 \times 1.4\sum N_{Qk} \tag{8-20}$$

式中　$\sum N_{Gk}$——永久荷载对立杆产生的轴向力标准值总和（kN）；

$\sum N_{Qk}$——可变荷载对立杆产生的轴向力标准值总和（kN）。

满堂支撑架立杆的计算长度 l_0，应按式（8-21）计算，取整体稳定计算结果最不利值。

顶部立杆

$$l_0 = k\mu_1(h + 2a) \tag{8-21}$$

非顶部立杆段

$$l_0 = k\mu_2 h \tag{8-22}$$

式中　h——支架立杆的步距；

k——满堂支撑架立杆计算长度附加系数，按表 8-20 采用；

a——模板支架立杆伸出顶层横向水平杆中心线至模板支撑点的长度（此规定的目的是限制上部伸出长度），应不大于 0.5m。当 $0.2\text{m} < a < 0.5\text{m}$ 时，承载力可按线性插入值；

μ_1、μ_2——考虑满堂支撑架整体稳定因素的计算长度系数，按《建筑施工扣件式钢管脚手架安全技术规范》（JGJ 130—2011）附录表 C-2 ~ 表 C-5 取用。

表 8-20　满堂支撑架立杆计算长度附加系数 k

高度 H/m	$H \leqslant 8$	$8 < H \leqslant 10$	$10 < H \leqslant 20$	$20 < H \leqslant 30$
k	1.155	1.185	1.217	1.291

［**例 8-1**］某工程采用扣件式钢管脚手架。

6. 具体规格

1）脚手架钢管采用外径为48mm、壁厚为3.6mm的焊接钢管，用于横向水平杆的钢管长度为2m，其他的杆长度为6m。

2）垂直交叉杆件的连接采用直角扣件，平行或斜交杆件的连接采用旋转扣件，杆件对接连接采用对接扣件。

3）脚手板采用竹串片脚手板，每块竹串片脚手板宽度为250mm，长度为2500mm。

4）连墙件采用外径为48mm、壁厚为3.6mm的焊接钢管。

5）底座采用外套式，底板采用厚度为8mm，边长为150～200mm的钢板，在其上焊接高为150mm的钢管，钢管内径比立杆外径大2mm。

7. 脚手架的设计尺寸

1）立杆距墙面的距离为0.5m。

2）立杆纵距 $l_a=1.5m$。

3）立杆横距 $l_b=1.05m$。

4）小横杆纵距为0.6m，步距 $h=1.2m$。

5）连墙件按2步3跨布置。

6）脚手架搭设高度限值 $[H]=60m$。

试进行脚手架的设计计算。

8. 脚手架的设计计算

（1）横向水平杆的计算

1）荷载计算

① 荷载传递路线（图8-13）如下

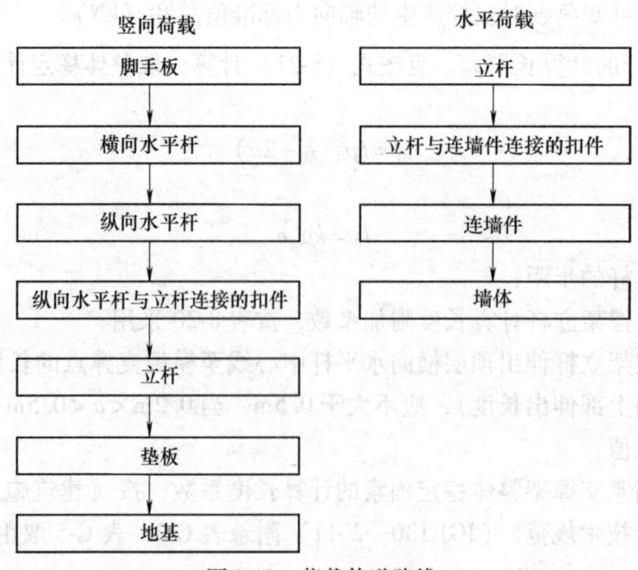

图8-13 荷载传递路线

② 可变荷载标准值。施工均布活荷载标准值如下选取：结构施工阶段按两层作业，每层施工均布活荷载为 $3kN/m^2$；装修施工阶段按两层作业，每层施工均布活荷载为 $2kN/m^2$；故施工均布活荷载标准值取 $3.0kN/m^2$。

③ 永久荷载标准值。竹串片脚手板自重标准值取 0.35kN/m^2。

④ 荷载组合。作用在横向水平杆上的线荷载标准值计算

$$q_k = (3 + 0.35) \times 0.75 \text{kN/m} = 2.513 \text{kN/m}$$

作用在横向水平杆上的线荷载设计值计算

$$q = (1.4 \times 3 \times 0.75 + 1.2 \times 0.35 \times 0.75) \text{kN/m} = 3.465 \text{kN/m}$$

2）抗弯强度验算

2 根 ϕ48mm × 3.5mm 钢管截面特征值计算

$$I_{xj} = 2 \times 12.71 \times 10^4 \text{mm}^4 \qquad W_{xj} = 2 \times 5.26 \times 10^3 \text{mm}^3$$

$$E = 2.06 \times 10^5 \text{MPa} \qquad A = 506 \text{mm}^2$$

计算简图：横向水平杆按受均布荷载的简支梁计算，计算跨度为横距 l_b

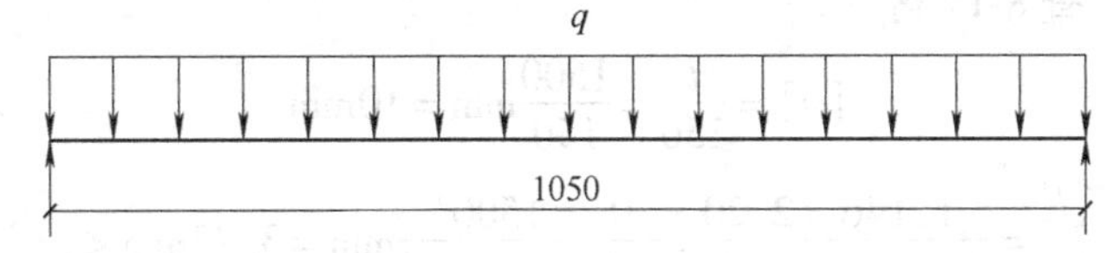

最大弯矩设计值计算

$$M_{max} = \frac{q l_b^2}{8} = \frac{3.465 \times 1.05^2}{8} \text{kN} \cdot \text{m} = 0.478 \text{kN} \cdot \text{m}$$

Q235 钢抗弯强度设计值，查表 8-12 得 $f = 205 \text{N/mm}^2$

$$\sigma = \frac{M_{max}}{W} = \frac{0.478 \times 10^6}{5.26 \times 10^3} \text{N/mm}^2 = 90.87 \text{N/mm}^2 < f = 205 \text{N/mm}^2$$

满足要求。

3）刚度验算

允许挠度计算，查表 8-14 得

$$[v] = \frac{l}{150} = \frac{1500}{150} \text{mm} = 10 \text{mm}$$

$$v = \frac{5 q_k l_b^4}{384 EI} = \frac{5 \times 2.513 \times 1050^4}{384 \times 2.06 \times 10^5 \times 12.71 \times 10^4} \text{mm} = 1.52 \text{mm} < [v] = 10 \text{mm}$$

满足要求。

（2）纵向水平杆的计算　计算简图如下，双排架纵向水平杆按 3 跨（每跨中部）均有集中荷载分布计算。

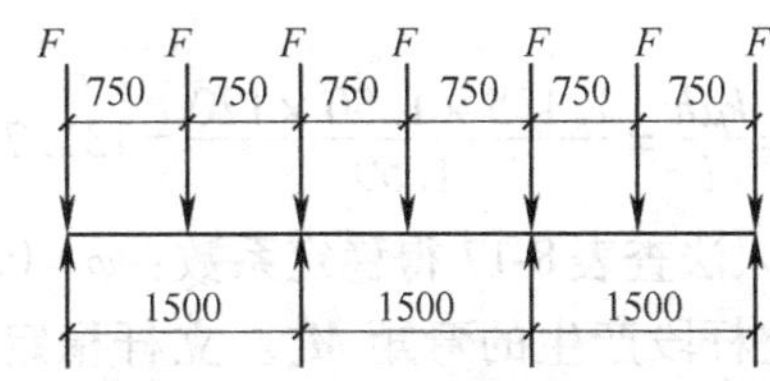

1）荷载计算。考虑活荷载在横向水平杆上的最不利布置，验算弯曲正应力、挠度时不计悬挑荷载，但计算支座最大反力时要计入悬挑荷载。悬挑长度 a_1 取 0.3m。

由横向水平杆传给纵向水平杆的集中力设计值计算

$$F = 0.5 q l_b \left(1 + \frac{a_1}{l_b}\right)^2 = 0.5 \times 3.465 \times 1.05 \times \left(1 + \frac{0.3}{1.05}\right)^2 \text{kN} = 3.03 \text{kN}$$

由横向水平杆传给纵向水平杆的集中力标准值计算

$$F_k = 0.5q_k l_b \left(1 + \frac{a_1}{l_b}\right)^2 = 0.5 \times 2.513 \times 1.05 \times \left(1 + \frac{0.3}{1.05}\right)^2 \text{kN} = 2.20\text{kN}$$

2）抗弯强度验算

最大弯矩设计值计算

$$M_{max} = 0.175Fl_a = 0.175 \times 3.03 \times 1.5\text{kN} \cdot \text{m} = 0.80\text{kN} \cdot \text{m}$$

$$\sigma = \frac{M_{max}}{W} = \frac{0.80 \times 10^6}{5.26 \times 10^3} = 152.09\text{N/mm}^2 < f = 205\text{N/mm}^2$$

满足要求。

3）刚度验算

允许挠度计算，查 8-14 得

$$[v] = \frac{l}{150} = \frac{1500}{150}\text{mm} = 10\text{mm}$$

$$v = \frac{1.146F_k l_a^3}{100EI} = \frac{1.146 \times 2.20 \times 10^3 \times 1500^3}{100 \times 2.06 \times 10^5 \times 12.71 \times 10^4}\text{mm} = 3.25\text{mm} < [v] = 10\text{mm}$$

满足要求。

（3）连接扣件抗滑承载力计算

1）直角扣件、旋转扣件抗滑承载力设计值查表 8-13 得 $R_c = 8\text{kN}$。

2）纵向水平杆通过扣件传给立杆竖向力设计值计算

$$R = 2.15F = 2.15 \times 3.03\text{kN} = 6.51\text{kN} < R_c = 8\text{kN}$$

满足要求。

（4）立杆稳定性计算

1）验算长细比。查表 8-18 可知，当立杆横距为 1.05m，连墙件布置为 2 步 3 跨时，长度系数取 $\mu = 1.50$，双排架立杆的允许长细比 $[\lambda] = 210$。

长细比 $\lambda = \frac{l_0}{i} = \frac{k\mu h}{i}$，验算长细比时，应取 $k = 1$；计算立杆稳定系数时，应取 $k = 1.155$。

$k = 1$ 时

$$\lambda = \frac{k\mu h}{i} = \frac{1 \times 1.50 \times 120}{1.58} = 113.92 < [\lambda] = 210$$

满足要求。

$k = 1.155$ 时

$$\lambda = \frac{k\mu h}{i} = \frac{1.155 \times 1.50 \times 120}{1.59} = 131.75$$

根据此长细比按照线性插入法查表 8-17 得稳定系数：$\varphi = 0.361$。

2）计算风荷载设计值对立杆段产生的弯矩 M_w。立杆稳定验算部位，取脚手架立杆底部进行计算

① 水平风荷载标准值为

$$w_k = \mu_s \mu_z w_0$$

② 基本风压：0.45kN/m^2。

地面粗糙度为 C 类，立杆底部风压高度变化系数

$$\mu_z = 0.74$$

密目式安全立网全封闭脚手架，步距为1.2m，其挡风系数$\phi = 0.105$，取为0.8。

风荷载体型系数

$$\mu_s = 1.3\varphi = 1.3 \times 0.8 = 1.04$$

立杆底部作用于脚手架上的水平风荷载标准值计算

$$w_k = \mu_z \mu_s w_0 = 0.74 \times 1.04 \times 0.45\text{kN/m}^2 = 0.345\text{kN/m}^2$$

风荷载设计值对立杆段产生的弯矩

$$M_w = 0.9 \times 1.4 M_{wk} = 0.9 \times 1.4 \times \frac{w_k l_a h^2}{10} = 0.9 \times 1.4 \times \frac{0.345 \times 1.05 \times 1.2^2}{10}\text{kN} \cdot \text{m} = 0.07\text{kN} \cdot \text{m}$$

3）组合风荷载时立杆段的轴向力设计值计算。

查表8-3得$g_k = 0.1667\text{kN/m}$。

竹串脚手板（按满铺3层考虑）自重标准值

$$\sum Q_{P_1} = 3 \times 0.35\text{kN} \cdot \text{m} = 1.05\text{kN/m}^2$$

栏杆、竹串脚手板挡板（两个施工作业层）自重标准值计算

$$\sum Q_{P_2} = 2 \times 0.14\text{kN} \cdot \text{m} = 0.28\text{kN/m}$$

密目式安全网自重标准值计算

$$\sum Q_{P_3} = 0.005\text{kN/m}^2$$

构（配）件（脚手板、栏杆、挡脚手板、安全网）自重标准值产生的轴向力计算

$$N_{G2k} = 0.5(l_b + 0.3) l_a \Sigma Q_{P1} + \Sigma Q_{P2} l_a + Q_{P3} l_a [H]$$
$$= [0.5 \times (1.05 + 0.3) \times 1.5 \times 1.05 + 0.28 \times 1.5 + 0.005 \times 1.5 \times 60]\ \text{kN} = 1.933\text{kN}$$

施工均布活荷载标准值按结构阶段两层操作层考虑

$$\sum Q_k = 2 \times 3\text{kN/m}^2 = 6\text{kN/m}^2$$

$$\sum N_{Qk} = 0.5(l_b + 0.3) l_a \Sigma Q_k = 0.5 \times (1.05 + 0.3) \times 1.5 \times 6\text{kN} = 6.075\text{kN}$$

脚手架结构自重标准值产生的轴向力

$$[H] = \frac{\phi A f - \left[1.2 N_{G2k} + 0.9 \times 1.4 \left(\sum N_{Qk} + \frac{M_{wk}}{W}\phi A\right)\right]}{1.2 g_k} = 111.3\text{m}(\text{组合风荷载时}) > [H]$$
$$= 60\text{m}\ (\text{不组合风荷载时})$$

$$N_{G1k} = [H] g_k = 60 \times 0.1667\text{kN} = 10.0\text{kN}$$

组合风荷载时立杆段的轴向力设计值为

$$N = 1.2(N_{G1k} + N_{G2k}) + 0.85 \times 1.4 \Sigma N_{Qk}$$
$$= [1.2 \times (10.0 + 1.933) + 0.85 \times 1.4 \times 6.075]\text{kN} = 21.55\text{kN}$$

4）计算不组合风荷载时立杆段的轴向力设计值N'

$$N' = 1.2(N_{G1k} + N_{G2k}) + 1.4 \Sigma N_{Qk} = [1.2 \times (10.0 + 1.933) + 1.4 \times 6.075]\text{kN} = 22.82\text{kN}$$

5）立杆稳定性验算

组合风荷载时

$$\frac{N}{\varphi A} + \frac{M_w}{W} = \left(\frac{21.55 \times 10^3}{0.8 \times 506} + \frac{0.07 \times 10^6}{5.26 \times 10^3}\right)\text{N/mm}^2 = 66.5\text{N/mm}^2 < f = 205\text{N/mm}^2$$

满足要求。

不组合风荷载时

$$\frac{N'}{\varphi A}=\frac{22.82\times10^{3}}{0.36\times506}\mathrm{N/mm^{2}}=56.4\mathrm{N/mm^{2}}<f=205\mathrm{N/mm^{2}}$$

满足要求。

（5）连墙件验算

1）扣件连接抗滑承载力验算。连墙件均匀布置，承受最大风荷载的连墙件应在脚手架的最高部位，计算按60m考虑，施工地区基本风压为0.45kN/m²，风荷载体型系数为1.04，风压高度变化系数$\mu_z=1.35$。

$$w_k=\mu_z\mu_s w_0=1.35\times1.04\times0.45\mathrm{kN/m^2}=0.63\mathrm{kN/m^2}$$

$$A_w=2h\times3l_a=2\times1.2\times3\times1.5\mathrm{m^2}=10.80\mathrm{m^2}$$

连墙件轴向力设计值（双排架）

$$N_l=N_{lw}+N_0=1.4w_kA_w+3=12.5\mathrm{kN}>R_c=8\mathrm{kN}$$

2）连墙件稳定验算。连墙件采用ϕ48mm×3.6mm钢管时，杆件两端均采用直角扣件分别与脚手架及附加的墙内、外侧短钢管连接，因此连墙件的计算长度可取脚手架距墙的距离，即$l_0=0.5\mathrm{m}$，长细比$\lambda=\frac{l_H}{i}=\frac{60}{1.58}=38.00<[\lambda]=150$，$\varphi=0.893$。

$$\frac{N_l}{\varphi A}=\frac{12.5\times10^{3}}{0.893\times506}\mathrm{N/mm^{2}}=27.7\mathrm{N/mm^{2}}<f=205\mathrm{N/mm^{2}}$$

满足要求。

（6）立杆地基承载力验算

上部结构传至基础顶面的轴向力设计值为$N'=23.16\mathrm{kN}$

为使地基土受力均匀，在立杆下面用截面为600mm×50mm的木垫板通长铺设。木垫板作用长度取0.5m。

基础底面面积

$$A=0.6\times0.5\mathrm{m^2}=0.3\mathrm{m^2}$$

地基承载力设计值计算

$$f_g=K_c f_{gk}=0.4\times240\mathrm{kN/m^2}=96\mathrm{kN/m^2}$$

立杆基础底面的平均压力计算

$$P=\frac{N'}{A}=\frac{23.16}{0.3}=77.2\mathrm{kN/m^2}<f_g=96\mathrm{kN/m^2}$$

满足要求。

8.3 脚手架的施工及安全防护

8.3.1 扣件式钢管脚手架的搭设要求

1. 纵向水平杆、横向水平杆、脚手板

（1）纵向水平杆的构造要求

1）纵向水平杆宜设置在立杆内侧，且其长度不宜小于3跨。

2）纵向水平杆接长宜采用对接扣件连接，也可采用搭接。对接、搭接时应符合下列规定：两根相邻纵向水平杆的接头不应设置在同步或同跨内，不同步或不同跨的两个相邻接头在水平方向错开的距离不应小于500mm，各接头中心至最近主节点的距离不宜大于纵距的1/3，如图8-14所示；搭接长度不应小于1m，应等间距设置3个旋转扣件固定，端部扣件盖板边缘至搭接纵向水平杆杆端的距离不应小于100mm。

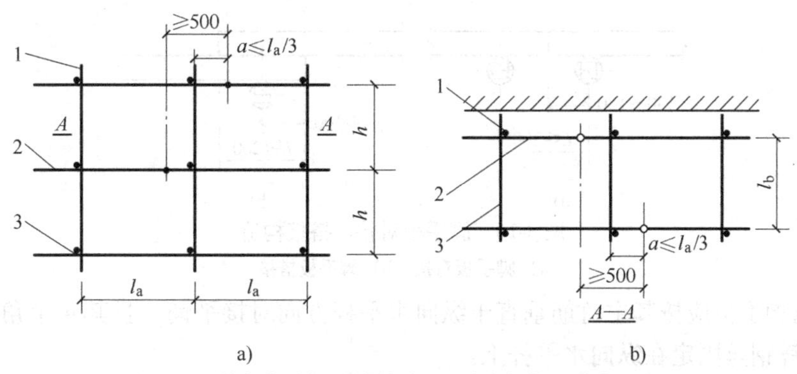

图8-14　纵向水平杆对接接头（不同步或不同跨）布置

a）接头不在同步内（立面）　b）接头不在同跨内（平面）

1—立杆　2—纵向水平杆　3—横向水平杆

3）当使用冲压钢脚手板、木脚手板、竹串片脚手板时，纵向水平杆应作为横向水平杆的支座，用直角扣件固定在立杆上；当使用竹笆脚手板时，纵向水平杆应采用直角扣件固定在横向水平杆上，并应等间距设置，其间距不应大于400mm，如图8-15所示。

（2）横向水平杆的构造要求

1）主节点处必须设置一根横向水平杆，用直角扣件连接，且严禁拆除。主节点处两个直角扣件的中心距不应大于150mm。在双排脚手架中，横向水平杆靠墙一端的外伸长度不应大于500mm。

2）作业层上非主节点处的横向水平杆，宜根据支撑脚手板的需要等间距设置，最大间距不应大于纵距的1/2。

3）当使用冲压钢脚手板、木脚手板、竹串片脚手板时，双排脚手架的横向水平杆两端均应采用直角扣件固定在纵向水平杆上。单排脚手架横向水平杆的一端，应用直角扣件固定在纵向水平杆上；另一端应插入墙内，插入长度不应小于180mm。

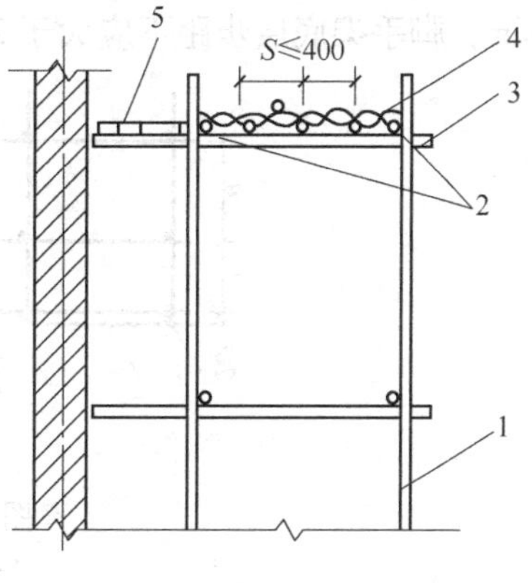

图8-15　竹笆脚手板纵向水平杆的构造

1—立杆　2—纵向水平杆

3—横向水平杆　4—竹笆脚手板

5—其他脚手板

4）使用竹笆脚手板时，双排脚手架的横向水平杆两端应用直角扣件固定在立杆上。单排脚手架横向水平杆的一端，应用直角扣件固定在立杆上；另一端应插入墙内，插入长度不应小于180mm。

（3）脚手板的设置要求

1）作业层脚手板应铺满、铺稳、铺实，离开墙面120～150mm。

2）冲压钢脚手板、木脚手板、竹串片脚手板等应设置在三根横向水平杆上。当脚手板长度小于2m时，可采用两根横向水平杆支撑，且应将脚手板两端与横向水平杆可靠固定，严防倾翻。当脚手板对接平铺时，接头处必须设置两根横向水平杆，脚手板外伸长度应取130~150mm，且两块脚手板外伸长度之和不应大于300mm；当脚手板搭接铺设时，接头必须支撑在横向水平杆上，其搭接长度应大于200mm，外伸长度不应小于100mm，如图8-16所示。

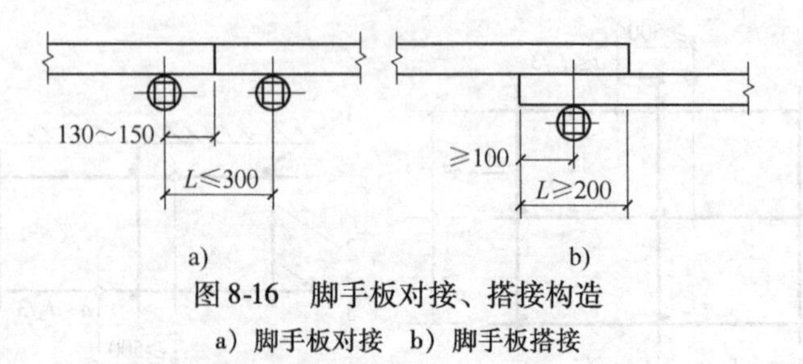

图8-16 脚手板对接、搭接构造

a）脚手板对接 b）脚手板搭接

3）竹笆脚手板应按其主竹筋垂直于纵向水平杆方向对接平铺，且其4个角应用直径为1.2mm的镀锌钢丝固定在纵向水平杆上。

4）作业层端部脚手板的探头长度应取150mm，且其两端均应与支撑杆可靠固定。

2. 立杆

每根立杆底部均应设置底座或垫板。

脚手架必须设置纵、横向扫地杆。纵向扫地杆应采用直角扣件固定在距底座上皮不大于200mm处的立杆上。当立杆基础不在同一高度上时，必须将高处的纵向扫地杆向低处延长两跨与立杆固定，且高低差不应大于1m。靠边坡上方的立杆轴线到边坡的距离不应小于500mm，脚手架底层步距不应大于2m，如图8-17所示。

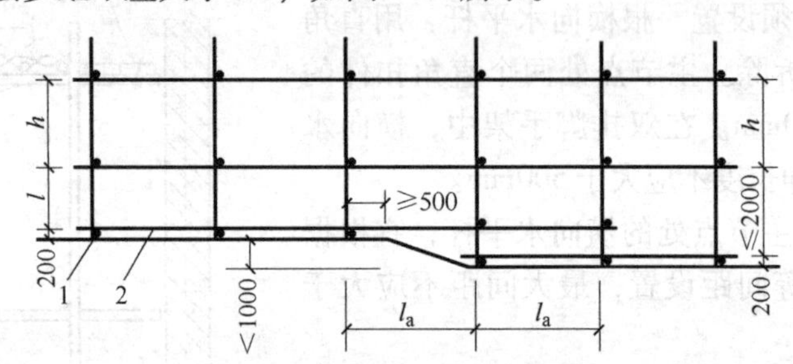

图8-17 纵、横向扫地杆构造

1—横向扫地杆 2—纵向扫地杆

立杆接长除顶层顶步可采用搭接外，其余各层各步接头必须采用对接扣件连接。立杆对接、搭接应符合下列规定：

1）立杆上的对接扣件应交错布置，两根相邻立杆的接头不应设置在同步内，同步内隔一根立杆的两个相隔接头在高度方向错开的距离不宜小于500mm；各接头中心至主节点的距离不宜大于步距的1/3。

2）搭接长度不应小于1m，应采用不少于2个旋转扣件固定；端部扣件盖板边缘至杆端的距离不应小于100mm。

立杆顶端宜高出女儿墙上皮1m，高出檐口上皮1.5m；双管立杆中副立杆的高度不应低于3步，钢管长度不应小于6m。

3. 连墙件

连墙件的布置应按《建筑施工扣件式钢管脚手架安全技术规范》（JGJ 130—2011）设计计算。连墙件布置最大间距见表8-21。

表8-21　连墙件布置最大间距

搭设方法	脚手架高度/m	竖向间距	水平间距	每根连墙件覆盖面积/m^2
双排落地	≤50	$3h$	$3l_a$	≤40
双排悬挑	>50	$2h$	$3l_a$	≤27
单排	≤24	$3h$	$3l_a$	≤40

注：h代表步距，l_a代表纵距。

连墙件的布置应符合下列规定：

1）宜靠近主节点设置，偏离主节点的距离不应大于300mm。

2）应从底层第一步纵向水平杆处开始设置，当该处设置有困难时，应采用其他可靠措施固定。

3）宜优先采用菱形布置，也可采用方形、矩形布置。

4）开口型脚手架的两端必须设置连墙件，连墙件的垂直间距不应大于建筑物的层高，并不应大于4m。

连墙件的构造应符合下列规定：

1）连墙件中的连墙杆应呈水平设置，当不能水平设置时，应向脚手架一端下斜连接。

2）连墙件必须采用可承受拉力和压力的构造。

4. 门洞

单、双排脚手架门洞宜采用上升斜杆、平行弦杆桁架结构形式（图8-18），斜杆与地面的倾角应在45°~60°。门洞桁架的形式宜按下列要求确定：

1）当步距h小于纵距l_a时，应采用A型。

2）当步距h大于纵距l_a时，应采用B型，并应符合下列规定：h=1.8m时，纵距不应大于1.5m；h=2.0m时，纵距不应大于1.2m。

单、双排脚手架门洞桁架的构造应符合下列规定：

1）单排脚手架门洞处，应在平面桁架（图8-18中的A、B、C、D处）的每一节间设置一根斜腹杆；双排脚手架门洞处的空间桁架，除下弦平面外，应在其余5个平面内的图示节间设置一根斜腹杆（图8-18中的1—1、2—2、3—3剖面）。

2）斜腹杆宜采用旋转扣件固定在与之相交的横向水平杆的伸出端上，旋转扣件中心线至主节点的距离不宜大于150mm。

3）斜腹杆宜采用通长杆件，当必须接长使用时，宜采用对接扣件连接，也可采用搭接，搭接构造应符合规范的规定。

单排脚手架过窗洞时应增设立杆或增设一根纵向水平杆，如图8-19所示。

5. 剪刀撑与横向斜撑

双排脚手架应设置剪刀撑与横向斜撑，单排脚手架应设置剪刀撑。

（1）剪刀撑的设置　剪刀撑的设置应符合下列规定：

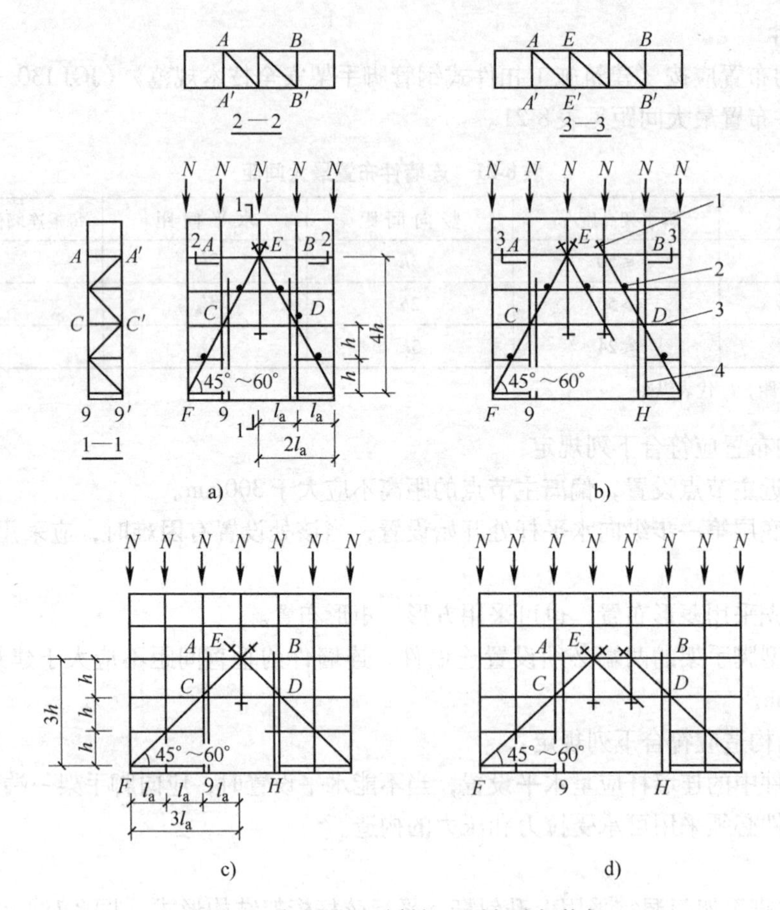

图 8-18 门洞处上升斜杆、平行弦杆桁架

a) 挑空一根立杆（A 型） b) 挑空两根立杆（A 型） c) 挑空一根立杆（B 型） d) 挑空两根立杆（B 型）

1—防滑扣件 2—增设的横向水平杆 3—副立杆 4—主立杆

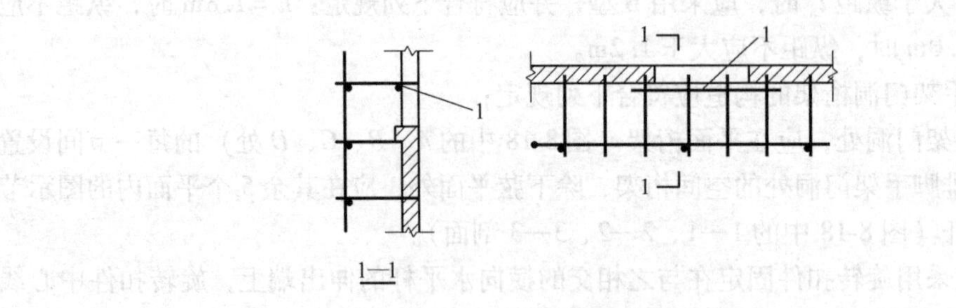

图 8-19 单排脚手架过窗洞构造

1—增设的纵向水平杆

1）剪刀撑跨越立杆的最多根数宜按表 8-22 确定。每道剪刀撑的宽度不应小于 4 跨，且不应小于 6m，斜杆与地面的倾角宜在 45°~60°。

表 8-22 剪刀撑跨越立杆的最多根数

剪刀撑斜杆与地面的倾角	45°	50°	60°
剪刀撑跨越立杆的最多根数	7	6	5

2）高度在24m以下的单、双排脚手架，应在外侧两端、转角及中间间隔不超过15m的立面上各设置一道剪刀撑，并应由底至顶连续设置，如图8-20所示。

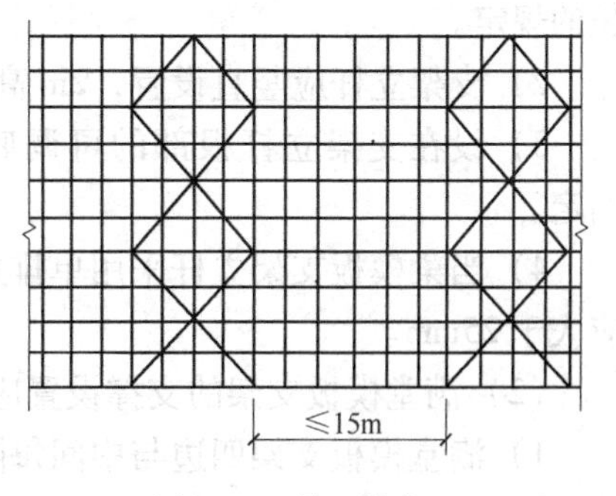

图8-20　剪刀撑布置

3）高度在24m及以上的双排脚手架应在外侧全立面连续设置剪刀撑。

4）剪刀撑斜杆的接长宜采用搭接或对接，搭接应符合规范规定。

5）剪刀撑斜杆应用旋转扣件固定在与之相交的横向水平杆的伸出端或立杆上，旋转扣件中心线至主节点的距离不宜大于150mm。

（2）横向斜撑的设置　横向斜撑的设置应符合下列规定：

1）横向斜撑应在同一节间由底至顶呈之字形连续设置，斜撑的固定与门洞桁架斜腹杆的要求相同。

2）开口型双排脚手架的两端必须设置横向斜撑，中间宜每隔6跨设置一道。

3）高度在24m以下的封闭型双排脚手架可不设横向斜撑；高度在24m以上的封闭型脚手架，除拐角应设置横向斜撑外，中间应每隔6跨设置一道。

6. 斜道

（1）人行并兼作材料运输的斜道的形式宜按下列要求确定

1）高度不大于6m的脚手架，宜采用一字形斜道。

2）高度大于6m的脚手架，宜采用之字形斜道。

（2）斜道的构造应符合下列规定

1）斜道应附着外脚手架或建筑物设置。

2）运料斜道的宽度不宜小于1.5m，坡度不应大于1∶6；人行斜道的宽度不应小于1m，坡度不应大于1∶3。

3）拐弯处应设置平台，其宽度不应小于斜道宽度。

4）斜道两侧及平台外围均应设置栏杆及挡脚板。栏杆高度应为1.2m，挡脚板高度不应小于180mm。

5）运料斜道两侧、平台的外围和端部均应按规范规定设置连墙件；每两步应加设水平斜杆；应按规范规定设置剪刀撑和横向斜撑。

（3）斜道脚手板构造应符合下列规定

1）脚手板横铺时，应在横向水平杆下增设纵向支托杆，纵向支托杆间距不应大于500mm。

2）脚手板顺铺时，接头应采用搭接；下面的板头应压住上面的板头，板头的凸棱处应采用三角木填顺。

3）人行斜道和运料斜道的脚手板上应每隔250～300mm设置一根防滑木条，木条厚度应为20～30mm。

7. 模板支架

（1）模板支架立杆的构造应符合下列规定：

1）模板支架立杆的构造应符合规范关于脚手架立杆底部、扫地杆、底层步距、立杆接长的规定。

2）支架立杆应竖直设置，2m 高度的垂直允许偏差为 15mm。

3）设在支架立杆根部的可调底座，当其伸出长度超过 300mm 时，应采取可靠措施固定。

4）当梁模板支架立杆采用单排立杆时，立杆应设置在梁模板中心线处，且其偏心距不应大于 25mm。

（2）满堂模板支架的支撑设置应符合下列规定：

1）满堂模板支架四边与中间每隔 4 排支架立杆应设置一道纵向剪刀撑，并应由底至顶连续设置。

2）高于 4m 的模板支架，其两端与中间每隔 4 排立杆从顶层开始向下每隔 2 步设置一道水平剪刀撑。

3）满堂模板支架剪刀撑的构造应符合规范关于脚手架剪刀撑的构造规定。

8.3.2 门式钢管脚手架的构造要求

1. 门架

门架跨距应符合《建筑施工门式钢管脚手架安全技术规范》（JGJ 128—2010）的规定，应与交叉支撑规格配合选用。

门架内侧立杆到墙面的净距不宜大于 150mm；大于 150mm 时应采取内设挑架板或其他隔离防护的安全措施。

2. 配件

水平架设置应符合下列规定：

1）在脚手架的顶层门架上部、连墙件设置层、防护棚设置处必须设置。

2）当脚手架搭设高度 $H \leqslant 45$m 时，水平架应沿脚手架的高度设置（至少两步一设）；当脚手架搭设高度 $H > 45$m 时，水平架应每步一设；不论脚手架多高，均应在脚手架的转角处、端部及间断处的一个跨距范围内每步一设。

3）水平架在其设置层面内应连续设置。

4）当因施工需要临时局部拆除脚手架内侧的交叉支撑时，应在拆除交叉支撑的门架上方及下方设置水平架。

5）水平架可由挂扣式脚手板或门架两侧设置的水平加固杆代替。

3. 加固件

剪刀撑设置应符合下列规定：

1）脚手架高度超过 24m 时，应在脚手架全外侧立面上设置连续。

2）剪刀撑斜杆与地面的倾角宜为 45°~60°，剪刀撑水平间距宜为 6~8m。

3）剪刀撑应采用旋转扣件与门架立杆扣紧。

4）剪刀撑斜杆若采用搭接接长，搭接长度不宜小于 1000mm，搭接处应采用 3 个及以上旋转扣件扣紧。

水平加固杆设置应符合以下规定：

1）当脚手架每步铺设挂扣式脚手板时，应在脚手架外侧每隔 4 步设置 1 道，并宜在有连墙件的水平层设置。

2）设置纵向水平加固杆应连续，并形成水平闭合圈。

3）在脚手架的底层门架下端应设置纵、横向通长扫地杆。

4）水平加固杆应采用扣件与门架立杆扣紧。

4. 转角处门架连接

在建筑物的转角处，脚手架内、外两侧立杆上应按步设置水平连接杆、斜撑杆，将转角处的两榀门架连成一体，如图8-21所示。

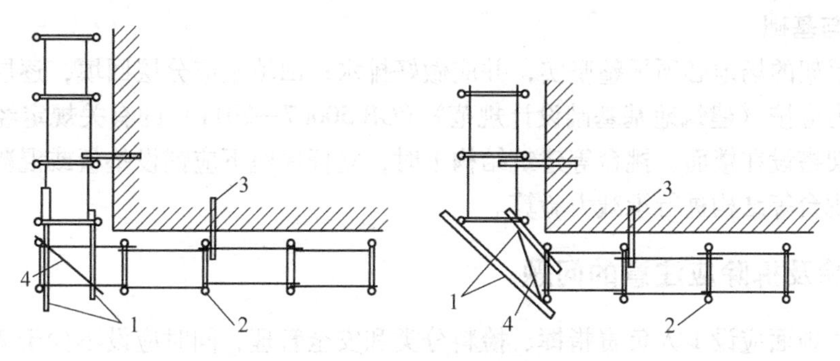

图8-21　转角处门架连接

1—连接杆　2—门架　3—连墙件　4—斜撑杆

5. 连墙件

脚手架必须采用连墙件与建筑物可靠连接。连墙件的设置除应满足计算要求外，还应满足表8-23的要求。

表8-23　连墙件间距

<table>
<tr><th rowspan="2">脚手架搭设高度/m</th><th rowspan="2">基本风压 w_0/(kN/m²)</th><th colspan="2">连墙件间距/m</th></tr>
<tr><th>竖　向</th><th>水　平　向</th></tr>
<tr><td rowspan="2">≤45</td><td>≤0.55</td><td>≤6.0</td><td>≤8.0</td></tr>
<tr><td>>0.55</td><td rowspan="2">≤4.0</td><td rowspan="2">≤6.0</td></tr>
<tr><td>>45</td><td></td></tr>
</table>

6. 通道口

通道口应按以下要求采取加固措施：

当通道口宽度为一个跨距时，应在脚手架通道口上方的内外侧设置水平加固杆，并在两个上角内外侧加设斜撑杆（图8-22）；当通道口宽度为两个及以上跨距时，应在通道口上方设置经专门设计和制作的托架梁，并加强两侧的门架立杆。

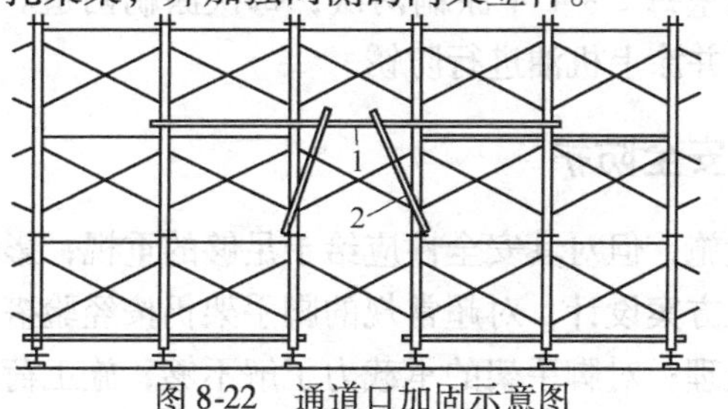

图8-22　通道口加固示意图

1—水平加固杆　2—斜撑杆

7. 斜梯

斜梯的设置应符合下列规定：

1）作业人员上下脚手架的斜梯应采用挂扣式钢梯，并宜采用之字形设置，一个梯段宜跨越两步或三步门架再行转折。

2）钢梯规格应与门架规格配套，并应与门架挂扣牢固。

3）钢梯应设栏杆扶手、挡脚板。

8. 地基与基础

搭设脚手架的场地必须平整坚实，并应做好排水；回填土应分层回填，逐层夯实。脚手架地基承载力应按《建筑地基基础设计规范》（GB 50007—2011）的有关规定经计算确定。

当脚手架搭设在楼面、挑台等建筑结构上时，立杆底座下应铺设垫板或混凝土垫块，并应对楼面或挑台等结构进行承载力验算。

8.3.3 拆除及拆除应注意的问题

拆除时，地面应设1人负责指挥、捡料分类和安全管理，同时应设不少于2人进行拆除工作，整个拆除工作应不少于3人。拆除程序与安装程序相反，一般先拆除栏杆、脚手板、剪刀撑、斜撑，再拆除小横杆、大横杆和立杆。拆除时，先将作业层的大部分脚手板运至地面，再将一块脚手板转移到下步内，以便操作者站立其上；作业人员站在这块脚手板上将上部可拆杆件全部拆除掉后，再下移一步，自上而下逐步拆除。除抛撑留在最后拆除外，其余各杆件均一并拆除。

拆除作业必须符合下列规定：

1）划出工作区，并作出明显标志，严禁非工作人员入内。

2）严格执行拆除程序，遵守“自上而下、先装后拆”的原则，要做到一步一清，杜绝上下同时拆除的现象发生。

3）拆除时应有统一指挥，在指挥人员的统一安排下，做到上下呼应、动作协调，以防构件坠落或伤及人员。

4）拆下的杆件及脚手板应传递下来或用滑轮和绳索运送，严禁高空抛掷，以防伤及人员和损坏材料；扣件拆下后应集中于随身的工具袋中，待装满后吊送下来，禁止高空抛掷。

5）拆下的各种材料、工具应及时分类堆放，并运送到有效地点妥善保存。

6）对扣件、螺栓等散状小件应使用容器集中存放，以免丢失；使用后的钢管应检查，对变形的钢管应调直后存放。

7）注意钢管和扣件的防锈处理。应根据环境湿度每年或每两年对钢管外壁进行除锈，后涂一道防锈漆，钢管内壁每2~4年涂刷两次，每次涂刷两道。扣件和螺栓每次使用后，用煤油或其他洗料洗净，并涂上机油进行防锈。

8.3.4 脚手架工程的安全防护

脚手架虽然是临时设施，但对其安全性应给予足够的重视，影响脚手架安全性的因素一般有：不重视脚手架施工方案设计，对超常规的脚手架仍按经验搭设；不重视外脚手架连墙件的设置及地基基础的处理；对脚手架的承载力了解不够，施工荷载过大。脚手架的搭设应严格遵守安全技术规定。

1. 一般脚手架的安全控制要点

1）脚手架搭设前，应根据工程的特点和施工工艺要求确定搭设（包括拆除）施工方案。

2）脚手架的地基与基础施工必须根据脚手架的搭设高度、搭设场地的土质情况，按照现行国家标准的有关规定进行。当基础下有设备基础、管沟时，在脚手架使用过程中不应开挖，否则必须采取加固措施。

3）脚手架主节点必须设置一根横向水平杆，用直角扣件连接在纵向水平杆上，严禁拆除。主节点处两个直角扣件的中心距不应大于150mm。在双排脚手架中，横向水平杆靠墙一段的外伸长度不应大于杆长的0.4倍，且不应大于500mm。

4）脚手架必须设置纵、横向扫地杆。纵向扫地杆应采用直角扣件固定在距底座上皮不大于200mm处的立杆上，横向扫地杆也应采用直角扣件固定在紧靠纵向扫地杆下方的立杆上。当立杆基础不在同一高度上时，必须将高处的纵向扫地杆向低处延长两跨与立杆固定，且高差不应大于1m。靠边坡上方的立杆轴线到边坡的距离不应小于500mm。

5）高度在24m以下的单、双排脚手架，应在外侧立面的两端、转角及中间间隔不超过15m的立面上，各设置一道剪刀撑，并应由底至顶连接设置；高度在24m以上的双排脚手架应在外侧全立面连续设置剪刀撑。剪刀撑、横向斜撑的搭设应随立杆、纵向和横向水平杆等的搭设同步进行，各底层斜杆下端均必须支撑在垫块或垫板上。

6）高度在24m以下的脚手架，宜采用刚性连墙件与建筑物可靠连接，也可采用拉筋和顶撑配合使用的附墙连接方式，严禁使用仅有拉筋的柔性连墙件。24m以上的双排脚手架，必须采用刚性连墙件与建筑物可靠连接，连墙件必须采用可承受拉力和压力的构造。50m以下（含50m）的脚手架连墙件应按3步3跨进行布置；50m以上的脚手架连墙件应按2步3跨进行布置。

2. 一般脚手架的检查与验收程序

1）脚手架的检查与验收应由项目经理组织，施工、技术、安全、作业班组负责人等参加，按照技术规范、施工方案、技术交底等有关技术文件对脚手架进行分段验收，在确认符合要求后方可投入使用。

2）脚手架及其地基基础应在下列阶段进行检查和验收：

① 基础完工后及脚手架搭设前。

② 作业层上施加荷载前。

③ 每搭设10~13m高度后。

④ 达到设计高度后。

⑤ 遇有六级及以上大风和大雨后。

⑥ 寒冷地区土层解冻后。

⑦ 停用超过1个月的，在重新投入使用前。

3）脚手架定期检查的主要项目包括：

① 杆件的设置和连接，连墙杆、支撑、门洞、桁架等的构造是否符合要求。

② 地基是否有积水，底座是否松动，立杆是否悬空。

③ 扣件螺栓是否松动。

④ 高度在24m以上的脚手架，其立杆的沉降与垂直度偏差是否符合技术规范的要求。

⑤ 架体的安全防护措施是否符合要求。

⑥ 是否有超载使用的现象等。

3. 附着升降式脚手架作业安全控制要点

1）附着升降式脚手架作业时，要针对提升工艺和施工现场作业条件编制专项施工方案。专项施工方案应包括设计、施工、检查、维护和管理等全部内容。

2）安装时必须严格按照设计要求和规定程序进行，安装后应进行荷载试验，经验收确认符合设计要求后，方可正式使用。

3）进行提升和下降作业时，架上人员和材料的数量不得超过设计规定，并尽可能减少。

4）升降前必须仔细检查附着连接和提升设备的状态是否良好，发现异常时应及时查找原因并采取措施解决。

5）升降作业应统一指挥、协调动作。

6）在安装、升降、拆除作业时，应划定安全警戒范围，并安排专人进行监护。

本章小结

高层建筑施工用外脚手架主要有扣件式钢管脚手架、门式脚手架和附着升降式脚手架等。

扣件式钢管脚手架属于多立杆式外脚手架中的一种，其特点是杆配件数量少；装卸方便，利于施工操作；搭设灵活，搭设高度大；坚固耐用，使用方便。

多立杆式外脚手架由立杆、大横杆、小横杆、斜撑、脚手板等组成。每步架高可根据施工需要灵活布置，取材方便，钢、木、竹等均可应用。多立杆式脚手架分为双排式和单排式两种形式。

门式钢管脚手架又称为多功能门式钢管脚手架，是一种工厂生产、现场搭设的脚手架，是目前国际上应用最普遍的脚手架之一。由门式框架、剪刀撑和水平梁架（或脚手板）构成基本单元，将基本单元连接起来即构成整片脚手架。

附着升降式脚手架仅需搭设一定高度并附着于工程结构上，依靠自身的升降设备和装置随工程结构施工逐层爬升，并能实现下降作业。这种脚手架适用于现浇钢筋混凝土结构的高层建筑。

扣件式钢管脚手架设计计算包括：纵、横向水平杆等受弯构件的强度和连接扣件的抗滑承载力计算，立杆的稳定性计算，连墙件的强度、稳定性和连接强度计算，立杆地基承载力计算。

脚手架搭设和拆除应按相关规范规定的作业程序进行，做好安全防护，注意施工安全。

复习思考题

1. 脚手架承载力计算应包括哪些内容？
2. 扣件式钢管脚手架整体稳定性计算包括哪些内容？
3. 扣件式钢管脚手架的荷载传递路线是怎样的？
4. 脚手架剪刀撑布置的要求有哪些？
5. 钢管脚手架搭设时的偏差有哪些要求？

6. 某高层装饰工程拟搭设50m高的双排脚手架，采用ϕ48mm×3.5mm钢管、冲压钢脚手板（每块宽度为230mm，自重为0.3kN/m^2，作业层铺设4块；挡脚板用冲压钢脚手板1块），脚手架的排距为1.05m、步距为1.8m、柱距为1.7m，连墙件的竖向间距为3.6m、水平间距为5.4m，双层同时作业，立网全封闭（立网的网眼尺寸为35mm×35mm、绳径为3.2mm、自重为0.01kN/m^2）。工程位于市区，地面粗糙度为C类，基本风压w_0=0.45kN/m^2。验算顶层立杆稳定承载力，计算连墙件轴向力设计值。

7. 悬挑式脚手架的悬挑支承结构主要有哪3种形式？

8. 附着升降式脚手架按爬升构造方式分为哪几类？分别由哪几部分组成？

9. 附着升降式脚手架的提升设备有哪几种？简述附着升降式脚手架的适用范围？

10. 脚手架的拆除应注意哪些问题？

11. 脚手架的检查与验收程序有哪些？

第9章　混凝土结构高层建筑施工

教学目标：

1. 掌握现浇钢筋混凝土结构高层建筑施工中大模板、滑模、爬模等主要模板工程的施工工艺，掌握粗钢筋的常用连接方法。

2. 了解围护结构保温墙体的施工工艺，熟悉填充墙砌体施工工艺。

3. 了解升板结构的施工工艺流程，掌握劲性配筋柱的升滑（升提）施工工艺，了解柔性配筋现浇柱的逐层升模法施工、升板法施工，了解装配式大板建筑的特点及节点构造。

9.1　现浇钢筋混凝土结构高层建筑施工

9.1.1　粗钢筋连接——焊接

现浇钢筋混凝土结构高层建筑中，粗钢筋连接的工作量比较大，采用合适的施工方法可以显著提高劳动效率。传统的连接方式一般是采用对焊、电弧焊等，后来推广了很多新的钢筋连接工艺，如钢筋机械连接、电渣压力焊、气压焊等，显著提高了生产效率，改善了钢筋接头的质量。

钢筋焊接的类型分为熔焊和压焊两种。熔焊过程实质上是利用热源产生的热量把母材和填充金属熔化，形成焊接熔池，当电源离开后，由于周围冷金属的导热及其介质的散热作用，焊接熔池温度迅速下降，并凝固结晶形成焊缝，如电弧焊、电渣压力焊、热剂焊。压焊过程实质上是利用热源（包括外加热源和电流）通过母材所产生的热量，使母材加热达到局部熔化，随即施加压力，形成焊接接头，如电阻点焊、闪光对焊、电渣压力焊、气压焊、埋弧压力焊。

根据《钢筋焊接及验收规程》（JGJ 18—2012）的规定，适用于粗钢筋连接的焊接方法有闪光对焊、电弧焊、电渣压力焊和气压焊四种。

1. 闪光对焊

闪光对焊广泛用于焊接直径为8～40mm，牌号为HPB300、HRB335、HRBF335、HRB400、HRBF400、HRB500、HRBF500、RRB400W的钢筋，也可用于预应力筋与螺纹端杆的焊接。

（1）焊接原理　将两根钢筋以对接形式安放在对焊机上，利用电阻热使接触点金属融化，产生强烈闪光和飞溅，迅速施加顶锻力而完成焊接的一种压焊方法。

（2）焊接工艺　根据钢筋的品种、直径和选用的对焊机功率，闪光对焊分为连续闪光焊、预热闪光焊或闪光-预热闪光焊三种工艺。对焊接性较差的钢筋，在焊后可采取通电热处理的方法改善接头的塑性。

1）连续闪光焊。施焊时，先将钢筋夹入对焊机的两极中，闭合电源，然后使两根钢筋端面轻微接触。此时由于钢筋端部表面不平，接触面很小，电流通过时电流密度和电阻很大，故接触点很快熔化，产生金属蒸汽飞溅，形成闪光现象；形成闪光后缓慢移动钢筋，形成连续闪光；当钢筋烧化到规定长度后，待接头烧平，闪去杂质和氧化膜；白热熔化时，以一定的压力迅速进行顶锻挤压，使两根钢筋焊牢，形成对焊接头。连续闪光焊适用于直径为25mm 以下的钢筋。

2）预热闪光焊。预热闪光焊是在连续闪光焊前增加一次预热过程，使钢筋均匀加热。其工艺过程为预热—闪光—顶锻。即先闭合电源，使两根钢筋端面交替轻微接触和分开，发出断续闪光使钢筋预热；当钢筋烧化到规定的预热留量后连续闪光，最后进行顶锻。预热闪光焊适用于直径为25mm 以上，且端部平整的钢筋。

3）闪光-预热闪光焊。闪光-预热闪光焊是在预热闪光焊前加一次闪光过程，使钢筋端面烧化平整、预热均匀。这种焊接方法适用于直径为25mm 以上，且端部不平整的钢筋。

（3）闪光对焊参数 闪光对焊参数包括调伸长度、闪光留量、闪光速度、预热留量、顶锻留量、顶锻速度，以及变压器级次等。闪光对焊工艺留量图解如图9-1 所示。

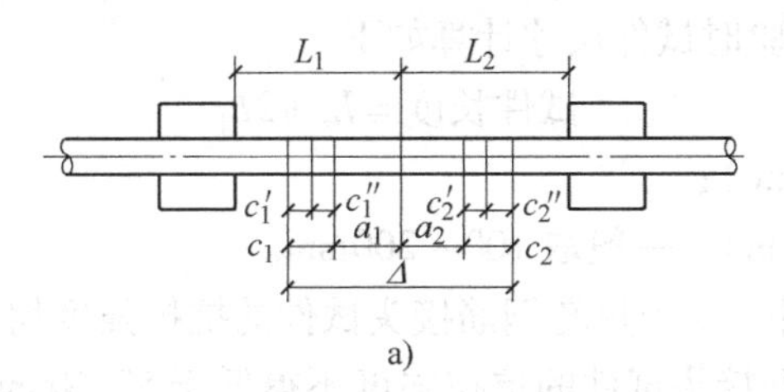

a）

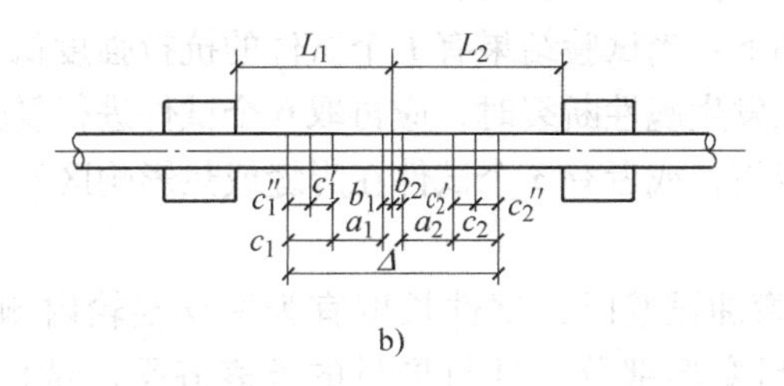

b）

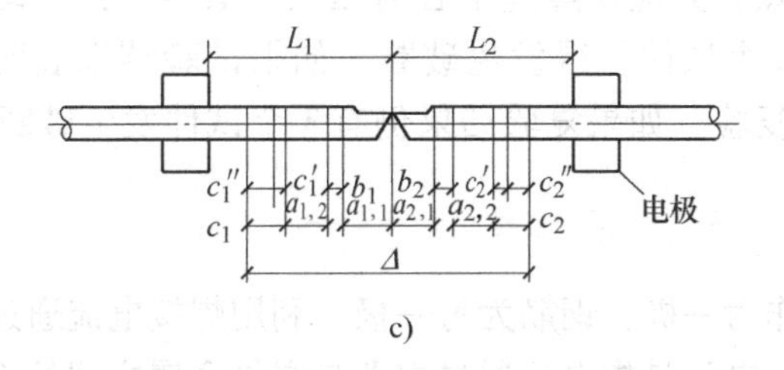

c）

图9-1 闪光对焊工艺留量图解

a）连续闪光焊 b）预热-闪光焊 c）闪光-预热闪光焊

L_1、L_2—调伸长度 a_1+a_2—烧化留量 b_1+b_2—预热留量 c_1+c_2—顶锻留量 $c_1'+c_2'$—有电顶锻留量 $c_1''+c_2''$—无电顶锻留量 $a_{1,1}+a_{2,1}$——次烧化留量 $a_{1,2}+a_{2,2}$—二次烧化留量 Δ—焊接总留量

（4）焊接质量检查

1）分批。在同一台班内，由同一焊工完成的300 个同牌号、同直径钢筋焊接接头应作为一批。当同一台班内焊接的接头数量较少时，可在一周之内累计计算；累计仍不足300 个接头时，也应按一批计算。

2）外观检查。应从每批中抽查10%，且不得少于10个接头进行外观检查。检查结果应符合下列要求：

① 接头处不得有横向裂纹。

② 与电极接触处的钢筋表面不得有明显烧伤。

③ 接头处的弯折角度不得大于2°。

④ 接头处的轴线偏移不得大于钢筋直径的0.1倍，且不得大于1mm。

经过外观检查，如果发现有一个接头不符合要求，就应对全部接头进行检查，剔出不合格接头，切除热影响区后重新焊接。

3）力学性能试验

① 取样。从每批接头中任意切取6个试件，其中3个做拉伸试验，3个做弯曲试验（异径接头可只做拉伸试验）。

② 拉伸试验。拉伸试验时试件尺寸计算如下

$$试件长度 = L_s + 2L_j$$

式中 L_s——受试长度（mm）；

L_j——夹持长度（mm），一般取100～200mm。

对试验结果的要求如下：3个热轧钢筋接头试件的抗拉强度均不得低于该牌号钢筋规定的抗拉强度；余热处理钢筋接头试件的抗拉强度不得低于570N/mm^2。此外，应至少有2个试件的断裂处位于焊缝之外，并呈延性断裂。

焊接质量评定方法如下：当试验结果有1个试件的抗拉强度低于上述规定值，或者有2个试件在焊缝或热影响区发生脆性断裂时，应再取6个试件进行复验。当复验结果仍有1个试件的抗拉强度低于规定值，或者有3个试件在焊缝或热影响区发生脆性断裂时，应确认该批接头为不合格品。

③ 弯曲试验。进行弯曲试验时，试件长度宜为两支辊轮内侧距离加150mm，应消除受压面的金属飞边和镦粗变形部分，且与母材的外表齐平。试样应放在两支点上，试验时焊缝应处于弯曲中心点，并应使焊缝中心与压头中心线一致，缓慢对试样施加弯曲力，当弯至90°时，至少有2个试件不得发生破断。如果试验结果表明有2个试件发生破断，则应再取6个试件进行复验；如果复验结果仍有3个试件发生破断，则应确认该批接头为不合格品。

2. 电弧焊

电弧焊是指以焊条作为一极，钢筋为另一极，利用焊接电流通过产生的电弧热进行焊接的一种熔焊方法。其中，电弧是指电流通过焊条与焊件金属之间的空气介质时出现的强烈持久的放电现象。其特点是轻便灵活，可用于全位置焊接，适用性强。电弧焊接适用于各种形状的钢材焊接，应用十分广泛。钢筋工程中的电弧焊，主要是指预制构件中的钢筋与预埋件的搭接接头电弧焊，以及现浇构件钢筋安装中的帮条接头电弧焊或搭接接头电弧焊。

（1）帮条焊 帮条焊适用于焊接直径为20～40mm，牌号为HPB300、HRB335、HRBF335、HRB400、HRBF400、HRB500、HRBF500、RRB400W的钢筋。帮条焊是指将两根待焊的钢筋对正，使两端头离开2～5mm；然后使用短帮条（帮条在外侧）在与钢筋接触部分焊接一面或两面的焊接方法。它分为单面焊和双面焊（图9-2）。若采用双面焊，则接头中应力传递对称、平衡，受力性能好；若采用单面焊，则受力情况较差。因此，应尽可能采用双面焊，而只有

在受施工条件限制不能进行双面焊时，才采用单面焊。

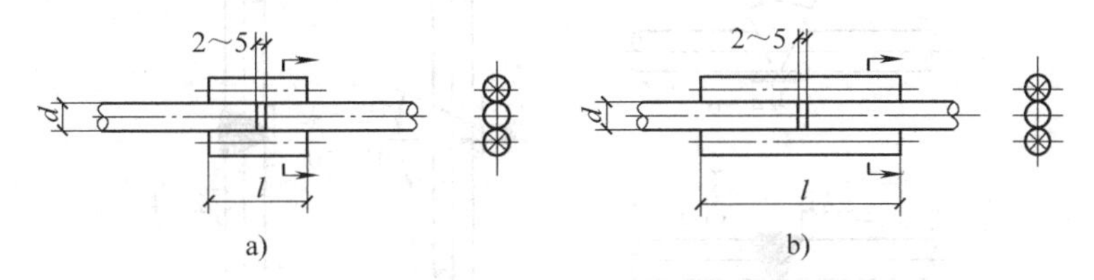

图9-2　帮条焊

a）帮条焊双面焊　b）帮条焊单面焊

d—钢筋直径　l—帮条长度

帮条宜采用与主筋同牌号、同直径的钢筋制作。帮条长度见《钢筋焊接及验收规范》（JGJ 18—2012）中的表4.5.4。当帮条牌号与主筋相同时，帮条直径可与主筋相同或小一个规格；当帮条直径与主筋相同时，帮条牌号可与主筋相同或低一个牌号等级。帮条焊接头或搭接焊接头的焊缝有效厚度 s 不应小于主筋直径的0.3%；焊缝宽度 b 不应小于主筋直径的0.7%。焊接时应在垫板或帮条上引弧，不得烧伤主筋；焊接地线与钢筋应紧密接触；焊接过程中应及时清渣，焊缝表面应光滑，焊缝余高平缓过渡，引坑应填满。

（2）搭接电弧焊接头　搭接电弧焊接头主要用于焊接直径为10～40mm的钢筋。此种接头应优先采用双面焊缝形式，焊缝厚度≥$0.35d$，且≥4mm；焊缝宽度≥$0.6d$，且≥10mm。焊接前钢筋最好预弯，以保证两钢筋的轴线在同一直线上，如图9-3所示。搭接焊接时用两点固定；定位焊缝应距搭接端部20mm以上。

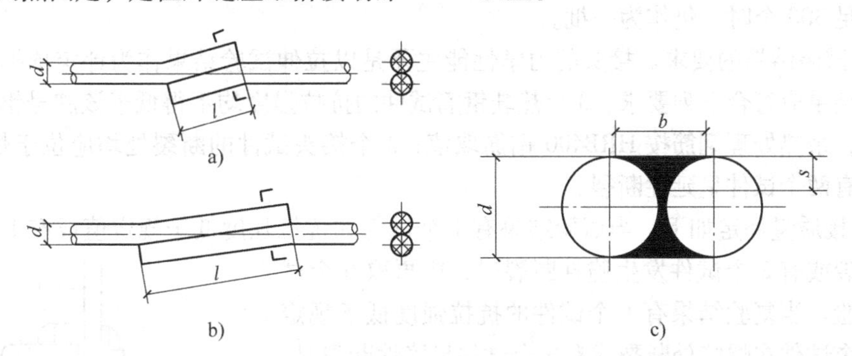

图9-3　搭接焊

a）搭接焊双面焊　b）搭接焊单面焊　c）焊缝尺寸示意图

d—钢筋直径　l—搭接长度　b—焊缝宽度　s—焊缝厚度

（3）坡口焊　坡口焊接头可分为坡口平焊接头和坡口立焊接头两种，如图9-4所示。坡口焊适用于焊接直径为18～40mm，牌号为HPB300、HRB335、HRBF335、HRB400、HRBF400、HRB500、HRBF400、RRB400W的钢筋，主要用于装配式结构节点的焊接。坡口平焊采用V形坡口，坡口夹角为55°～65°，两根钢筋的根部空隙为3～5mm；下垫钢板的长度为40～60mm、厚度为4～6mm、宽度为钢筋直径加10mm。

（4）质量检查与验收

1）外观检查。应在接头清渣后逐个进行目测或量测，检查结果应符合下列要求：

① 焊缝表面应平整，不得有凹陷或焊瘤。

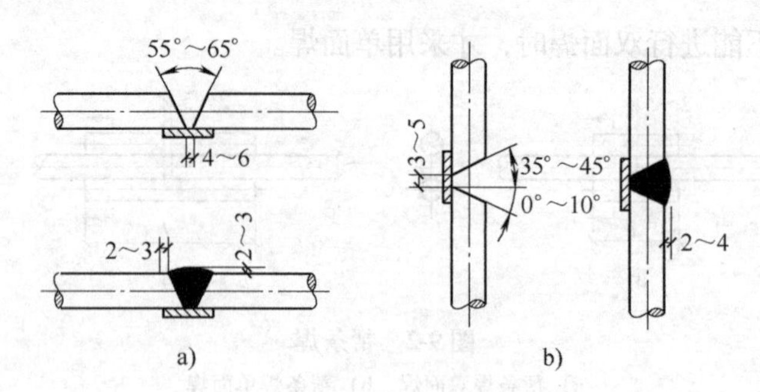

图9-4 坡口焊接接头

a）平焊 b）立焊

② 焊缝接头区域不得有肉眼可见的裂纹。

③ 咬边深度、气孔、夹渣等缺陷允许值及接头尺寸的允许偏差应符合《钢筋焊接及验收规范》（JGJ 18—2012）中表5.5.2的规定。

④ 焊缝余高应为2～4mm。

2）力学性能试验

① 取样。在一般构筑物中，应从成品中每批任意切取3个接头进行拉伸试验；在装配式结构中，可按生产条件制作模拟试件。在现浇混凝土结构中，应以300个同接头形式、同钢筋牌号的接头作为一批。

在房屋结构中，应在不超过连续两楼层中以300个同接头形式、同钢筋牌号的接头作为一批；不足300个时，仍作为一批。

② 对试验结果的要求。接头的力学性能主要是以拉伸试验结果作为评定依据的。接头拉伸试验结果应符合下列要求：3个热轧钢筋试件的抗拉强度均不得低于该牌号钢筋规定的抗拉强度，余热处理钢筋按HRB400钢筋取值；3个接头试件的断裂处均应位于焊缝之外，并应至少有两个试件呈延性断裂。

③ 焊接质量评定如下：当试验结果有1个试件的抗拉强度低于规定值或有1个试件在焊缝处断裂或有2个试件发生脆性断裂时，应再取6个试件进行复验。当复验结果有1个试件的抗拉强度低于规定值或有1个试件在焊缝处断裂或有3个试件呈脆性断裂时，应确认该批接头为不合格品。模拟试件的数量和要求与从成品中切取的接头相同。当模拟试件试验结果不符合要求时，复验试件应从成品中切取，其数量和要求应与初始试验相同。

3. 电渣压力焊

电渣压力焊是指利用电流通过两钢筋端面间隙。在焊剂层下形成电弧过程和电渣过程，产生电弧热和电阻热将钢筋混凝土中的竖向钢筋的端部熔化，待达到一定程度后施加压力使钢筋焊合的焊接方法。电渣压力焊的焊机示意图如图9-5所示。电渣压力焊应用于现浇钢筋混凝土结构中竖向或斜向（倾斜度不大于10°）钢筋的连接。直径为

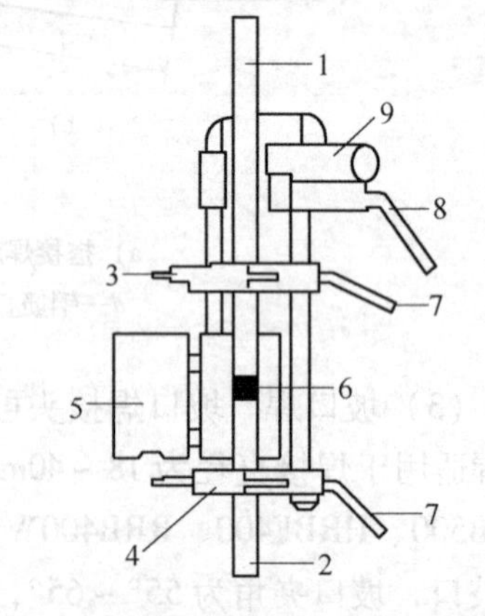

图9-5 电渣压力焊的焊机示意图

1—上钢筋 2—下钢筋 3—上夹头 4—下夹头 5—焊剂盒 6—焊条芯 7—焊把线 8—电源线 9—电动机传动部分

12mm 的钢筋进行电渣压力焊时，应采用小型焊接夹具，上下两钢筋对正，不得偏歪；多做焊接工艺试验，确保焊接质量。

电渣压力焊的焊机容量应根据所焊钢筋直径选定，接线端应连接紧密，确保导电良好。

焊接夹具应具有足够的刚度，夹具形式、型号应与焊接钢筋配套，上下钳口应同心，在最大允许荷载下应移动灵活、操作便利。电压表、时间显示器应配备齐全。

电渣压力焊工艺过程应符合下列规定：

1）焊接夹具的上下钳口应夹紧于上、下钢筋上；钢筋一经夹紧，不得晃动，且两钢筋应同心。

2）引弧可采用直接引弧法或焊条芯间接引弧法。

3）引燃电弧后，应先进行电弧过程，然后加快上钢筋的下送速度，使上钢筋端面插入液态渣池约 2mm，转变为电渣过程。最后在断电的同时迅速下压上钢筋，挤出熔化金属和熔渣。

4）接头焊毕，应稍作停歇，方可回收焊剂和卸下焊接夹具。敲去渣壳后，四周焊包突出钢筋表面的高度，当钢筋直径为 25mm 及以下时不得小于 4mm；当钢筋直径为 28mm 及以上时不得小于 6mm。

（1）焊接工艺　电渣压力焊的焊接工艺包括引弧过程、电弧过程、电渣过程和顶压过程（图 9-6）。

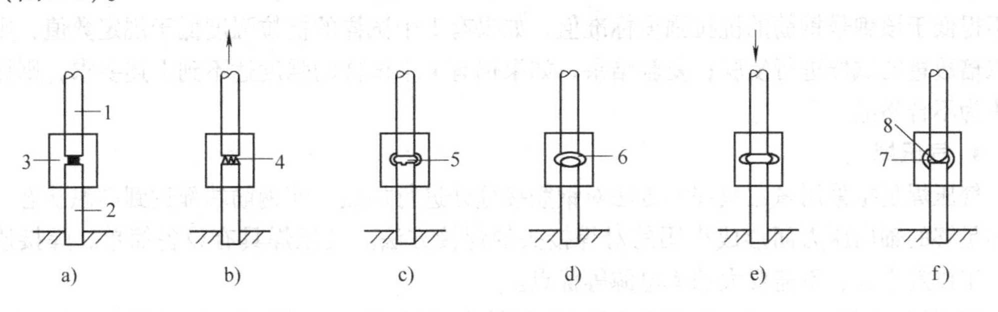

图 9-6　电渣压力焊的焊接工艺

a）引弧前　b）引弧过程　c）电弧过程　d）电渣过程　e）顶压过程　f）凝固后

1—上钢筋　2—下钢筋　3—焊剂盒　4—电弧　5—熔池　6—熔渣　7—焊包　8—渣壳

1）引弧过程。引弧可采用直接引弧法或钢丝球引弧法。

直接引弧法是在通电后迅速将上钢筋提起，使上、下钢筋端头之间的距离为 2 ~ 4mm 时引弧，此过程很短。当钢筋端头夹杂不导电物质或端头过于平滑造成引弧困难时，可以多次把上钢筋移下与下钢筋短接后再提起，以达到引弧的目的。

钢丝球引弧法是将钢丝球放在上、下钢筋端头之间，电流通过钢丝球与上、下钢筋端面的接触点形成短路引弧。钢丝球采用 0.5 ~ 1.0mm 退火钢丝制成，球径不小于 10mm，钢丝球的每一层缠绕方向应相互垂直交叉。当焊接电流较小、钢筋端面较平整或引弧距离不易控制时，宜采用该方法。

2）电弧过程。电弧过程也称为造渣过程，利用电弧的高温作用将钢筋端头的凸出部分不断烧化；同时，将接口周围的焊剂充分熔化，形成一定深度的渣池。

3）电渣过程。渣池形成一定深度后，将上钢筋缓慢插入渣池中，此时电弧熄灭，进入电渣过程。由于电流直接通过渣池，故产生大量的电阻热，使渣池温度升到近 2000℃，将钢筋端头迅速而均匀地熔化。其中，上钢筋端头熔化量比下钢筋大一倍。经熔化后的上钢筋端面呈微凸形，并在钢筋的端面上形成一个由液态向固态转化的过渡薄层。

4）顶压过程。电渣压力焊的接头是利用过渡层使钢筋端部的分子与原子产生巨大的结合力而形成的。在停止供电的瞬间应对钢筋施加挤压力，把坡口部分熔化的金属、熔渣及氧化物等杂质全部挤出结合面。由于挤压时坡口处于熔融状态，所需的挤压力很小，对各种规格的钢筋仅为0.2～0.3kN。

（2）质量检验

1）取样。电渣压力焊接头的外观检查应分批进行。进行强度检验时，从每批成品中切取3个试样进行拉伸试验。在现浇钢筋混凝土结构中，每300个同类型接头（同钢筋牌号、同钢筋直径）作为一批。在房屋结构中，应在不超过连续二楼层中以300个同类型接头作为一批；不足300个时，仍作为一批。

2）外观检查。电渣压力焊接头的外观检查，应符合下列要求：

① 接头焊包应饱满，且比较均匀，钢筋与电极接触处无明显烧伤等缺陷。

② 接头处的轴线偏移不得大于1mm。

③ 接头处的弯折角度不得大于2°。

外观检查不合格的接头，应切除重焊或采取补强措施。

3）拉伸试验。电渣压力焊接头的拉伸试验结果应符合下列要求：3个试样的抗拉强度均不得低于该牌号钢筋的抗拉强度标准值，如果有1个试样的抗拉强度低于规定数值，则应取双倍数量的试样进行复验；复验结果，如果仍有1个试样的强度达不到上述要求，则该批接头为不合格品。

4. 气压焊

气压焊是指采用氧乙炔焊的方法对钢筋接缝处进行加热，使钢筋端部达到高温状态，并施加足够的轴向压力而形成牢固的对焊接头的焊接方法。气压焊具有设备简单、焊接质量好、工作效率高、不需要大功率电源等优点。

气压焊可用于焊接直径为12～40mm，牌号为HPB300、HRB335、HRB400、HRB500的钢筋。当两钢筋直径不同时，其直径之差不得大于7mm。气压焊的设备主要有供气设备（氧气、乙炔气）、加热器、加压器及钢筋卡具等。

施焊前钢筋要用砂轮锯下料并用磨光机打磨，边棱要适当倒角，端面要平整（端面基本上要与轴线垂直），端面附近50～100mm范围内的铁锈、油污等必须清除干净，然后用卡具将两根钢筋对正夹紧。

气压焊的施焊过程包括预压、加热与压接过程。钢筋卡好后施加初压力（30～40MPa）使钢筋端面密贴，间隙不超过3mm；钢筋先用强碳化焰加热，待钢筋端面间隙闭合后改用中性焰加热，以加快加热速度。当钢筋端面加热到所需温度（宜在熔点以下1150～1250℃）时，对钢筋轴向加压，使接缝处膨鼓的直径达到母材钢筋直径的1.4倍，变形长度为钢筋直径的1.3～1.5倍，此时可停止加热、加压，待焊接点的红色消失后取下夹具。

气压焊接头质量检查与验收：

（1）外观检查　气压焊接头应分批进行外观检查，外观检查结果应符合下列要求：

1）接头处的轴线偏移 e 不得大于钢筋直径的1/10，且不得大于1mm；当不同直径钢筋焊接时，应按较小钢筋直径计算。当大于上述规定值，但在钢筋直径的3/10以下时，可加热矫正；当大于3/10时，应切除重焊。

2）接头处表面不得有肉眼可见的裂纹。

3）接头处的弯折角度不得大于2°；当大于规定值时，应重新加热矫正。

4）固态气压焊接头镦粗直径 d_e 不得小于钢筋直径的1.4倍，熔态气压焊接头镦粗直径 d_e 不得小于钢筋直径的1.2倍。当小于上述规定值时，应重新加热镦粗。

5）镦粗长度 L_e 不得小于钢筋直径的1.0倍，且突起部分平缓圆滑。当小于上述规定值时，应重新加热镦长。

外观检查不合格的接头应切除重焊或采取补强焊接措施。

（2）力学性能试验　在进行力学性能试验时，在现浇钢筋混凝土结构中，应以300个同牌号钢筋接头作为一批；不足300个接头时，仍应作为一批。在柱、墙的竖向钢筋连接中，应从每批接头中随机切取3个接头进行拉伸试验。异径气压焊接头可只做拉伸试验，在同一批中有几个不同直径的钢筋焊接接头时，应在最大直径钢筋的焊接接头和最小直径钢筋的焊接接头中分别切取3个接头进行拉伸、弯曲试验。气压焊接头拉伸试验结果应符合下列要求：3个试件的抗拉强度均不得小于该牌号钢筋规定的抗拉强度，并应断于压焊面之外，且呈延性断裂；在梁、板的水平钢筋接头中，应另切取3个接头做弯曲试验，要求弯至90°时有2个或3个试件均不得在压焊面发生破断。

9.1.2　粗钢筋连接——机械连接

钢筋的机械连接具有工艺简单、节约钢材、接头性能可靠、技术易掌握、工作效率高、节约成本等优点，适用于钢筋在任何位置与方向的连接。虽然机械连接接头成本较高，但其综合经济效益与技术效果明显。《高层建筑混凝土结构技术规程》（JGJ 3—2010）明确规定，粗钢筋宜采用机械连接。

为鼓励采用高质量接头，适应技术进步的需要，《钢筋机械连接技术规程》（JGJ 107—2010）将接头分为三个性能等级，相关内容见该规程中第3.0.4节。

钢筋的机械连接形式有带肋钢筋套筒挤压连接、钢筋锥螺纹套筒联接、钢筋镦粗直螺纹套筒联接、钢筋滚轧直螺纹联接、钢筋套筒灌浆连接等。钢筋锥螺纹套筒联接因其可靠性存在缺陷，目前已不常使用。

1. 带肋钢筋套筒挤压连接

带肋钢筋套筒挤压连接是指将两根待接钢筋插入优质钢套筒，用挤压连接设备沿径向或轴向挤压钢套筒，使之产生塑性变形，依靠变形后钢套筒与被连接钢筋纵、横肋产生的机械咬合实现钢筋的连接。挤压连接分为径向挤压连接和轴向挤压连接。径向挤压连接是采用挤压机在常温下沿套筒直径方向从套筒中间依次向两端挤压套筒，使其产生塑性变形，从而把插在套筒里的两根钢筋紧固成一体形成机械连接；轴向挤压连接是沿钢筋轴线在常温下挤压金属套筒，从而把插入金属套筒里的两根待连接热轧钢筋紧固成一体形成机械接头。

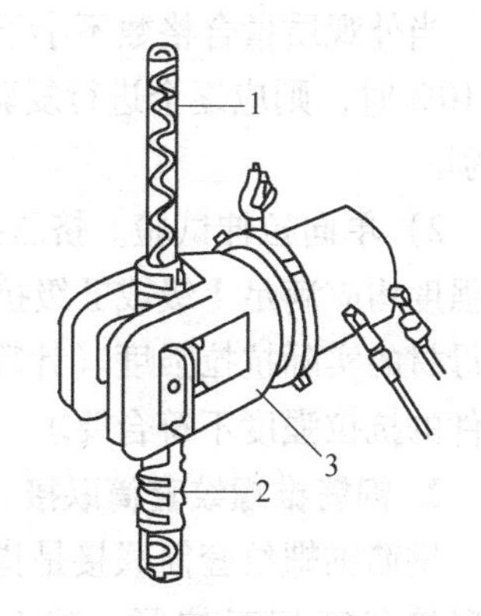

图9-7　带肋钢筋套筒挤压连接示意图
1—钢筋　2—钢套筒　3—挤压钳

（1）挤压设备　挤压设备由挤压钳、钢套筒、高压泵及高压胶管等组成，如图9-7所示。挤压设备有多种型号，可以提供不同的挤压力，不同的钢筋直径选用不同型号的机械。挤压接头所用套筒的材料宜选用强度适中、延性较好的优质钢材，其设计屈服强度和抗压强度均应比待接钢筋的相应强度高10%以上。不同直径钢筋的挤压参数见表9-1。

表9-1 不同直径钢筋的挤压参数

钢筋直径/mm	20	22	25	28	32	36	40
钢套筒外径×长度/(mm×mm)	36×120	40×132	45×150	50×168	56×192	63×216	70×240
挤压道数（每侧）	3	3	3	4	5	6	7
挤压力/kN	450	500	600	600	650	750	800

注：挤压力根据钢筋材质及尺寸公差可进行适当调整。

（2）挤压工艺　挤压前，钢筋端头的锈、泥沙、油污等杂物应清理干净；钢筋与套筒应进行试套，不同直径钢筋的套筒不得串用；钢筋端部应画出定位标志与检查标志；检查挤压设备的情况，并进行试压。钢筋挤压连接时，通常在施工场地附近预先将套筒的一侧与钢筋的一端挤压连接，另一侧待钢筋在施工区就位后插入待接钢筋再挤压完成。挤压钳就位时，应对正钢套筒压痕位置的标志，并应与钢筋轴线保持垂直；挤压钳的施压顺序由钢套筒中部向端部进行。每次施压时，主要控制压痕深度。

（3）质量检验　工程中应用带肋钢筋套筒挤压接头时，应由技术提供单位提交有效的型式检验报告与套筒出厂合格证。现场检验时一般只进行接头外观检验和单向拉伸试验。现场验收以500个同规格、同制作条件的接头作为一个验收批，不足此数时也作为一个验收批。对每一个验收批应随机抽取10%的挤压接头做外观检验；抽取3个试件做单向拉伸试验。在现场检验合格的基础上，连续10个验收批的单向拉伸试验合格率为100%时，验收批所代表的接头数量可扩大一倍。

1）外观检查。挤压接头的外观检查应符合下列要求：挤压后套筒长度应为1.10~1.15倍的原套筒长度，或者压痕处套筒外径为0.8~0.9倍的原套筒外径；挤压接头的压痕道数应符合型式检验确定的道数，接头处弯折角度不得大于4°，挤压后的套筒不得有肉眼可见的裂缝。

当外观质量合格数不小于抽检数的90%时，则该批为合格品；当不合格数超过抽检数的10%时，则应逐个进行复验，在外观不合格的接头中抽取6个试件做单向拉伸试验后再判别。

2）单向拉伸试验。挤压接头试件的钢筋母材应进行抗拉强度试验，3个接头试件的抗拉强度均应满足Ⅰ级或Ⅱ级抗拉强度的要求；对Ⅰ级接头，试样抗拉强度应不小于0.9倍钢筋母材的实际抗拉强度（计算实际抗拉强度时，应采用钢筋的实际横截面面积）。如有一个试件的抗拉强度不符合要求，则加倍抽样复验。

2. 钢筋锥螺纹套筒联接

钢筋锥螺纹套筒联接是指利用钢筋端头加工成的锥螺纹与内壁带有相同内螺纹（锥形）的联接套筒相互拧紧、咬合形成接头的连接方式。适用于直径为16~40mm，牌号为HRB335、HRB400的钢筋连接，也可用于异径钢筋的连接。

一般锥螺纹接头的锥坡为1∶5，仅能满足Ⅱ级接头的要求；加强锥螺纹接头的锥坡为

1：10，能满足Ⅰ级接头的要求。连接套是在工厂由专用机床加工而成的定型产品，有同径连接套、异径连接套等，施工单位可根据需要订购。钢筋连接端的锥螺纹需在钢筋套丝机上加工（一般在施工现场进行），为保证连接质量，每个丝头都需用牙形规和卡规检查，不合格的应切掉重新加工；合格的需拧上塑料保护帽，以免受损。一般情况下一根钢筋只需一端拧上保护帽，另一端可直接采用扭力扳手按规定的力矩值将锥螺纹联接套预先拧上，这样既可保护丝头，又可提高工作效率。待在施工现场连接另一根钢筋时，先回收钢筋端部的塑料保护帽和联接套上的密封盖，并再次检查丝头的质量；检查合格后即可将待接钢筋拧入一端已拧上钢筋的联接套内，再用扭力扳手按规定的力矩值拧紧钢筋接头，便完成了钢筋的连接。

锥螺纹套筒的加工水平和现场丝头的加工水平是控制锥螺纹联接质量的重要环节，都要求锥度准确、牙形饱满、光洁度好。如果没有可靠的锥螺纹套筒生产厂家和过硬的施工队伍，极易造成锥螺纹联接质量的不稳定。

3. 钢筋镦粗直螺纹套筒联接

钢筋镦粗直螺纹套筒联接是指通过对钢筋端部冷镦扩粗、切削螺纹，再用联接套筒对接钢筋形成接头的连接方式。适用于直径为16～40mm，牌号为HRB335、HRB400的钢筋在各个方向和各个位置的连接。这种接头综合了套筒挤压接头和锥螺纹接头的优点，具有接头强度高、质量稳定、施工方便、连接速度快、应用范围广等优点。

钢筋端部经局部冷镦扩粗后，不仅横截面扩大，而且强度也有所提高，在镦粗段上切削螺纹时也不会造成钢筋母材横截面的削弱，因而能保证充分发挥钢筋母材的强度。其工艺分下列3个步骤：钢筋端部冷镦扩粗→在镦粗端切削直螺纹→用联接套筒对接钢筋。

为了充分发挥钢筋母材的强度，联接套筒的设计强度应不小于钢筋抗拉强度标准值的1.2倍。直螺纹标准套筒的标准型接头是最常用的，套筒长度为2倍的钢筋直径。以直径为25mm的钢筋为例，套筒长度为50mm，钢筋丝头长度为25mm。将一端钢筋丝头拧入套筒并用扳手拧紧后，钢筋丝头端面即在套筒中央；然后再将另一端钢筋丝头拧入套筒，并用普通扳手拧紧，利用两端钢筋丝头的相互对顶力锁定套筒位置。

钢筋镦粗直螺纹接头有标准型、加长型、扩口型、异径型、正反螺纹型、加锁螺母型等，可根据不同场合选用，如扩口型是在联接套筒的一端增加5～6mm长的45°角扩口段，以利于钢筋的对中入扣；加长型适用于转动钢筋较困难的场合；正反螺纹型、加锁螺母型适用于钢筋不能转动的场合。

镦粗直螺纹的加工质量可通过以下环节控制：下料、镦粗、套螺纹、套筒质量等。

镦粗直螺纹接头的现场联接比较简单，不需用扭力扳手，仅用普通扳手拧紧即可。现场钢筋接头的外观检查主要检查钢筋丝头是否全部拧入联接套筒，一般要求套筒两侧外露的钢筋丝头不超过一个完整螺扣；超出时应进行适当调节使其居中，并确认钢筋丝头已拧到套筒中线位置。

接头的现场检验应按《钢筋机械连接技术规程》（JGJ 107—2010）的要求进行，同一施工条件下采用同一批材料的同等级、同形式、同规格接头，以500个作为一个验收批进行检验与验收，不足500个也作为一个验收批。对接头的每一个验收批，必须在工程中随机截取3个试件做单向拉伸试验，并按设计要求的接头性能等级进行检验与评定。当3个试件的单向拉伸试验结果符合强度要求时，则该验收批评定为合格；如果有1个试件不合格，应再取6个试件进行复检，如果复检中仍有1个试件不合格，则该验收批评定为不合格。在现场连续检验10个验收批，当其一次抽检均合格时，验收批接头数量可扩大1倍。

4. 钢筋滚轧直螺纹联接

滚轧直螺纹联接主要有挤压肋滚轧直螺纹联接和等强度剥肋滚轧直螺纹联接两种。

挤压肋滚轧直螺纹联接是指利用直螺纹滚轧机把钢筋端部滚轧成直螺纹，然后用直螺纹套筒将两根待接的钢筋联接在一起形成接头的连接方式。由于钢筋端部经滚轧成型，钢筋材质经冷作处理，螺纹及钢筋强度都有所提高，弥补了螺纹底径小于钢筋母材基圆直径对强度带来的影响，实现了钢筋等强度连接。该项技术具有加工工序少、连接强度高、施工方便等优点，但是由于钢筋本身轧制公差较大、丝头加工质量控制难度大、滚丝轮受力条件差、工作寿命低而较少采用。

等强度剥肋滚轧直螺纹联接是指在一台专用设备上将钢筋丝头通过剥肋、滚轧螺纹自动一次成型，再利用套筒进行联接形成接头的连接方式。由于螺纹底部钢筋原材料没有被切削掉，而是被滚轧挤密，钢筋产生加工硬化，提高了原材料的强度，从而实现了钢筋等强度连接的目的。该项技术操作简单、加工工序少、滚丝轮工作寿命长、施工速度快、无污染、接头连接质量可靠稳定，因而得到了大力推广。适用于直径为16~50mm的钢筋在任意方向和位置的同、异径连接。

等强度剥肋滚轧直螺纹联接技术的工艺流程为钢筋端面平头→加工丝头→丝头质量检验→戴帽保护丝头→连接施工→接头质量检验。

在施工中，钢筋端面平头的目的是让钢筋端面与母材轴线方向垂直，接头拧紧后能让两个丝头对顶，从而更好地消除螺纹间隙，宜采用砂轮切割机或其他专用切断设备进行施工。使用钢筋剥肋滚轧直螺纹机将待接钢筋的端头加工成螺纹后，操作人员应对加工的丝头进行质量检验，检查牙型角是否饱满，是否存在断牙、秃牙缺陷。已检查合格的丝头应使用专用的钢筋丝头保护帽或联接套筒对钢筋丝头进行保护，防止螺纹被磕碰或被污染。经自检合格的丝头，应由质检员随机抽样进行检验，以一个工作班加工的丝头作为一批，随机抽检10%，且不少于10个。

丝头的牙型角、螺距、外径必须与套筒一致，并且经配套的量规检验合格。当有一个丝头不合格时，应对该加工批丝头全部进行检验，切去不合格的丝头，查明原因解决问题后重新加工螺纹，经再次检验合格后方可使用。检验合格的钢筋按规格、型号分类码放待用。直螺纹接头在现场联接时，必须检查钢筋的规格和套筒的规格是否一致，钢筋和套筒的螺扣应干净、完好无损。连接钢筋时应对正钢筋轴线，将钢筋拧入联接套筒，并使两个丝头在套筒的中央位置互相顶紧。

每一台班接头完成后，应抽检接头数的10%进行外观检查，要求钢筋与套筒规格一致，接头螺扣无完整外露。梁、柱构件按接头数的15%进行抽检，且每个构件的接头抽检数不少于1个。基础、墙、板以100个接头作为一个验收批（不足100个接头时也作为一个验收批）进行抽检，每批抽检3个接头。

5. 钢筋套筒灌浆连接

钢筋套筒灌浆连接技术是指将连接钢筋插入内部带有凹凸部分的高强度圆形套筒，再由灌浆机灌入高强度无收缩的灌浆材料，当灌浆材料硬化后，套筒和连接钢筋便牢固地连接在一起形成接头的连接方式。这种连接方法在抗拉强度、抗压强度及可靠性方面均能满足要求。

采用套筒灌浆连接技术因对钢筋不施加外力和热量，故不会发生钢筋的变形和产生内应力。该工艺适用范围十分广泛，可应用于不同种类、不同外形、不同直径的钢筋连接。施工操作时无需特殊设备，对操作人员无特别技能要求，具有安全可靠、无噪声、无污染、受气候环境变化影响小等优点。

9.1.3　大模板施工

大模板施工技术是指采用工具式大型模板，配以相应的起重吊装机械，以工业化生产方式在施工现场浇筑混凝土墙体的一种成套模板技术。其工艺特点是：以建筑物的开间、进深、层高的标准化为基础，以大型工业化模板为主要施工手段，以现浇钢筋混凝土墙体为主导工序，组织有节奏的均衡施工。目前，大模板施工工艺已成为剪力墙结构工业化施工的主要方法之一。

大模板工程建筑体系大体上分为3类，即内墙现浇、外墙预制（简称内浇外板或内浇外挂）和内外墙全现浇（简称全现浇），内墙现浇、外墙砌筑（简称内浇外砌）。

1. 大模板构造

大模板结构由面板系统、支撑系统、操作平台和附件组成，如图9-8所示。

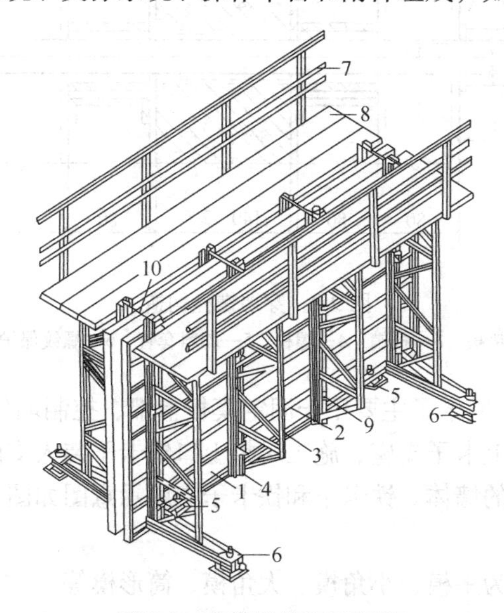

图9-8　大模板构造示意图

1—面板　2—横肋　3—支撑桁架　4—竖肋　5—水平调整装置　6—垂直调整装置
7—栏杆　8—脚手板　9—穿墙螺栓　10—固定卡具

（1）面板系统　面板系统包括面板、横肋、竖肋等。面板是指直接与混凝土接触的部分，要求表面平整、拼缝严密、刚度较大、能多次重复使用。竖肋和横肋是面板的骨架，用于固定面板，阻止面板变形，并将混凝土侧压力传给支撑系统。为调整模板安装时的水平标高，一般在面板底部两端各安装一个地脚螺栓。面板一般采用厚度为4～6mm的整块钢板焊成，或者用厚度为2～3mm的定型组合钢模板拼装而成，还可采用厚度为12～24mm的多层胶合板、敷膜竹胶合板、铸铝模板及玻璃钢面板等。

（2）支撑系统　支撑系统包括支撑桁架和地脚螺栓，其作用是传递水平荷载，防止模板倾覆。除了必须具备足够的强度外，还应保证模板的稳定。每块大模板设 2～4 个支撑桁架，支撑桁架上端与竖肋用螺栓联接；下部横杆端部设有地脚螺栓，用以调节模板的垂直度。

(3) 操作平台　操作平台包括平台架、脚手板和防护栏杆，是施工人员操作的场所和运输的通道。平台架插放在焊于竖肋上的平台套管内，脚手板铺在平台架上。每块大模板还设有爬梯供操作人员上下使用。

(4) 附件　大模板的附件主要包括穿墙螺栓和上口铁卡子等。

1) 穿墙螺栓。穿墙螺栓用以连接、固定两侧的大模板，承受混凝土的侧压力，保证墙体的厚度。一般采用直径为 30mm 的 45 号圆钢制作，一端制成螺纹，长度为 100mm，用以调节墙体厚度，可适用于厚度为 140～200mm 的墙体施工；另一端采用垫板和板销固定（图 9-9）。螺纹外面应罩以螺纹保护套，防止落入水泥浆。为了使穿墙螺栓能重复使用，防止混凝土粘接穿墙螺栓，并保证墙体厚度，螺栓应套以与墙厚相同的塑料套管。拆模后将塑料套管剔出周转使用。

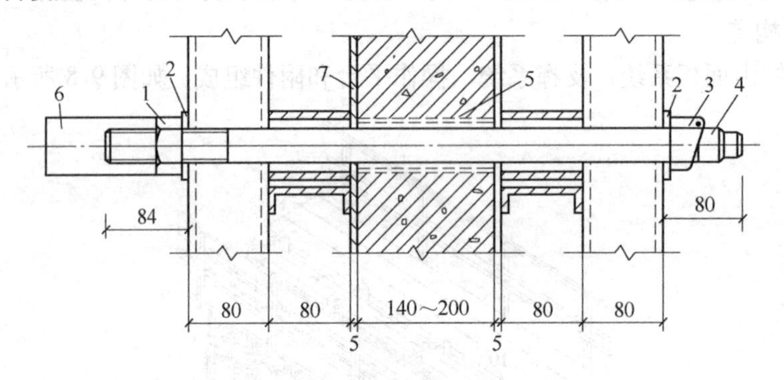

图 9-9　穿墙螺栓构造

1—螺母　2—垫板　3—板销　4—螺杆　5—塑料套管　6—螺纹保护套　7—模板

2) 上口铁卡子。上口铁卡子主要用于固定模板上部、控制墙体厚度和承受部分混凝土侧压力。大模板上部要焊上卡子支座，施工时将上口铁卡子装入支座内固定。铁卡子应多刻几道槽，以适应不同厚度的墙体。铁卡子和铁卡子支座示意图如图 9-10 所示。

2. 大模板类型

大模板按构造外形分为平模、小角模、大角模、筒形模等。

(1) 平模　平模分为整体式平模、组合式平模和拼装式平模。

1) 整体式平模。整体式平模是以整面墙制作一块模板，结构简单、装拆灵活、墙面平整，但模板通用性差，并需用小角模解决纵、横墙墙角部位模板的拼接问题，仅适用于大面积标准住宅的施工（图 9-11）。

2) 组合式平模。组合式平模是以建筑物常用的轴线尺寸作为基数拼制模板，并通过固定于大模板面板上的角模把纵、横墙的模板组装在一起，用以同时浇筑纵、横墙的混凝土。为满足不同开间、进深尺寸的需要，组合式平模可利用模数条模板进行调整。

3) 拼装式平模。拼装式平模是面板、骨架等部件之间的连接全都采用螺栓组装，这样就比组合式平模更便于拆装，也可减少因焊接而产生的模板变形。面板可选用钢板、木板、钢框胶合板模板、中型组合钢模板等。

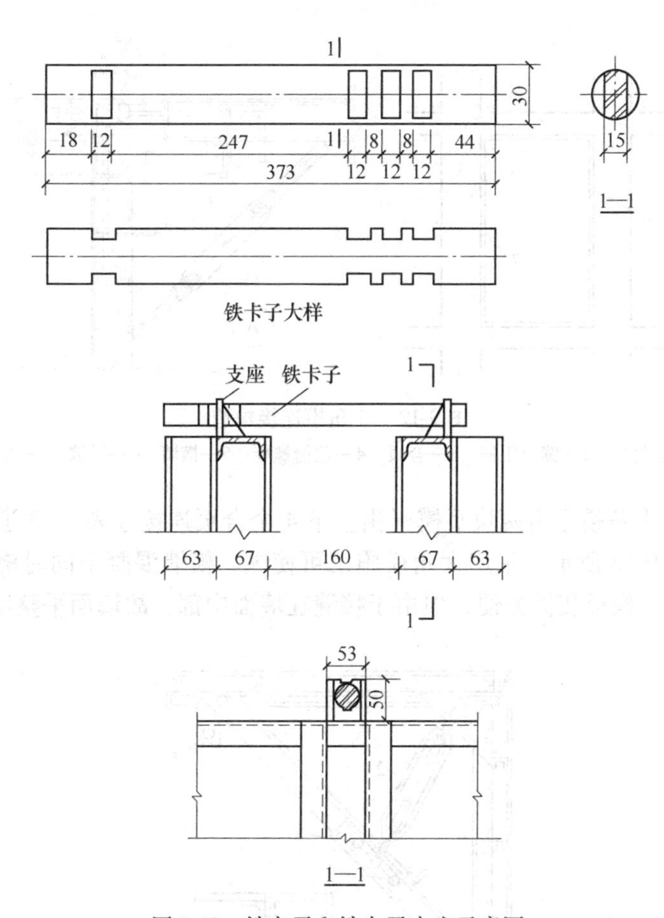

图9-10 铁卡子和铁卡子支座示意图

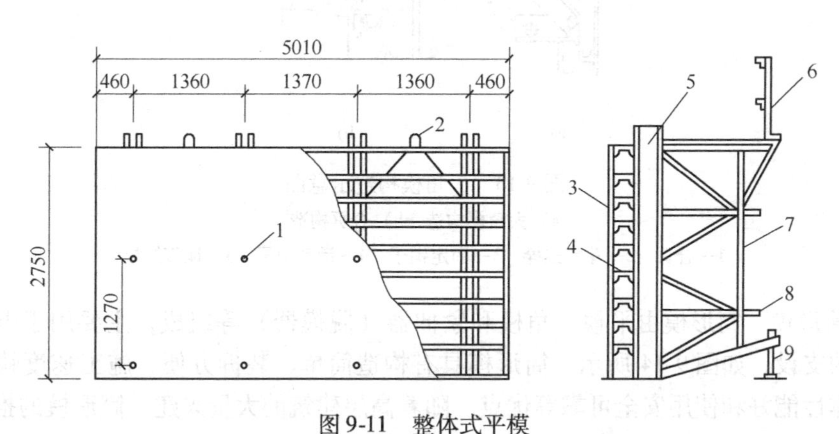

图9-11 整体式平模

1—穿墙螺栓孔 2—吊环 3—面板 4—横肋 5—竖肋 6—护身栏杆

7—支撑立杆 8—支撑横杆 9—ϕ32 丝杠

（2）小角模 小角模是指为适应纵、横墙一起浇筑而在纵、横墙相交处附加的一种模板，通常用L100×10的角钢制成。小角模设置在平模转角处，可使内模形成封闭支撑体系，模板整体性好、组拆方便、墙面平整；但模板拼缝较多，墙面修理工作量大，加工准确度要求较高。小角模连接构造如图9-12所示。

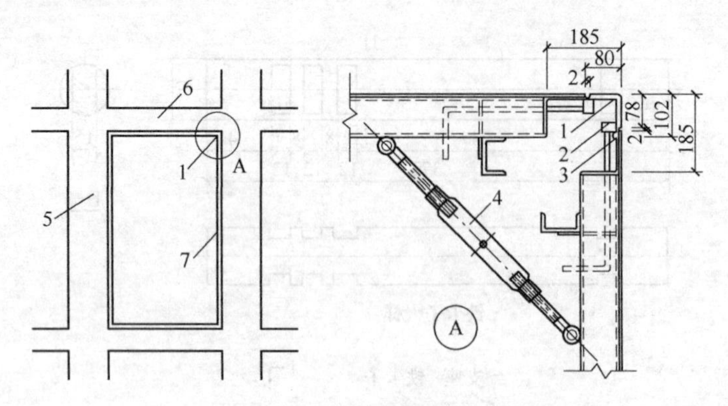

图 9-12 小角模连接构造

1—小角模 2—偏心压杆 3—合页 4—花篮螺栓 5—横墙 6—纵墙 7—平模

(3) 大角模 大角模是由两块平模（由上下 4 个合页连接起来）、3 道活动支撑和地脚螺栓等组成，如图 9-13 所示。采用大角模施工可使纵、横墙混凝土同时浇筑，结构整体性好，墙体阴角方正，模板装拆方便，但由于接缝在墙面中部，故墙面平整度较差。

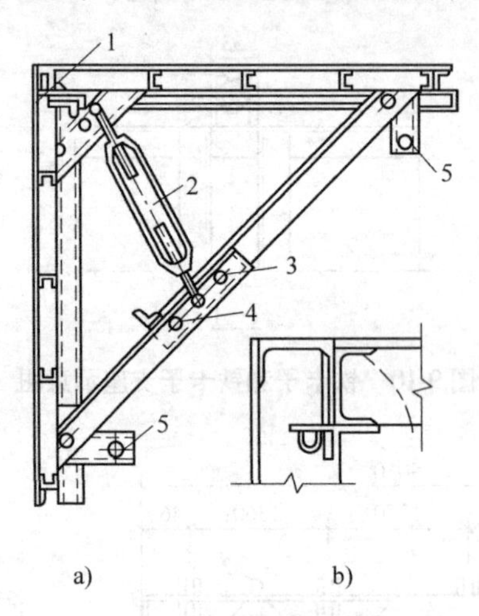

图 9-13 大角模构造示意图

a) 大角模构造 b) 合页构造

1—合页 2—花篮螺栓 3—固定销子 4—活动销子 5—地脚螺栓

(4) 筒形模 筒形模由平模、角模和紧伸器（脱模器）等组成，主要用于电梯井、管道井内模的支设，如图 9-14 所示。筒形模具有构造简单、装拆方便、施工速度快、劳动工效高、整体性能好和使用安全可靠等优点。随着高层建筑的大量兴建，筒形模的推广十分迅速，许多模板公司已研制开发了各种形式的筒形模。

3. 大模板工程施工程序

(1) 内浇外板工程 内浇外板工程是指以单一材料或复合材料的预制混凝土墙板作为高层建筑的外墙，内墙采用大模板支模，并现场浇筑内墙混凝土的大模板工程。其主要施工程序是：准备工作→安装大模板→安装外墙板→固定模板上口→预检→浇筑内墙混凝土→其他工序。准备工作主要包括模板编号、抄平放线、铺设钢筋、埋设管线、安装门窗洞口模板

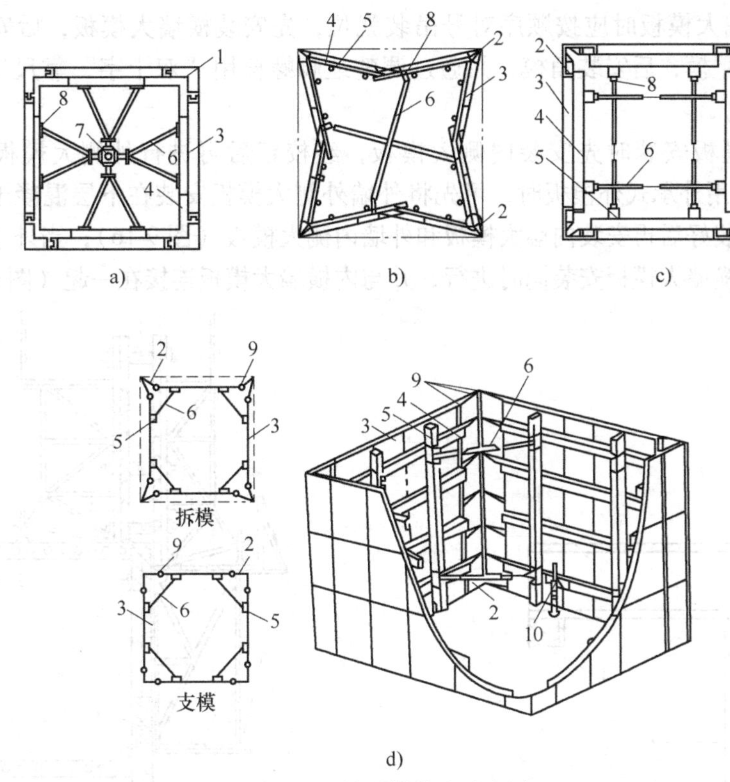

图9-14 筒形模构造示意图

a）集中式紧伸器筒形模 b）、c）分散式紧伸器筒形模 d）组合式铰接（分散操作）筒形模透视图

1—固定角模 2—活动角模铰链 3—平面模板 4—横肋 5—竖肋 6—紧伸器（脱模器）

7—调节螺杆 8—连接板 9—铰链 10—地脚螺栓

或门窗框等。其他工序主要包括拆模、墙面修整、墙体养护、板缝防水处理、水平结构施工及内外装饰等。大模板组装前要进行编号，并绘制单元模板组合平面图。每道墙的内外两块大模板取同一数字编号，并应标以正号和反号以示区分。

（2）内外墙全现浇工程　内外墙全现浇工程是以现浇钢筋混凝土外墙取代预制外墙板。其主要施工程序是：准备工作→挂外架子→安装内横墙大模板→安装内纵墙大模板→安装角模→安装外墙内侧大模板→合模前钢筋隐检→安装外墙外侧大模板→预检→浇筑墙体混凝土→其他工序。

（3）内浇外砌工程　内浇外砌工程是指内墙采用大模板现浇混凝土，外墙为砖墙砌筑，内、外墙交接处采用钢筋拉结或设置钢筋混凝土构造柱咬合，适用于层数较少的高层建筑。其主要施工程序是：准备工作→外墙砌筑→安装大模板→预检→浇筑内墙混凝土→其他工序。

4. 大模板安装与拆除

（1）大模板安装　大模板利用起重机吊装就位，故其安装工序要综合考虑，以保证起重机连续作业，提高机械效率。安装要点如下：

1）墙体大模板安装应按单元房间进行，先把一个房间的大模板安装成敞口的闭合结构，再逐步进行相邻房间的大模板安装。每个单元房间按先安装内墙大模板、后安装外墙大模板的顺序进行。

2）安装内墙大模板时应按顺序对号吊装就位，先安装横墙大模板，后安装纵墙大模板，先安装大墙平模，后安装角模，并通过调整地脚螺栓用“双十字”靠尺反复检查，校正模板的垂直度。

3）外墙大模板安装时先安装内侧大模板，经校正后再进行外侧大模板的悬挂安装(图9-15)；当采用外承式外模板时，可先将外墙外侧大模板安装在下层混凝土外墙面挑出的支撑架上，安装好后再安装内墙大模板和外墙内侧大模板（图9-16)；当外墙采用预制墙板时，则应与内横墙大模板安装同时进行，并与内横墙大模板连接在一起（图9-17)。

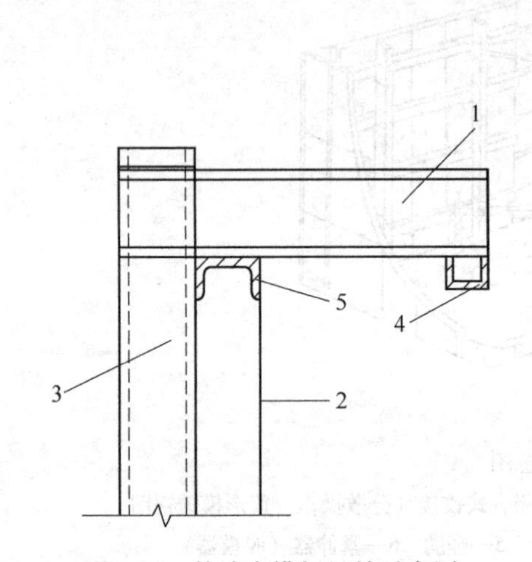

图9-15　外墙大模板悬挂示意图

1—扁担梁　2—面板　3—竖肋

4—槽钢　5—横肋

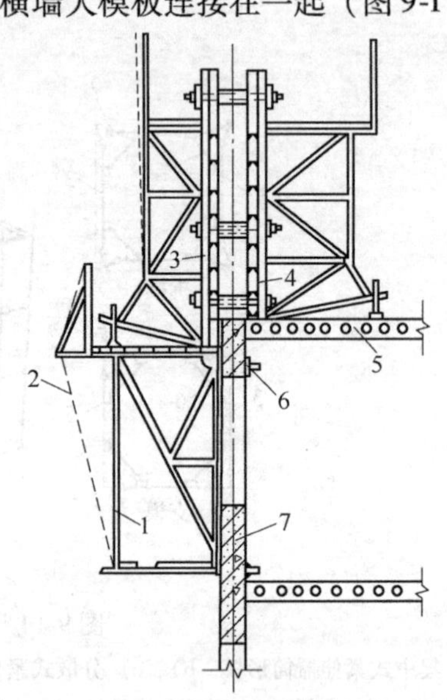

图9-16　外承式外模板安装示意图

1—外承架　2—安全网　3—外墙外侧大模板　4—外墙内侧大模板

5—楼板　6—L形螺栓挂钩　7—现浇外墙

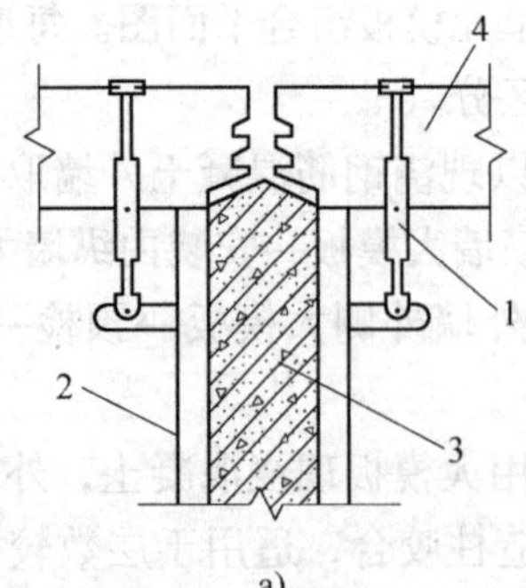

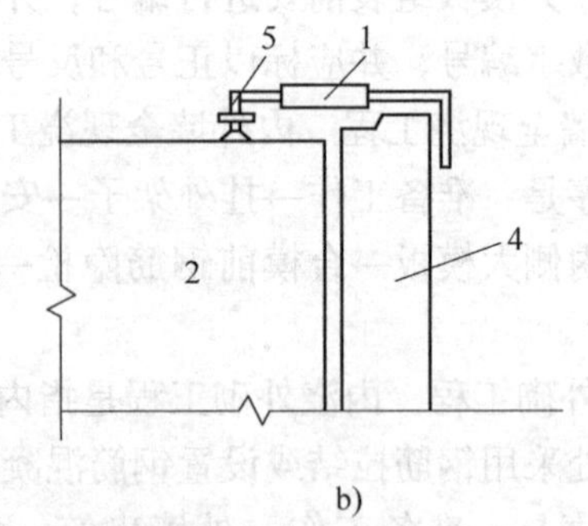

图9-17　预制外墙板与内墙大模板的连接

a）平面图　b）立面图

1—花篮螺栓卡具　2—内墙大模板　3—现浇混凝土内墙　4—预制外墙板　5—卡具

4）模板合模前应检查墙体钢筋、各种管线、预埋件、门窗洞口模板和穿墙螺栓套管等是否有遗漏，位置是否正确，安装是否牢固，并清除留在模板内的杂物。

5）模板校正合格后，在模板顶部安放上口卡子，并紧固穿墙螺栓或销子。紧固时要松紧适度，过松影响墙体厚度，过紧会将模板顶成凹孔。穿墙螺栓可按模板高度设置2~3道。

6）大模板安装后应进行模板的预检，主要包括安全检查和尺寸复核。大模板安装允许偏差应符合表9-2的规定。

表9-2　大模板安装允许偏差

项　目	允许偏差/mm	检查方法
位置	3	钢直尺检查
标高	±5	水准仪或拉线、尺量检查
上口宽度	±2	钢直尺检查
垂直度	3	2m托线板检查

（2）大模板拆模　在常温条件下，墙体混凝土强度超过1N/mm^2（常温养护需8～10h）时方准拆模。拆模顺序为：内纵墙模板→横墙模板→角模→门洞口模板。单片模板拆除顺序为：拆除穿墙螺栓、拉杆及上口卡具→升起模板底脚螺栓→再升起支撑架底脚螺栓→使模板自动倾斜脱离墙面并将模板吊起。

模板拆除后应及时清理干净，并按规定堆放。拆模时要注意保护大模板、穿墙螺栓和卡具等，以便重复使用。

9.1.4　滑模施工

滑模（液压滑动模板）施工技术是指利用一套1m多高的模板及液压提升设备，按照工程设计的平面尺寸组成滑模装置，连续不断地进行竖向现浇混凝土构件施工的一种成套模板技术。其工艺特点是模板一次组装成型、装拆工序少、能连续滑升作业、施工速度快、工业化程度高、结构整体性能好。滑模工艺是高层现浇混凝土剪力墙结构和筒体结构采用的主要工业化施工方法之一。

1. 滑模装置构造

滑模装置主要由模板系统、操作平台系统、液压提升系统及施工准确度控制系统等部分组成（图9-18）。

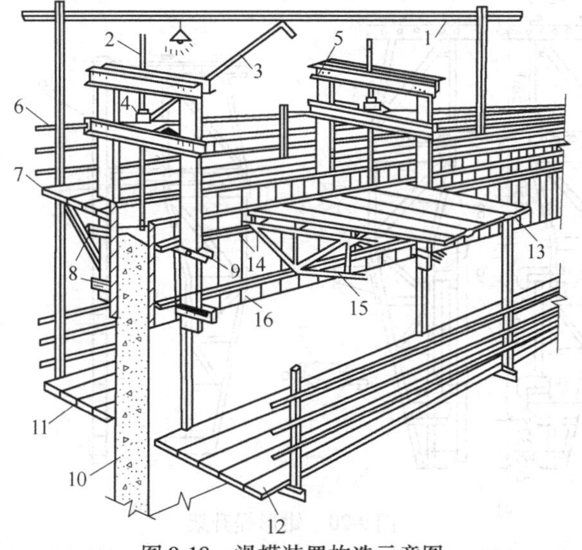

图9-18　滑模装置构造示意图

1—支架　2—支撑杆　3—液压管　4—千斤顶　5—提升架　6—栏杆　7—外平台　8—外挑架　9—收分装置　10—混凝土墙　11—外吊平台　12—内吊平台　13—内平台　14—上围圈　15—桁架　16—模板

（1）模板系统　模板系统包括模板、围圈、提升架等。

1）模板。模板又称为围板，依靠围圈带动沿混凝土的表面向上滑动。其主要作用是承受混凝土的侧压力、冲击力和滑升时的摩擦阻力，并使混凝土按设计要求的截面形状成型。模板按其所在部位和作用的不同可分为内模板、外模板、堵头模板、角模板、阶梯形变截面处的衬模板、圆形变截面结构中的收分模板等，一般以钢模板为主。

2）围圈。围圈又称为围檩，主要作用是使模板保持组装的平面形状，并将模板与提升架连接成整体。围圈可用角钢、槽钢或工字钢制作，通常按建筑物所需要的结构形状上下各布置一道，其间距一般为500～700mm。当提升架之间的距离大于2.5m或操作平台的桁架直接支撑在围圈上时，可在上下围圈之间加设腹杆形成平面桁架，如图9-19所示。

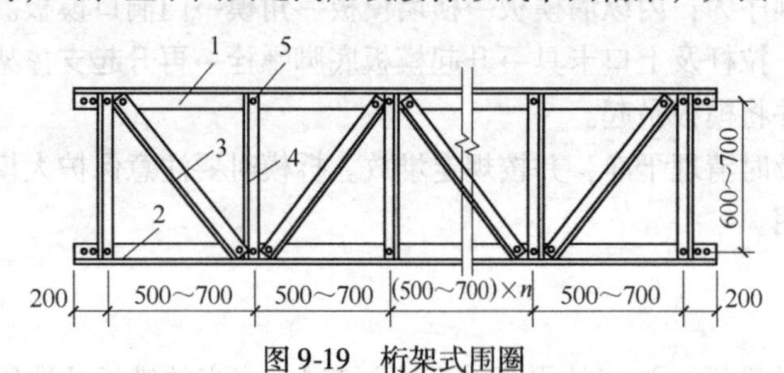

图9-19　桁架式围圈

1—上围圈　2—下围圈　3—斜腹杆　4—垂直腹杆　5—联接螺栓

3）提升架。提升架又称为千斤顶架，是安装千斤顶并与围圈、模板连接成整体的主要构件。其主要作用是控制模板、围圈由于混凝土的侧压力和冲击力而产生的位移变形，同时承受作用于整个模板上的竖向荷载，并将这些荷载传递给千斤顶和支撑杆。当提升机具工作时通过提升架带动围圈、模板及操作平台等一起向上滑动。提升架按构造形式可分为单横梁“Π”形架、双横梁“开”形架及单立柱“Γ”形架等。目前广泛使用的钳形提升架如图9-20所示。

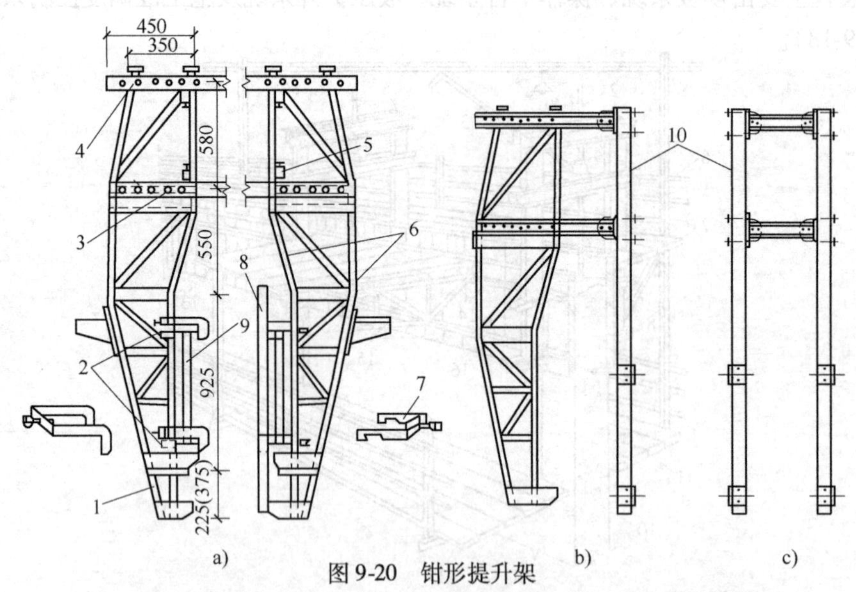

图9-20　钳形提升架

a）提升架与围圈、模板的连接　b）转角处提升架　c）十字交叉处提升架

1—接长脚　2—顶紧螺栓　3—下横梁　4—上横梁　5—立柱　6—扣件　7—模板　8—围圈　9—直腿立柱　10—直腿立柱

（2）操作平台系统　操作平台系统包括操作平台、内外吊脚手架及某些增设的辅助平台等。

1）操作平台。滑模的操作平台是绑扎钢筋、浇筑混凝土、提升模板等的操作场所，也是钢筋、混凝土、预埋件等材料和千斤顶、振捣器等小型备用机具的暂时存放场地。按楼板施工工艺的不同要求，操作平台可采用固定式或活动式。

2）吊脚手架。吊脚手架又称为下辅助平台或吊架，主要用以检查墙（柱）混凝土的质量并进行修饰，调整和拆除模板（包括洞口模板），引设轴线、标高，以及支设梁底模板等。外吊脚手架悬挂在提升架外侧立柱和三角挑架上，内吊脚手架悬挂在提升架内侧立柱和操作平台上。

（3）液压提升系统　液压提升系统包括液压千斤顶、液压控制台、液压系统和支撑杆等。

1）液压千斤顶。液压千斤顶又称为穿心式液压千斤顶或爬升器，其中心穿过支撑杆，在液压动力作用下沿支撑杆爬升，以带动提升架、操作平台和模板一起上升。按其卡头形式的不同分为滚珠式和楔块式两种。

2）液压控制台。液压控制台是液压传动系统的控制中心，主要由电动机、齿轮液压泵、换向阀、溢流阀、液压分配器和油箱等组成。

3）液压系统。液压系统是连接控制台到千斤顶的液压通路，主要由液压管、管接头、液压分配器和截止阀等元（器）件组成。液压管一般采用高压无缝钢管和高压橡胶管两种形式，其耐压力不得小于液压泵额定压力的1.5倍。液压管与液压千斤顶连接处宜采用高压橡胶管连接。

4）支撑杆。支撑杆又称为爬杆、千斤顶杆等，是千斤顶向上爬升的轨道，也是滑模的承重支柱。它支承着作用于千斤顶上的全部荷载。支撑杆按使用情况分为工具式和非工具式两种。工具式支撑杆可以回收，非工具式支撑杆直接浇筑在混凝土中。为了节约钢材用量，应尽可能采用可回收的工具式支撑杆。直径为25mm的圆钢支撑杆常采用螺纹联接、榫接和焊接3种连接方法，如图9-21所示。

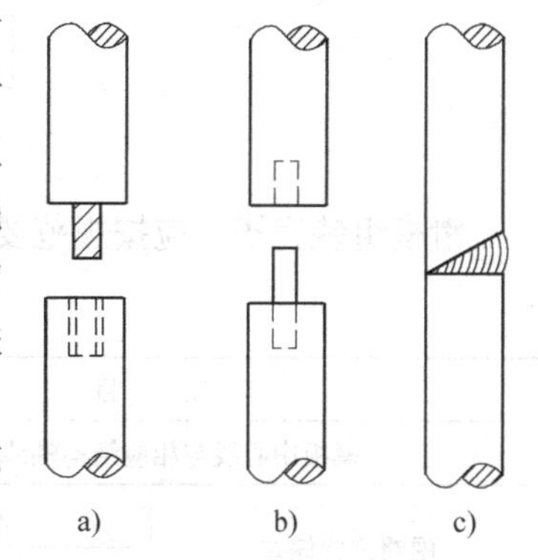

图9-21　支撑杆的连接
a）螺纹联接　b）榫接　c）焊接

用钢管作为支撑杆，可显著提高结构的抗失稳能力，不仅可以加大脱空长度，而且可以布置在混凝土体内或体外。钢管支撑杆接头可采用螺纹联接、焊接和销钉联接。钢管作为工具式支撑杆在混凝土体外布置时，也可采用脚手架扣件连接。钢管支撑杆体外布置如图9-22所示。

高层建筑混凝土结构采用滑模施工，宜选用额定起重量为60kN以上的大吨位千斤顶及与之配套的钢管支撑杆。

2. 滑模装置组装

滑模施工的特点之一是将模板一次组装好，一直使用到结构施工完毕，中途一般不再变化，因此滑模的组装工作一定要严格按照设计要求及有关操作技术规定进行。滑模组装顺序如图9-23所示。

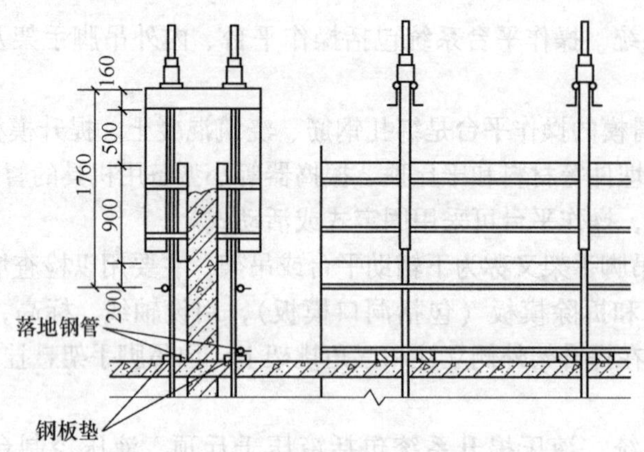

图 9-22 钢管支撑杆体外布置

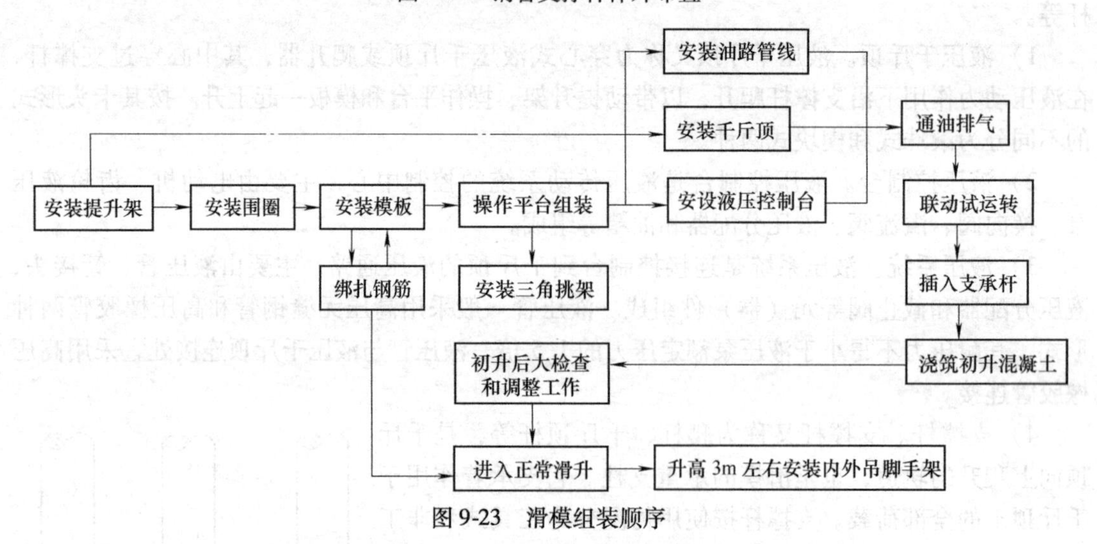

图 9-23 滑模组装顺序

滑模组装完毕，应按规范要求进行质量验收。滑模组装的允许偏差见表 9-3。

表 9-3 滑模组装的允许偏差

项目		允许偏差/mm	检查方法
模板中心线与相应结构轴线位置		3	钢直尺检查
围圈位置偏差	水平方向	3	钢直尺检查
	垂直方向	3	
提升架立柱垂直度偏差	平面内	3	2m 托线板检查
	平面外	2	
安放千斤顶的提升架横梁相对标高偏差		5	水准仪测量或拉线、钢尺量检查
考虑倾斜度后模板尺寸偏差	上口	-1	钢直尺检查
	下口	+2	
千斤顶安置位置偏差	平面内	5	钢直尺检查
	平面外	5	
圆模直径、方模边长尺寸偏差		5	钢直尺检查
相邻模板板面平整度偏差		2	钢直尺检查

3. 墙体滑模施工

(1) 钢筋绑扎　钢筋绑扎应与混凝土浇筑及模板滑升的速度相配合。钢筋绑扎时，应符合下列规定：

1）每层混凝土浇筑完毕后，在混凝土表面上至少应有一道已绑扎了的横向钢筋。

2）竖向钢筋绑扎时应在提升架上部设置钢筋定位架，以保证钢筋位置准确。

3）双层钢筋的墙体结构，钢筋绑扎后，双层钢筋之间应有拉结筋定位。

4）钢筋弯钩均应背向模板，以防模板滑升时被弯钩挂住。

5）支撑杆作为结构受力筋时，其接头处的焊接质量必须满足有关钢筋焊接规范的要求。

(2) 混凝土施工　为滑模施工配制的混凝土除必须满足设计强度、抗渗性、耐久性等要求外，还必须满足滑模施工的特殊要求，如出模强度、凝结时间、和易性等。浇筑混凝土之前要合理划分施工区段、安排操作人员，以使每个区段的浇筑数量和时间大致相等。混凝土的浇筑必须满足下列规定：

1）必须分层均匀交圈浇筑，每一浇筑层的混凝土表面应在同一水平面上，并有计划地变换浇筑方向，以保证模板各处的摩擦阻力相近，防止模板产生扭转和结构倾斜。

2）分层浇筑的厚度以200～300mm为宜，各层浇筑的间隔时间应不大于混凝土的凝结时间；当间隔时间超过混凝土的凝结时间时，接槎处应按施工缝的要求处理。

3）在环境温度高的季节，宜先浇筑内墙，后浇筑阳光直射的外墙；先浇筑直墙，后浇筑墙角和墙垛；先浇筑厚墙，后浇筑薄墙。

4）预留孔洞、门窗口、烟道口、变形缝及通风管道等两侧的混凝土应对称均衡浇筑。

混凝土振捣时，振捣器不得直接触及支撑杆、钢筋和模板，并应插入前一层混凝土内。在模板滑动过程中不得振捣混凝土。

脱模后的混凝土必须及时修整和养护。常用的养护方法有浇水养护和养护液养护。混凝土浇水养护的开始时间应根据环境温度确定（在夏季不应迟于脱膜后12h，浇水次数应适当增多）。当采用养护液封闭养护时，应防止漏喷、漏刷。

(3) 模板滑升　模板的滑升分为初升、正常滑升和末升3个阶段。

1）初升阶段。模板的初升应在混凝土达到出模强度、浇筑高度为700mm左右时进行。开始初升前，为了实际观察混凝土的凝结情况，必须先进行试滑升。试滑升时，应将全部千斤顶同时升起5～10cm；然后用手指按已脱模的混凝土，当混凝土表面有轻微的指印，但表面砂浆不粘手，或者滑升时有“沙沙”的响声时，即可进行模板的初升。模板初升至200～300mm高度时应稍停歇，对所有提升设备和模板系统进行全面修整后方可转入正常滑升。

2）正常滑升阶段。模板经初升调整后，即可按原计划的正常班次和流水段进行混凝土和模板的随浇随升。正常滑升时，每次提升的总高度应与混凝土分层浇筑的厚度相配合，一般为200～300mm。两次滑升的间隔停歇时间一般不宜超过1.5h，在环境温度较高的情况下应增加1～2次中间提升。中间提升的高度为1～2个千斤顶行程。模板的滑升速度取决于混凝土的凝结时间、劳动力配备、垂直运输能力、浇筑混凝土速度以及环境温度等因素。在常温下施工时，滑升速度应为150～350mm/h，且不应小于100mm/h。为保证结构的垂直度，在滑升过程中操作平台应保持水平。各千斤顶的相对高差不得大于40mm，相邻两个千斤顶的升差不得大于20mm。

3）末升阶段。当模板升至距建筑物顶部标高1m左右时，即进入末升阶段，此时应放慢滑升速度，进行准确的抄平和找正工作。整个抄平和找正工作应在模板滑升至距建筑物顶部标高20mm以前完成，以便使最后一层混凝土能均匀交圈。混凝土浇筑结束后，模板仍应继续滑升，直至与混凝土脱离为止。

（4）停滑措施　当因气候、施工需要或其他原因而不能连续滑升时，应采取可靠的停滑措施。

1）停滑前混凝土应浇筑到同一水平面上。

2）停滑过程中模板每隔0.5～1h应提升一个千斤顶行程，直至模板与混凝土不再粘接为止，但模板的最大滑空量不得大于模板高度的1/2。

3）当支撑杆的套管不带锥度时，应于次日将千斤顶顶升一个行程。

4）框架结构模板的停滑位置宜设在梁底以下100～200mm处。

5）对于因停滑造成的水平施工缝，应认真处理混凝土表面，用水冲走残渣，先浇筑一层按原配合比配制的减半石子混凝土，然后再浇筑上面的混凝土。

6）继续施工前，应对液压系统进行全面检查。

7）滑模装置的拆除。滑模装置拆除时应制定可靠的措施，确保操作安全。提升系统的拆除可在操作平台上进行，千斤顶应与模板系统同时拆除。滑模系统的拆除分为高处分段整体拆除和高处解体散拆。条件允许时应尽可能采取高处分段整体拆除、地面解体的方法。

分段整体拆除的原则是先拆除外墙（柱）模板（连同提升架、外挑架、外吊架一起整体拆下），后拆除内墙（柱）模板。

4. 楼板结构施工

滑模施工中，楼板与墙体的连接一般分为预制安装与现浇两类。采用滑模施工的高层建筑，由于结构抗震的要求而宜采用现浇楼板结构。楼板结构的施工方法主要有逐层空滑楼板并进法、先滑墙体楼板跟进法和先滑墙体楼板降模法等。

（1）逐层空滑楼板并进法　逐层空滑楼板并进法又称为“逐层封闭”或“滑一浇一”法，其工艺特点是滑升一层墙体，施工一层楼板。逐层空滑楼板并进法施工的做法是：当每层墙体模板滑升至上一层楼板底部标高位置时，停止墙体混凝土浇筑，待混凝土达到脱模强度后将模板连续提升，直至墙体混凝土脱模后再向上空滑升至模板下口与墙体上皮脱空的一段高度为止（脱空高度根据楼板的厚度确定）；然后将操作平台的活动平台板吊开，进行现浇楼板支模、绑扎钢筋和浇筑混凝土的施工，如图9-24所示。如此逐层进行，直至封顶。

逐层空滑楼板并进法将滑模连续施工改变为分层间断周期性施工，因此每层墙体混凝土都有初升、正常滑升和末升3个阶段。逐层空滑楼板并进法施工是在吊开活动平台板后进行的，与一般楼板施工相同，可采用传统的支模方法。为了加快模板的周转，也可采用早拆模板体系的方法。

（2）先滑墙体楼板跟进法　先滑墙体楼板跟进法施工是指当墙体连续滑升数层后，楼板自下而上地逐层插入施工。该方法在墙体滑升阶段即可间隔数层进行楼板施工，墙体滑升速度快，楼板施工与墙体施工互不影响，但需要解决好墙体与楼板的连接问题及墙体在施工阶段的稳定性问题。先滑墙体楼板跟进法施工的具体做法是：楼板施工时，先将操作平台的活动平台板揭开，由活动平台的洞口吊入楼板的模板、钢筋和混凝土等材料（也可由设置在外墙窗口处的受料挑台将所需材料吊入房间），再用手推车运至施工地点。现浇楼板与墙体的连接方式主要有钢筋混凝土键联接和水平嵌固凹槽连接两种，如图9-25、图9-26所示。

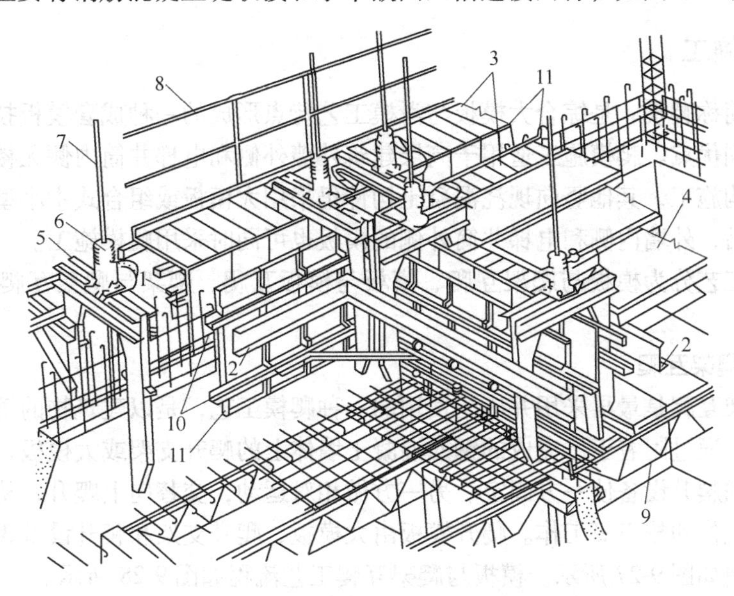

图9-24 逐层空滑楼板并进法施工

1—外围梁 2—内围梁 3—固定平台板 4—活动平台板 5—提升架 6—千斤顶 7—支撑杆 8—栏杆 9—楼板桁架支模 10—围圈 11—模板

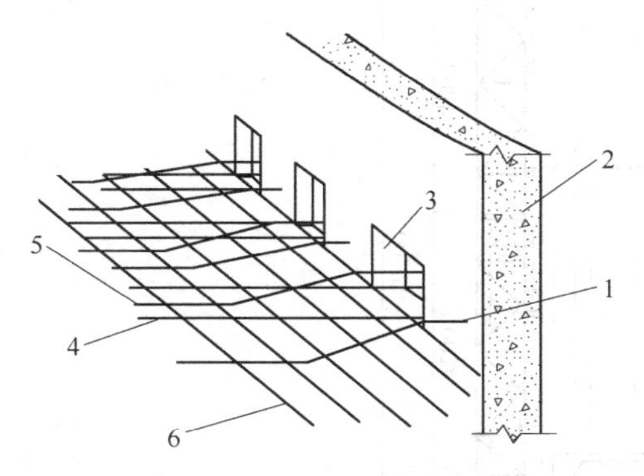

图9-25 钢筋混凝土键联接

1—混凝土墙伸出弯起钢筋 2—混凝土墙 3—预留洞口 4—洞中穿过的受力钢筋（或分布筋） 5—洞中穿过的弯起钢筋 6—分布筋（或受力筋）

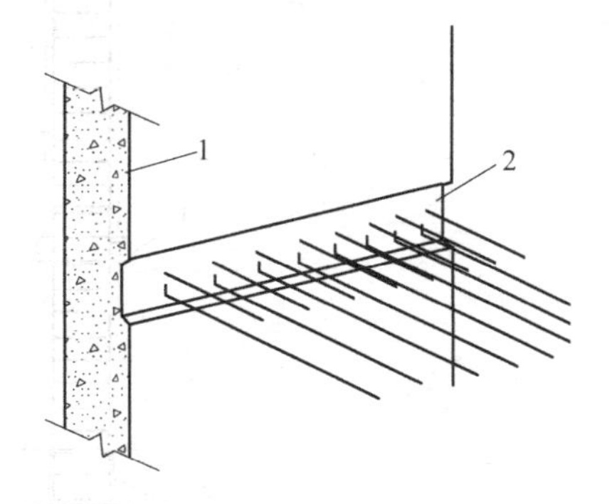

图9-26 水平嵌固凹槽连接

1—墙体 2—凹槽

(3) 先滑墙体楼板降模法 先滑墙体楼板降模法施工是针对现浇楼板结构而采用的一种施工方法。其具体做法是：当墙体连续滑升到顶或滑升至8~10层高度后，将预先在底层按每个房间组装好的模板用卷扬机或其他提升机具提升到要求的高度，再用吊杆悬吊在墙体预留的孔洞中，然后进行该层楼板的施工；当该层楼板的混凝土强度达到拆模强度要求时（不得低于15MPa），可将模板降至下一层楼板的位置，进行下一层楼板的施工。此时，悬吊模板的吊杆也随之接长。这样，施工完一层楼板，模板降下一层，直到完成全部楼板的施工、降至底层为止。对于楼层较多的高层建筑，一般应以10层高度作为一个降模段，按高度分段配置模板进行降模施工。采用先滑墙体楼板降模法施工时，现浇楼板与墙体的连接方式基本与先滑墙体楼板跟进法施工时的做法相同。

9.1.5 爬模施工

爬升模板简称爬模，是综合大模板与滑模工艺特点形成的一种成套模板技术，具有大模板和滑模的共同优点。爬模施工适用于高层建筑外墙外侧和电梯井筒内侧无楼板阻隔的现浇混凝土竖向结构施工，其他竖向现浇混凝土构件仍采用大模板或组合式中小型模板施工。在采取适当措施后，外墙内侧和电梯井筒外侧的模板也可同时采用爬模施工。

爬模施工工艺分为模板与爬架互爬、模板与模板互爬、爬架与爬架互爬及整体爬模等类型。

1. 模板与爬架互爬

模板与爬架互爬是最早采用并广泛使用的一种爬模工艺，是以建筑物的钢筋混凝土墙体作为支撑主体，通过附着于已完成的钢筋混凝土墙体上的爬升支架或大模板，利用连接爬升支架与大模板的爬升设备使一方固定、另一方做相对运动，交替向上爬升，从而完成模板的爬升、下降、就位和校正等工作。爬升模板由大模板、爬升支架和爬升设备3部分组成，液压爬升模板构造如图9-27所示。模板与爬架互爬工艺流程如图9-28所示。

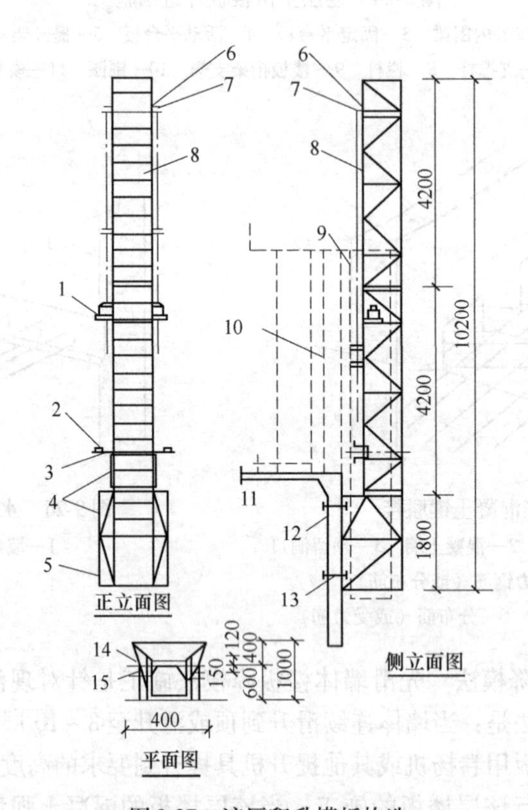

图9-27 液压爬升模板构造

1—爬升支架千斤顶架 2—拆（起）模横梁 3—U形螺栓 4—加劲斜撑 5—底座 6—吊模横梁 7—吊模扁担 8—爬升支架标准节 9—外模板 10—内模板 11—楼板 12—混凝土墙 13—附墙螺栓 14—爬模千斤顶位置 15—爬架千斤顶位置

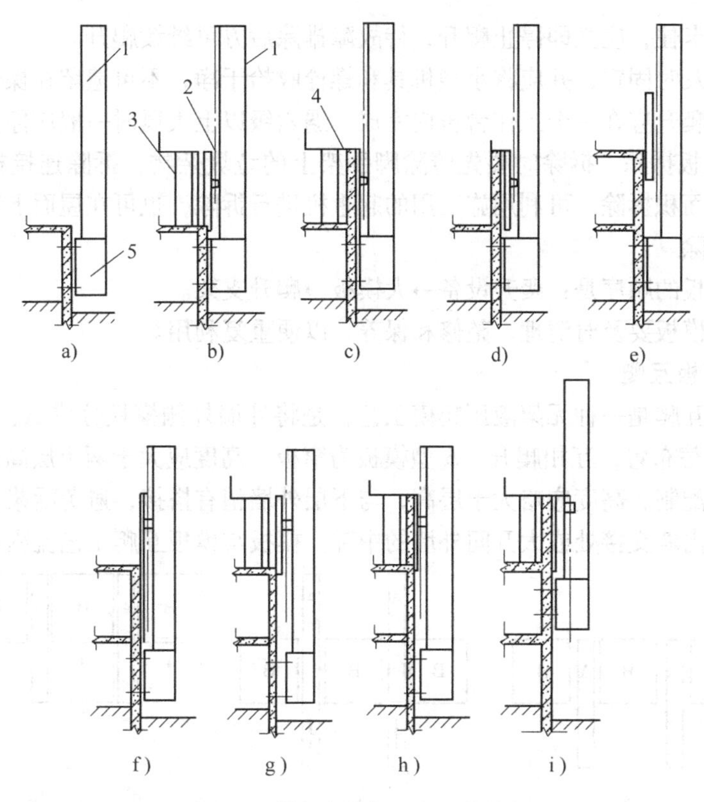

图 9-28　模板与爬架互爬工艺流程

a）首层墙体完成后安装爬升支架　b）外模板安装于支架上，绑扎钢筋、安装内模板　c）浇筑第二层墙体混凝土　d）拆除内模板　e）第三层楼板施工　f）爬升外模板，校正并固定于上一层楼板　g）绑扎第三层墙体钢筋、安装内模板　h）浇筑第三层墙体混凝土　i）爬升模板支架，将底座固定于第二层墙体上

1—爬升支架　2—外模板　3—内模板　4—墙体混凝土　5—底座

（1）爬升模板安装　进入现场的爬模装置（包括大模板、爬升支架、爬升设备、脚手架及附件等）应按设计要求及有关规范、规程验收，合格后方可使用。爬升模板安装前，应检查工程结构上预埋螺栓孔的直径和位置是否符合图样要求，如果有偏差应及时纠正。爬升模板的安装顺序是：底座→立柱→爬升设备→大模板。

底座安装时先临时固定部分穿墙螺栓，待校正标高后再固定全部穿墙螺栓。立柱宜采取先在地面组装成整体，然后再安装的方法。立柱安装时先校正垂直度，再固定与底座相连的联接螺栓。模板安装时先加以临时固定，待就位校正后再正式固定。所有穿墙螺栓均应由外向内穿入，并在内侧紧固。模板安装完毕后，应对所有的联接螺栓和穿墙螺栓进行紧固检查，经试爬升验收合格后方可投入使用。

（2）爬升　爬升前首先要仔细检查爬升设备的位置、牢固程度等，在确认符合要求后方可正式爬升。正式爬升时应先拆除与相邻大模板及脚手架间的连接杆件，使各个爬升模板单元系统分开；然后收紧千斤顶钢丝绳，拆卸穿墙螺栓（在爬升大模板时拆卸大模板的穿墙螺栓，在爬升支架时拆卸底座的穿墙螺栓）。同时检查卡环和安全钩，调整好大模板或爬升支架的重心，使其保持垂直，防止晃动与扭转。

爬升时要稳起、稳落，平稳就位，防止大幅度摆动和碰撞。注意不要使爬升模板被其他构件卡住；若被卡住，应立即停止爬升，待故障排除后方可继续爬升。

爬升完毕应及时固定，并应将小型机具和螺栓收拾干净，不可遗留在操作架上。

每个单元的爬升应在一个工作台班内完成。遇六级以上大风时一般应停止作业。

（3）爬升模板拆除　拆除时要先清除脚手架上的垃圾杂物，拆除连接杆件，经检查安全可靠后方可大面积拆除。可利用施工用的起重机进行拆除，也可在屋面上装设人字形拔杆或台灵架进行拆除。

拆除爬升模板的顺序是：爬升设备→大模板→爬升支架。

拆下的爬升模板要及时清理、整修和保养，以便重复利用。

2. 模板与模板互爬

模板与模板互爬是一种无架液压爬模工艺，是将外墙外侧模板分成 A、B 两种类型，A 型与 B 型模板交替布置，互相爬升。A 型模板为窄板，高度应大于两个层高；B 型模板应按建筑物外墙尺寸配制，高度应略大于层高，与下层外墙稍有搭接，避免漏浆和错台。A 型模板布置在外墙与内墙交接处或大开间外墙的中部。模板与模板互爬工艺流程如图 9-29 所示。

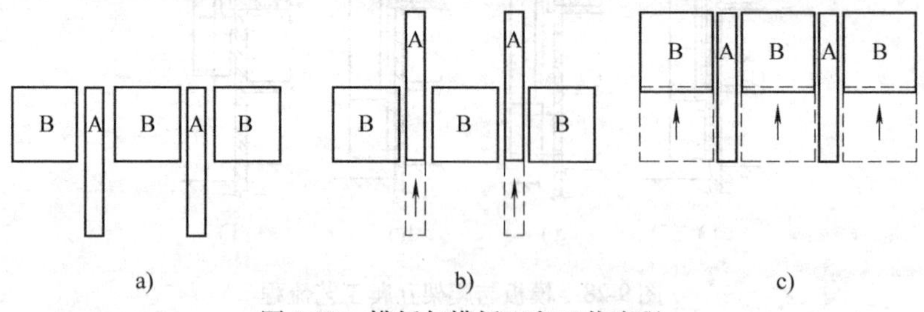

图 9-29　模板与模板互爬工艺流程

a）模板就位，浇筑混凝土　b）A 型模板爬升　c）B 型模板爬升就位，浇筑混凝土，重复 a）过程

3. 爬架与爬架互爬

爬架与爬架互爬是以固定在混凝土外表面的爬升挂靴为支点，以摆线针轮减速机为动力，通过内外爬架的相对运动使外墙外侧大模板随同外爬架相应爬升。当大模板达到规定高度时，借助滑轮滑动就位。爬架与爬架互爬工艺流程如图 9-30 所示。

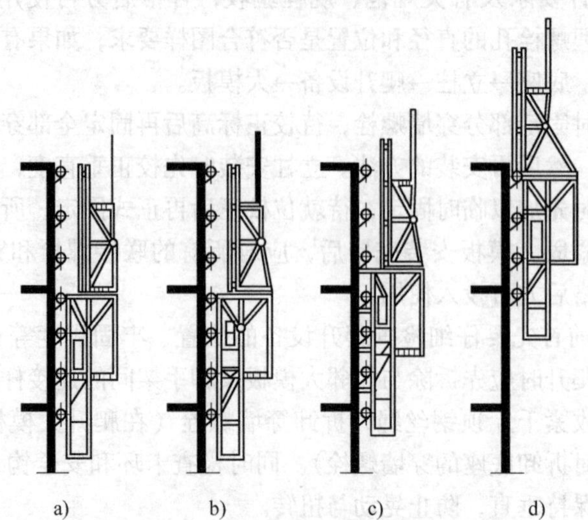

图 9-30　爬架与爬架互爬工艺流程

a）退出模板，安装挂靴　b）外架支撑，内架爬升　c）内架支撑，外架爬升　d）模板就位

4. 整体爬模

整体爬模的主要组成部分有内外爬架和内外模板。内爬架置于墙角，通过楼板孔洞立在短横扁担上，并通过穿墙螺栓传力于下层的混凝土墙体。外爬架传力于下层混凝土外墙体。内外爬架与内外模板相互依靠、交替爬升。整体爬模示意图如图9-31所示。

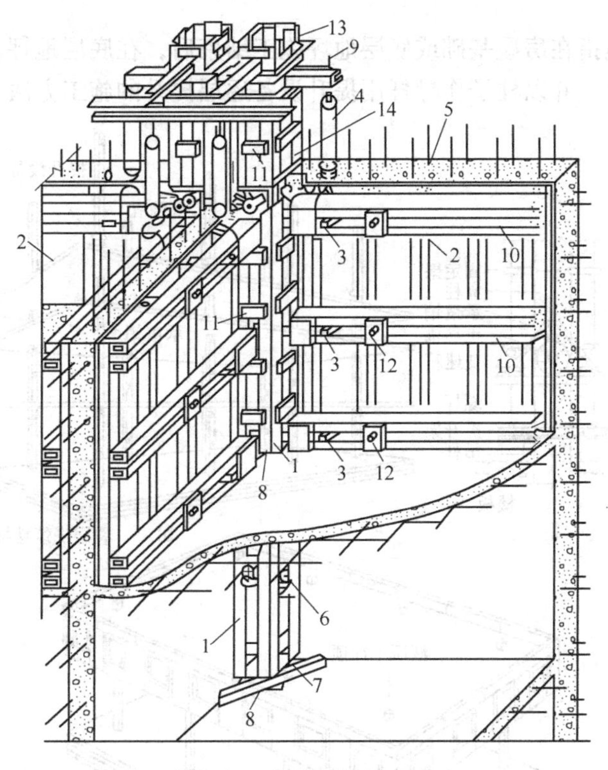

图9-31　整体爬模示意图

1—内爬架　2—内模板　3—固定插销　4—动力提升机构　5—混凝土墙体　6—穿墙螺栓　7—短横扁担　8—内爬架通道　9—顶架　10—横肋　11—缀板　12—垫板　13—外爬架　14—外模板

目前，整体爬模施工工艺分为手拉葫芦提升整体爬模施工、电动整体爬模施工、液压整体爬模施工3种类型。

5. 爬升模板质量要求

爬升模板组装允许偏差应符合表9-4的规定。穿墙螺栓的紧固力矩应采用扭矩扳手检测，力矩为40～50N·m。

表9-4　爬升模板组装允许偏差

项　目		允许偏差	检查方法
穿墙螺栓孔	墙面留孔位置	±5mm	钢直尺检查
	直径	±2mm	
大模板		同滑模大模板	
爬升支架	标高	±5mm	与水平线钢直尺检查
	垂直度	5mm或爬升支架高度的0.1%	挂线坠检查

9.2 装配式混凝土结构高层建筑施工

9.2.1 升板结构

升板结构施工是指在房屋基础或底层地坪施工结束后，在底层地坪上重叠浇筑各层楼板和屋面板，插立柱子，并以柱子作导杆用提升设备逐层提升的施工方法（图9-32）。

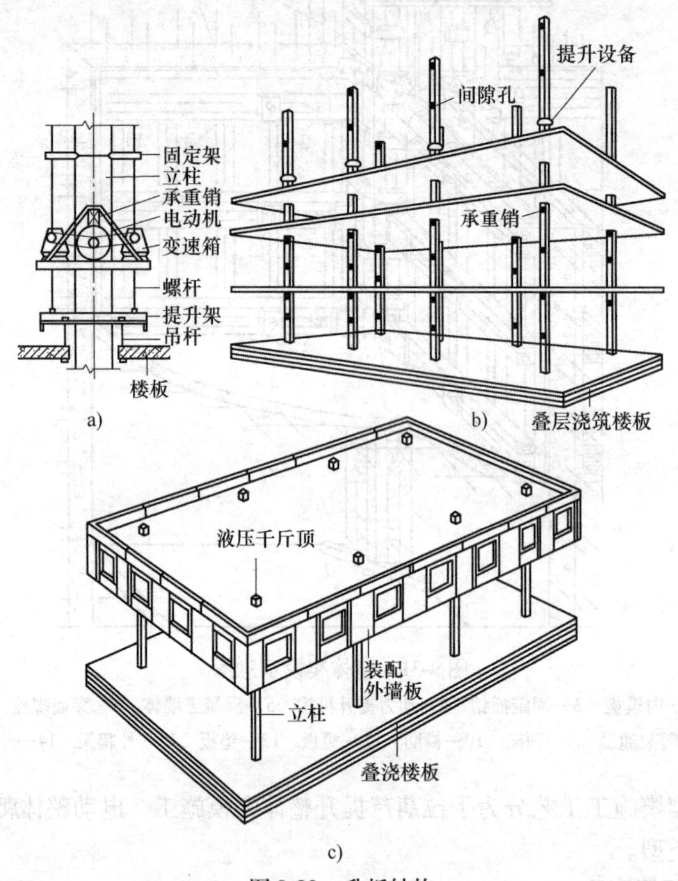

图9-32 升板结构

升板结构施工的特点是：可将大量的高处作业变为地面操作，工序简化、工效高，模板用量较少，所需施工场地较小；施工设备简单，机械化程度高；楼面面积大，空间可以自由分隔，且四周外围结构可做到最大程度的开放和通透。

1. 升板设备

高层升板结构施工的关键设备是升板机，主要分为电动和液压两大类。

（1）电动升板机 电动升板机（图9-33）一般以1台3kW的电动机为动力，带动2台升板机，安全荷载约为300kN，单机负荷为150kN，提升速度约为1.9m/h。电动升板机构造较简单，使用管理方便，造价较低。

（2）液压升板机 液压升板机可以提供较大的提升能力，但设备一次性投资较大，且加工准确度和使用管理要求较高。液压升板机一般由液压系统、电控系统、提升工作机构和自升式机架组成（图9-34）。

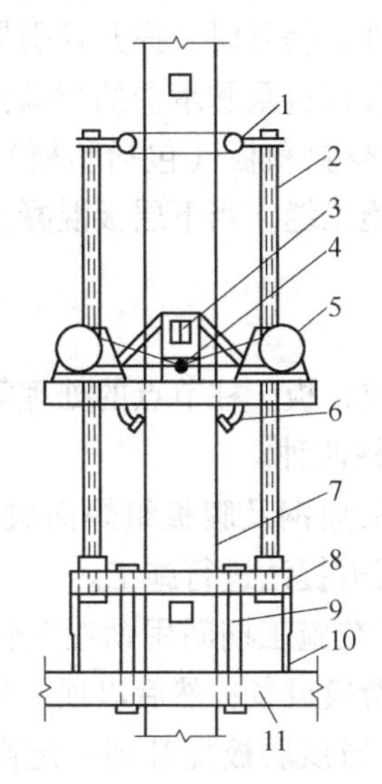

图9-33　电动升板机构造

1—螺杆固定架　2—螺杆　3—承重锁

4—电动螺杆千斤顶　5—提升机组底盘　6—导向轮

7—柱子　8—提升架　9—吊杆

10—提升架支撑　11—楼板

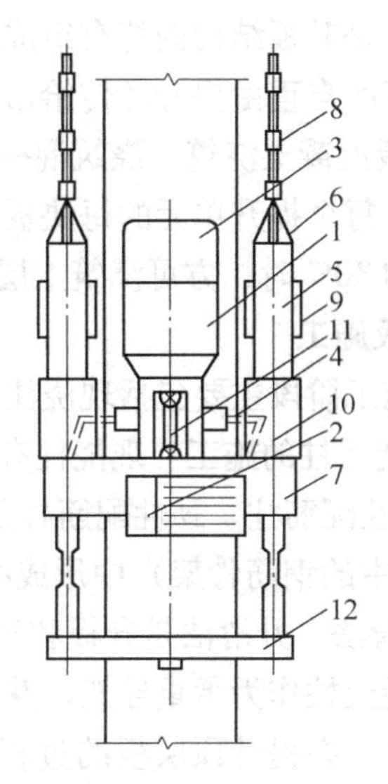

图9-34　液压升板机构造

1—油箱　2—液压泵　3—配油体　4—随动阀

5—液压缸　6—上棘爪　7—下棘爪　8—竹节杆

9—液压锁　10—机架

11—停机销　12—自动随动架

2. 施工前期工作

（1）基础施工　预制柱基础一般为钢筋混凝土杯形基础。施工中必须严格控制轴线位置和杯底标高，因为轴线偏移会影响提升环位置的准确性，杯底标高的误差会导致楼板位置发生偏差。

（2）预制柱　预制柱一般在现场浇筑，其截面尺寸允许偏差应为±5mm，柱高在20m以内的侧向弯曲不应超过12mm；20m以上的不应超过15mm。柱顶和柱底的表面要求平整，并垂直于柱的轴线。预制柱的制作场地应平整坚实，并应做好排水处理。当采用重叠浇筑时，浇筑高度不宜超过3层。柱与柱之间应做好隔离层。浇筑上层柱混凝土时，下层柱混凝土强度必须达到5MPa。

柱上要留设就位孔（当板升到设计标高时作为板的固定支撑）和停歇孔（在升板过程中悬挂提升机和楼板中途停歇时作为临时支撑）。就位孔位置应准确，孔的轴线偏差及孔底两端高差均不应超过5mm，孔底应平整，同一标高的孔底标高允许偏差应为－15～0mm，孔的尺寸允许偏差应为－5～10mm；停歇孔位置应根据提升程序确定，其质量要求与就位孔相同。柱上下两孔之间的净距不应小于300mm。柱上预留齿槽位置要正确，棱角要方正。柱上预埋件除剪力块节点外，不应凸出柱面，凹进柱面不宜超过3mm。型钢提升环的安装应注意提升环的正反面及吊点方向。

3. 楼板的制作

楼板的制作分为胎模、提升环配置和板混凝土浇筑三个步骤。

（1）胎模　胎模是指为了楼板和顶层板制作而铺设的混凝土地坪，要做到地基密实，防止不均匀沉降。

（2）提升环配置　提升环是配置在楼板上柱孔四周的构件，它既抗剪又抗弯，故又称为剪力环，是升板结构的特有组成部分，也是主要受力构件。提升时，提升环引导楼板沿柱子提升，板的自重由提升环传给吊杆；使用时，提升环把楼板自重和承受的荷载传递给柱。

（3）板混凝土浇筑　浇筑混凝土前，应对板与柱间的空隙和板（包括胎模）的预留孔进行填塞。每个提升单元的每块板应一次浇筑完成，不留施工缝。当下层板混凝土强度达到设计强度的30%时，方可浇筑上层板。

4. 升板施工

升板施工阶段主要包括现浇注的施工，板的提升与就位，板、柱节点的处理等。

（1）现浇柱的施工　现浇柱有劲性配筋柱和柔性配筋柱两种。

1）劲性配筋柱。劲性配筋柱是将混凝土浇筑在由四根角钢及腹板组焊而成的钢构架，（也作为柱中的钢筋骨架）中形成的构件，可采用升滑法或升提法进行施工。

① 升滑法。升滑法是升板和滑模两种工艺的结合，即在施工期间用劲性钢骨架代替预制钢筋混凝土柱作为承重导架，并在顶层板下组装柱子的滑模设备；然后以顶层板作为滑模的操作平台，在提升顶层板的过程中浇筑柱子的混凝土，当顶层板提升到一定高度并停放后，即提升下面各层楼板。如此反复，逐步将各层楼板提升到各自的设计标高，同时也完成了柱子的混凝土浇筑工作，最后浇筑柱帽形成固定节点。升滑法施工柱模板组装示意图如图9-35所示。

② 升提法。施工时，在顶层板下组装柱子的提模模板，每提升一次顶层板就重新组装一次模板，并浇筑一次柱子混凝土。升提法施工时柱模板组装示意图如图9-36所示。升提法与升滑法的区别在于：升滑法是边提升顶层板边浇筑柱子混凝土；升提法是在顶层板提升并固定后，再组装模板，并浇筑柱子混凝土。

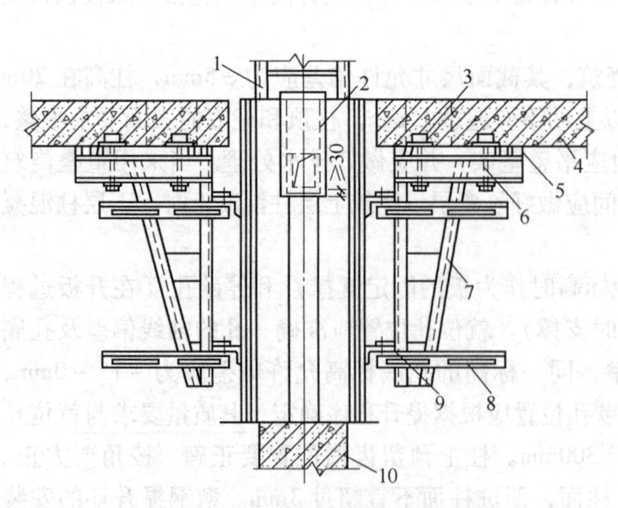

图9-35　升滑法施工柱模板组装示意图

1—劲性钢骨架　2—抽拔模板　3—预埋的螺帽板　4—顶层板　5—垫木　6—螺栓　7—提升架　8—支撑　9—压板　10—已浇筑的柱子

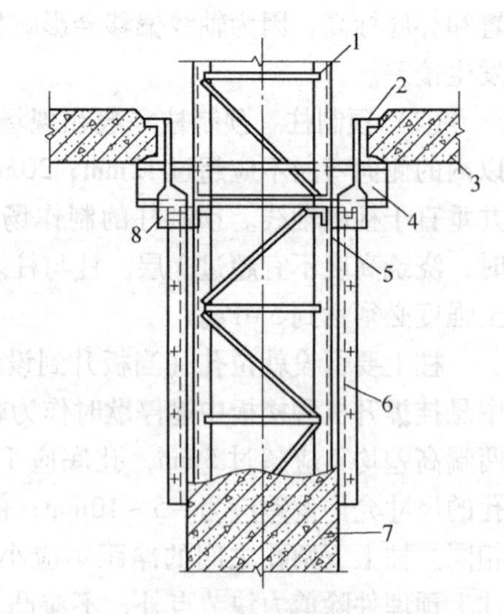

图9-36　升提法施工时柱模板组装示意图

1—劲性钢骨架　2—提升环　3—顶层板　4—承重销　5—垫块　6—模板　7—已浇筑的柱子　8—吊板

2）柔性配筋柱。采用劲性配筋柱的缺点是柱子的用钢量较大，且需耗用一部分型钢，为此可采用柔性配筋柱（即常规配筋骨架）。因为柔性钢筋骨架不能架设升板机，故必须先浇筑有停歇孔的现浇混凝土柱，其施工方法有滑模法和逐层升模法两种。

① 滑模法。滑模法是在顶层板上组装浇筑柱子的滑升模板，按提升单元进行柱子的滑升浇筑，按柱子混凝土强度的实际增长情况控制滑模速度。柱子混凝土强度等级不应低于C25，柱子宜连续施工，当其混凝土强度在15N/mm^2以上时，再将升板机固定到柱子的停歇孔上，在其上进行板的提升。要根据板的提升程序图安排现浇柱子的施工速度，依次交替，循序施工。

② 逐层升模法。逐层升模法是在顶层板上搭设操作平台，安装柱模和井架，操作平台、柱模和井架都随顶层板的逐层提升而上升（图9-37）。每当顶层板提升到一个层高后，应及时施工上层柱，并利用柱子浇筑后的养护期提升下面各层楼板。当所浇筑柱子的混凝土强度≥15N/mm^2时，才可作为支撑用来悬挂提升设备继续板的提升，依次交替，循序施工。

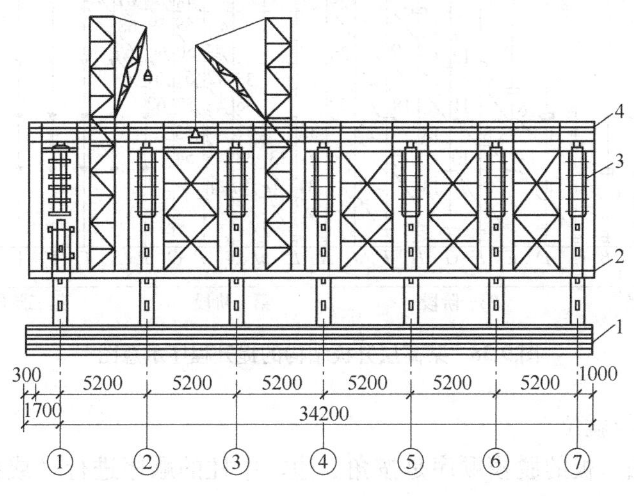

图9-37 柔性配筋柱逐层升模法浇筑柱子示意图

1—叠浇楼板 2—顶层板 3—柱模板 4—操作平台

3）提升单元的划分与提升程序。升板施工中，如果一次提升的板面过大，会导致提升差异不容易消除，且板面也容易出现裂缝，同时还要考虑提升设备的数量、电力供应和经济效益的影响，因此将板划分为若干块，每一个板块作为一个提升单元。板提升单元的划分应由施工单位和设计单位根据建筑结构平面布置，结合提升设备的数量、技术状况、施工工艺及施工现场条件综合考虑。每个提升单元不宜超过40根柱，一般以16~20根柱为宜。对于面积很大的楼板，可划分为数个单元提升，单元之间应预留1~1.5m宽的后浇板带，其位置应在跨中，待楼板提升完毕并固定后再连接起来。

升板前必须编制提升程序图，内容包括提升方式、步距、吊杆组配（排列）、群柱稳定措施及施工速度等。

提升顺序应根据升板设备、升板数量、柱截面尺寸和长度、最佳高度柱能承受的荷载等具体情况来确定。提升程序的编制应考虑下列要求：

1）提升阶段应尽可能缩小各层板的距离，使顶层板位于较低标高处，将底层板尽快在设计位置固定；然后再提升上层板。有条件时可采用集层升板。

2）方便操作，减少拆装吊杆的次数。

3）升板机的着力点尽量压低，以提高柱的稳定性。

4）在提升阶段若满足稳定条件，可连续提升各板，就位后宜尽快使板、柱形成刚性连接。

某高层升板结构的提升程序示意图如图 9-38 所示，该高层升板结构采用柔性配筋逐层升模现浇柱，柱子浇筑与板提升交替进行。

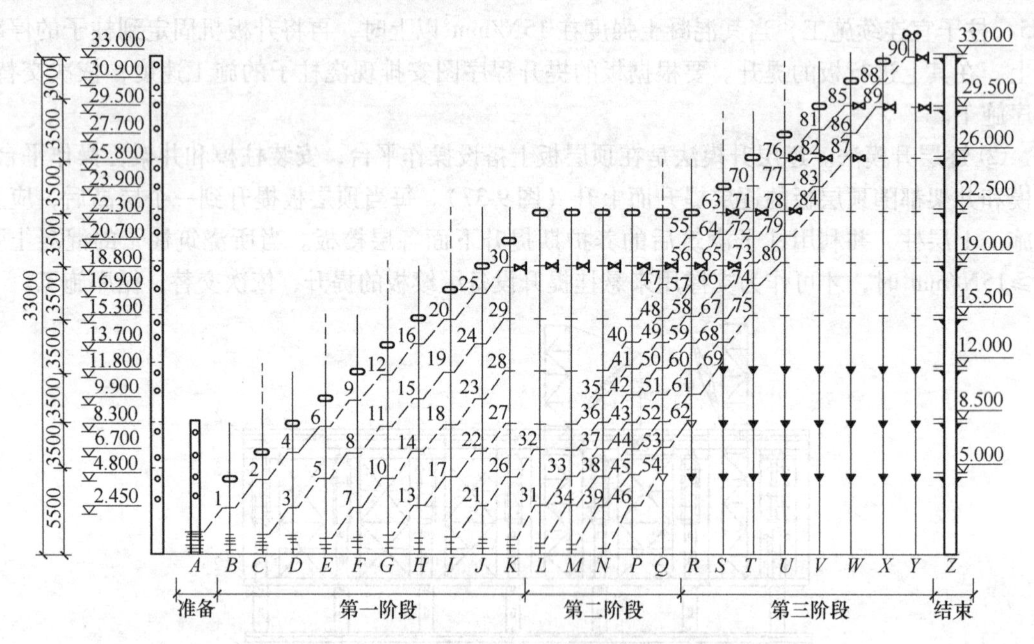

图 9-38　某高层升板结构的提升程序示意图

（2）板的提升与就位

1）一般提升法。板的脱模顺序是按角、边、中柱的顺序进行（或由边柱向里逐排进行）的，每次提升高度不宜大于 5mm，以使板顺利脱模。板脱模后，应按基准线进行一次校核与调整，板搁置前后应测量并做好记录。板调整好后，即可开动全部提升设备，通过水平控制系统使楼板保持在允许提升偏差（10mm 以内）范围内均衡上升。每提升半个楼层为一提升阶段，将承重销插入孔内作临时搁置；调换吊杆后，再进行第二阶段的提升，直至在需要的高度就位。提升过程中，保持同步提升是保证质量的关键。

2）盆式提升法。盆式提升法是将升板结构的中柱各提升点降低，使板成为四个角、边稍高，而中部稍低的盆形，并在提升过程和搁置状态中始终保持盆形曲线。板的脱模顺序如下：先依次提升四角柱，再依次提升边柱，然后从外周至内周循序脱模使其成为盆形。脱模时应控制相邻柱的高差不超过 5mm，严禁反盆脱模，脱模后应按设计盆式曲线要求调整盆形。采用盆式提升法提升时，应严格按设计盆式曲线要求进行控制，其提升差异的控制是在所有柱一边的每层板上设置固定的观测点；在每根柱上每隔 50cm 在与板面测点相对应的位置，均作相对于板面原始状态的盆式曲线高程差标志，其刻度误差控制在 ±0. 5mm 以内。

3）板的最后固定。提升到设计标高的板要进行最后固定。板在永久性固定前应尽量消除搁置差异，以消除永久性的变形应力。

板的固定方法一般可采用后浇柱帽节点和无柱帽节点两类。后浇柱帽节点能提高板、柱连接的整体性，减少板的计算跨度，降低节点耗钢量，是目前升板结构中常用的节点形式。

9.2.2　装配式大板结构

装配式大板结构是指使用大型墙板、大型楼板和大型屋面板等建成的结构，其特点是除基础以外，地上的全部构件均为预制构件，通过装配整体式节点连接建成。

1. 构件类型

大板结构的构件有内墙板、外墙板、楼板、楼梯、挑檐板等（图9-39）。

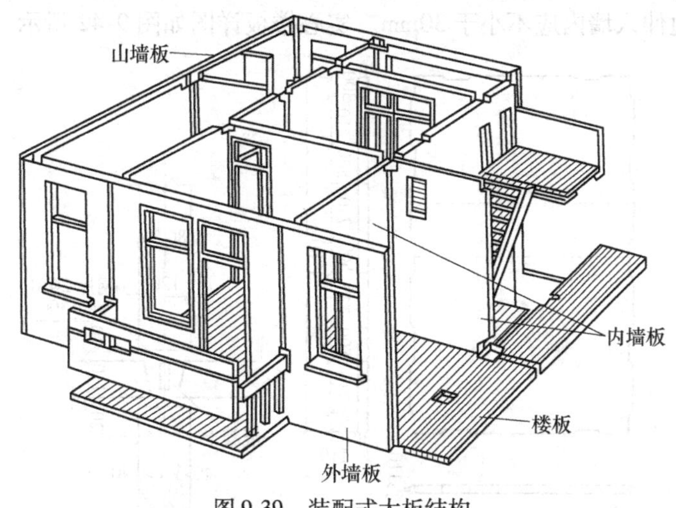

图9-39　装配式大板结构

（1）外墙板

1）外墙板应有一定的强度，能够承担一部分地震力和风力。山墙板是外墙板中的特殊类型，具有承重、保温、隔热和立面装饰的作用。

2）外墙板可以是用同一种材料制作的单一墙板，也可以是由两种以上材料制作的复合墙板。

3）外墙板的顶部应设置吊环，下部应预留浇筑孔，侧边应预留键槽和环形筋。一般外墙板外观，如图9-40所示。

（2）内墙板

1）横向内墙板是建筑物的主要承重构件，要求有足够的强度，以满足承重的要求。

2）纵向内墙板是非承重构件，虽不承担楼板荷载，但与横向内墙相连接，为保证纵向刚度，也必须有一定的强度和刚度。内墙板外观如图9-41所示。

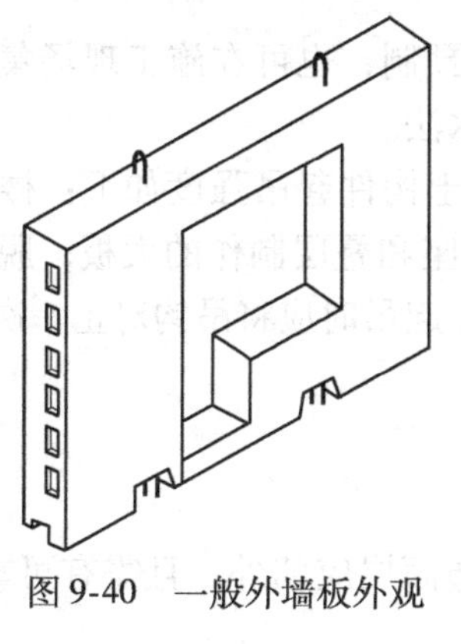

图9-40　一般外墙板外观

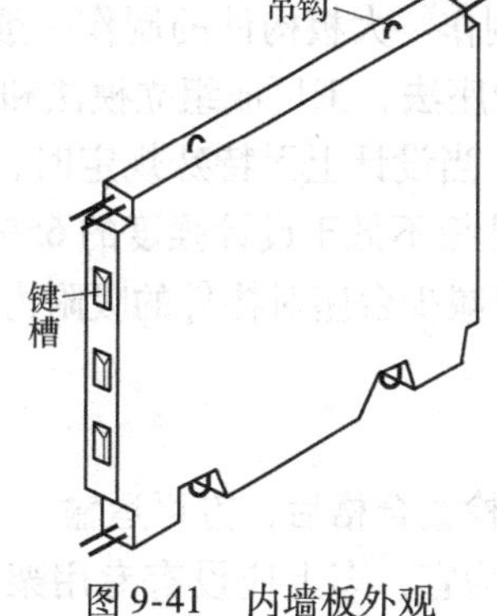

图9-41　内墙板外观

（3）隔墙板

1）隔墙板主要用作建筑物内部房间的分隔板，没有承重要求。

2）为了减轻自重，提高隔声效果和防火、防潮性能，可选择钢筋混凝土薄板、加气混凝土板、碳化石灰板等。

（4）楼板　楼板可以采用钢筋混凝土空心板，也可以采用整块的钢筋混凝土实心板。连接钢筋的锚固长度应不小于30d。楼板在承重墙上的设计搁置长度不应小于60mm，地震区楼板的非承重边伸入墙内应不小于30mm。实心楼板详图如图9-42所示。

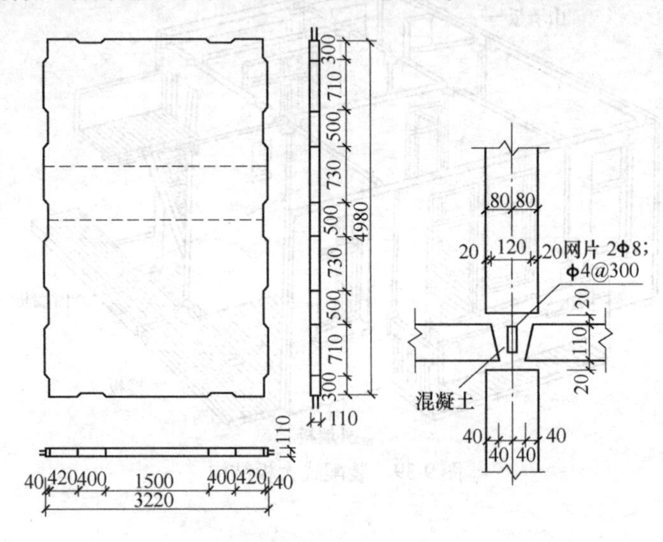

图9-42　实心楼板详图

（5）阳台板　一般阳台板为钢筋混凝土槽形板，两个肋边的挑出部分压入墙内，并与楼板预埋件焊接，然后浇筑混凝土。阳台上的栏杆和栏板也可以做成预制块，在现场焊接。阳台板也可以由楼板挑出，成为楼板的延伸。

（6）楼梯　楼梯分为楼梯段和休息平台板两大部分。休息平台板与墙板之间必须有可靠的连接，平台的横梁预留搁置长度不宜小于100mm。常用的做法是在墙上预留洞槽或挑出牛腿，以支撑楼梯平台。

（7）屋面板及挑檐板　屋面板一般与楼板做法相同，仍然采用预制钢筋混凝土整间大楼板。挑檐板一般采用钢筋混凝土预制构件，其挑出尺寸应在500mm以内。

2. 大板构件的生产制作及运输堆放

（1）生产制作　大板构件的制作一般均在工厂预制，也可在施工现场集中生产。其成型工艺可采用台座法、工厂成组立模法和钢平模流水法。

（2）起吊　当设计上无特殊规定时，各类混凝土构件起吊强度如下：楼板不低于设计强度的75%，墙板不低于设计强度的65%。采用台座和叠层制作的大板，脱模起吊前应先将大板松动，以减少台座对构件的吸附力和粘结力。起吊时应将吊钩对正一次起吊，防止滑动和颤动。

（3）运输

1）大板经检查合格后，方可运输。

2）以立运为宜，车上应设有专用架，外墙板饰面层应朝外，且需有可靠的稳定措施。

当采用工具式预应力筋吊具时，在不拆除预应力筋的情况下可采用平运。

3）运输大板时，车辆应慢速起动，车速应均匀；转弯错车时要减速，防止倾覆。

（4）堆放 构件堆放场地必须坚实稳固、排水良好，以防构件发生变形。

1）墙板的堆放要求：

① 可采用插放或靠放，支架应有足够的刚度，并需支垫稳固，防止倾倒或下沉。采用插放架时，宜将相邻插放架连成整体；采用靠放架时，应对称靠放，外饰面朝外，倾斜度保持在5°~10°，对构造防水台、防水空腔、滴水线及门窗洞口角线部位应注意保护。

② 现场存放时，应按吊装顺序和型号分区配套堆放。堆垛应布置在起重机工作范围内。

③ 堆垛之间宜设置宽度为0.8~1.2m的通道。

2）楼板和屋面板的堆放要求：

① 水平分层堆放时，应分型号码垛，每垛不宜超过6块，应根据各种板的受力情况正确选择支垫位置，最下边一层垫木应是通长的。层与层之间应垫平、垫实，各层垫木必须在一条垂直线上。

② 靠放时要区分型号，沿受力方向对称靠放。

3. 施工工艺

（1）施工准备

1）检查构件的型号、数量及质量，并将所有预埋件及板外插筋、连接筋、侧向环等整理好，清除浮浆。

2）按设计要求检查基础梁式底层圈梁上面的预留抗剪键槽及插筋，其位置偏移量不得大于20mm。

（2）施工顺序 装配式大板结构的施工顺序是：抄平放线→墙板及楼板安装→结构节点施工（板缝支模、板缝混凝土浇筑）→外墙保温防水施工。

1）抄平放线。

① 每栋房屋四角应设置标准轴线控制桩。用经纬仪根据座标定出的控制轴线不得少于两条（纵、横轴方向各一条）。楼层上的控制轴线必须用经纬仪由底层轴线直接向上引出。

② 每栋房屋设置标准水平点1~2个，在首层墙上确定控制水平线。每层水平标高均从控制水平线用钢直尺向上引测。

③ 根据控制轴线和控制水平线依次放出墙板的纵、横轴线，墙板两侧边线，节点线，门洞口位置线，安装楼板的标高线，楼梯休息平台板位置线及标高线，异型构件位置线。

④ 轴线放线的偏差不得超过2mm。放线遇有连续偏差时，应考虑从建筑物中间一条轴线向两侧调整。

2）墙板及楼板的安装。

① 墙板安装前就位处必须找平，并保证墙板坐浆密实均匀。当局部铺垫厚度大于30mm时，宜采用细石混凝土找平。

② 每层墙板安装完毕后，应在墙板顶部抄平弹线、铺找平灰饼。

③ 在找平灰饼间铺灰坐浆后方可吊装楼板。楼板就位后严禁撬动，调整高差时宜选用千斤顶调平器。

④ 吊装墙板、楼板及屋面板时，起吊就位应垂直平稳，吊绳与水平面的夹角不宜小于60°。

⑤ 墙板、楼板安装完成后，应立即进行水平缝的塞缝工作。塞缝应选用干硬性砂浆（掺入水泥用量5%的防水粉）塞实、塞严。

⑥ 墙板下部的水平缝键槽与楼板相应的凹槽及下层墙板对应的上键槽必须同时浇筑混凝土，以形成完整的水平缝销键（采用坍落度为4～6cm的细石混凝土填充，且用微型插入式振捣棒或竹片振捣密实）。

3）结构节点的施工。每层楼板安装完毕后，即可进行该层的节点施工。

① 节点钢筋的焊接。构件安装就位后，应对各个节点和板缝中预留的钢筋、钢筋套环再次检查核对，并进行调直、除锈。如有长度不符合设计要求的，应增加连接钢筋，以保证焊接长度。节点处全部钢筋的连接均采用焊接连接，焊缝长度 >$10d$（d为钢筋直径）。外露焊件应进行防锈处理。焊接后应进行隐蔽工程验收。装配式大板的焊接节点如图9-43所示。

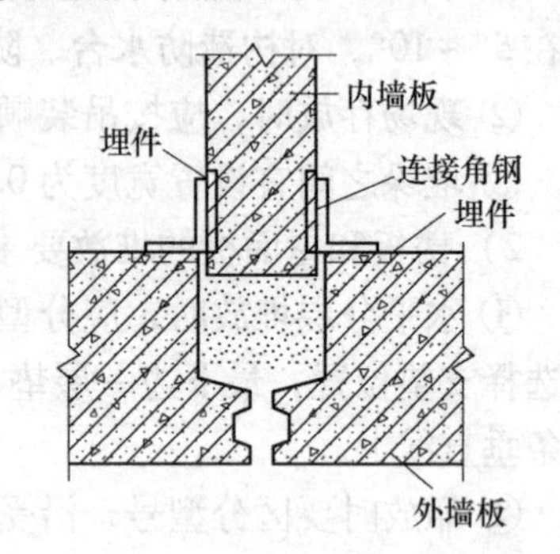

图9-43 装配式大板的焊接节点

② 支设节点现浇混凝土模板。模板宜采用工具式定型模板。模板支设时要凹入墙面1cm，以便于装修阶段施工。竖缝工具式模板宜设计成两段或一段中间开洞的形式，以保证混凝土浇筑落距不大于2cm。

③ 浇筑节点混凝土。节点部位通常采用C30细石混凝土浇筑。由于节点断面窄小，需满足浇筑和捻实的双重工艺要求。

④ 拆模。模板的拆除时间既要满足结构施工流水作业的要求，也应根据施工时的环境温度条件进行调整，确保混凝土初凝后的拆模时间准确。

节点保温做法如图9-44所示，节点防水做法如图9-45所示。外墙板缝保温应符合下列要求：外墙板接缝处预留的保温层应连续无损；竖缝浇筑混凝土前应按设计要求插入聚苯板或其他材质的保温条；外墙板上口水平缝处预留的保温条应连续铺放，不得中断。外墙板缝防水应符合下列要求：

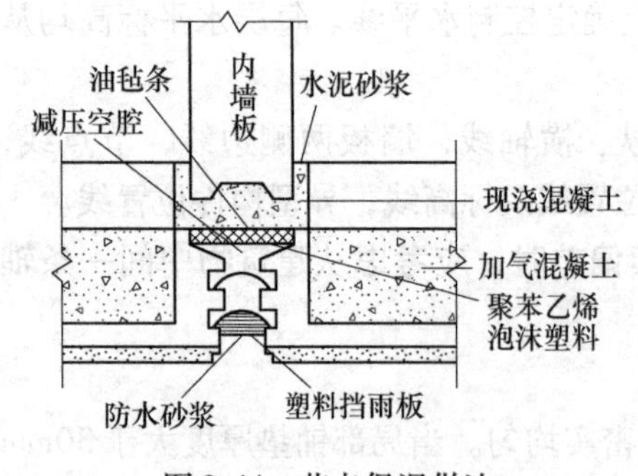

图9-44 节点保温做法

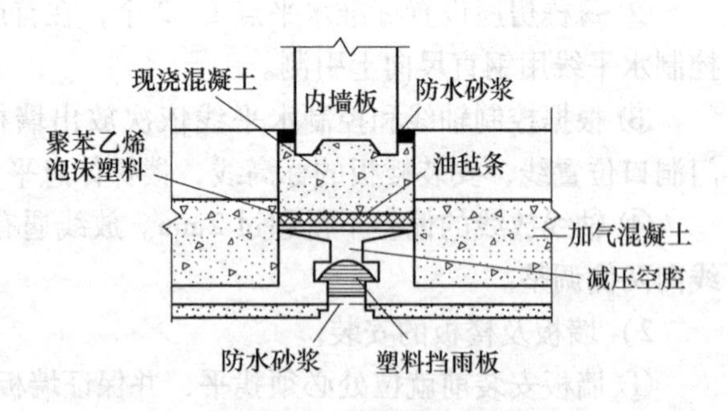

图9-45 节点防水做法

① 采用构造防水时应满足下列要求：进场的外墙板在堆放、吊装过程中，应注意保护其空腔侧壁、立槽、滴水槽及水平缝的防水台等部位不应有损坏；对有缺棱掉角及边缘处有裂纹的墙板应进行修补（应在吊装就位之前完成），修补完毕后应在其表面涂制一道弹塑防水胶；竖向接缝混凝土浇筑后，其减压空腔应畅通，竖向接缝插放塑料防水条之前应先清理防水槽；外墙水平缝应先清理防水空腔，并在空腔底部铺放橡塑型材（或类似材料），在其

外侧勾抹砂浆；竖缝及水平缝的勾缝应着力均匀，勾缝时不得把嵌缝材料挤进空腔内；外墙十字缝接头处的上层塑料条应插到下层外墙板的排水坡上。

② 采用材料防水时应满足下列要求：墙板侧壁应清理干净，保持干燥，然后刷底油一道；预先应对嵌缝材料的性能、质量和配合比进行检验，嵌缝材料必须与板材牢固粘结，不应有漏嵌和虚粘的现象。

本章小结

现浇钢筋混凝土结构高层建筑中，粗钢筋连接的工作量比较大，采用合适的施工方法可以显著提高劳动效率。传统的连接方式一般采用对焊、电弧焊等，后来推广了很多新的钢筋连接工艺，如钢筋机械连接、电渣压力焊、气压焊等，显著提高了生产效率，改善了钢筋接头的质量。钢筋的机械连接具有工艺简单、节约钢材、接头性能可靠、技术易掌握、工作效率高、节约成本等优点，适用于钢筋在任何位置与方向的连接。钢筋的机械连接形式有带肋钢筋套筒挤压联接、钢筋锥螺纹套筒联接、钢筋镦粗直螺纹套筒联接、钢筋滚轧直螺纹联接、钢筋套筒灌浆联接等。

大模板施工技术是指采用工具式大型模板配以相应的起重吊装机械，以工业化生产方式在施工现场浇筑混凝土墙体的一种成套模板技术。大模板结构由面板系统、支撑系统、操作平台和附件组成。大模板按构造外形分为平模、小角模、大角模、筒形模等。内浇外板工程的主要施工程序是：准备工作→安装大模板→安装外墙板→固定模板上口→预检→浇筑内墙混凝土→其他工序。

滑模（液压滑动模板）施工技术是指利用一套1m多高的模板及液压提升设备，按照工程设计的平面尺寸组成滑模装置，连续不断地进行竖向现浇混凝土构件施工的一种成套模板技术。滑模装置主要由模板系统、操作平台系统、液压提升系统及施工准确度控制系统等部分组成。模板的滑升分为初升、正常滑升和末升3个阶段。滑模施工中，楼板结构的施工方法主要有逐层空滑楼板并进法、先滑墙体楼板跟进法和先滑墙体楼板降模法等。

爬升模板简称爬模，是综合大模板与滑模工艺特点形成的一种成套模板技术，具有大模板和滑模的共同优点。爬模施工工艺分为模板与爬架互爬、模板与模板互爬、爬架与爬架互爬及整体爬模等类型。

装配式混凝土结构高层建筑施工包括升板结构和装配式大板结构。

升板结构施工是指在房屋基础或底层地坪施工结束后，在底层地坪上重叠浇筑各层楼板和屋面板，插立柱子，并以柱子作导杆用提升设备逐层提升的施工方法。

升板结构施工的特点是：可将大量的高处作业变为地面操作，工序简化、工效高，模板用量较少，所需施工场地较小；施工设备简单，机械化程度高；楼面面积大，空间可以自由分隔，且四周外围结构可做到最大程度的开放和通透。

装配式大板结构是指使用大型墙板、大型楼板和大型屋面板等建成的结构，其特点是除基础以外，地上的全部构件均为预制构件，通过装配整体式节点连接建成。

复习思考题

1. 钢筋的焊接种类有哪些？分别是利用什么原理工作的？
2. 钢筋的机械连接种类有哪些？

3. 什么是大模板施工技术？大模板结构主要由哪几部分组成？
4. 简述大模板安装的施工要点。
5. 什么是滑模施工技术？滑模装置主要由哪几部分组成？
6. 模板滑升分为哪几个阶段？滑模施工中楼板结构的施工方法有哪些？
7. 爬模施工工艺分为哪几种类型？简述模板与爬架互爬的施工工艺。
8. 简述升板结构的一般施工流程及施工工艺。
9. 简述劲性配筋柱的升滑（升提）施工工艺。
10. 装配式大板结构的构件类型有哪些？简述其施工工艺。

第 10 章　钢结构施工

教学目标

学习并掌握工业与民用建筑中钢结构的应用范围及钢结构与其他材料的结构相比所具有的特点。了解钢结构的发展趋势，掌握常见钢材有关品种、规格的表示方法，熟悉钢结构的制作与连接。着重掌握钢结构连接方式中焊接（包括焊缝的形式、焊缝的连接形式、焊缝的缺陷、焊缝的构造要求）及螺栓联接的构造要求；熟悉钢结构的安装方案及安装工艺；了解用作钢结构的钢材需满足的要求及钢结构的制作工序。

10.1　钢结构的特点与应用

10.1.1　钢结构的特点

1. 强度高、塑性和韧性好

钢结构是钢板、型钢通过连接而成的结构。钢材与混凝土、砖石和木材等其他建筑材料相比，强度要高很多，适用于建造跨度大、承载重量大的结构。但由于钢材强度高，做成的构件截面小而壁薄，受压时需要满足稳定的要求，强度有时不能充分发挥。建筑钢材塑性好，结构在一般条件下不会因超载而突然破坏；同时，建筑钢材的韧性较好，适宜在动荷载下工作，良好的吸能能力和延性使钢结构具有优越的抗震性能。

2. 质量轻

与同样跨度、同样受力的钢筋混凝土屋架相比，钢屋架的质量仅为钢筋混凝土屋架的1/3~1/4，为吊装提供了便利条件；钢结构的轻质特性不仅为运输创造了有利条件，还减轻基础的负荷，降低地基及基础部分的造价。

3. 材质均匀、可靠性高

钢材组织均匀，接近于各向同性匀质体，由于钢结构的实际工作性能比较符合目前理论计算的结果，故可靠性较高。另外，钢材在冶炼和轧制过程中质量可以严格控制，材质波动的范围较小。

4. 制造简便、施工周期短

钢结构由轧制型材和钢板在工厂中制成，便于机械化制造，生产效率高、速度快，成品准确度较高，质量易于保证。钢结构连接简单、安装方便、施工机械化，因此施工周期较短，可以尽快发挥投资的经济效益。此外，对已建成的钢结构也较容易进行改建和加固，用螺栓联接的结构还可以根据需要进行拆迁。

5. 密封性好

钢结构的水密性和气密性都较好，可制成常压、高压容器结构和大直径的管道。

6. 耐腐蚀性差

钢材在潮湿和腐蚀介质的环境中容易发生锈蚀，因此钢结构需要定期进行维护，维护费用较高。但是在没有侵蚀性介质的一般厂房中，构件经过彻底除锈并涂上合格的油漆后，锈蚀问题并不严重。

7. 耐热但不耐火

当钢材表面温度不超过200℃时，性能变化很小，具有一定的耐热性能，故可用于高温车间；但当其表面温度超过200℃后，性能会发生较大变化。受高温作用的钢结构，应根据不同情况采取防护措施，详见《钢结构设计规范》（GB 50017—2003）中第8.9.5节。

10.1.2 钢结构的应用

随着我国国民经济的迅猛发展，钢结构的应用范围越来越广泛。从技术角度看，钢结构的合理应用范围包括以下几个方面：

1. 大跨度结构

结构跨度越大，自重在全部荷载中所占的比重也就越大，减轻结构自重可以获得明显的经济效益，因此钢结构强度高、质量轻的优点在大跨度桥梁和大跨度建筑结构中特别突出，如飞机装配车间、飞机库、会展中心、体育馆和展览馆等大跨度结构一般均采用钢结构。

2. 重型厂房结构

起重机起重量较大或作业繁重的车间，其主要承重骨架一般全部或部分采用钢结构，如冶金企业的炼钢和轧钢车间、重型机械厂的装配车间等。

3. 高层建筑

高层建筑的骨架也是钢结构应用的一个方面，钢结构在此领域得到了很大发展，如上海金茂大厦和上海环球金融中心等。

4. 高耸建筑

高耸结构包括塔架和桅杆结构。钢结构主要应用于电视塔、微波塔、通信塔等高耸结构中，如上海东方明珠广播电视塔。

5. 轻型钢结构

对于跨度不大或荷载较小的建筑，常采用冷弯薄壁型钢结构或由角钢等组成的轻型钢结构，以减轻结构自重。

6. 容器和其他构筑物

用钢材焊成的容器具有密封性好和耐高压等特点，广泛应用于冶金、石油、化工企业中，如油罐、煤气罐、高炉、热风炉等。

10.2 钢和钢材

10.2.1 结构用钢

结构用钢常用的有三类：低碳钢（$\sigma_s = 215 \sim 275\text{N/mm}^2$，碳含量≤0.25%）、低合金钢（$\sigma_s = 345 \sim 500\text{N/mm}^2$）、热处理合金钢（$\sigma_s = 510 \sim 700\text{N/mm}^2$）。结构用钢主要由铁元素组成，但必须加入少量的其他元素，特别是碳和锰，以获得更高的强度和延性。钢中化学元素的微量变化，都会直接影响结构用钢的机械性能、加工性能和使用性能。对于焊接结构用钢，除了抗拉强度外，塑性、韧性和焊接性都是衡量结构性能的重要指标，因而其碳含量必须控制在0.25%以下，硫、磷含量必须严格控制在0.035%以下。碳素结构钢有4种牌号：Q195、Q215、Q235、Q275。低合金高强度结构钢有8种牌号：Q345、Q390、Q420、Q460、Q500、Q550、Q620、Q690。结构用钢的选择见表10-1。

表10-1 结构用钢的选择

<table>
<tr><th>项 次</th><th colspan="3">结 构 类 型</th><th>计 算 温 度</th><th>选 用 牌 号</th></tr>
<tr><td>1</td><td rowspan="5">焊接结构</td><td rowspan="3">直接承受动荷载的结构</td><td>重级工作制吊车梁或类似结构</td><td>—</td><td>平炉、顶吹纯氧转炉3号镇静钢或16号锰钢</td></tr>
<tr><td>2</td><td rowspan="2">轻、重级工作制吊车梁或类似结构</td><td>等于或低于-20℃</td><td>同1项</td></tr>
<tr><td>3</td><td>高于-20℃</td><td>平炉、顶吹纯氧转炉3号沸腾钢</td></tr>
<tr><td>4</td><td colspan="2" rowspan="2">承受静荷载或间接承受动荷载的结构</td><td>等于或低于-30℃</td><td>同1项</td></tr>
<tr><td>5</td><td>高于-30℃</td><td>同3项（当计算温度高于-15℃时，可采用侧吹碱性转炉3号镇静钢）</td></tr>
<tr><td>6</td><td rowspan="4">非焊接结构</td><td rowspan="3">直接承受动荷载的结构</td><td>重级工作制吊车梁或类似结构</td><td>等于或低于-20℃</td><td>同1项</td></tr>
<tr><td>7</td><td rowspan="2">轻、重级工作制吊车梁或类似结构</td><td>高于-20℃</td><td>同3项</td></tr>
<tr><td>8</td><td>—</td><td>同3项</td></tr>
<tr><td>9</td><td colspan="2">承受静荷载或间接承受动荷载的结构</td><td>—</td><td>同3项（当计算温度高于-30℃时，可采用侧吹碱性转炉沸腾钢）</td></tr>
</table>

注：1. 冶金工厂的夹钳或刚性料、焊接吊车梁，当计算温度等于或低于-20℃时，宜采用16号锰桥钢。

2. 低温地区露天（或类似露天）的焊接结构，采用沸腾钢时，板厚不宜过大。

3. 计算温度应按《采暖通风与空气调节设计规范》（GB 50019—2003）中的冬季空气调节室外计算温度来确定。

10.2.2 结构用钢材

钢结构所用的钢材主要是热轧钢板、热轧无缝钢管、热轧工字钢、槽钢、扁形钢、异型钢管（方形、矩形），以及用钢板（4~60mm）、工字钢、槽钢、角钢等焊制而成的各种型钢。常用定型型钢分类与规格见表10-2。大中型型钢多用于各种钢结构，小型型钢结构或次要构件多采用小型型钢，大型建筑结构（如大跨度、重型结构、高层建筑结构、深基桩等）多采用H型钢（定型和焊制）、热轧方钢管、大型槽钢、大型角钢及大型T型钢等。钢结构的具体选型应由设计计算确定。

表10-2 常用定型型钢分类与规格

名　称	工字钢、槽钢刚度/mm	角　钢		扁钢宽度/mm
		等边边宽/mm	不等边边宽/mm×mm	
大型型钢	≥180	≥150	≥100×150	≥101
中型型钢	<180	50~149	(40~99)×(60~149)	60~100
小型型钢	—	20~49	(20~39)×(30~59)	≤50

10.2.3 材料管理

1. 钢材的储存和堆放

钢材可露天堆放，也可堆放在有顶棚的仓库里。露天堆放时，堆放场地要平整，并应高于周围地面，四周设置排水沟，雪后要易于清扫。堆放时要尽量使钢材截面朝上或朝外，以免积雪、积水；两端应有高差，以利排水。堆放在有顶棚的仓库内时，可直接堆放在地坪上，下垫楞木。

钢材的堆放要尽量减少钢材的变形和锈蚀，堆放时，每隔5～6层放置楞木，间距以不引起钢材明显的弯曲变形为宜；保证在同一垂直平面内上下对齐，一般应一端对齐。在堆放点立标牌写清工程名称，钢材的牌号、规格、长度、数量和材质验收说明书的编号，并在钢材端部根据其牌号涂以不同的颜色。

2. 钢材的检验

作为承重结构的钢材，应保证抗拉强度、屈服点、伸长率、冷弯性能、冲击强度和化学元素的含量满足设计要求，其中，对焊接结构除了要保证上述必要的性能外，还应保证碳的极限含量。

对于重要结构，如吊车梁，设有5t以上锻锤等振动设备和重型、特重型厂房的屋架、托架、柱子，以及跨度不小于24m的托架、屋架及冷弯成型的构件等，钢材除应保证机械性能外，还应具有冷弯试验的合格保证。

对于重级工作制和起重机起重量不小于50t的中级工作制吊车梁或类似钢结构，以及跨度不小于18m、起重量不小于75t的重级工作制非焊接吊车梁等重要结构，所用的钢材都应有常温冲击强度的保证。当设计工作温度等于或低于－20℃时，使用不同牌号的钢材时，应保证钢材在不同温度下的冲击强度。

3. 影响钢材选用的主要因素

（1）结构等级　建筑结构及其构件按用途、所在部位和破坏后果的严重性可分为重要的、一般的和次要的，相应的安全等级则分为一级、二级和三级。对大跨度屋架、重级工作制吊车梁等按一级考虑，故应选用质量好的钢材；对一般屋架、梁和柱等按二级考虑；对其他结构如梯子、平台、栏杆等，则按三级考虑，故可采用质量较低的钢材。

（2）荷载特性　结构所受荷载分为静荷载和动荷载两种，且直接承受动荷载的构件（如吊车梁）还有经常满载（重级工作制）和不经常满载（中、轻级工作制）的区别，因此当荷载特征不同时，对钢材的品种和质量等级应进行不同的选择。

（3）连接方法　钢结构的连接方法有焊接和非焊接（采用紧固件连接）之分。对于焊接结构，由于焊接过程的不均匀加热和冷却，会对钢材产生不利影响，所以宜选用碳、硫、磷含量较低，塑性和韧性指标较高，焊接性较好的钢材。

（4）工作条件　钢结构的工作环境对钢材性能有很大的影响，下列情况的承重结构和构件不应采用Q235沸腾钢：

1）焊接结构：直接承受动力荷载或振动荷载且需要验算疲劳的结构；工作温度低于－20℃时的直接承受动荷载但可不验算疲劳的结构，以及承受静荷载的受弯及受拉的重要承重结构；工作温度等于或低于－30℃的所有承重结构。

2）非焊接结构：工作温度等于或低于－20℃的直接承受动荷载且需要验算疲劳的结构。

10.2.4　结构钢材的代用

结构钢材代用的原则如下：

1）当牌号满足设计要求，而生产厂家提供的材质保证书中缺少设计提出的部分性能要求时，应做补充试验，合格后方能使用。补充试验的试件数量，每炉钢材，每种型号、规格一般不宜少于3个。

2）当钢材性能满足设计要求，而钢材的质量优于设计提出的要求时，如镇静钢代用沸腾钢、平炉钢代用顶吹转炉钢等，应注意节约，不应任意以优代劣，不应使质量差距过大。

3）当钢材品种不全，需要其他专业用钢材代替建筑结构钢材时，应把代用钢材生产的技术条件与建筑钢材生产的技术条件相对照，以保证代用的安全性和经济合理性。

4）当钢材品种不全，需用普通低合金钢相互代用时，除机械性能应满足设计要求外，应注意代用钢材的焊接性，重要的结构要有可靠的试验依据。

10.3 钢结构的制作与连接

10.3.1 制作工艺

钢结构制作的工序较多，所以对加工顺序要周密安排，尽可能避免工件倒流，以减少往返运输和周转时间。由于制作厂的设备能力和构件的制作要求各有不同，所以工艺流程略有不同。对于有特殊加工要求的构件，应在制作前制定专门的加工工序，编制专项工艺流程和工序工艺卡。

1. 放样

放样工作包括如下内容：核对图样的安装尺寸和孔距；以1∶1的大样放出节点；核对各部分的尺寸；制作样板和样杆，作为下料、弯制、铣、刨、制孔等加工的依据。

放样画线用的工具及设备有划针、冲子、锤子、粉线、弯尺、直尺、钢卷尺、剪子、小型剪板机、折弯机。钢卷尺必须经过计量部门的校验复核，合格的方能使用。

放样时以1∶1的比例在样板台上弹出大样。当大样尺寸过大时，可分段弹出。对一些三角形的构件，如果只对其节点有要求，则可以缩小比例弹出试样，但应注意其准确度。放样弹出的十字基准线，其两线必须垂直；然后根据此十字线逐一画出其他各点和线，并在节点旁注上尺寸，以备复查及检验。

2. 画线与切割

（1）画线 画线也称为号料，即利用样板、样杆或根据图样在板料及型钢上画出孔的位置和零件形状的加工界线。画线的一般工作内容包括：检查核对材料；在材料上画出切割、铣、刨、弯曲、钻孔等的加工位置；打冲孔；标注零件的编号等。

（2）切割 钢材下料的方法有气割、剪切、冲模落料和锯割等，施工中应根据各种切割方法的设备能力、切割准确度、切割表面的质量情况和经济性等因素选定切割方法。一般情况下，钢板厚度在12mm以下的直线性切割，常采用剪切下料；气割多用于带曲线的零件或厚钢板的切割；各类型钢及钢管等通常采用锯割下料，但一些中小型的角钢和圆钢等，也常采用剪切或气割的方法；等离子切割主要用于不易氧化的不锈钢材料及有色金属（如铜或铝）等的切割。

3. 边缘加工和端部加工

在钢结构加工中，图样要求时或下述部位一般需要边缘加工：吊车梁翼缘板、支座支撑面等图样有要求的加工面，焊接坡口，尺寸要求严格的加劲板、隔板、腹板和有孔眼的节点板等，常用的边缘加工方法主要有铲边、刨边、铣边、碳弧气刨、气割和坡口机加工等。

1）铲边。对加工质量要求不高且工作量不大的边缘加工，可以采用铲边。铲边有人工铲边和机械铲边两种。人工铲边的工具有锤子和铲子等，机械铲边的工具有风动铲锤和铲头等。一般采用人工铲边和机械铲边的构件，其铲线尺寸与施工图样尺寸要求不得相差1mm。铲边后的棱角垂直误差不得超过弦长的1/3000，且不得大于2mm。

2）刨边。刨边使用的设备是刨边机，将需切削的板材固定在作业台上，由安装在移动刀架上的刨刀来切削板材的边缘。刀架上可以同时固定两把刨刀，以同方向进刀切削，也可在刀架往返行程时正反向切削。刨边加工有刨直边和刨斜边两种。

3）铣边。铣边机利用滚铣切削原理，对钢板焊前的坡口、斜边、直边、U形边能同时一次铣削成形，工作效率是刨边机的1.5倍，且能耗少，操作、维修方便。铣边的加工质量要优于刨边的加工质量。

4）碳弧气刨。碳弧气刨的切割原理是：将直流电焊机直流反接，通电后碳棒与被刨削的金属间产生电弧，电弧机具有6000℃左右的高温将工件熔化，压缩空气随即将熔化的金属吹掉，达到刨削金属的目的。此方法简单易行、效率高，能满足开V形、X形坡口的要求，已经被广泛采用，但要注意切割后须清理干净氧化铁残渣。

4. 弯制成型

在钢结构制作中，弯制成型的加工方法主要是卷板（滚圆）、弯曲（煨弯）、折边和模具压制等。弯制成型的加工工序是由热加工或冷加工来完成的。

（1）热加工　把钢材加热到一定温度后进行加工的方法，通常称为热加工。热加工常用的有两种加热方法：一种是利用氧乙炔焊进行局部加热，该方法简单易行，但是加热面积较小；另一种是放在工业炉内加热，该方法虽然没有前一种方法简便，但是加热面积很大。

（2）冷加工　钢材在常温下进行加工制作的方法，通常称为冷加工。冷加工绝大多数是利用机械设备和专用工具进行的。

5. 制孔

制孔在钢结构制作中占有一定的比重，尤其是采用高强度螺栓后，对制孔工序不仅在数量上，而且在准确度上都有了更高的要求。

制孔通常有钻孔和冲孔两种方法。钻孔是钢结构制作中普遍采用的方法，能用于几乎任何规格钢板、型钢的制孔。钻孔的原理是切削，孔的准确度较高，对孔壁损伤较小。冲孔一般只用于较薄钢板和非圆孔的加工，而且要求孔径一般不小于钢材的厚度。冲孔生产效率虽高，但由于孔的周围易产生冷作硬化，而且孔壁质量较差，故在钢结构制作中已较少采用。

6. 组装

组装也称作拼装、装配、组立。组装工序是指把制备完成的半成品和零件按图样规定的运输单元装配成构件或部件，然后将其连接成为整体的过程。

（1）组装工序的一般规定　产品图样和工艺规程是整个装配工作的主要依据，因此首先要了解以下问题：

1）了解产品的用途和结构特点，以便采取支撑与夹紧等措施。

2）了解各零件的相互配合关系，以及所用材料的种类与特性，以便确定装配方法。

3）了解装配工艺规程和技术要求，以便确定控制程序、控制基准及主要控制数值。

(2) 钢结构构件组装的方法

1) 地样法。用1∶1的比例在装配平台上放出构件实样，然后根据零件在实样上的位置分别组装起来成为构件。此方法适用于桁架、构架等小批量结构的组装。

2) 仿形复制装配法。先用地样法组装成单面（单片）的结构，然后定位焊接牢固，将其翻身作为复制胎模，在其上面装配另一单面的结构，往返两次组装。此方法适用于横断面互为对称的桁架结构。

3) 立装法。立装法可根据构件的特点及其零件的稳定位置，选择自上而下或自下而上的顺序进行装配。此方法用于放置平稳、高度不大的结构或大直径的圆筒。

4) 卧装法。采用卧装法时，先将构件放置成平卧位置后再进行装配。此方法适用于断面不大，但长度较大的细长构件。

5) 胎模装配法。胎模装配法是指将构件的零件用胎模定位在其装配位置上的组装方法。此方法适用于制造构件批量大、准确度高的产品。在布置拼装胎模时，必须注意预留各种加工余量。

(3) 装配胎和工作平台的准备　装配胎主要用于表面形状比较复杂，不便于定位、夹紧或大批量生产的焊接结构的装配与焊接。装配胎可以简化零件的定位工作，改善焊接操作位置，从而提高装配与焊接的生产效率和质量。装配胎从结构上分为固定式和活动式两种，活动式装配胎可调节高度、长度、回转角度等。装配胎按其适用范围又可分为专用胎和通用胎两种。装配常用的工作台是平台，平台的上表面要求必须达到一定的平直度和水平度。平台通常有铸铁平台、钢结构平台、导轨平台、水泥平台和电磁平台。

10.3.2 连接方式

钢结构是由钢板和型钢经过连接装配而成的结构体系。钢结构的连接应符合安全可靠、传力明确、构造简单、制造方便和节约钢材的原则。普通钢结构的连接常采用焊缝连接、螺栓联接、高强度螺栓联接及铆接（图10-1）。

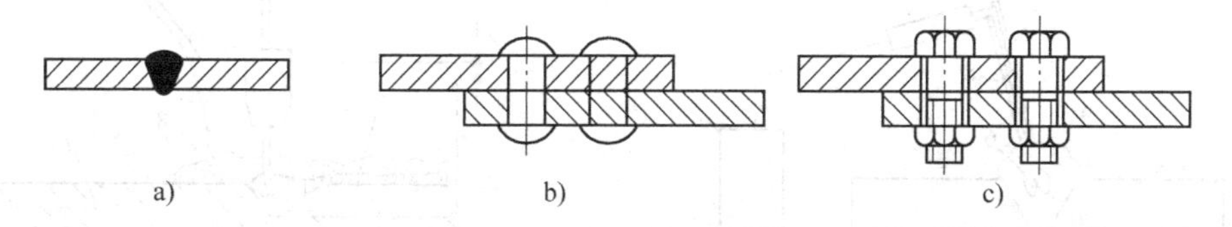

图10-1　钢结构的连接方法

a) 焊缝连接　b) 铆接　c) 螺栓联接

1. 焊缝连接

焊缝连接简称焊接，通过电弧产生的热量使焊条和局部焊件熔化，经冷却后形成焊缝，使焊件连成一体。

焊接是现代钢结构最主要的连接方法，其优点是：焊接件可以直接相连，构造简单，制作加工方便；不需要在钢材上打孔钻眼，既节省工时又不减损钢材截面，使材料可以充分利用；连接密闭性好，结构刚度大；可实现自动化操作，提高焊接结构的质量。同时也具有以下缺点：焊缝附近因为焊接的高温形成热影响区，钢材的金属组织和机械性能发生变化，某些部位材质变脆；焊接过程中产生焊接应力和变形，影响结构的承载力、刚度和使用性能；

焊接结构对裂纹很敏感，局部裂纹一旦发生，容易扩展至整个截面，低温冷脆问题也较为突出。

（1）电弧焊 钢结构的焊接方法主要是电弧焊。电弧焊可分为焊条电弧焊、埋弧焊及气体保护焊等。

1）焊条电弧焊。焊条电弧焊的原理如图10-2所示。焊条电弧焊是利用通电后产生的高温使焊条和焊件迅速熔化，熔化的焊条金属和焊件金属结合成焊缝金属；由焊条药皮形成的熔渣和气体覆盖熔池，防止空气中的氧、氮等有害气体与熔化的液体金属接触，避免形成脆性易裂的化合物；焊缝金属冷却后把焊件连成整体。

焊条电弧焊中的焊条强度应与焊件金属强度相适应，如Q235钢焊件采用E43系列焊条，Q345钢焊件采用E50系列焊条，Q390钢焊件采用E55系列焊条。当不同钢种的钢材连接时，宜采用与低强度钢材相适应的焊条。

焊条电弧焊具有设备简单，操作灵活、方便的优点，适用于任意空间位置的焊接，特别适用于焊接短焊缝；但焊条电弧焊生产效率低，劳动强度大，焊工的技术水平直接影响焊接的质量。

2）埋弧焊。埋弧焊的特点是电弧在焊剂层下燃烧，如图10-3所示。其主要设备是自动电焊机，它可沿轨道按选定的速度移动。通电引弧后，由于电弧的作用使埋于焊剂下的焊丝和附近的焊剂熔化，焊渣浮在熔化的焊缝金属上面，使熔化金属不与空气接触，并供给焊缝金属以必要的合金元素；随着电焊机的自动移动，颗粒状的焊剂不断地由料斗漏下，电弧完全被埋在焊剂内，同时焊丝也自动地边熔化边下降，故称为自动埋弧焊。半自动埋弧焊和自动埋弧焊的区别仅在于前者沿焊接方向的移动靠人工操作完成。

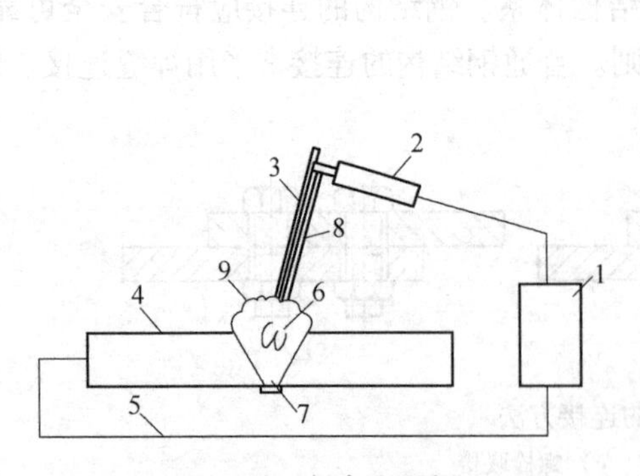

图10-2 焊条电弧焊

1—电焊机 2—焊钳 3—焊条 4—焊件 5—导线 6—电弧 7—熔池 8—药皮 9—保护气体

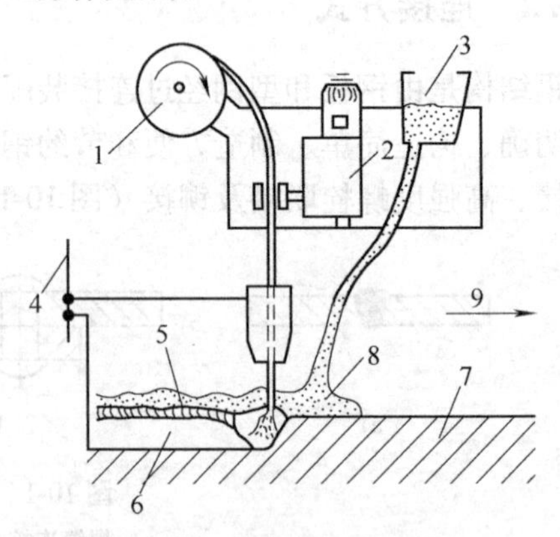

图10-3 埋弧自动电弧焊

1—焊丝转盘 2—转动焊丝的电动机 3—焊剂漏斗 4—电源 5—熔化的焊剂 6—焊缝金属 7—焊件 8—焊剂 9—移动方向

自动埋弧焊具有焊缝均匀、塑性好、冲击强度高的优点；半自动埋弧焊的焊缝质量介于自动埋弧焊与焊条电弧焊之间。埋弧焊所用焊丝和焊剂应与主体金属强度相适应，即要求焊缝与主体金属等强度。

3）气体保护焊。气体保护焊使用焊枪中喷出的惰性气体代替焊剂，焊丝可自动送入，例如二氧化碳气体保护焊是以二氧化碳作为保护气体，使被熔化的金属不与空气接触。气体保护焊具有电弧加热集中、抗锈蚀能力较强、焊缝不易产生气孔等优点，适用于低碳钢、低合金钢的焊接。气体保护焊既可以进行人工操作，也可以进行机械化焊接。气体保护焊在操作时应采取避风措施，否则容易出现弧坑、气孔等缺陷。

（2）焊缝连接形式及焊缝形式　焊缝连接形式及焊缝形式主要有几下几种：

1）焊缝连接形式。焊缝连接形式按被连接构件间的相对位置分为对接、搭接、T形连接和角部连接4种（图10-4），这些连接所采用的焊缝形式主要是对接焊缝和角焊缝。

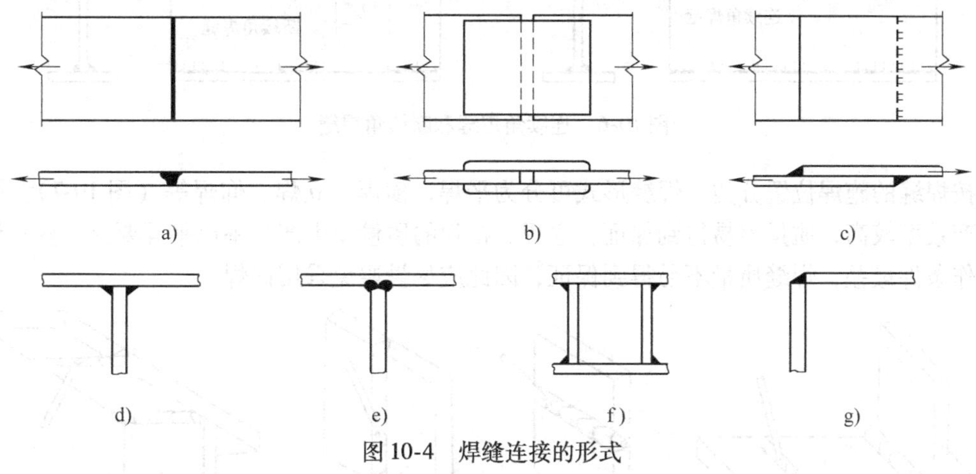

图10-4　焊缝连接的形式

a）、b）对接连接　c）搭接连接　d）、e）T形连接　f）、g）角部连接

对接连接主要用于厚度相同或相近的两板件的连接。采用对接焊缝的对接连接具有用料经济，传力均匀、平缓，没有明显应力集中的优点，但是焊件边缘需要加工，如图10-4a所示。采用拼接板和角焊缝的对接连接时，传力不均匀、材料消耗较多，但施工方便，对所连接两板的间隙大小无需严格控制，如图10-4b所示。采用角焊缝的搭接连接特别适用于不同厚度板件的连接，虽然传力不均匀、材料消耗较多，但构造简单、施工方便，目前还在广泛应用，如图10-4c所示。T形连接常用于制作组合截面，角焊缝的T形连接虽然构造简单，但受力性能较差，如图10-4d所示。焊透的T形连接，其性能与对接焊缝相同，在重要的结构中可用来代替角焊缝的T形连接，如图10-4e所示。采用角焊缝和对接焊缝的角部连接主要用于制作箱形截面构件，如图10-4f、g所示。

2）焊缝形式。按受力与焊缝方向分类，对接焊缝可分为对接正焊缝和对接斜焊缝，如图10-5a、b所示；角焊缝可分为正面角焊缝、侧面角焊缝和斜焊缝，如图10-5c所示。

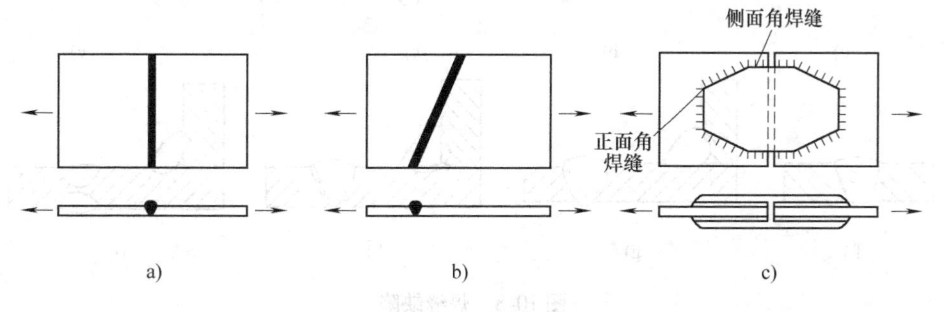

图10-5　焊缝形式

a）对接正焊缝　b）对接斜焊缝　c）角焊缝

按焊缝沿长度方向的分布情况分类，角焊缝可分为连续角焊缝和断续角焊缝两种形式（图 10-6）。连续角焊缝受力性能较好，为主要的角焊缝形式；断续角焊缝容易引起应力集中，重要结构中应避免采用，只用于一些次要构件的连接或次要焊缝中。断续角焊缝的间断距离 L 不宜太长，以免因距离过大使连接不紧密，潮气侵入而引起锈蚀。间断距离 L 一般在受压构件中不应大于 $15t$，在受拉构件中不应大于 $30t$（t 为较薄构件的厚度）。

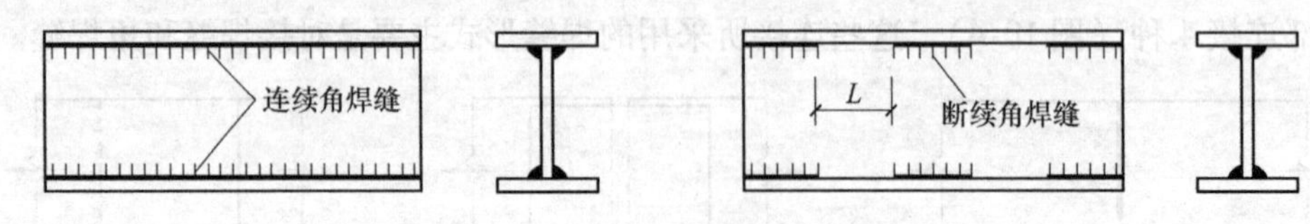

图 10-6 连续角焊缝和断续角焊缝

按焊缝的施焊位置分类，焊缝形式可分为平焊、横焊、立焊、仰焊等（图 10-7）。平焊的生产效率较高，质量容易得到保证；立焊、横焊的质量及生产效率比平焊要差一些；仰焊的操作条件最差，焊缝质量不易得到保证，因此应尽量避免采用仰焊。

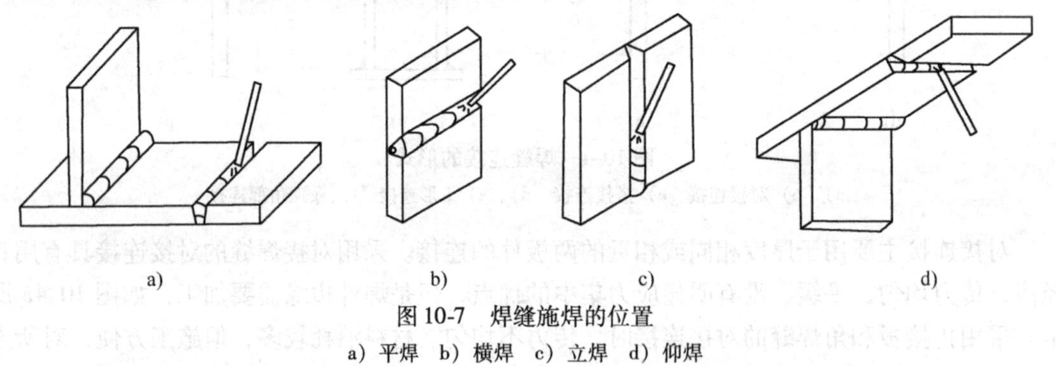

图 10-7 焊缝施焊的位置

a）平焊 b）横焊 c）立焊 d）仰焊

（3）焊缝缺陷和焊缝质量检验：

1）焊缝缺陷。焊缝缺陷是指焊接过程中产生于焊缝金属或焊缝附近热影响区钢材表面（内部）的缺陷，常见的缺陷有裂纹、气孔、烧穿、未焊透、夹渣、咬边、焊瘤、未熔合等（图 10-8）。裂纹是焊接连接中最危险的缺陷。按产生的时间不同，裂纹可分为热裂纹和冷

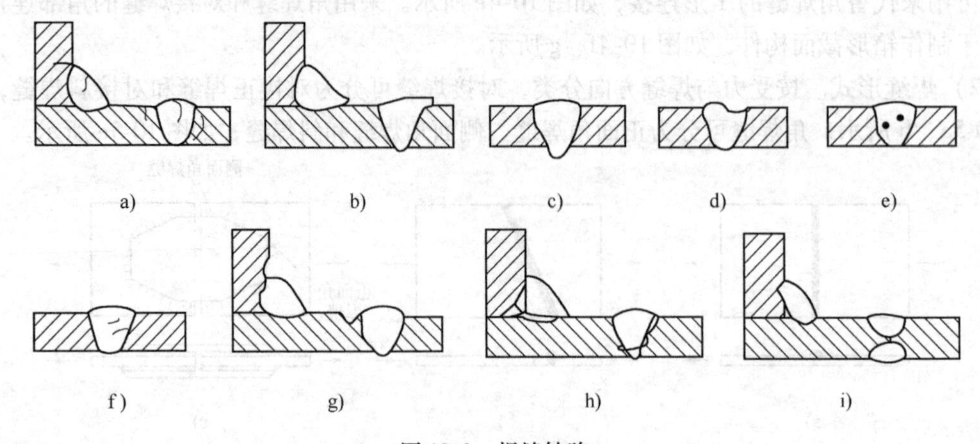

图 10-8 焊缝缺陷

a）裂纹 b）焊瘤 c）烧穿 d）弧坑 e）气孔 f）夹渣

g）咬边 h）未熔合 i）未焊透

裂纹，前者是在焊接时产生的，后者是在焊接冷却过程中产生的。产生裂纹的原因很多，如钢材的化学成分不当，未采用合适的电流、弧长、施焊速度、焊条和施焊次序等。如果采用合理的施焊次序，可以减少焊接应力，避免出现裂纹；进行预热、缓慢冷却或焊后热处理，可以减少裂纹的形成。

2）焊缝质量检验。焊缝缺陷的存在将削弱焊缝的受力面积，在缺陷处引起应力集中，对连接的强度、冲击强度及冷弯性能等均有不利影响，因此焊缝质量检验极为重要。焊缝质量检验一般可采用外观检查及内部无损检验，前者检查外观缺陷和几何尺寸，后者检查内部缺陷。内部无损检验目前广泛采用超声波检验法，该方法使用灵活、经济，对内部缺陷反应灵敏，但不易识别缺陷的性质。有时，还采用磁粉检验、荧光检验等较简单的检验方法作为超声波检验法的辅助。

《钢结构工程施工质量验收规范》（GB 50205—2001）规定：焊缝按其检验方法和质量要求分为一级、二级和三级。三级焊缝只要求对全部焊缝做外观检查且符合三级质量标准；一级、二级焊缝除外观检查外，还要求用超声波探伤进行内部缺陷的检验。

（4）焊缝构造

1）对接焊缝。对接焊缝的焊件边缘常需加工坡口，故又称为坡口焊缝。对接焊缝按坡口形式分为I形焊缝、V形焊缝、带钝边单边V形焊缝、带钝边V形焊缝（也称为Y形焊缝）、带钝边U形焊缝、带钝边双单边V形焊缝（也称为K形焊缝）和双Y形焊缝（也称X形焊缝）等，如图10-9所示。

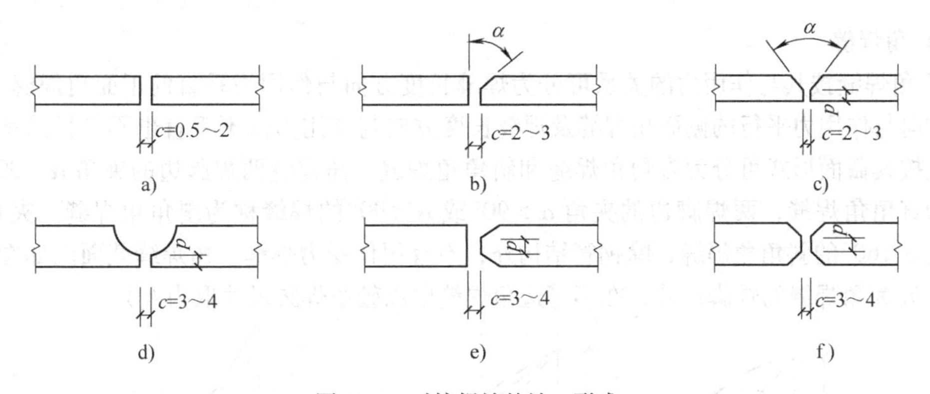

图10-9 对接焊缝的坡口形式

a）直边缝 b）带钝边单边V形焊缝 c）带钝边V形焊缝 d）带钝边U形焊缝 e）K形焊缝 f）X形焊缝

焊接时采用的坡口形式与焊件厚度有关。当焊件厚度t很小（$t \leqslant 10$mm）时，可采用不切坡口的I形焊缝；对于一般厚度（$t = 10 \sim 20$mm）的焊件，可采用有斜坡口的带钝边单边V形焊缝或Y形焊缝，以便斜坡口和焊缝根部共同形成一个焊条能够运转的施焊空间，使焊缝易于焊透；对于较厚的焊件（$t > 20$mm），应采用带钝边U形焊缝或带钝边双单边V形焊缝或双Y形焊缝。对于Y形焊缝和带钝边U形焊缝的根部还需要清除焊根并进行补焊。对于没有条件清根和补焊的，要预先加垫板，以保证焊透。

在对接焊缝的拼接处，当焊件的宽度不同或厚度相差4mm以上时，应分别在宽度方向或厚度方向从一侧或两侧做成坡度不大于1：2.5的斜角（图10-10），以使截面过渡平缓，减小应力集中。

在焊缝的起灭弧处常会出现弧坑等缺陷，这些缺陷对承载力影响极大，故焊接时一般应设置引弧板和引出板（图10-11），焊后割除。对承受静荷载的结构设置引弧（出）板有困难时，允许不设置引弧（出）板；此时，可令焊缝计算长度等于实际长度减 $2t$（t 为较薄焊件厚度）。

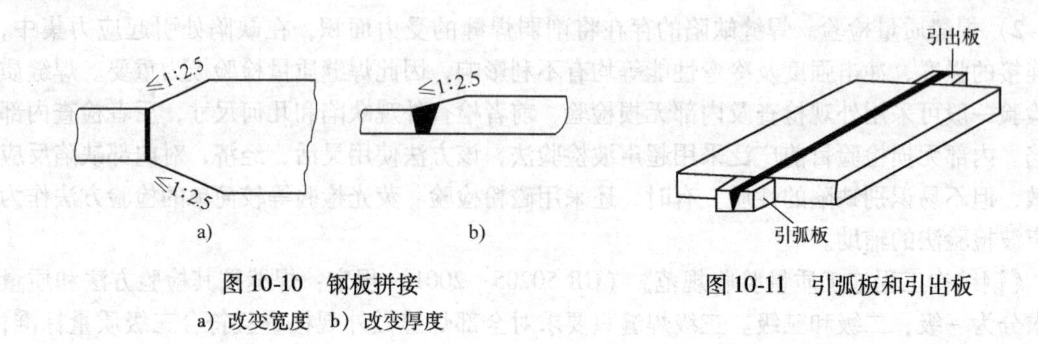

图10-10 钢板拼接
a）改变宽度 b）改变厚度

图10-11 引弧板和引出板

钢板的拼接采用对接焊缝时，纵、横方向的对接焊缝可采用十字形交叉或T形交叉。当为T形交叉时，交叉点间的距离不得小于200mm，且拼接料的长度和宽度均不得小于300mm。

在直接承受动荷载的结构中，为提高疲劳强度，应将对接焊缝的表面磨平，打磨方向应与应力方向平行。垂直于受力方向的焊缝应采用焊透的对接焊缝，不宜采用部分焊透的对接焊缝。

2）角焊缝

① 角焊缝按其与作用力的关系可分为焊缝长度方向与作用力垂直的正面角焊缝、焊缝长度方向与作用力平行的侧面角焊缝及焊缝长度方向与作用力既不垂直也不平行的斜焊缝。角焊缝按其截面形式可分为直角角焊缝和斜角角焊缝，角焊缝两焊脚边的夹角 $\alpha=90°$ 的焊缝称为直角角焊缝，两焊脚边的夹角 $\alpha>90°$ 或 $\alpha<90°$ 的焊缝称为斜角角焊缝。夹角 $\alpha>135°$ 或 $\alpha<60°$ 的斜角角焊缝，除钢管结构外，不宜用作受力焊缝。角焊缝截面图如图10-12所示（h_f 为角焊缝的焊脚尺寸，在不等边角焊缝中以较小焊脚尺寸取为 h_f）。

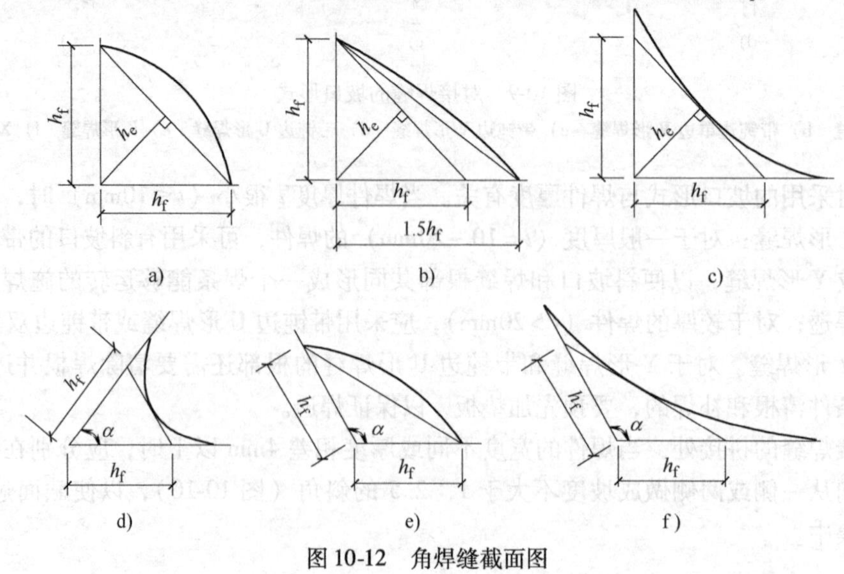

图10-12 角焊缝截面图

② 角焊缝的尺寸限制。角焊缝的焊脚尺寸 h_f 不应过小，《钢结构设计规范》(GB 50017—2003) 规定：角焊缝的焊脚尺寸 h_f 不得小于 $1.5\sqrt{t}$（t 为较厚焊件厚度，当采用低氢型碱性焊条施焊时，t 采用较薄焊件的厚度，单位为 mm）；对埋弧自动焊，最小焊脚尺寸可减小 1mm；对 T 形连接的单面角焊缝，应增加 1mm；当焊件厚度小于或等于 4mm 时，则最小焊角尺寸应与焊件厚度相同。

角焊缝的焊脚尺寸也不宜太大，《钢结构设计规范》(GB 50017—2003) 规定：角焊缝的焊脚尺寸不宜大于较薄焊件厚度的 1.2 倍（钢管结构除外），如图 10-13a 所示。板件（厚度为 t）边缘的焊缝最大焊脚尺寸，还应符合下列要求：当板件厚度 $t>6$mm 时，$h_f \leqslant t-(1\sim2)$；当 $t \leqslant 6$mm 时，$h_f \leqslant t$，如图 10-13b、c 所示。

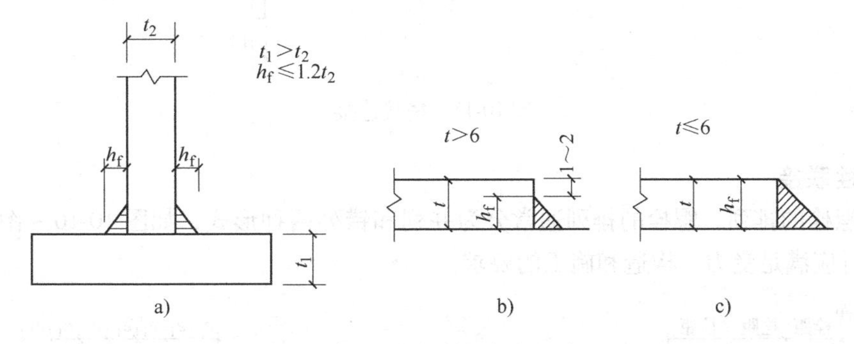

图 10-13　角焊缝的焊脚尺寸

角焊缝长度 l_w 也有最大和最小的限制：侧面角焊缝或正面角焊缝的计算长度不得小于 $8h_f$ 和 40mm；侧面角焊缝的计算长度不宜大于 $60h_f$，但内力若沿侧面角焊缝全长分布时，其计算长度不受此限制。

当板件端部仅有两条侧面角焊缝连接时（图 10-14），每条侧面角焊缝的计算长度不宜小于两侧面角焊缝之间的距离，即 $B/l_w<1$；同时，两侧面角焊缝之间的距离 B 也不宜大于 $16t(t>12\text{mm})$ 或 $190\text{mm}(t \leqslant 12\text{mm})$，其中 B 为两侧面角焊缝之间的距离，t 为较薄焊件的厚度。

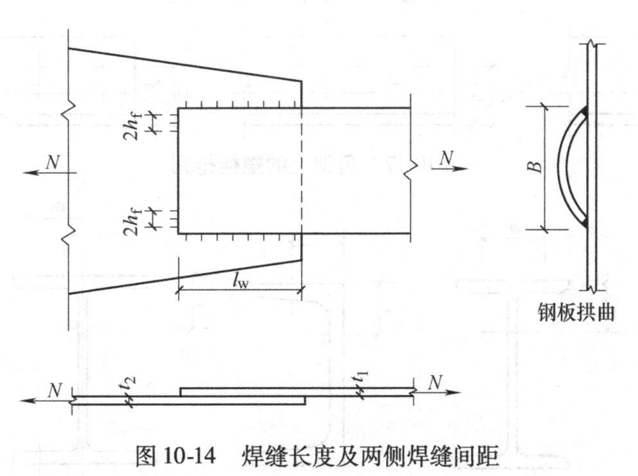

图 10-14　焊缝长度及两侧焊缝间距

在搭接连接中，搭接长度不得小于焊件较小厚度的 5 倍，并不得小于 25mm，如

图 10-15 所示。

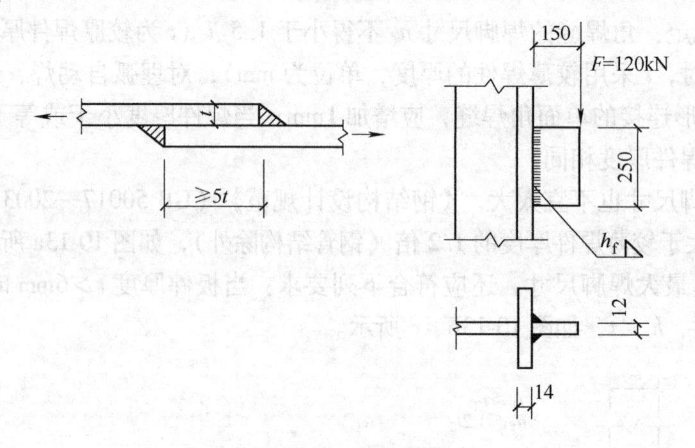

图 10-15 搭接连接

2. 螺栓联接

（1）螺栓的排列 螺栓的排列通常分为并列和错列两种形式，如图 10-16 ~ 图 10-18 所示，排列时应满足受力、构造和施工的要求。

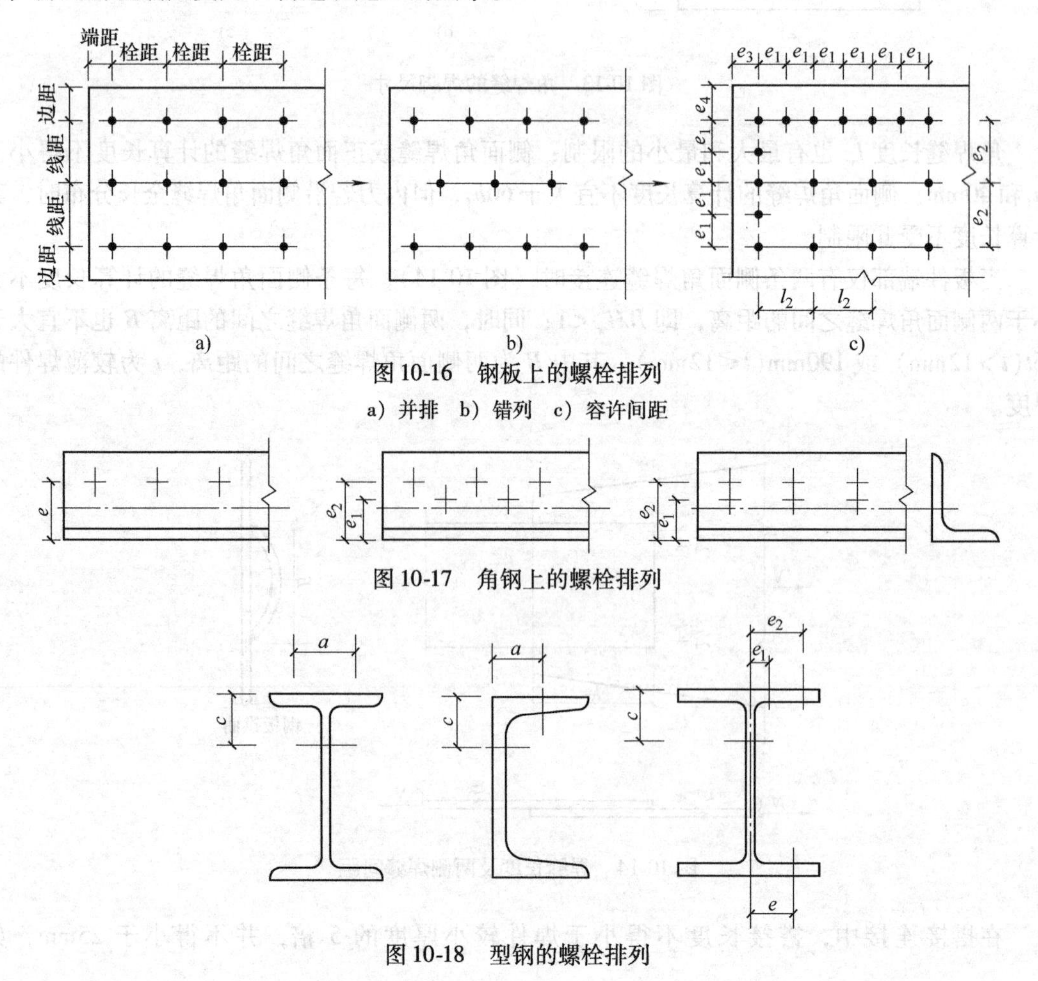

图 10-16 钢板上的螺栓排列

a）并排 b）错列 c）容许间距

图 10-17 角钢上的螺栓排列

图 10-18 型钢的螺栓排列

螺栓或铆钉的最大、最小允许距离见表10-3。角钢上的螺栓排列和型钢的螺栓排列分别如图10-17、图10-18所示。H型钢腹板上的 c 值可参照普通工字钢，翼缘上的 e 值、e_1 值、e_2 值可根据外伸宽度参照角钢。

表10-3　螺栓或铆钉的最大、最小允许距离

名　称	位置和方向			最大允许距离（取两者的较小值）	最小允许距离
中心间距	外排（垂直内力方向或顺内力方向）			$8d_0$ 或 $12t$	$3d_0$
	中间排	垂直内力方向		$16d_0$ 或 $24t$	
		顺内力方向	构件受压力	$12d_0$ 或 $18t$	
			构件受拉力	$16d_0$ 或 $24t$	
	沿对角线方向			—	
中心至构件边缘距离	顺内力方向			$4d_0$ 或 $8t$	$2d_0$
	垂直内力方向	剪切边或人工气割边			$1.5d_0$
		轧制边、自动气割或锯割边	高强度螺栓		
			其他螺栓或铆钉		$1.2d_0$

注：1. d_0 为螺栓或铆钉的孔径，t 为外层较薄板件的厚度。

2. 钢板边缘与刚性构件（如角钢、槽钢等）相连的螺栓或铆钉的最大间距，可按中间排的数值采用。

（2）螺栓、螺栓孔图例　在钢结构施工图上需要将螺栓、螺栓孔的施工要求用图形表示清楚，以免引起混淆，常用的螺栓、螺栓孔图例见表10-4。

表10-4　常用的螺栓、螺栓孔图例

名　称	永久螺栓	高强度螺栓	安装螺栓	圆形螺栓孔	长圆形螺栓孔
图例				ϕ	ϕ　b

3. 高强度螺栓联接

高强度螺栓摩擦面的加工是指使用高强度螺栓作连接节点处的钢材表面加工。高强度螺栓摩擦面处理后的抗滑移系数值必须符合设计文件的要求（一般为0.45~0.55）。

摩擦面抗滑移系数值的高低取决于构件的材质和摩擦面的处理方法。摩擦面的处理一般有喷砂、喷丸、酸洗、砂轮打磨等几种方法，加工单位可根据各自的条件选择加工方法。在上述几种方法中，以喷丸、喷砂处理过的摩擦面的抗滑移系数值较高，且离散率较小，故使用较多。但由于喷砂对空气的污染过于严重，故在人口稠密地区不允许使用。酸洗虽然效果较好，但残存的酸性液体会继续腐蚀摩擦面，因此不提倡使用此种处理方法，条件允许时应优先采用其他方法。砂轮打磨适用于环境和施工条件受到限制时的局部摩擦面处理，其抗滑移系数基本上能满足要求，但要慎重使用。使用钢丝刷清除浮锈或清理未经处理的干净轧制表面的方法，仅适用于全面覆盖着氧化薄钢板或有轻微浮锈的钢材表面和抗滑移系数较低的连接面。喷砂后生成赤锈的处理方法效果良好，但要遵守有关施工规程，严格控制赤锈的生成量，安装前应清除浮锈。喷砂后涂无机富锌漆时应严格控制工艺过程，由于工艺较复杂、成本较高，故应慎重采用。

一般情况下，应按设计提出的处理方法进行施工；若设计对处理方法无具体要求时，施工单位可采用适当的处理方法进行施工，以达到设计规定的抗滑移系数值为准。处理好的摩擦面严禁有飞边、焊疤和污损等，不得涂油漆，在运输过程中防止摩擦面损伤。

构件出厂前应按批做试件，检验抗滑移系数，试件的处理方法应与构件相同，检验的最小数值应符合设计要求，并附三组试件供安装时复验抗滑移系数。

10.3.3 成品检查、验收

钢结构或运输（吊装）单元的加工制作质量必须经严格检查、验收后，方可出入库（厂）。其加工制作质量的检查、验收主要从两方面进行：一方面是钢结构的内在质量（如钢材质量，焊条、焊剂质量，螺栓、铆钉及其连接质量、焊接质量等）检查；另一方面是外观质量检查。出库（厂）时应提交下列技术资料：

1）钢结构竣工图和设计更改文件。

2）钢结构所用钢材及其他材料的质量证明和试验报告。

3）焊缝质量检验资料、焊工编号或标志。

4）高强度螺栓各项检验记录、大跨度结构挠度记录。

5）各道工序质量评定资料。

10.4 钢结构安装方案及安装工艺

10.4.1 钢结构安装概述

针对不同的钢结构，就安装方法而言，如何科学地根据多种因素在满足安全、经济的前提下采取最优方案是十分重要的问题。

针对钢结构的结构形式选用合理的安装工艺。

1）一般单层工业厂房钢结构工程分两段进行安装：第一阶段采用“分件流水法”安装钢柱、柱间支撑、吊车梁（或连系梁等）；第二阶段采用“节间综合法”安装屋盖系统。

2）高层钢结构工程。高层钢结构工程根据结构平面形式选择适当位置先做样板间形成稳定结构，采用“节间综合法”安装钢柱、柱间支撑（或剪力墙）、钢梁（主、次梁，隅撑），由样板间向四周发展；然后采用“分件流水法”安装后续部分。

3）网架结构。网架结构一般都指平板型网架结构，其安装方法根据网架受力和构造特点，在满足质量、安全、进度要求和经济效益的前提下，结合当地的施工技术条件综合确定。一般采用的方法有高空散装法，分条、分块安装法，高空滑移法，逐条积累滑移法，整体吊装法；整体提升法和整体顶升法。

4）网壳结构。网壳结构的安装方法可沿用网架施工的安装方法，也可根据某种网壳的特点选用特殊的安装方法，从而达到优质、安全、经济合理的要求。

5）球面网壳。球面网壳可采用“内扩法”逐圈向内拼装，利用开口壳来支撑壳体自重，施工时应根据网壳尺寸，经验算确定是否采用无支架拼装法或小支架拼装法；也可采用“外扩法”在中心部位设置一个提升装置，从内向外逐圈拼装，边提升边拼装，直至拼装完毕，施工时为防止网壳变形，要经过计算确定吊点的位置及数量。

6）悬索结构。悬索结构根据结构形式分为单向单层悬索屋盖、单向双层悬索屋盖、双层辐射状悬索屋盖、双向单层（索网）悬索屋盖。不同的悬索结构采取不同的钢索制作及张拉工艺。

10.4.2 钢结构的安装

1. 钢柱的安装方法

（1）钢柱的安装　一般钢柱的弹性和刚性都很好，吊装时为了便于校正，一般采用一点吊装法。常用的钢柱吊装方法有旋转法、递送法和滑行法。对于重型钢柱，可采用双机抬吊。

在双机抬吊时应注意以下事项：

1）尽量选用同类型起重机。

2）根据起重机的能力，对起吊点进行荷载分配。

3）各起重机的荷载不宜超过其起重能力的80%。

4）双机抬吊，在操作过程中要互相配合、动作协调，以防一台起重机失稳而使另一台起重机超载，造成安全事故。

5）现场人员应听从指挥人员的指挥。

（2）钢柱的校正

1）柱基础标高调整。根据钢柱实际长度、柱底平整度、钢牛腿顶部距柱底部的距离（重点要保证钢牛腿顶部标高值）来控制基础找平标高。

2）平面位置校正。在起重机不脱钩的情况下，将柱底定位线与基础定位轴线对准后，缓慢落至标高位置。

3）钢柱校正。优先采用缆风绳校正（柱脚底板与基础间的间隙垫上垫铁），对于不便采用缆风绳校正的钢柱可采用可调撑杆校正。

2. 钢梁的安装方法

（1）高层钢结构钢梁安装

1）主梁采用专用卡具，为防止高处因风或碰撞导致物体落下，将卡具放在钢梁端部500mm处。

2）一般在钢结构安装实际操作中，同一列柱的钢梁从中间跨开始对称地向两端扩展，同一跨钢梁先安装上层钢梁再安装中下层钢梁。

3）在安装和校正柱与柱之间的主梁时再把柱子撑开。测量必须跟踪校正，预留偏差值，留出接头焊接收缩量，此时柱子产生的内力在焊接完毕、焊缝收缩后也就消失了。

4）柱与柱接头和钢梁与柱接头的焊接应互相协调好，一般可以先焊一节柱的顶层钢梁，再从下向上焊各层钢梁与柱的接头。柱与柱的接头可以先焊，也可以最后焊。

5）同一根钢梁两端的水平度，允许偏差为$(L/1000)+3$mm，最大不超过10mm。如果钢梁水平度偏差超标，主要原因是连接板位置或螺栓孔位置有误差，可采取更换连接板或塞焊孔重新制孔的方法进行处理。

（2）钢吊车梁的安装　钢吊车梁的安装一般采用工具式吊耳或捆绑法进行吊装。在安装前，应将吊车梁的分中标志引至吊车梁的端头，以利于吊装时按柱牛腿的定位轴线临时定位。

(3) 钢吊车梁的校正　钢吊车梁的校正包括标高调整，纵、横轴线和垂直度的调整。注意吊车梁的校正必须在结构形成刚度单元以后才能进行。

1) 用经纬仪将柱子轴线投到吊车梁牛腿面等处，根据图样计算出吊车梁中心线到该轴线的理论长度值。

2) 每根吊车梁测出两点，用钢直尺和弹簧秤校核这两点到柱子轴线的距离是否等于吊车梁中心线到该轴线的理论长度值，以此对吊车梁的纵、横轴线进行校正。

3) 当吊车梁纵、横轴线的误差符合要求后，复查吊车梁跨度。

4) 吊车梁标高和垂直度的校正可通过对钢垫板的调整来实现。注意吊车梁垂直度的校正应和吊车梁轴线的校正同时进行。

3. 钢屋架的安装方法

钢屋架侧向刚度较差，安装前需要进行强度验算，强度不足时应进行加固。钢屋架吊装时的注意事项如下：

1) 绑扎时必须绑扎在屋架节点上，以防钢屋架在吊点处发生变形。绑扎节点的选择应符合钢屋架标准图要求或经设计计算确定。

2) 屋架吊装就位时，应以屋架下弦两端的定位标志和柱顶的轴线标志严格定位，并进行定位焊加以临时固定。

3) 第一榀屋架吊装就位后，应在屋架上弦两侧对称设置缆风绳固定；第二榀屋架就位后，每坡使用一个屋架间调整器，进行屋架垂直度校正；再固定两端支座处，并安装屋架间水平及垂直支撑。

钢屋架垂直度的校正方法如下：在屋架下弦一侧拉一根通长钢丝（与屋架下弦轴线平行），同时在屋架上弦中心线拉出一个同等距离的标尺，用线锤校正。也可将一台经纬仪放在柱顶一侧，与轴线平移 a 距离，则在对面柱子上同样有一距离为 a 的点，从屋架中线处用标尺挑出 a 距离，三点在一个垂直面上即可使屋架垂直。

4. 一般单层钢屋架结构安装要点

(1) 构件吊装顺序

1) 比较好的一个吊装顺序是先吊装竖向构件，后吊装平面构件，这样可以减少建筑物的纵向长度安装累积误差，保证工程质量。

2) 竖向构件吊装顺序如下：柱（混凝土、钢）→连系梁（混凝土、钢）→柱间钢支撑→吊车梁（混凝土、钢）→制动桁架→托架（混凝土、钢）等。单种构件吊装流水作业，既能保证体系纵列形成排架、稳定性好，又能提高生产效率。

3) 平面构件吊装顺序主要以形成空间结构稳定体系为原则。

(2) 标注样板间安装　选择有柱间支撑的钢柱，柱与柱形成排架，将屋盖系统安装完毕形成空间结构稳定体系，各项安装误差都控制在允许值之内；按此方法安装，控制有关间距尺寸，相隔数间复核屋架的垂直偏差值即可。只要制孔合适，安装效率是非常高的。

(3) 几种情况说明

1) 并列高低跨吊装时，考虑到屋架下弦伸长后柱子向两侧偏移的向题，应先吊装高跨后吊装低跨，凭经验可预留柱的垂直偏差值。

2) 并列大跨度与小跨度：先吊装大跨度，后吊装小跨度。

3) 并列间数多的与间数少的屋盖吊装：先吊装间数多的，后吊装间数少的。

4）并列有屋架跨与露天跨吊装：先吊装屋架跨，后吊装露天跨。

以上几种情况也适合于门式刚架轻型钢结构施工。

5. 高层钢结构安装要点

（1）总平面规划　总平面规划主要包括结构平面纵、横轴线尺寸，主要塔式起重机的布置及工作范围，机械开行路线，配电箱及电焊机布置，现场施工道路，消防道路，排水系统，以及构件堆放位置等。

（2）钢框架吊装顺序　竖向构件标准层的钢柱一般较重，受起重机能力、制作、运输等的限制，钢柱制作一般2~4层为一节。

对框架平面而言，除考虑结构本身刚度外，还需考虑塔式起重机爬升过程中的框架稳定性及吊装速度，从而进行流水段划分。先组成标准的框架体，科学地划分流水作业段，再向四周发展。

一节柱的一层梁安装完毕后，立即安装本层的楼梯及压型钢板。

钢构件安装和楼层钢筋混凝土楼板的施工，两项作业不宜超过5层。

10.5　钢结构防腐涂装工程

10.5.1　钢材表面除锈等级与除锈方法

钢结构构件制作完毕后应进行除锈处理，以提高底漆的附着力，从而保证涂层质量；经验收合格后应进行防腐涂料涂装。除锈处理后，钢材表面不应有焊渣、焊疤、灰尘、油污、水和飞边等。

1. 钢结构防腐涂料

钢结构防腐涂料涂敷在钢材表面形成一层薄膜，使钢材与外界腐蚀性介质或空气隔绝。

防腐涂料分为两种，即底漆和面漆。底漆是直接涂在钢材表面上的漆，成膜粗糙，与钢材表面的黏结力较强；面漆是涂在底漆上的漆，成膜后有光泽，有效保护下层底漆。面漆能够抵抗腐蚀性介质、紫外线的侵蚀。

钢结构的防腐涂层由不同的涂料组合而成，涂料的层数和总厚度是根据使用条件来确定的。

2. 防腐涂装方法

钢结构防腐涂装常用的施工方法有刷涂法和喷涂法两种。

刷涂法应用较广泛，适宜于油性基料的刷涂。由于油性基料渗透性大、流平性好，所以刷起来平滑流畅。对于形状复杂的构件，使用刷涂法比较方便。

喷涂法适合于大面积施工，施工工效高，对于快干和挥发性强的涂料尤为适合。由于喷涂的漆膜较薄，为了达到设计要求的厚度，必要时可增加喷涂的次数。喷涂施工对涂料的损耗要比刷涂施工大，一般要多消耗20%左右。

3. 防腐涂装质量要求

涂料、涂装遍数、涂层厚度均应符合设计要求。配制好的涂料应在使用的当天配制；涂装时的相对湿度和环境温度应符合涂料产品说明书的要求，施工图中注明不涂装的部位不得随意涂装；高强度螺栓摩擦面处、焊缝处应待现场安装完后再补刷防腐涂料；涂装应均匀，无明显起皱、流挂、针眼和气泡等。涂装完毕后，应在构件上标注构件的编号。

10.5.2 钢结构防火涂装工程

钢结构防火涂料之所以能起到防火作用，主要有以下三方面原因：一是涂层对钢材起屏蔽作用，将火焰隔离，避免钢构件直接暴露在火焰或高温之中；二是涂层吸热后部分物质分解，产生水蒸气或其他不可燃烧气体，进而消耗热量，降低火焰温度和燃烧速度；三是涂层本身多孔、轻质，受热膨胀后形成炭化泡沫层，能够阻止热量迅速向钢材传递，提高了钢结构的耐火极限。

1. 防火涂料的分类

钢结构防火涂料按涂层的厚度分为薄涂型钢结构防火涂料和厚涂型钢结构防火涂料两类。薄涂型钢结构防火涂料，涂层厚度一般为2～7mm，有一定装饰效果，高温时涂层膨胀增厚；厚涂型钢结构防火涂料，涂层厚度一般为8～50mm，粒状表面、密度较小、热导率低。

2. 防火涂料选用

选用防火涂料时，薄涂型钢结构防火涂料不应用于保护耐火极限达2h以上的钢结构；室内钢结构防火涂料在未加改进和采取有效防火措施的情况下，不得直接用于喷涂保护室外的钢结构。

3. 防火涂料涂装的一般规定

钢结构防火涂料涂装前钢材表面应除锈，并按设计要求涂装防腐底漆；钢结构安装就位，并经验收合格后方可进行防火涂料的涂装；防火涂料涂装的基层不应有灰尘、泥沙和油污等污垢；防火涂料涂装施工过程中和涂层干燥固化前，应保证环境温度和相对湿度，空气应流动；涂装时钢构件表面不应有结露，防火涂料涂装后4h内应避免雨淋。

4. 防火涂装质量要求

1）防火涂料的涂层厚度应符合有关耐火极限的设计要求。

2）薄涂型钢结构防火涂料涂层表面的裂纹宽度不应大于0.5mm；厚涂型钢结构防火涂料涂层表面的裂纹宽度不应大于1mm。

3）防火涂料不应有漏涂、误涂，涂层应闭合，无脱层、空鼓、粉化松散、浮浆、明显凹陷等外观缺陷。

本章小结

同其他材料的结构相比，钢结构具有强度高、塑性和韧性好、质量轻、材质均匀、制造简便、密封性好等优点，但也存在耐腐蚀性差、不耐火等缺点。随着我国国民经济的迅猛发展，钢结构的应用范围越来越广泛，目前钢结构主要应用于大跨度结构、重型厂房结构、高层建筑、高耸建筑、轻型钢结构、容器和其他构筑物等。

普通钢结构的连接常采用焊缝连接、螺栓联接、高强度螺栓联接及铆接。焊缝连接常用的方法有焊条电弧焊、气体保护焊、埋弧焊，其连接形式分为对接、搭接、T形连接和角部连接4种。

复习思考题

1. 钢结构与其他材料的结构相比，具有哪些特点？

2. 在工业与民用建筑方面，钢结构的应用范围包括哪些方面？
3. 钢材的选用应考虑哪些主要因素？
4. 钢结构的连接方法有哪些？
5. 焊缝连接的形式有哪些？简述焊缝连接的优缺点。
6. 常见的焊缝缺陷有哪些？
7. 螺栓的排列形式有哪些？
8. 简述钢结构的制作工序。
9. 简述钢结构防火涂装质量要求。

第11章　高层建筑施工现场安全管理与消防

教学目标：

1. 了解高层建筑施工现场对材料、机具等文明施工方面的安全管理规定。
2. 了解高层建筑施工现场易发生的火灾事故及防火安全管理规定。

11.1　高层建筑施工现场的安全管理

在高层建筑结构施工中，除遵守建筑安装工程的安全操作规程外，还应根据高层结构施工的不同特点，制定不同的高层建筑施工现场的安全管理防范措施。施工现场安全管理分为以下几个方面。

11.1.1　现场材料安全管理

1. 材料存放安全

现场不同材料按各自性质分类存放，严格按实施性施工组织的平面布置堆放，保证材料的堆放安全和堆放空间。易燃、易爆类物品按要求特殊存放，并保证远离火源。

2. 材料防盗安全

材料按施工组织设计的布置堆放，建立物料台账，做到账、物相符，定期盘点；做好安全保卫工作，不同材料采用不同的防盗方式，建立、健全现场防盗制度，落实防盗责任。

3. 材料消防安全

施工现场所使用的材料很多为易燃材料，如木材、沥青、油毡、草垫子；还有很多易燃的化学高分子液体，如柴油、汽油、油漆等；现场施工时会有很多明火，如电焊、气焊、气割、喷灯等，因此施工现场的消防安全非常重要，要严格限制易燃材料与现场火源的距离。

11.1.2　设备与机具的安全管理

1. 脚手架

脚手架是施工现场最常用的施工工具，脚手架的搭设安全要注意以下方面：具备扫地杆和有效的排水设施；脚手架高度在7m以上时，架体与建筑结构按相关规范的规定进行足量拉结；按规定设置剪刀撑，保持剪刀撑的连续性和正确角度；脚手板要满铺，脚手架外侧设置密网式安全网，施工层要设置1.2m高的防护栏和连续挡脚板；脚手架搭设前应进行技术安全交底；在立杆与大横杆交点处设置小横杆，且小横杆应固定牢固，钢管立杆采用扣接，不可进行搭接（除最顶层以外）；钢管要在使用前修复、除锈，严禁使用锈蚀钢管；卸料平台需进行荷载计算，并标出荷载限定标牌。

2. 模板及基坑支护

高处模板施工与深基坑土方施工是施工现场安全管理的重要环节。

（1）模板施工

1）高处模板施工要有足够的安全保证措施。

2）模板的支撑强度要经过严格计算。

3）模板拆除时，混凝土强度应满足设计要求。

4）模板施工前应进行安全和技术的交底和相应培训。

5）施工人员要配备安全防护工具。

（2）基坑支护

1）支护结构要经过严格计算。

2）深度超过2m的基坑要设置临边防护，栏杆高度不低于1.2m，并用密目式安全网全封闭，防护结构与基坑保持0.5m的水平距离。

3）基坑施工需要设置排水措施，采用明沟排水使基坑施工在无水条件下进行。

4）基坑周围荷载的控制。基坑周围荷载包括材料的堆放荷载，施工机械的动、静荷载，施工人员荷载等，以上荷载需要经过严格计算并采取有效的防护措施。

5）基坑通道。基坑施工时要设置施工人员的上下安全通道，施工人员要有安全的施工操作空间；基坑照明应不留死角。

3. 提升机（龙门架、井架）

1）架体安装和制作。提升机的制作要经过严格计算，并符合有关规范要求，产品要有相关部门颁发的合格证和准用证；提升机的安装位置应远离架空线路和施工现场人员的活动场所。

2）提升机应为正规合格的产品，满足施工组织设计对有关参数（额定起重量、最大起重高度、起重力矩、最大提升速度）的要求。

3）提升机与地面要有准确的联络方式，保证信号及通信装置时刻处于正常工作状态，并保证通视良好。

4）提升机的高度超过相邻建筑物及避雷装置的保护范围时，应按规定安装避雷装置加以保护。

5）提升机应具备安全防护装置。

11.1.3　施工现场安全管理

现场安全事故发生的原因是多方面的，但因管理不善造成的现场安全事故所占比重非常大，很多安全事故的发生是由于没有进行全面的安全管理和安全检查，安全措施落实不到位，安全技术交底流于形式，缺乏相应的安全培训和技术知识，违章指挥及违章操作造成的，因此加强现场安全管理十分重要。

1. 安全生产责任制

建立、健全施工生产人员（包括项目经理、技术员、施工员、质检员、保管员）的安全生产责任制；建立施工现场各工种的安全操作规程，并组织上岗前的培训；签订安全管理责任书，做到“人人心中想安全，人人身上有责任”。

2. 安全目标管理

项目管理中包括安全目标管理，要求制定项目伤亡事故控制目标，严格进行目标的管理和控制。安全目标作为项目考核最重要的一项内容，拥有评价项目成果的一票否决权。

3. 安全技术交底

安全技术交底是施工现场最重要的工作环节，要求责任到人、程序规范、签字备案，分阶段、分项目、分工种落实技术交底。

4. 安全培训管理

项目全员应进行施工现场安全培训，各工种必须执行先培训、后考核、再上岗的制度；施工现场应按规模配备专职安全员，专职安全员接受安全培训的时间每年不少于40h，其他管理人员和技术人员每年不少于20h；特殊工种人员必须取得岗位操作证书后方可上岗，对现场工人须进行进场三级培训（公司、项目部、班组）。

5. 安全设施管理

施工现场应配备齐全的安全保障设施，如安全帽、安全带、安全网等。

（1）安全帽　一般常用的安全帽为塑料安全帽，安全帽的质量必须符合国家相应的安全标准，戴安全帽时必须系紧帽带，以防碰撞时脱落。

（2）安全带　安全带为工人高处作业时必备的安全工具，安全带的质量必须符合国家相应的安全标准。

（3）安全网　施工工程外侧要用密目式安全网封闭，安全网的质量必须符合国家相应的安全标准。安全网的使用区域为脚手架外侧时，各种洞口也要用安全网进行防护。

11.1.4　施工现场用电安全管理

1. 保持用电距离

不得在高压电线下施工和堆放物品。

2. 接地保护系统

接地是把电气设备的某一部分通过接地装置与大地进行良好的连接。保护接零是将电气设备在正常情况下不带电的金属部分与电网的零线紧密地连接起来。

3. 严格的用电制度

1）施工现场用电应有严格的审批制度，各种用电应满足施工组织设计的要求。

2）选择合适的变压器。

4. 防雷施工

防雷施工应严格按照施工图进行，并经常进行检查和维护，避雷针、避雷线、避雷网和避雷带是常用的防雷装置。一套完整的防雷装置由接闪器、引下线和接地装置三部分组成。

5. 配电箱、开关箱、配电线路

配电箱、开关箱的安装应符合《施工现场临时用电安全技术规范》（JGJ 46—2005）的规定，配电箱内电器的规格应与电容量相匹配，配电箱和开关箱应采取严格的防潮、防雨措施，开关箱做到“一箱、一机、一闸、一漏”。配电线路应使用架空线路（有足够安全空间）和电缆线。

6. 用电线路

电线质量应符合国家相关标准的规定，电线的埋地深度应大于0.6m，以防被现场机械压坏；并在四周做好相应的保护。

11.1.5　高处作业安全管理

1. 高处作业的级别

1）作业高度在 2～5m 时，为一级高处作业。

2）作业高度在 5～15m 时，为二级高处作业。

3）作业高度在 15～30m 时，为三级高处作业。

4）作业高度在 30m 以上时，为特级高处作业。

2. 高处作业基本作业类型

高处作业基本作业类型分为临边、攀登、“四口”、悬空、交叉。

（1）临边作业　临边作业是指在施工作业面周围无围护设施或围护高度低于 80cm 时的高处作业。

1）基坑周边无边护的阳台、料台与挑平台等。

2）无防护的楼层、楼面的周边。

3）无防护的楼梯口和梯段口。

4）井架、施工电梯的通道两侧面。

5）各种垂直运输卸料平台和脚手架施工边缘。

（2）攀登作业　攀登作业是指借助建筑物和其他设施的登高用具施工的高处作业。这种高处作业危险性很高，施工人员需要通过牢固身体、平衡身体来保证施工安全，牢固身体时，一定要做到反复检查，计算绑扎力和绑扎点。

（3）“四口”作业　“四口”是指通道口、上料口、楼层进出口、预留洞口。这些通道和洞口在施工现场隐藏着巨大的危险，需要在其上方和进出口前方搭设防护棚，周围用密目式安全网进行保护，防止作业人员高处坠落或被落物击中。每一处通道和洞口要有严密的防护措施，电梯井内每隔两层要设置一道平网进行防护，电梯井内不应使用“硬件”进行防护，以免造成二次伤害。

（4）悬空作业　悬空作业是指施工过程中施工人员没有“踏实”的落脚点和身体的依靠点的高处作业。

（5）交叉作业　交叉作业是现场经常遇到的，是指不同工种、不同楼层的穿叉施工。在一项工程开工前，应做好实施性施工组织设计，做好一切开工前的准备，内容包括人员准备、材料准备、设备准备及安全培训准备；做好各工种、各阶段的技术交底，配齐各种合格的安全防护设施；在施工方案方面，减少高处作业、减少立体交叉作业，施工现场配备各种安全标志，标志应明显、位置适当。

高处作业人员必须进行严格的体检，合格后方可从事高处作业。特殊工种人员必须取得岗位操作证书后方可上岗，并进行岗前培训。各种机械设备、工具、仪表必须在开工前严格检查、检测，确认无误后方可使用。高处作业使用的材料均应堆放平稳、牢固，有防滑措施，并按规定堆码。

11.1.6　现场文明施工管理

1. 现场围挡

《中华人民共和国建筑法》规定：施工现场周围按市政标志设置围挡，把施工现场与周围区域严格隔离开来，围挡按当地有关部门的要求设置，要求美观、坚固。

2. 标志管理

施工现场应严格执行封闭式管理，设置安全大门，配有标志和标语（可悬挂企业标志）；门边设置“五牌一图”，即工程概况牌、管理人员标志牌、安全生产牌、现场文明施工牌、消防安全牌、施工平面布置图。严格执行现场进出管理制度。施工场地应设置各种警示牌。

3. 材料管理

材料按类别、按要求分类堆放，要求堆放整齐、标牌规范；尤其是易燃、易爆危险品应按相应规定存放。材料保管时要避免对周围环境造成污染。

4. 施工场地

施工场地按现场文明施工标准进行硬化处理，现场布局应合理，有排水设施和安全消防设施，做好环保工作，保证防尘、防噪声污染；现场要有适当的美化和绿化。

5. 生活保健

施工现场要建立、健全生活安全保障责任制，生产区和生活区严格分离，生活区要注重卫生、防疫，专业人员要持有安全检查证明，洗浴设施应齐全；全员应经过急救培训，掌握应急知识。

11.2 高层建筑施工现场用火与消防

近年来，高层建筑施工现场火灾事故发生的概率有所增加，造成的损害也逐步加大，保证施工现场用火安全的任务十分艰巨。施工现场发生火灾的条件有两个：一是有火灾发生源；二是有使火灾发生的诱因。如何管理好火灾发生源和控制火灾发生的诱因十分重要。

11.2.1 火灾发生源

1. 易燃材料

高层建筑施工现场易燃材料较多，尤其是后期土建、装修穿插进行时易燃材料更多。易燃材料包括木材（木屑）、装饰板、油漆、沥青、跳板、生石灰（遇水或受潮时会发生化学反应并散出大量的热，当表面温度大于600℃且接触可燃物时，易发生火灾）、草垫子、汽油、柴油及油毡头等。

2. 易燃建筑物

临舍、库房、木工工作棚、钢筋作业棚、厨房、更房、变电房等临时设施大多数施工粗糙，材料易燃，且人员拥挤、线路混乱，缺乏防火安全保护，故防火问题很难保证。

3. 人员流动性大

由于建筑施工的工艺特点，各工序之间都相互交叉、流水作业，建筑工人常处于分散、流动状态，各作业工种之间相互交接，因此容易遗留火灾隐患，而又不易被发现。

11.2.2 火灾诱因

1. 电、气焊作业

工地现场电、气焊作业基本贯穿施工过程的始终，电、气焊作业前如果对周围环境及焊割容器检查不彻底，可使金属容器中残留的可燃气体和液体爆炸起火。

2. 高处作业

高处作业时，由于火星飞溅的范围较大，如果飞溅范围内有易燃材料，当防护措施不到位时，飞溅的火星可能引起材料起火，造成火灾事故，这种情况在施工工地经常遇到。

3. 沥青作业

沥青作业管理不当极易造成火灾：

1）沥青的燃点较低，熬制沥青时在高温作用下会产生沥青蒸气，当其接触到炉火时就会燃烧，造成火灾事故。

2）冷底子油是用汽油、柴油、煤油等对沥青进行稀释的产物，其性质与汽油、柴油、煤油基本相似，挥发性强、燃点低，在配制、运输和使用过程中只要接触明火，就极易引起火灾。

4. 施工现场临时用电

施工现场临时用电不当，当操作人员缺乏安全用电常识，用电安全管理制度不落实，私搭乱接电线现象严重，电气设备不合格、超负荷，漏电保护不到位时，极易引起火灾。

11.2.3 加强管理、控制火灾

1. 加强施工现场消防安全教育

任何进入施工现场的人员必须接受正规、系统的防火安全教育，掌握最基本的防火理论知识和最基本的防火设施（灭火器、消火栓等）的操作知识。

2. 制定具体可行的安全措施

建立、健全施工现场消防安全管理制度，制定具体的消防安全措施，成立专门的消防安全小组，实行消防安全责任制，按规定严格向有关人员、作业班组进行消防安全交底，做好各部门的消防安全管理工作。

3. 特殊工种的安全管理

1）木工防火安全。木工要持有培训和安全证书，木工在作业时严禁动用明火，工地现场严禁吸烟；配有足够的消火栓和灭火器，场地严禁存放易燃、易爆物品。木工操作场地与电工、焊工操作场地应有一定的安全距离，电锯、电刨等木工设备应在独立房间进行作业，用后迅速切断电源。木工现场作业时，边工作边清理，地上不得有易燃物，木工操作应严格按操作流程执行。

2）电工防火安全。电工应持有上岗证，并做好岗前培训，工地使用所有电线必须是护套线，且是正规产品。导线与导线，导线和其他设施、物品间应有一定的安全间距，线路上要安装合适的熔丝和漏电保护器；熔断器或开关应装在不燃的基座上，并使用阻燃器进行保护，且不得潮湿、淋雨。电工操作时必须按规程进行操作，不能带电安装和修理电器设备。

3）焊工防火安全。高层焊接时要根据作业高度和风速确定火灾危险区域，并将区域内的易燃、易爆物品移到安全地方。高层焊接作业应办理动火证，动火区域配有灭火装置，焊工必须持有培训证和岗位证书。大雾天气和六级风时应当停止焊接工作。

4. 施工现场管理

1）施工现场分区明确，生产区和生活区隔离，用水区与禁水区隔离，禁火区距离生活区不小于15m，距离其他区域不小于25m。防火间距内不得堆放易燃、可燃物品，位于安全

场所内的易燃、可燃物品应及时清理。

2）施工现场道路消防安全管理规定，单车道应有3.5m宽，双车道应有6m以上宽度，保证现场安全通道畅通，通道要有足够的照明，禁止在高压架空电线下搭设临时性建筑物和堆放可燃材料。建筑工地应配有消防设施，保证消防设施正常工作，并做好消防设施的保护工作。

3）临时设施要集中搭建在施工现场的安全区域，并远离高压线、变电所，远离生产区域。临舍之间要保证足够的防火间距，临舍的安全通道要畅通无阻，安全门的数量和宽度符合消防安全操作，临舍禁止超过两层。

4）配置足够的防火器材，30m以上的高层建筑施工应当设置加压水泵和消防水源等，管道的主管直径不得小于50cm，超过20层的高层建筑施工应设置灭火专用的高压水泵，每个楼层按要求数量安装消火栓，并保证消防用水量和用水压力。消防设施应随时进行维护，保证正常使用。高层建筑应按楼层面积，每$100m^2$设置两个灭火器，灭火器布局应合理、使用方便。

5. 冬季、雨季防火要求

冬季使用的各种火炉必须完好，不得与施工现场的各种材料和物件临近；不得在木地板上安装火炉，各种火炉应根据需要设置高出炉身的火挡。雨季之前应对现场配电箱和所有的用电设备进行彻底检查，防止雨天造成短路。所有易燃、易爆物品的库房，脚手架及在建工程都应设置避雨装置。乙炔气瓶、氧气瓶等禁止露天存放，并应防止暴晒、雷击。

本章小结

随着经济的发展与城乡建设速度的加快，城市建筑高层化成为了以后建筑发展的主要趋势。高层建筑给城市带来繁华的同时也带来了一些需要解决的问题，高层建筑施工防火就是其中之一。

高层建筑施工现场消防安全系统的管理应从组织管理、技术措施、现场作业防火管理三个方面入手，这对消防部门的消防安全监督管理及对建设单位、施工单位日常的消防安全管理都具有一定的指导意义。

复习思考题

1. 高层建筑施工现场对材料、设备安全管理的规定有哪些？
2. 高层建筑施工现场安全管理的要求有哪些？
3. 高层建筑施工现场施工用电安全管理的规定有哪些？
4. 高层建筑施工现场高处作业安全管理的具体规定有哪些？
5. 简述高层建筑施工现场如何避免火灾的发生。

参 考 文 献

[1] 晏金桃. 地下工程勘察设计与施工技术实用手册 [M]. 长春：吉林音像出版社，2003.
[2] 中华人民共和国原建设部. GB 50021—2001 岩土工程勘察规范 [S]. 北京：中国建筑工业出版社，2002.
[3] 中华人民共和国住房和城乡建设部，中华人民共和国国家质量监督检验检疫总局. GB 50497—2009 建筑基坑工程监测技术规范 [S]. 北京：中国计划出版社，2009.
[4] 中华人民共和国原建设部. JGJ 72—2004 高层建筑岩土工程勘察规程 [S]. 北京：中国建筑工业出版社，2004.
[5] 中华人民共和国原建设部. JGJ/T 111—1998 建筑与市政降水工程技术规范 [S]. 北京：中国建筑工业出版社，1999.
[6] 夏明耀，曾进伦. 地下工程设计施工手册 [M]. 北京：中国建筑工业出版社，1999.
[7] 张在明. 地下水与建筑基础工程 [M]. 北京：中国建筑工业出版社，2001.
[8] 史佩栋，高大钊，桂业琨. 高层建筑基础工程手册 [M]. 北京：中国建筑工业出版社，2000.
[9] 杨嗣信. 高层建筑施工手册 [M]. 2 版. 北京：中国建筑工业出版社，2001.
[10] 江正荣. 基坑工程便携手册 [M]. 北京：机械工业出版社，2004.
[11] 唐业清. 简明地基基础设计施工手册 [M]. 北京：中国建筑工业出版社，2003.
[12] 赵志缙，应惠清. 简明深基坑工程设计施工手册 [M]. 北京：中国建筑工业出版社，1999.
[13] 江正荣. 建筑地基与基础施工手册 [M]. 2 版. 北京：中国建筑工业出版社，2005.
[14] 赵同新，高霈生. 深基坑支护工程的设计与实践 [M]. 北京：地震出版社，2010.
[15] 鞠建英. 实用地下工程防水手册 [M]. 北京：中国计划出版社，2002.
[16] 丁宪良，刘粤. 地基与基础工程施工 [M]. 武汉：中国地质大学出版社，2006.
[17] 穆保岗. 桩基工程 [M]. 南京：东南大学出版社，2009.
[18] 周景星，等. 基础工程 [M]. 2 版. 北京：清华大学出版社，2007.
[19] 滕延京. 建筑地基基础工程施工技术指南 [M]. 北京：中国建筑工业出版社，2005.
[20] 北京土木建筑学会. 地基与基础工程施工技术速学宝典 [M]. 武汉：华中科技大学出版社，2011.
[21] 王景文. 建筑地基基础工程 [M]. 北京：知识产权出版社，2007.
[22] 赵明华. 土力学与基础工程 [M]. 2 版. 武汉：武汉理工大学出版社，2005.
[23] 王幼青. 高层建筑结构地基基础设计 [M]. 哈尔滨：哈尔滨工业大学出版社，2007.
[24] 中国建筑工业出版社. 新版建筑工程施工质量验收规范汇编 [M]. 北京：中国建筑工业出版社，2003.
[25] 中华人民共和国原建设部，中华人民共和国国家质量监督检验检疫总局. GB 50202—2002 建筑地基基础工程施工质量验收规范 [S]. 北京：中国建筑工业出版社，2004.
[26] 北京土木建筑学会. 建筑地基与基础工程 [M]. 北京：中国电力出版社，2008.
[27] 北京土木建筑学会. 建筑工程施工技术手册 [M]. 武汉：华中科技大学出版社，2008.
[28] 基础工程施工手册编写组. 基础工程施工手册 [M]. 2 版. 北京：中国计划出版社，2002.
[29] 江正荣. 建筑分项施工工艺标准手册 [M]. 2 版. 北京：中国建筑工业出版社，2004.
[30] 莫海鸿，杨小平. 基础工程 [M]. 2 版. 北京：中国建筑工业出版社，2009.
[31] 龚晓南. 基础工程 [M]. 北京：中国建筑工业出版社，2009.
[32] 金喜平，邓庆阳. 基础工程 [M]. 北京：机械工业出版社，2006.
[33] 中华人民共和国原建设部. JGJ 106—2003 建筑桩基检测技术规范 [S]. 北京：中国建筑工业出版

社，2004.
[34] 赵志缙 . 高层建筑施工手册 [M]. 上海：同济大学出版社，1991.
[35] 赵志缙，赵帆 . 高层建筑施工 [M]. 北京：中国建筑工业出版社，1997.
[36] 童华炜 . 土木工程施工 [M]. 北京：科学出版社，2006.
[37] 常跃军 . 建筑施工技术 [M]. 徐州：中国矿业大学出版社，1999.
[38] 刘英明 . 主体结构施工 [M]. 北京：机械工业出版社，2006.
[39] 李国柱 . 土木工程施工 [M]. 杭州：浙江大学出版社，2007.

信息反馈表

尊敬的老师：

您好！感谢您多年来对机械工业出版社的支持和厚爱！为了进一步提高我社教材的出版质量，更好地为我国高等教育发展服务，欢迎您对我社的教材多提宝贵意见和建议。另外，如果您在教学中选用了《高层建筑施工》（高兵　卞延彬　主编），欢迎您提出修改建议和意见。索取课件的授课教师，请填写下面的信息，发送邮件即可。

一、基本信息

姓名：＿＿＿＿＿＿　性别：＿＿＿＿＿　职称：＿＿＿＿＿　职务：＿＿＿＿＿＿＿

邮编：＿＿＿＿＿＿　地址：＿＿＿＿＿＿＿＿＿＿＿＿＿＿＿＿＿＿＿＿＿＿＿＿＿

学校：＿＿＿＿＿＿＿＿　院系：＿＿＿＿＿＿＿＿　专业：＿＿＿＿＿＿＿＿

任教课程：＿＿＿＿＿＿＿＿＿＿　电话：＿＿＿＿＿＿＿（H）＿＿＿＿＿（O）

电子邮件：＿＿＿＿＿＿＿＿＿＿　手机：＿＿＿＿＿＿＿QQ：＿＿＿＿＿＿＿＿

二、您对本书的意见和建议

（欢迎您指出本书的疏误之处）

三、您对我们的其他意见和建议

请与我们联系：

100037　机械工业出版社·高等教育分社

Tel：010－8837 9542（O）　刘编辑

E-mail：ltao929@163. com

http：//www. cmpedu. com（机械工业出版社·教材服务网）

http：//www. cmpbook. com（机械工业出版社·门户网）